环境放射性监测

黎素芬　韩　峰　周春林
蔡幸福　霍勇刚　曹晓岩　编著

中国原子能出版社

图书在版编目（CIP）数据

环境放射性监测 / 黎素芬等编著. — 北京 ：中国原子能出版社，2021.11

ISBN 978-7-5221-1722-5

Ⅰ. ①环… Ⅱ. ①黎… Ⅲ. ①放射性污染-环境监测-中国 Ⅳ. ①X591

中国版本图书馆 CIP 数据核字（2021）第240607号

环境放射性监测

出版发行	中国原子能出版社（北京市海淀区阜成路 43 号　100048）		
责任编辑	徐　明		
责任校对	冯连凤		
责任印制	赵　明		
装帧设计	崔　彤		
印　　刷	北京九州迅驰传媒文化有限公司		
开　　本	787 mm×1092 mm　1/16		
印　　张	18.375	字　　数	380 千字
版　　次	2022 年 6 月第 1 版　2022 年 6 月第 1 次印刷		
书　　号	ISBN 978-7-5221-1722-5	定　　价	**68.00** 元

网址：http://www.aep.com.cn　　E-mail：atomep123@126.com

发行电话：010-68452845

前言

《环境放射性监测》教材成书于20世纪80年代后期，其编写工作和相关的环境放射性监测实验室建设同步进行。教材编写初期存在着参考文献资料匮乏、实践经验不足等诸多困难，后经30多年的教学实践，不断修改，逐步得以完善。

20世纪40年代以来，人类的核活动显著增加，特别是核试验的大规模开展、核废料的排放、贫铀弹的使用以及苏联切尔诺贝利核电站和日本福岛核电站事故的发生等，产生了严重的环境放射性污染，对自然生态环境造成了不容忽视的影响。除此之外，大规模的工业活动还导致了天然放射性核素的重新分布，致使个别区域的环境辐射水平有所上升。因此，环境放射性监测愈发受到国际社会的广泛重视。环境放射性监测的目的在于，检验操作放射性物质的设施运行期间在其周围环境中的放射性水平是否符合国家相关规定；监视人为核活动以及工业活动所导致的环境辐射水平的长期变化趋势；在核事故发生时则启动应急响应，对环境放射性污染的范围和程度作出合理的评价。

本教材内容共九章，大致可分为六个部分。

第一部分包括第一章和第二章，主要讲述环境放射性污染的来源和途径、环境放射性监测的基本类型和方法、环境介质中放射性核素的分布。

第二部分为第三章，主要讲述低水平放射性测量装置的选取、优质因子以及低水平放射性的测量下限。

第三部分从第四章到第六章，主要讲述环境样品采集制备技术、环境样品α、β放射性强度实验室测量技术、环境样品放射性核素γ能谱实验室分析技术。

第四部分为第七章，主要讲述环境辐射就地监测技术，包括就地γ照射量率测量技术和中子γ辐射就地监测技术。

第五部分为第八章，主要讲述空气中氡及其子体浓度的瞬时测量和累积测量技术。

第六部分为第九章，主要讲述环境放射性测量数据处理，包括环境放射性测量数据的整理、假设检验和参数估计。

值此教材出版之际，特别感谢魏玉锦先生牵头组建了环境放射性监测实验室，组织实施了《环境放射性监测》教材的编写工作；感谢李天柁、弟宇鸣、尚爱国、过惠平、许鹏等同事，多年来他们参与了多次环境放射性监测工作，积累的经验和相应的研究成果为本教材的编写提供了有力的技术支持。此外，本教材编写过程中参考了国内外同行的相关文献资料，在此一并向他们表示由衷的谢意。

由于编者水平有限，错误与不足之处在所难免，恳请读者不吝赐教。

编　者

2022 年 6 月

目录

第一章

环境放射性监测概述

生活在地球上的人类和任何形式的生命体都不可避免地受到天然辐射源的照射。放射性存在于人类环境中是由天然过程和人类科学技术发展两方面原因造成的。人类接受的年平均剂量主要来自天然辐射源的贡献。大规模的人类实践活动，诸如建设燃煤电站、开发新的建筑材料、开采冶炼各种含有放射性核素的矿物、开发地热、发展核能、高空活动、放射性同位素的广泛应用以及医疗照射等，改善了人类自身的生存和生活条件，但是，人类在享受科学技术的发展带来的成果的同时，也增加了接受天然及人工辐射照射的机会。

第一节 环境的基本特征、环境污染、监测和标准

一、环境的基本特性

不同的研究领域对环境有不同的定义及理解。在环境科学中，环境是指以人类为主体的外部世界，其主要指地球表面与人类发生作用的各个自然要素及其总体，包括地球表层的陆地、海洋和大气层，即土壤、岩石、水体及大气等要素及它们的总和，这是人类和一切生物赖以生存和发展的物质基础。

环境是一个多层次的、多结构的复杂系统，可按不同的方法分类。按空间范围分，环境的空间范围随着人类认识能力和活动范围的开拓而展开，如居室环境、厂房环境、村落环境、城市环境、区域环境、全球环境、宇宙环境等；按组成要素分，环境可分为大气环境、水环境、土壤环境、岩石环境等，地质学上把环境分为大气圈、水圈、土壤-岩石圈，而地球上凡有生物的地方又统称为生物圈，它包括从大气圈对流层顶部到地壳风化层和成岩层底部；从生态学角度，可分为陆生环境、水生环境等。

作为以人类为主体的客观物质体系，环境具有整体性、区域性、变动性和修复性四个基本特性。

整体性。环境的各个组成部分和要素之间构成了一个有机整体。在不同的环境空

间中，大气、水体、土壤、植被等自然环境物质有着相对稳定的分布及相互作用的关系，从而具有特定的结构。通过相对稳定的物质、能量流动网络和彼此关联的动态变化规律，环境在不同时刻呈现不同的状态，这种整体性使环境成为一个系统，故又称为环境系统。

区域性。环境的不同层次或不同空间的地域，其结构形态、组织状况、能量与物质流动的规模和途径、稳定程度等都具有相对的特殊性，从而显示出区域的特征。

变动性。环境在自然和人类的共同作用下，其内部结构和外在状态始终处于不断变化的过程中。其中，人类的活动可以促进环境定向发展，也可能导致环境退化。

修复性。一个环境系统在一定的条件下和一定的时间内，表现为平衡状态。当受到自然或人类活动的影响而打破平衡时，就会引起环境结构和状态的改变。只要这种改变不超过一定的限度，环境系统具有一种自动调节功能，可使这些改变逐渐消失，其结构和状态恢复原来的面貌，即当出现改变环境平衡状态的条件时，平衡会向减弱这种改变的方向移动，这就是环境的修复性。但是，当这种改变超过一定限度时，改变就成为不可逆转的了。

二、环境污染

（1）环境污染是指有害物质进入环境，经过扩散、迁移、转化和积聚，引起环境系统结构和功能的改变，导致环境质量下降，对人类或其他生物的正常生存或发展产生不利影响。

引起环境污染的物质或因子称为环境污染物或环境污染因子，它按形态分为气、液、固及热、声、辐射等不同种类。向环境排放污染物或对环境产生有害影响的场所、设备和装置，称为环境污染源。环境污染按其涉及的环境要素可分为大气污染、水污染、土壤污染等；按污染范围可分为局部污染、区域污染及全球性污染等；按污染物的性质可分为化学污染、物理污染、生物污染等；按污染产生的原因可分为生产性污染和生活性污染等。

（2）环境自净，即指环境的修复性，是指环境受污染后，在自然条件下，在有限的时间内，污染物浓度或总量降低到不产生危害的程度。环境自净按其机理可分为物理自净、化学自净和生物自净。

① 物理自净，是通过扩散、混合、稀释、淋洗、挥发、沉降、吸附等物理作用，使环境中的污染物得以净化的过程。物理自净的能力除与污染物的物理性质（如粒度、相对密度、形态、表面活性等因素）有关外，还与环境的物理条件（如温度、气流、降水及地理条件等）有关。

② 化学自净，是通过污染物与环境物质或不同污染物之间的化学反应（如氧化、还原、化合、分解、络合、离子交换、化学吸附等），使环境中的污染物得以净化的过

程。化学自净能力除与污染物的化学性质和化学形态有关外，还与环境物质的酸碱度、氧化还原电位、温度和化学组成等因素有关。

③ 生物自净，是通过自然界中生物对环境污染物的吸收、降解、转化、富集等作用，使之得以净化的过程。生物自净能力除与污染物有关外，主要取决于生物的种类、环境温度和供氧状况等。

环境污染监测是环境科学的一个重要分支，是环境科学的工具和手段。“监测”从广义上讲，是为了追踪污染物种类、浓度的变化而在一定时期内对污染物进行的重复测定；从狭义上讲，是为了判断其是否达到标准或评价环境管理和控制环境系统的效果，对污染物进行定期测定。所以，环境监测是间断或连续地测定环境中污染物的种类、浓度、观察分析其变化和对环境影响的过程。环境监测的过程就是发现问题，按照标准制定监测方案，采集样品，处理样品，按标准分析方法测试，并按有关规定进行综合评价，提出环境保护意见等。

三、环境监测

环境监测的目的是及时、准确、全面地反映环境质量现状及发展趋势，为环境管理、污染源控制、环境规划、环境评价提供科学依据。具体内容包括：

根据环境质量标准，评价环境质量；根据污染物造成的污染影响、污染物浓度的分布、发展势头和速度、追踪污染物的污染路线，建立污染物空间分布模型，为实现监督管理、控制污染提供科学依据；根据长期积累的监测资料，为研究环境容量，实施总量控制、目标管理、预测预报环境质量提供科学依据；为保护人类健康和合理使用自然资源，制定、修订环境标准、环境法律和法规等；为环境科学研究提供科学依据。

环境监测按监测目的的不同分为研究性监测、监视性监测和特定目标监测。研究性监测是研究确定污染物从污染源到受体的运动规律，鉴定环境中需要注意的污染物，如果监测数据表明存在环境污染问题时，还必须确定污染对人、生物体和其他物体的影响程度；监视性监测是监测环境中已知有害污染物的变化趋势，评价控制措施的效果，判断环境标准实施的情况和改善环境质量取得的进展，建立各种监测网，积累监测数据，据此确定一个单位、省、市区、国家乃至全球的污染状况、发展趋势及对策；特定目标监测也称应急监测，按目的不同又可分为：①事故性监测。污染事故发生时，及时深入事故地点进行监测，确定污染物的种类、扩散方向、速度和污染程度及危害范围，查找污染发生的原因，为控制污染提供科学依据；②仲裁监测。主要针对污染事故纠纷、环境执法过程中发生的矛盾进行监测。仲裁监测应该由国家指定的具有权威的监督部门进行，提供的数据具有法律效力，供执法部门、司法部门仲裁；③考核验证监测。新建项目的环境考核评价、污染治理后的验收监测；④咨询服务监测。为政府部门、科研机构和生产单位提供服务性监测评价。

环境监测按监测对象的不同可分为大气监测、水质污染监测、土壤污染监测、生物污染监测、噪声污染监测、放射性污染监测等。

四、环境标准

我国的环境标准定为六类、两级。六类环境标准包括环境质量标准、污染物控制标准（或污染物排放标准）、环境基础标准、环境方法标准、环境标准物质标准和环保仪器设备标准。环境质量标准是为了保护人类健康、维持生态良性平衡和保障社会物质财富，并考虑技术经济条件，对环境中有害物质和因素所作的限制性规定。是衡量环境质量、制订环境保护政策、实施环境管理以及制订污染物控制标准的依据；污染物控制标准是为了实现环境质量目标，结合技术经济条件和环境特点，对排入环境的有害物质或有害因素所作的控制规定；环境基础标准是在环境标准化工作范围内，对有指导意义的符号、代号、指南、程序、规范等所作的统一规定，是制订其他环境标准的基础；环境方法标准是在环境保护工作中以试验、检查、分析、抽样、统计计算为对象制订的标准；环境标准样品是用来标定仪器、验证测量方法、进行量值传递或标准控制的材料或物质，对这些材料或物质必须达到的要求所作的规定称为环境标准物质标准；环保仪器设备标准是为了保证污染治理设备的效率和环境监测数据的可靠性和可比性，对环境保护仪器设备的技术要求所作的统一规定。两级环境标准是指国家环境标准和地方环境标准。其中环境基础标准、环境方法标准、环境标准物质标准只有国家标准，地方必须执行。

第二节　环境放射性污染

所谓环境放射性污染，指的是存在于环境中的放射性物质的量超过其天然存在水平。通常所说的与环境有关的人为放射性，是指因人为活动以各种方式释放到环境中的放射性，人为活动又可分为涉核活动和非核活动。

一、核活动产生的环境放射性污染

人类进入20世纪40年代以来，随着全球性核活动的启动、发展以及规模的不断扩大，进入环境中的放射性物质的数量和种类也逐渐增加。那些自然界中原本不存在的、用人工办法（如反应堆和粒子加速器）产生的放射性核素所具有的放射性，称为人工放射性或人工辐射。例如，用来制造核武器的^{239}Pu、农业上用来辐照育种的^{60}Co等，都是人工放射性核素。核武器的制造、核武器的大气层试验或地下试验、贫铀弹的使用、核能生产（包括铀矿开采、水冶、^{235}U的浓缩、燃料元件制造、核反应堆发电、乏燃料储存或后处理等）、放射性废物的运输和处置、放射性同位素的生产和应用、核事故等构成了人工辐射的主要来源。其中又以核武器试验、核事故为人工辐射最主要的来源。联合国原子辐射效应科学委员会曾对环境和食物中的放射性核素水平作过广泛调查，证实环境中各种介质和食物中都存在着人工放射性核素的污染，这些核素主要有^{89}Sr、^{90}Sr、^{95}Zr、^{95}Nb、^{99}Mo、^{103}Ru、^{106}Ru、^{131}I、^{134}Cs、^{137}Cs、^{141}Ce、^{144}Ce、^{238}Pu、^{239}Pu、^{240}Pu、^{241}Am等。

1. 核武器制造与试验

核武器制造中涉及的放射性核素主要有^{239}Pu、^{235}U、^{238}U、^{3}H和^{210}Po等，其生产过程包括铀矿开采、水冶、^{235}U的浓缩、^{239}Pu和^{3}H的生产、武器的制造、组装、维修、运输、储存及核材料的再循环使用，有可能导致放射性核素的常规和事故释放，造成局地和区域性环境污染。

核武器试验，简称核试验，通常分为原理性试验、科学性试验、改进和定型性试验、库存安全性试验和可靠性鉴定试验等；按照试验方式又分为大气层试验和地下试验。核试验中核装置的爆炸能量来自重核^{235}U和^{239}Pu的链式裂变反应或氘和氚的热核聚变反应，其大小常以 TNT 当量表示。军用放射性物质生产和核武器大气层核试验是在地面和高于地面的不同空间进行的。采用的方式包括装在塔上、固定在海面驳船上、悬挂在气球上、飞机投掷和高空火箭发射等。大气层核爆炸后，裂变产物、剩余的裂变物质和结构材料在高温火球中迅速气化，近地面大气层爆炸时，火球中还夹带着大量被破碎分散的土壤和岩石颗粒，火球迅速上升扩展，其中的气态物质冷凝成分散度各不相同的气溶胶颗粒，这些颗粒具有很高的放射性比活度。颗粒较大的气溶胶粒子因重力作用而沉降于爆心周围几百千米的范围内，形成局地性沉降；较小的气溶胶粒子则在高空存留较长时间后降落到大面积范围的地面上，其中进入对流层的较小颗粒主要在同一半球同一纬度区内围绕地球沉降，即对流层沉降，进入平流层的微小颗粒则造成全球范围沉降或平流层沉降。

放射性沉降物中大多是短寿命放射性核素，只在爆炸后短时期内对公众造成内外照射，从 1980 年禁试到现在，对公众造成照射的则主要是其中的一些长寿命核素。放射性沉降物对公众的照射包括经由吸入近地空气中的放射性核素和食入放射性污染的食物和水引起的内照射、空气中核素造成的浸没外照射和地面沉积核素造成的直接外照射。导致内照射的主要核素有^{14}C、^{137}Cs、^{90}Sr、^{106}Ru、^{144}Ce、^{3}H、^{131}I、^{239}Pu、^{240}Pu、^{241}Pu、^{55}Fe、^{241}Am、^{89}Sr、^{140}Ba、^{235}U和^{54}Mn等，导致外照射的主要核素有^{137}Cs、^{95}Zr、^{106}Ru、^{140}Ba、^{144}Ce、^{103}Ru和^{140}Ce等。1954 年，美国安装在太平洋中部比基尼珊瑚岛的一条驳船上的一个 15mt 量级的热核装置爆炸产生了大量的放射性沉降灰，在该岛以东 80 mile（1 mile = 1 609. 344 m）的渔船上的渔民描述这场灰尘是“如此沉重，以至于看起来像是铺了一层雪”。

大气层核试验释入环境的钚数量惊人。据1980年底前的统计，排入环境的总钚量达3.74×10^{17} Bq，包括^{238}Pu达8.88×10^{14} Bq（其中有5.72×10^{14} Bq是由SNAP-9A引入的）、^{239}Pu达5.70×10^{15} Bq、^{240}Pu达7.73×10^{15} Bq、^{241}Pu达3.60×10^{15} Bq。现今，以落下灰形式沉降全球范围的钚达1.33×10^{16} Bq。全球环境钚水平与大气核试验密切相关。在20世纪50年代—60年代，环境落下灰钚浓度有不断上升的趋势。随着大气核试验的停止，其浓度已呈下降倾向，并逐步达到稳定水平。据有关资料报道，当今，土壤、水体和水底沉积物中钚的浓度分别为3.7×10^{-2} Bq·kg^{-1}、3.7×10^{-6} Bq·L^{-1}和0.37 Bq·kg^{-1}。

封闭较好的地下核爆炸对参试人员及公众造成的剂量或剂量负担都很小，但偶然情况下，泄漏和气体扩散会使放射性物质从地下泄出，造成局部范围的污染。

2. 贫铀弹

天然铀是一种银白色，顺磁性，韧性好的重金属，空气中容易被氧化，所以外观一般呈暗黑色。天然铀包括^{238}U、^{235}U、^{234}U三种同位素，丰度分别为99.275%、0.720%和0.005%，半衰期分别为4.468×10^{9} a、7.037×10^{8} a和2.450×10^{5} a。金属铀在^{235}U被富集提取后，^{238}U大部分被剩余下来，成为这一富集过程的副产品，这部分铀就是通常所说的贫铀，也叫贫化铀。在贫铀中，^{238}U、^{235}U和^{234}U的同位素丰度分别为99.80%、0.19%和0.01%。

由于铀同位素比活度的不同，贫铀的放射性活度只有天然铀的60%，贫铀中^{238}U、^{235}U和^{234}U单位质量放射性活度分别为12.4 mBq·μg^{-1}、0.16 mBq·μg^{-1}、2.26 mBq·μg^{-1}，共14.82 mBq·μg^{-1}。贫铀的放射性比活度为^{226}Ra（老式钟表中的夜光材料）的三百万分之一，^{241}Am（商业用防火探测器中的材料）的一千万分之一。

贫铀除了释放α、β、γ放射性外，还具有高密度（19.107 g/cm^{3}），分别是钢和铅的2.4倍和1.7倍，硬度大，韧性好，易自燃，具有其他金属不可替代的物理特性。由于贫铀独特的物理特性，且价格相对低廉，所以被广泛地开发利用到民用和军事领域。

在军事领域，早在20世纪70年代，美国就开始着手研究以贫铀为材料生产穿甲弹，以代替价格相对昂贵且不易自燃的钨材料，同时充分利用了核废料，减少了核废料储存的压力。铀合金动能穿甲弹（简称贫铀弹）通过减少贫铀中碳含量并加入0.75%的钛，使硬度加强。在击中硬目标时，由于撞击并燃烧产生的高温将金属融化，从而穿透装甲，所以贫铀弹有极强的穿透力。一个30 mm长的贫铀弹可以穿透9 cm的钢板。在第一次海湾战争中，美军坦克的120 mm贫铀弹曾经创下一弹贯穿两辆T72坦克的记录。此外，贫铀还可以用作坦克的复合装甲。

由于贫铀弹采用的是天然放射性材料，使用时不会在瞬间产生大规模毁伤效果，而且辐射水平很低，污染程度无法与核弹相比，所以贫铀弹不属于核武器，不受国际上核不扩散条约等规定的限制，目前还没有禁止使用贫铀弹的规定。当前，美国、英国、法国、德国、俄罗斯以及其他一些国家，都已在坦克中装备了贫铀穿甲弹。贫铀武器是指以贫铀为主要原料制成的海、陆、空军使用的各种口径炮弹、穿甲弹和子弹的总称。

到目前为止，已经在三次战争中大规模地使用了贫铀武器。1991 年海湾战争，美国首次使用了贫铀穿甲弹，取得了击毁伊拉克 4 000 多辆装甲战斗车辆的战绩，期间，海湾战争时，美空军在“沙漠风暴”作战，共发射 783 514 发 30 mm API（穿甲燃烧）炮弹，每发含贫铀 0.3 kg，共散落 235 000 kg；美海军陆战队共发射 67 436 发 2 025 mm PGU 贫铀弹，每发含贫铀 150 g，共散落 1 010 kg；英海军发射了 100 发 120 mm APFSDS 贫铀弹，且在沙特阿拉伯训练中也使用了贫铀弹，以上三项总共为 237 t。第二次是在波黑战争中，从 1994 年到 1995 年，北约在对萨拉热窝周围地区的空袭中共投下了 10 800 枚贫铀弹，约 3 t 贫铀。第三次是在科索沃，北约的 A210 攻击机空袭投放了约 30 000 枚贫铀弹，约 10 t 贫铀。有关美军在 2001 年阿富汗战争中，以及美英联军在 2003 年伊拉克的第二次海湾战争中，使用贫铀武器的资料到目前为止尚未公布。但据专家分析，美军在阿富汗战场使用了大约 500~1 000 t 贫铀武器，在伊拉克使用了可能超过 1 000 t 的贫铀武器，且使用了含贫铀量更大的智能炸弹、反坦克导弹和巡航导弹等。专家指出，精确制导的贫铀炸弹重达 2 t，将产生比贫铀穿甲弹多 50 倍~100 倍的铀氧化物。

在贫铀武器的使用中，大约 70%~80%的弹头钻入了地下，深度可超过 50 cm，甚至可达 8 m。贫铀核素的迁移受到多种因素的影响，在很大程度上依赖于土壤的吸附能力、腐蚀率、酸性、元素构成、地下水特性以及气象条件。法国贫铀试验场的贫铀在 20 世纪 30 年内大约向下迁移了 30 cm，导致试验场地下水中铀浓度升高到 25 $\mu g \cdot L^{-1}$，而周围地区地下水的铀浓度不超过 8 $\mu g \cdot L^{-1}$。另一方面，贫铀弹击中目标后，在撞击燃烧过程中，部分贫铀会气化形成气溶胶氧化物，大部分的气溶胶颗粒小于 5 μm，在空气中悬浮一段时间，并随风力作用向四周扩散。设每发平均散落在 50 m×50 m 的地面上，则地面上贫铀沉降密度为 12 $\mu g \cdot cm^{-2}$。根据我国土壤中天然放射性核素含量的调查，^{238}U 活度的典型值为 40 $Bq \cdot kg^{-1}$，折算成质量含量约为 25 $\mu g \cdot cm^{-2}$（土壤平均密度 2 $g \cdot cm^{-2}$计）。所以，每发贫铀弹在地面播散的铀相当于天然含量的 50%。由此可见，贫铀武器的使用，在极短的时间内，使局部地区居民的生存环境产生了显著的变化，并可能长期损害当地居民的健康。

3. 核与辐射恐怖事件

自从美国“9·11”恐怖事件后，防范和处置核与辐射恐怖事件已成为反恐怖活动的重要内容之一。由于核与辐射恐怖事件涉及面广，环境污染严重，公众心理影响大，因此可能受到恐怖行为攻击的国家对如何防范和处置此类事件都高度重视。

核与辐射恐怖活动可能包括以下行为：

邮寄恐吓信，用放射性物质作为武器，但并不真实使用；盗窃放射性物质，随后可能用于恶意攻击；秘密照射或散布放射性物质，这类事件的特征可能是有放射病症状、烧伤或其他症状的患者到医院就诊；用放射源恶意照射某一个人或某一人群；用爆炸的方式散布放射性物质，即通常所说的脏弹，也可以用非爆炸的方式散布，例如破坏密封源的密封性；有意用放射性物质污染食物、水源、日用品、特定地点或环境；破坏包括有大量放射性物质的核装置的安全系统；转移核材料、特别是易裂变材料，如^{235}U和^{239}Pu，用于制造和使用粗糙核武器，使用或威胁使用这类核武器；直接袭击核电站、反应堆；破坏放射性废物储存库等。

从目前情况看，核与辐射恐怖最坏的可能性和最大的威胁是在人口密集的大城市散布放射性物质或使用所谓“脏弹”，核设施和大型设施，诸如水坝、石油或化工厂也是易受攻击的目标。“9・11”恐怖袭击过后，国际原子能机构向美国政府提出了警告：主要的危险在于用放射性材料和常规炸药结合制造“脏弹”；辐射释放可能污染整个爆炸地区，使一座城市在去污之前不能居住；必须强化对放射性物质的管理，防止恐怖分子获得，用以制造脏弹。1999年以来，国际原子能机构（IAEA）记录的在苏联和巴尔干半岛查获的浓缩铀和钚为6次，扣押的数量分别为0.4 g和6 g，而制造一枚原子弹至少需要8 kg的钚或25 kg的高浓铀。不过，国际原子能机构表示，恐怖分子制造核裂变装置的可能性非常小，原因是多方面的，首先恐怖分子必须获得足够的武器级纯度的铀或钚，然后还要拥有成熟的技术及设备将之建造成裂变炸弹。

在核与辐射恐怖事件中，有可能造成环境污染，而需要鉴别和检测的核材料有^{238}U、^{235}U、^{239}Pu等；医用同位素有^{67}Ga、^{99m}Tc、^{111}In、^{123}I、^{125}I、^{131}I、^{133}Xe、^{192}Ir、^{201}Tl等；天然放射性核素有^{40}K、^{226}Ra、^{232}Th、^{238}U等；工业用同位素有^{57}Co、^{60}Co、^{133}Ba、^{137}Cs、^{192}Ir、^{226}Ra、^{241}Am等。

由于辐射是核与辐射恐怖事件的危害因素，辐射本身无色无味，辐射效应可能在受到照射后几小时、几天、几星期或几年后才表现出来，加上公众对辐射不了解或存在误解，所以核与辐射恐怖事件与其他恐怖事件相比，更容易引起大量社会心理问题，引起人们的焦虑和恐慌。

4. 核事故

历史上的核事故主要有美国三哩岛核电站事故、苏联切尔诺贝利核电站事故和日本福岛核电站事故。

美国三哩岛核电站是轻水堆核电站，事故导致反应堆堆芯遭到严重破坏，部分堆芯发生熔化。在这之前，对核电站会发生严重事故只是假定是可能的，三哩岛事故使人们相信严重事故确实会发生，而且发现核电站严重事故造成巨大的经济损失。

尽管堆芯严重损坏，放射性裂变产物大量从燃料中释放出来，但由于安全壳的包容作用使得释放到环境中的量从对人的照射来看是很小的。释放到环境的放射性总量约为9.25×10^{16} Bq，几乎都是短寿命的惰性气体，其中约60%是^{133}Xe和^{131}I。三哩岛核事故实际上对环境和居民几乎没有造成任何危害。据估计，在核电站80 km范围内居民集体剂量约为20人・Sv，最大的个人剂量小于1 mSv。在事故后的开始两周中，测量到的空气中最大^{131}I浓度为1.2 Bq・m^{-3}。在场外的奶样品中，在离场1.9 km处在3月30日山羊奶中^{131}I最高的活度为1 517 Bq・m^{-3}。在牛奶中，^{131}I最高的活度为1 332 Bq・m^{-3}。环境样品中其他裂变产物均来自核武器试验的沉降灰。

1986年4月26日，乌克兰切尔诺贝利核电站4号机组发生了历史上最大的一次核事故，造成的后果远比三哩岛核事故要严重得多，引起世界各国公众的普遍关注。切尔诺贝利核电站采用大型石墨沸水反应堆（RBMK-1000型），用石墨作慢化剂和用沸腾轻水作冷却剂。核电站厂址位于乌克兰境内，靠近白俄罗斯的边界，所在地区是坡度很小的一片较为平坦的风景区。直到开始建造切尔诺贝利核电站，这个地区的平均人口密度较低，大约是每平方千米70人。在1986年初，核电站周围30 km半径范围的总人口约10万人。

事故导致反应堆建筑物和堆芯结构的破坏，致使大量放射性物质从核电站中释放出来。根据电站30 km半径内和整个苏联的取样分析和辐射测量的结果，事故期间释放的放射性核素总量估计为1~2 EBq，主要的放射性核素为^{131}I（630 PBq）、^{134}Cs（35 PBq）和^{137}Cs（70 PBq），其中弥散到其他国家的核素量^{131}I为210 PBq，^{137}Cs为39. 2 PBq，这不包括裂变气体氙和氪，它们从燃料中被认为是完全释放出来了。挥发性裂变产物碘、铯和碲，大约有10%释放出来，其他较稳定的放射性核素如钡、锶、钚和铈等有3%~6%释放到环境。表1-2-1列出了切尔诺贝利事故时堆芯放射性各核素的总量和它们的释放量占各自总量的百分比。表中数值已经对放射性衰变作了校正，校正到1986年5月6日。

这次事故放射性核素的释放不是一次性的短时间的释放，而是持续了很多天。事故的第一天仅仅释放了总释放量的25%，其余的是在9天内逸出的，释放分成四个阶段。

表1-2-1　切尔诺贝利核事故释放源

核素	堆芯总量①/10^{18} Bq	释放的百分数②/%
^{85}Kr	0. 033	~100
^{133}Xe	1. 7	~100
^{131}I	1. 3	20
^{132}Te	0. 32	15
^{137}Cs	0. 29	13
^{134}Cs	0. 19	10
^{89}Sr	2. 0	4
^{90}Sr	0. 2	4
^{95}Zr	4. 4	3
^{99}Mo	4. 8	2

续表

核素	堆芯总量①/10^{18} Bq	释放的百分数②/%
^{108}Ru	4.1	3
^{106}Ru	2.1	3
^{140}Ba	2.9	6
^{141}Ce	4.4	2
^{144}Ce	3.2	3
^{239}Np	0.14	3
^{238}Pu	0.001	3
^{239}Pu	0.000 8	3
^{240}Pu	0.001	3
^{241}Pu	0.17	3
^{242}Cm	0.026	3

注：① 衰变校正到 1986 年 5 月 6 日。
② 除裂变气体外，其精度为±50%

（1）事故第一天的初始释放。这阶段由于反应堆的爆炸产生放射性物质的机械排放。

（2）释放率持续下降 5 天。事故后的第 5 天释放率为初始释放率的六分之一。下降的原因是为阻止石墨燃烧而采取措施的结果。这阶段从反应堆直接逸出的细小弥散燃料是顺着热气流和石墨燃烧的烟雾带出的。

（3）释放率重新上升。这阶段持续了 4 天。事故后的第 9 天达初始释放率的 70%。最初，观测到放射性中挥发性成分的泄漏，特别是碘。随后，其核素成分类似于辐照过的燃料成分。这个现象由于余热释放使堆芯燃料加热到大约 2 000 ℃。

（4）释放率突然减少的阶段（从 5 月 6 日开始）。5 月 6 日释放率不到初始释放的 1%，而且继续下降，逐渐终止。这是因为采取了特殊措施，使裂变产物变成化学上较稳定的化合物。

在离切尔诺贝利不同距离上，沉积的放射性占堆芯总量的比例如下：场内为 0.3%~0.5%，在 0~20 km 内为 1.5%~2%，在 20 km 以外为 1%~1.5%。在地面的沉降（特别是在欧洲）主要是由降雨所控制的。

初始泄漏出的放射性随风向西北的芬兰和瑞典漂移。事故开始的爆炸和火灾产生的热量将部分放射性物质带到 1 500 m 的高度（当时这个高度的风速为 8~10 m · s^{-1}。根据在苏联境内的空中测量，4 月 27 日烟云高度超过 1 200 m，最大的辐射呈现在 600 m 高度处。之后，烟云的高度不超过 200~400 m。挥发性元素碘和铯可以在更高高度上

（6~9 km）被探测到。

由于持续 10 天的放射性释放是在不同的高度、风向和气象条件下发生的，导致放射性弥散模式十分复杂。在欧洲上空的弥散可以用下面简化的模式来描述。烟云分三个方向漂移：向西北，由苏联西部于 27 日到达瑞典和芬兰，该烟云较低高度的放射性南下到波兰和德国东部；向西，烟云于 29 日、30 日影响其他东欧和中欧的地区（捷克斯洛伐克、奥地利和德国西部等），30 日该烟云的放射性进入意大利的东北部，5 月 1 日北部气流穿过西欧将可探测到的放射性带进法国东部、比利时和荷兰；向南，烟云 5 月 1 日到罗马尼亚，5 月 2 日到希腊北部。在北半球，烟云抵达日本、中国和印度的时间分别是 5 月 2 日、4 日和 5 日。由于烟云在很大地区范围内大尺度垂直和水平方向的混合，到达美国和加拿大的东部及西部是同一时间（5 月 5 日—6 日）。在南半球，没有报告有切尔诺贝利的气载放射性。

按污染的测量水平，对 30 km 半径以内分三个区加以控制：

① 工厂周围大约 4~5 km 范围内，近期一般居民不能进入，禁止从事非必需的作业；

② 5~10 km 范围内，部分人员可以返回，在一定时间后允许从事某些特殊的作业；

③ 10~30 km 范围内，居民以后可以返回，重新恢复农业活动，但必须有严格的放射性监督。在上述这些区域的边界上要控制人员和车辆的往来，减少放射性污染的弥散。

在撤离前生活在切尔诺贝利附近的居民大多数可能的照射水平：γ 辐射为 15~50 mGy，不超过 0.1 Gy；β 辐射对皮肤的剂量为 100~200 mGy；平均吸收剂量为 0.1~0.16 Gy；根据切尔诺贝利镇街上 ^{131}I 的表面污染估计成人吸入碘产生的甲状腺剂量为 0.2~14 Gy。在切尔诺贝利附近以外，剂量明显减低。在乌克兰最严重污染区域的居民事故后第一年的外照射剂量为 7~25 mSv，内照射剂量大多数不超过 10 mSv。主要由于铯同位素的照射，苏联居民的集体剂量为 226 000 人·Sv，第一年约为 72 000 人·Sv。对剂量贡献最大的核素是 ^{131}I、^{134}Cs 和 ^{137}Cs，主要的照射途径是沉积放射性的外照射和食入被污染的食品。

日本福岛核电站（Fukushima Nuclear Power Plant）位于日本福岛工业区，由福岛第一核电站和福岛第二核电站组成，共 10 台机组（福岛第一核电站 6 台，福岛第二核电站 4 台）。福岛第一核电站始建于 20 世纪 70 年代初，按照设计标准具有抗 8 级地震能力，设计寿命为 40 年。福岛核电站的核反应堆都是单循环沸水堆，蒸汽直接从堆芯中产生，推动汽轮机。发生事故的日本福岛第一核电站地震及海啸时，其 1 号~3 号机组正在运转，4 号~6 号机组早已停机做定期检查。2011 年 3 月 11 日，日本仙台沿海附近发生了强烈地震，震级高达里氏 9.0 级。此次地震及其所引发的强大海啸袭击了包括仙台在内的日本多个沿海县市，在造成 2 万余人死亡和失踪以及巨大财产损失的同时，重创了地处地震灾区的日本东京电力公司（简称东电公司）属下的福岛第一核电站，引发了核泄漏导致的核事故。日本福岛第一核电站在地震中6个机组的4个受到影响。3月12日下午3时30分左右，1号机组发生氢气爆炸，大约10 min后冒出白烟；14日早上，3号机组发生氢气爆炸，反应堆堆芯燃料部分熔毁；15日早晨，2号机组爆炸，压力控制池受损；当地时间15日中午12时左右，4号机组发生小规模氢气爆炸，有起火现象。

这一系列机组事故造成了严重的核泄漏，在向核反应堆注水前的16日和17日，3号机组附近的辐射量最高时达到每小时3 484 mSv，就连距2号机组1.1 km的核电站西门附近核辐射量也一度高达每小时3 515 μSv。在采取包括注水冷却堆芯等多项紧急措施后，18日开始对福岛核电站测量得出的辐射量首次下降。但取样结果表明，核污染仍然比较严重，22日在福岛附近海域就测出了多种放射性物质，就连20 km强制疏散区外都检测到了高辐射的存在，放射性物质比安全标准高16.4倍，有的海域甚至超标127倍。放射性物质的扩散使得福岛附近地区的牛奶、蔬菜、粮食作物甚至地下水都受到一定程度的污染，殃及日本西部地区乃至临近的国家。芬兰辐射与核安全中心23日公报，部分地区空气中检测到微量源于日本核泄漏事故的放射性物质。美国环境保护署22日讲，设在旧金山等多地的监测仪器检测到来自日本的放射性物质。新华社26日，在中国黑龙江省东北部空气中首次发现了极微量人工放射性核素^{131}I。4月4日我国内地监测到来自日本第一核电站释放出的极微量人工放射性核素^{131}I、^{134}Cs和^{137}Cs。4月5日，从北京、天津、河南等地区抽检的露天种植的菠菜表面发现了微量放射性^{131}I。由于福岛核电站周围的环境受到放射性物质的严重污染，3月11日21时23分，半径3 km内居民撤离，半径3~10 km内居民待在屋中。3月12日05时44分，半径10 km内居民撤离。3月12日18时25分，半径20 km内居民撤离，约12 000人。3月15日11时00分，半径20~30 km内居民待在屋中。3月25日11时30分，半径20~30 km内居民应考虑撤离。鉴于核泄漏的严重性及其造成的危害，3月11日16时36分，日本政府宣布进入“核能紧急事态”。

福岛核电站使用的是单层循环沸水堆，即和生活中用的蒸汽压力锅类似，只有一条冷却回路。核燃料对水进行加热，水沸腾后汽化，然后蒸汽驱动汽轮机产生电流，蒸汽冷却后再次回复液态，再把这些水送回核燃料处进行加热。蒸汽压力锅内的温度通常大约200 ℃，在核燃料棒破损、发生重大事故和放射性泄漏情况下，蒸汽里就带有大量放射性物质。在事故条件下蒸汽外泄是造成放射性物质进入大气环境的重要原因。日本这样地震频繁的国家使用这样的结构非常不合理。一旦出现冷却系统故障，即使停堆，反应堆的温度也会快速升高，进而会发展到燃料熔化等事故发生。

二、非核活动产生的环境放射性污染

产生环境放射性污染的非核活动主要是一些与矿物资源有关的大规模工业生产活

动，这类活动导致的环境放射性污染已经越来越引起广泛的关注。以伴生矿开发利用为例，我国伴生放射性矿资源丰富，全国范围内伴生矿种类繁多，如稀土矿、铝矿、铅锌矿、钽铌性、锆英矿、煤矿、磷矿等，资源利用包括伴生矿的开采和精选、伴生矿的冶炼和加工及产品的使用。特别是各类稀土矿居世界之首，是世界唯一能够提供不同品种、不同品级稀土矿品的国家，稀土产品在世界市场占有率达 70%。稀土矿物资源主要分布在内蒙古、包头、四川、江西、湖南、江苏、山东和广东等。稀土矿的伴生矿放射性核素比其他伴生矿要高，开发利用过程中造成的环境放射性污染十分严重。

表 1-2-2 列出了典型伴生矿物中放射性核素含量，由表中可见，稀土矿、独居矿中的天然放射性核素含量最高。

伴生矿开发利用过程中，矿物中天然放射性核素的迁移和扩散使环境中的辐射水平得以增高，导致公众接受的额外的外照射年有效剂量当量高于全国天然辐射所致的 0.55 $mSv \cdot a^{-1}$的剂量水平，其中稀土矿对公众所致的外照射剂量超过全国居民平均接受剂量水平的 2 倍。

表 1-2-2　部分省市稀土伴生矿放射性核素及总放射性比活度（$Bq \cdot kg^{-1}$）

省名	矿名	样品	^{238}U	^{232}Th	^{226}Ra	总 α	总 β
四川	氟碳铈矿	牦牛坪（10 品位原矿）	450.4	1 335.5	279.0	2 815	5 975
		森荣-1（稀土精矿）	508.0	6 652.4	343.2		
		冕宁-1（稀土精矿）	766.6	3 962.9	540.3		
		冕宁-2（稀土精矿）	547.6	4 422.6	453.7	63 144	8 145
		冕宁-3（稀土精矿 70%）	427	4 859	260		
广东	独居石	稀土精矿	35 100	48 000	174 000		
山东	氟碳铈镧	济宁市钢铁厂（稀土矿）	1 220	1 070	5 270	66 200	7 500
		微山矿（稀土矿）	182	525	565	8 300	2 500
内蒙	白云矿	原矿	19.3	2 600		8 400	1 300
		混合铁精矿	21.3	156.3	20.4	3 500	390
		（稀土精矿 60%）		9 800	20.1	$(2.9 \sim 6.7) \times 10^4$	$(4.4 \sim 7.8) \times 10^3$
贵州	铝矿	小山堤（矿石）	197.6	125.0	147.7	4 282.8	2 538.8
	磷矿	砂坝矿（矿石）	145.6	3.0	192.0	1 453.0	360.0
	黔中煤盆	水城矿（原煤）	618.3	88.3	520.0	4 698.0	2 161.0
	铅锌矿	赫章妈姑（铅锌矿）	157.6	8.76	960	2 938.0	1 372.3

产生环境放射性污染的其他工业生产活动还有磷酸盐加工、金属矿石加工、废金属

工业、钍化合物、化石燃料等。例如，化石燃料最重要的是煤、天然气和石油。燃煤过程中产生大量的飞灰和底灰，煤散逸飞灰中放射性核素的平均含量：^{40}K 为 265 Bq · kg^{-1}，^{238}U为 200 Bq · kg^{-1}，^{210}Pb 为 930 Bq · kg^{-1}，^{210}Po 为 1 700 Bq · kg^{-1}，^{232}Th 为 70 Bq · kg^{-1}，^{228}Th为 110 Bq · kg^{-1}，^{228}Ra 为 130 Bq · kg^{-1}。

环境放射性污染已成为多方关注的问题。生物学者关心水、空气和土壤中的放射性物质对动植物的影响；医学卫生学者关心食物、饮水和居室空气中的放射性物质对人体健康的影响；从事核仪器工业的实业者关心他们使用的原材料是否因微量放射性物质的污染而受损失；环保学者要决定环境中的放射性污染物要控制到什么水平；核设施的安全管理者关心流出物中的放射性污染物是否超出规定的限值。总之，应当尽最大可能限制和控制由于技术发展而增加的放射性物质向环境的扩散。

第三节　环境放射性监测类型和方法

一、环境放射性监测的目的和特点

环境放射性监测是指为评价核设施附近环境辐射水平和估算公众接受剂量提供资料而进行的测量。

辐射防护监测大致可以分为个人剂量监测、工作场所监测和环境监测三个方面。环境放射性监测是辐射防护监测的一个方面，其目的是判断和估计环境中辐射及放射性物质的存在水平，分析它们可能对人造成的危害，及时发现异常情况，以便采取安全措施，防止对附近居民造成有害影响，保护环境安全。环境监测是保护环境的重要一环。它既是评价开展放射性工作对环境影响的依据，又可及时发现事故和隐患，促进放射性废物处理的安全性。

根据国家环保局制定的《全国环境监测条例》规定，环境放射性监测主要任务包括：

对环境中各项要素进行经常性监测，开展放射性质量状况调查，掌握环境质量状况及发展趋势；对各有关单位排放放射性污染物的情况进行监视性监测，对核设施运行期间在邻近地区产生的现有影响和潜在影响进行评价，观察邻近地区放射性对公众引起的外照射和内照射，对这种照射可能达到的上限进行估计，对其辐射水平的意外升高提出警告；为政府部门执行各项环境法规、标准及全国开展环境管理工作提供准确可靠的监测数据和资料，为政府部门和行政领导的决策提供依据；检查放射性废物的处理和处置系统的效能，或者为合理利用环境自净能力处理放射性废物提供依据；开展环境监测技术研究，促进环境监测技术的发展。

总之，通过对环境放射性水平进行监测，对监测结果进行综合分析，作出环境质量评价，提出环境治理保护措施，是环境监测的最终目的。

采样分析是环境放射性监测的最常用重要方法。样品中常量的非放射性元素及干扰的放射性核素的含量往往很高，而待测的放射性核素的含量又较低，有的放射性核素又常常以离子、络合物与胶体等多种价态和状态存在，给环境监测工作带来了许多困难，产生了如下一些特点：

外来放射性（包括本底放射性和干扰放射性）对监测方法的探测限和准确度影响很大；样品的需要量较大，以便保持待测样品中的放射性核素含量大于仪器的探测限，因而给放射化学分析工作增加了额外的负担，因为样品中待测核素自身载体含量有的不能忽略，需要对其进行测定；在分析测量过程中样品被沾污的因素比较复杂，样品被沾污的可能性比较大，样品中性质相近的核素，加入的试剂和工作环境都可能使待测样品被沾污；放射性测量的统计误差对分析结果影响较大，为了达到一定的测量精确度，常常要求测量较长的时间，为此对测量仪器稳定性要求较高。

由于样品成分相当复杂，常量杂质含量高，待测组分的浓度极低（10^{-9}以下），给环境监测带来不少困难，因而近年来国际上在环境监测技术上有如下明显的发展趋势：

多种核素同时测定的技术是环境监测能够快速、大规模开展的发展方向。计算机的应用为多种核素的同时测定提供了可能，如计算机多道 γ 谱仪可同时测定数十种核素；不断向下延伸检测下限。目前的监测技术对于污染源及污染水平的调查一般是可行的，但是对于本底调查及环境放射性核素的生态研究有时仍不能满足要求。大量资料表明，核电站正常运行时，向周围释放的放射性物质所造成的环境放射性污染远低于天然放射性本底水平，因此要求所采用的测量仪器和分析方法的检测限应低于相应环境标准的1/10~1/100。向下延伸检测下限的有效途径是发展样品的分离浓缩技术、减小分析空白、采用高灵敏度的探测器；不断提高分析结果的准确度。许多发达国家在大力发展用于分析检测校准和评价分析方法的环境放射性标准参考物质，广泛组织国家和国际间的合作实验以发展标准方法，积极研究与推广环境样品分析测量的质量保证计划，加强监测方法全过程和质量保证的研究；发展高灵敏度的就地测量技术，如热释光、高压电离室和就地 γ 谱仪等。

虽然低本底测量装置给环境监测带来了很大的方便，可以对一些样品直接进行多种核素的同时测量，但是就其灵敏度来说，仍不及化学分析方法，不能满足极低水平的环境放射性测定的需要。尤其是对 α 和 β 核素的分析，目前主要还是依靠放射化学分析方法。因此在环境监测中，物理方法和化学方法是相互紧密依存的，缺少任何一个都难以达到预期的目的。

二、环境放射性监测的类型

国家标准《环境核辐射监测规定》GB 12379—90 第 4.1.2 规定，源项单位的环境核辐射监测机构负责本单位的环境核辐射监测，包括运行前环境本底调查，运行期间的常规监测以及事故时的应急监测。

环境放射性本底来自宇宙射线、自然界中天然存在的放射性核素以及核事故与核武器爆炸产生的局部和全球性放射性沉降物。运行前环境放射性的本底调查的主要目的是获得关于关键核素、关键途径和关键居民组的资料，为制定运行期间的常规监测计划以及从人接受的现有照射和潜在照射的角度对监测结果的解释提供定量的依据；提供运行前的环境放射性本底调查数据，作为评价核设施运行后监测结果的基准；对运行期间的常规监测方法和步骤进行考验和演练。

由于本底资料是评价常规监测结果的重要依据，因此本底调查的内容十分广泛，主要包括空气、土壤、地面水和地下水、动植物和有代表性的农牧产品中放射性核素的成分、含量及随季节的涨落等；了解周围的居民分布及生活、饮食的习惯，调查与关键核素、关键途径和关键居民组有关的材料和数据；贯穿辐射水平。

核设施运行前一般要求获得连续两年的本底调查资料。为了减小因气象因素造成的误差，本底调查的时间最好能包括两个生长期，调查的范围应包括核设施可能影响到的地区。例如，核电站周围 γ 辐射的调查半径可取 60~100 km；对环境介质中核素调查半径可取 20~30 km。监测的项目一般包括环境辐射、总 α 总 β 放射性水平以及有关的放射性核素，如 ^{3}H、^{58}Co、^{60}Co、^{89}Sr、^{90}Sr、^{103}Ru、^{106}Ru、^{131}I、^{134}Cs、^{137}Cs、^{210}Po、^{226}Ra 和 U 等。表 1-3-1 列举了核电站运行前环境放射性本底调查的项目及频度的实例。监测项目一般包括空气、水、土壤等介质污染状况的监测，动植物中放射性核素的分析，地面环境 α、β、γ 的污染检查及环境辐射场的监测。

常规监测的目的是了解周围环境的污染状况，评价可能带来的危害和影响，检验放射性废物处理系统的效能，控制放射性物质的排放量。同时进行诸如环境污染趋势、核素迁移和放射生态学等有关项目的研究。核设施的常规监测通常以设施为中心对周围环境进行监测。监测的对象应根据核设施排放核素的种类、性质、排放量、排放方式以及核素在环境中的转移途径，在本底调查的基础上确定，重点监测构成居民受照射主要来源的那些核素与环境介质，监测的环境介质与本底调查基本相同。

核设施常规运行初期的头几个月的环境监测对于查明任何意外事件或短暂状况具有特殊的意义。运行初期的监测点布得密度较高，测量也比较频繁，以便对核设施的有效影响进行评价，并与预期水平作出比较。这一时期的监测还可以提供最有意义的环境因素的记录，尤其是有关辐射剂量和流出物分散的记录。根据所获结果，便可以制定出更为合理的常规监测方案，在常规的或异常的情况下收集到最重要的数据。如果在运行后连续测出环境放射性水平与运行前的调查无差别，采样点的密度和监测的频度可以逐步地减小。

表 1-3-1 核电站环境放射性本底调查实例

电站名称	样品种类	分析项目	频度
SALEM	水	总α、总β、^{3}H、^{40}K、^{90}Sr、γ核素	每月1次
	空气微粒	环境总β、^{131}I、γ核素	每周1次
	土壤	^{90}Sr、γ核素	每年3次
	水生生物	^{3}H、^{90}Sr、γ核素	每年2次~3次
	牛奶	^{131}I	每月2次
	饲料	γ核素	每年2次
	牛甲状腺	^{131}I	每年1次
Nnrth Anna	空气	γ辐射	每季1次
		总α、总β	2周1次
	土壤	γ核素	
	水	总β、^{3}H	每月1次
	蔬菜、谷物、饲料	γ核素	每年1次
	沉降物	总放射性活度	每月1次
	鱼	总放射性活度、γ核素	
	底质	总放射性活度、γ核素	

常规监测应制订切实的计划，合理布置采样点，确定采样周期、采样方法，选择合适方法进行样品处理和测量，并对监测结果进行正确评价。环境放射性监测的方案应在满足其特殊要求的前提下，使其监测点位、采样周期及方法尽可能与非放射性污染物的常规监测相一致，以利于对环境作出综合评价。应考虑当地的自然地理、周围环境、居民习俗与分布等条件。如我国已建和在建的核电站地处海边，人口密度高，农村人口比例大，膳食以蔬菜、粮食、海产品等为主，动物蛋白与奶制品食用量少，使用露天水源多，因此，对水的监测周期应适当缩短，对牛奶中^{131}I的监测则可适当放宽。表1-3-2列出了我国核电站常规环境监测方案。监测方案应依据实际情况的变化随时作相应的修改或补充，发现新的污染应及时追踪，出现异常情况时，应增加监测点，增大采样频度。

应急环境监测的目的是迅速取得核事故状态下有关环境辐射水平、污染范围和公众受照射状况，以便采取必要的应急措施；取得有关事故的后果和释放的放射性物质在环境中运动规律资料。

在运行前本底调查工作期间就应当确立应急环境监测的方案，并且应当定期审查。这种监测方案的设计必须有充分的灵活性，以便适应事故的一些预料不到的特点和随着事故的发展而发生的情况变化。

在事故的早期，头等重要的是获得有关事故的严重后果和预报事故对环境的影响范围及期限的信息，以便对应急防护措施的决策提供依据。在此期间由于需要迅速作出估计，快速提供监测结果，因而不必像常规监测那样达到较高的精确度。

应急时的环境监测原则上分为早期和中、晚期监测。早期的监测是要及时确定放射性烟云的范围、走向和特征，测定空气中剂量水平，同时尽快测量土壤和水的沾污情况。中、晚期的监测主要查明水和食物中放射性污染状况，包括河流或水源的放射性污染及其对水生生物的影响；农作物和牧草的污染及其对家畜和牛奶等的可能影响。在事故情况下环境中的放射性水平一般比常规运行期间高，因而可以比常规监测时更易查明污染的地点和获得其他有意义的信息，采样量也可以适当减少，有利于提高监测速度。

表 1-3-2　我国核电站常规环境监测方案

监测对象	取样点位置和数量	分析项目	频度
空气 微粒	厂区外空气最大污染区 1 个取样点；8 ~30 km 范围内主导下风向居民区 1 个~2 个取样点；主导上风向不受排放影响的区域 1 个取样点	总 β、γ 谱分析	连续或每天积累，每周累积小体积样品，偶尔抽取大体积样品
^{131}I	同上	^{131}I	同上
外照射	同上	积分照射量	每季 1 次
地表水	排放口下游 1 个~2 个点，上游 1 个点	总 β、γ 谱分析	每月 1 次
饮用水	下游第一个饮水源	总 β、γ 谱分析	每 6 个月 1 次
地下水	下游 8 km 范围内 1 个点	总 β、γ 谱分析	每 6 个月 1 次
牛奶或阔叶植物	主导下风向供奶区 1 个点	^{131}I，放射性锶	每季 1 次
谷物、蔬菜	受排放影响最大地区 1 个点	总 β、γ 谱分析	每年 1 次
水生生物（指示生物）	排放口下游 1 个点	特定核素分析	每年 1 次
土壤	受排放影响最大地区 1 个点	特定核素分析	每年 1 次

三、环境放射性监测的方法

核设施环境放射性监测方法有现场就地监测和样品实验分析两种。

样品实验分析方法是采集预先确定的点位上一定数量样品，通过物理或化学分析手段得到样品的辐射物理测量值来推论被监测总体的辐射物理真值，此种方法精度高，不受监测环境条件的限制。

就地监测是指在环境现场进行的测量，它不破坏环境的自然状态，与实验室分析相比，测量数据更能直接反映测量对象的性质，缺点是分析精度受到限制，对仪器的抗干扰能力要求较高。

表 1-3-3　核事故应急监测内容实例

反应堆堆名	事故性质	估计排放量/Bq	监测内容
温茨凯尔 1 号堆	元件熔化石墨着火，事故发生在 1957 年 10 月 7 日	^{131}I：7.4×10^{14} ^{132}Te：4.4×10^{13} ^{137}Cs：2.22×10^{13} ^{89}Sr：2.96×10^{11} ^{90}Sr：3.33×10^{11}	（1）15 辆监测车在事故发生后测量环境 γ 辐射和空气中总 β； （2）测定牛奶中的 ^{89}Sr、^{90}Sr 和 ^{131}I； （3）分析蔬菜、鸡蛋、肉、饮水等食物中的 ^{89}Sr 和 ^{90}Sr
三哩岛核电站 2 号堆	燃料元件破损，回路冷却水泄露，事故发生在 1979 年 3 月 28 日	惰性气体：1×10^{17} ^{131}I：5.55×10^{11} ^{137}Cs：微量	（1）直升飞机在事故发生后立即在 90～450 m 高度跟踪放射性烟云，测量 γ 剂量率，每日 2 次； （2）监测车立即在地面监测 γ 剂量率，在 31 个监测点用热释光剂量仪测量； （3）3 月 29 日在半径 32 km 内对牛、羊奶的 ^{131}I，对牧草、土壤、蔬菜以及食品中放射性核素进行测定

思考题：

1. 环境放射性监测的方法和类型包括哪些？
2. 为什么说开展环境放射性本底调查具有非常重要的作用？

第二章

环境辐射

第一节　自然界中天然存在的放射性核素

自然界中天然存在的放射性核素包括宇生放射性核素和原生放射性核素两大类。

宇生放射性核素是初级宇宙射线中的高能粒子从太空进入地球大气层后与大气中的氮、氧、氩等原子发生核反应后产生的放射性核素，主要包括^{3}H、^{7}Be、^{10}Be、^{14}C、^{22}Na等，见表 2-1-1。

表 2-1-1　主要的宇生放射性核素

核素名称	化学符号	半衰期 $T_{1/2}$
氢-3	H	12.33 a
铍-7	Be	53.29 d
铍-10	Be	$1.51×10^{6}$ a
碳-14	C	5 730 a
钠-22	Na	2.602 a
铝-26	Al	$7.4×10^{5}$ a
硅-32	Si	172 a
磷-32	P	14.26 d
磷-33	P	25.34 d
硫-35	S	87.51 d
氯-36	Cl	$3.01×10^{5}$ a
氩-37	Ar	35.04 d
氩-39	Ar	269 a
氪-81	Kr	$2.29×10^{5}$ a

原生放射性核素是指自地球形成以来就有的、广泛分布于地壳中的天然放射性核

素，主要包括^{40}K、^{87}Rb、^{138}La、^{147}Sm、^{176}Lu等单独存在的放射性核素以及铀系、钍系、锕系等天然放射性衰变系列中的各个核素。表2-1-2列出了联合国原子辐射效应科学委员会（UNSCEAR）2000年报告提供的单独存在的原生放射性核素。

表2-1-2　地球单独存在的原生放射性核素

核素名称	化学符号	丰度/%	半衰期 $T_{1/2}$/a
钾-40	K	0.0118	1.28×10^{9}
钇-50	Y	0.25	6.0×10^{15}
铷-87	Rb	27.9	4.75×10^{10}
铟-115	In	95.8	6.0×10^{14}
碲-123	Te	0.87	1.2×10^{13}
镧-138	La	0.089	1.12×10^{11}
铈-142	Ce	11.07	75×10^{16}
钕-144	Nd	23.9	2.4×10^{15}
钐-147	Sm	15.1	1.05×10^{11}
钐-148	Sm	11.27	$>2\times10^{14}$
钐-146	Sm	13.82	$>1\times10^{15}$
钆-152	Gd	0.20	1.1×10^{14}
镝-156	Dy	0.052	$>1\times10^{18}$
铪-174	Hf	0.163	2×10^{15}
镥-176	Lu	2.6	2.2×10^{10}
钽-180	Ta	0.012	$>1\times10^{12}$
铼-187	Re	62.9	4.3×10^{10}

地球上天然存在的放射性衰变系列有铀放射系、钍放射系和锕放射系，三个放射系的最终产物都是铅的稳定核素。

铀系（$A=4n+2$系）：母核是^{238}U，中间经过8次α衰变，6次β衰变，共计14次连续衰变最终到稳定核素^{206}Pb结束；

钍系（$A=4n$系）：母核是^{232}Th，中间经过6次α衰变，4次β衰变，共计10次连续衰变最终到稳定核素^{208}Pb结束；

锕系（$A=4n+3$系）：母核是^{235}U，中间经过7次α衰变，4次β衰变，共计11次连续衰变最终到稳定核素^{207}Pb结束。

此外，还有一个人工放射性衰变系列镎系（$A=4n+1$系），母核是^{237}Np，中间经过7次α衰变，4次β衰变，共计11次连续衰变最终到稳定核素^{209}Bi结束。表2-1-3列出了三个天然放射性衰变系列和一个人工放射性衰变系列的基本数据。

表 2-1-3　放射性衰变系列

放射系	母核	半衰期 $T_{1/2}$/a	连续衰变次数	末代子核	A 满足的关系式	
钍系	^{232}Th	1.4×10^{10}	10	^{208}Pb	$A=4n$	天然
铀系	^{238}U	4.51×10^{9}	14	^{206}Pb	$A=4n+2$	天然
锕系	^{235}U	7.1×10^{8}	11	^{207}Pb	$A=4n+3$	天然
镎系	^{237}Np	2.14×10^{6}	11	^{209}Bi	$A=4n+1$	人工

归纳起来，地球岩石圈、水圈和大气圈的各种天然放射性核素按其形成和积累的条件可以分为四类：

① 长寿命放射性重核素，是在地球发育的初期形成的，即三个放射性系列的母核素^{238}U、^{235}U 和^{232}Th。

② 短寿命放射性元素，是三个天然放射性衰变系列的中间产物，数量较多，其中对研究天然放射场最有意义的是 Ra 和 Rn。

③ 长寿命不成系列的放射性同位素，如^{40}K、^{87}Rb、^{147}Sm 等，也是在地球发育的初期形成的，在这类元素中只有^{40}K 对天然放射场作出可观的贡献。

④ 由于宇宙射线的粒子与地球物质的原子核相互作用而在大气圈、水圈和岩石圈中产生的放射性同位素，以轻元素和短寿命元素为主，如^{14}C。

第二节　水体中的天然放射性核素

存在于自然界未经人工加工的水称为天然水，天然水可分为降水（雨、雪、雹）、地面水（江河、湖泊、沼泽、海洋）和地下水三大类。天然水是多种物质的溶液。由于地球上不存在绝对不溶于水的物质，所以，地壳中的所有元素，在水中也应有尽有，它们来自于大气、土壤、岩石和生物。雨雪对大气中各种气体和尘埃的溶解或凝结，径流的水对土壤、岩石中矿物质的溶解和冲刷，溶解了气体和盐类的水又可溶解岩石或与土壤、岩石中某些离子进行离子交换反应，致使天然水的成分复杂多变。天然水中的氧，除溶解氧外，主要作为含氧酸根的组分而存在。钙、镁、钠、钾的氯化物和除 $CaSO_4$ 外的硫酸盐易溶于水，含 CO_2 的水对钙、镁碳酸盐的侵蚀作用，使 Ca^{2+}、Mg^{2+}、Na^+、K^+、Cl^-、SO_4^{2-}、HCO_3^-、HCO_3^{2-} 等 8 种离子成为天然水成分中的主成分。

自然环境水中的成分，按其形态可分为悬浮物、胶体物、溶解物，按化学性质可分为无机物、有机物，按溶解物形态可分为离子型物质和分子型物质。

其中，悬浮物目视可见或在普通显微镜下可观察到，包括泥砂、黏土、藻类及原生动物、细菌等；胶体物在电子显微镜下可观察到，如硅酸，腐殖酸胶体等；溶解物包括盐类（钙、镁、钠、钾、铁和锰盐等）、气体（氧气、二氧化碳、氮气等），此外，还有小分子量或具有亲水性基团但分子量较大的有机物。天然水体中还生长着各种水生生物。水、水中的悬浮物质、溶解物质、底质和水生生物构成一个完整的水生态系统，如图 2-2-1 所示。

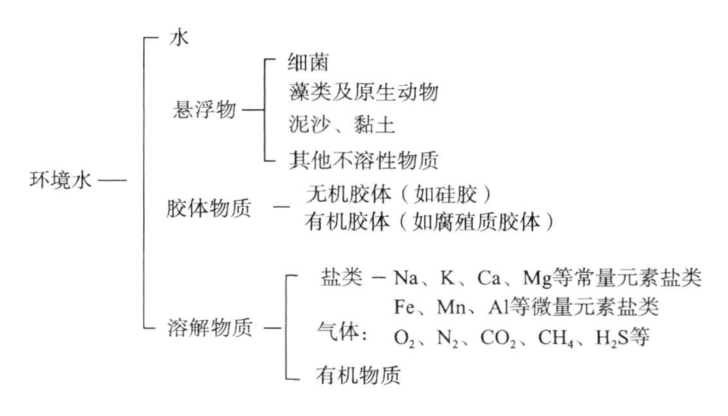

图 2-2-1 水体生态系统图

水中各种天然放射性核素的含量，随不同水体和不同水质而变化很大。各种淡水中天然放射性核素的含量与其所接触的岩石放射性及水文地质、大气交换、理化性质等因素有关。一般来说，地下水的放射性水平比地面河流、湖泊淡水的高，酸性岩层地下水的放射性水平比碱性岩层的高。

国家环境保护总局在 1983 年—1990 年，在全国主要省份进行了环境放射性本底水平调查，得到了国内各流域江河水、主要湖泊、城市自来水中天然放射性核素 U、Th、^{226}Ra 和^{40}K 的浓度。调查表明，我国中、西部江河水中天然放射性核素浓度较高，东南沿海、长江、珠江及东北诸河（^{226}Ra 除外）江河水中较低。一般看来，从东南向西北、从东北向西南，江河水中核素浓度增高的趋势较为明显，黄河中、下游地区河流的核素浓度较高，详见表 2-2-1。

表 2-2-1 我国各流域江河水中天然放射性核素的浓度

流域	U/(μg · L^{-1})	Th/(μg · L^{-1})	^{226}Ra/(mBq · L^{-1})	^{40}K/(mBq · L^{-1})
	范围	范围	范围	范围
东北诸河流域	0. 02 ~ 14. 90	<0. 01 ~ 2. 60	0. 52 ~ 99. 54	10. 7 ~ 683. 0
海滦河流域	0. 14 ~ 12. 00	0. 02 ~ 2. 73	<0. 50 ~ 26. 83	34. 1 ~ 7 149
黄河流域	0. 03 ~ 42. 35	0. 04 ~ 3. 05	0. 62 ~ 54. 50	23. 0 ~ 2 494
淮河及山东半岛诸河流域	0. 03 ~ 10. 00	0. 03 ~ 9. 07	0. 58 ~ 8. 45	22. 8 ~ 5 860
长江流域	0. 05 ~ 8. 62	<0. 01 ~ 5. 60	<0. 84 ~ 58. 00	8. 0 ~ 2 004
浙闽沿海诸河流域	0. 04 ~ 1. 36	0. 02 ~ 0. 50	0. 90 ~ 12. 30	25. 0 ~ 522. 1
珠江及两广诸河流域	0. 03 ~ 3. 68	0. 02 ~ 0. 61	<0. 86 ~ 30. 87	12. 6 ~ 234. 5
西南诸河流域	0. 16 ~ 5. 85	0. 05 ~ 6. 97	1. 25 ~ 59. 55	11. 0 ~ 216. 0
北冰洋流域额尔齐斯河流域	0. 52 ~ 8. 47	0. 05 ~ 0. 11	0. 83 ~ 2. 00	23. 8 ~ 114. 4
内陆河流域	0. 76 ~ 12. 21	0. 05 ~ 1. 87	0. 73 ~ 30. 50	22. 9 ~ 566. 0

表 2-2-2 列出了我国一些地区泉水中天然放射性核素的浓度。

表 2-2-2 一些地区泉水中天然放射性核素浓度

泉名	所在地	U/(μg·L^{-1})	Th/(μg·L^{-1})	^{226}Ra/(mBq·L^{-1})	^{40}K/(mBq·L^{-1})
小汤山温泉	北京	0.21	0.40	89.1	437.0
热河泉	河北承德	1.65	0.07	5.5	76.9
晋祠泉	山西太原	1.67	0.22	18.5	61.8
趵突泉	山东济南	1.00	0.14	3.17	25.0
黑虎泉	山东济南	0.88	0.21	3.39	122.5
华清池	陕西临潼	5.46	<0.04	4.2	317.0
龙井泉	浙江杭州	0.49	0.04	<0.9	10.2
虎跑泉	浙江杭州	0.34	<0.02	17.50	6.7
峨眉山泉	四川	0.29	0.39	2.2	26.0
兰州五泉	甘肃兰州	6.63	0.08	10.1	193.0
羊八井泉	西藏	1.85	0.73	4.3	1780

表 2-2-3 列出了我国 13 个淡水湖、7 个咸水湖及一些城市内湖水中天然放射性核素的浓度，其中我国最大的咸水湖青海湖中天然放射性核素浓度较高。

表 2-2-3 主要湖泊水中天然放射性核素的浓度

湖泊类型	湖泊名称	所在地	U/(μg·L^{-1})	Th/(μg·L^{-1})	^{226}Ra/(mBq·L^{-1})	^{40}K/(mBq·L^{-1})
淡水湖	鄱阳湖	江西	0.58	0.12	2.29	55.1
	洞庭湖	湖南	0.99	0.20	2.50	44.3
	太湖	江苏	0.39	0.39	7.00	19.0
	洪泽湖	江苏	2.17	0.16	8.00	35.0
	南四湖	山东	2.10	0.19	4.52	118.0
	巢湖	安徽	0.28	0.19	4.10	57.8
	高邮湖	江苏	1.22	0.43	14.00	64.0
	鄂陵湖	青海	1.05	0.07	18.60	80.0
	洪湖	湖北	0.71	<0.04	1.40	59.0
	滇池	云南	0.87	0.05	5.64	189.0
	洱海	云南	0.55	0.06	4.50	73.4
	抚仙湖	云南	1.34	<0.05	4.50	76.2
	镜泊湖	黑龙江	0.13	0.04	1.61	31.2

续表

湖泊类型	湖泊名称	所在地	U/(μg·L^{-1})	Th/(μg·L^{-1})	^{226}Ra/(mBq·L^{-1})	^{40}K/(mBq·L^{-1})
咸水湖	青海湖	青海	16.68	0.17	24.00	2 959
	呼伦湖	内蒙古	6.13	0.05	5.12	680.0
	纳木错	西藏	17.10	1.03	5.50	1 175
	博斯腾湖	新疆	10.16	0.11	1.73	859.4
	乌伦古湖	新疆	7.87	0.11	0.83	140.9
	羊卓雍错	西藏	1.07	0.15	7.30	54.8
	岱海	内蒙古	4.10	0.09	5.77	332.0
城市内湖	昆明湖	北京	0.88	0.13	6.70	64.4
	北海	北京	2.79	0.18	6.70	97.2
	西湖	杭州	0.34	0.03	2.11	50.4
	大明湖	济南	0.64	0.13	3.22	319.0
	东胡	武汉	0.94	0.14	5.60	217.0

第三节 大气中的天然放射性核素

大气又称大气圈，是维持和保护地球上一切生命所必需的，大气的总质量约为 5.15×10^{15} t，是一个多组分的混合体，其主要成分是氮（78.09%，体积比，下同）、氧（20.95%）和氩（0.934%），CO_2 是一种可变成分，近地大气层中平均含量为 0.033%，其他还有微量的稀有气体、CO、水蒸气、CH_4、H_2、N_2O、O_3、CH_2O 和飘尘等。此外，大气中还会含有自由基、离子和其他含硫、卤素甚至金属（主要是流星引入的 Na、Ca、Li、Fe 等）微量组分，其中有些组分以气溶胶状态存在于大气中。由于地球重力场的作用，大气层各组分具有分层分布的结构特征。地面以上约 90 km 范围内的大气层称为同质层或均匀层，其化学组成稳定，各组分相对比例基本不变。大气层 99.9%以上的气体质量存在于地面以上 50 km 的范围内。地球大气层的厚度为 2 000~3 000 km，根据大气层内温度的垂直变化，可分为对流层、平流层、中间层和热层，其中前三层均属同质层；热层则为异质层（非均匀层），因受宇宙射线的影响，其中含有较高密度的带电粒子，故又称为电离层；热层以上为散逸层，如图 2-3-1 所示。

大气中的天然放射性，除了由于宇宙射线产生的宇生核素外，主要有地壳中散在的铀、钍在衰变过程中产生并散发在大气中的气态子体氡，而其他天然放射性核素的含量甚微。

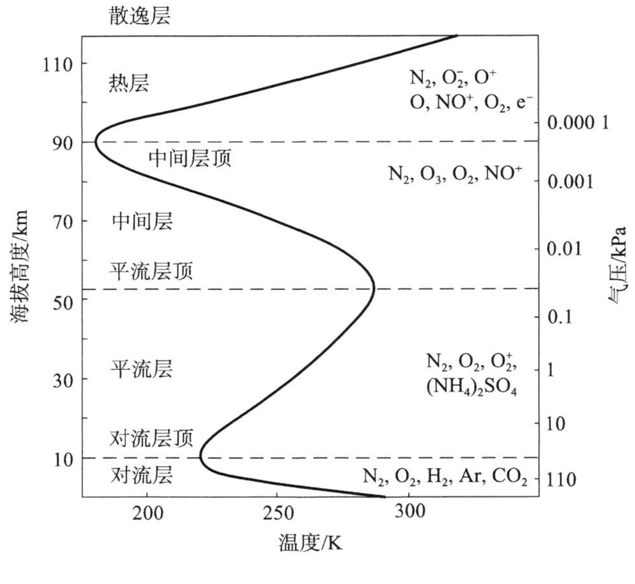

图 2-3-1　大气的分层结构

第四节　岩石中的天然放射性核素

岩石是在地壳演变中自然形成的，是机械作用、物理化学作用和生物作用等综合地质作用的产物，是由一种或多种矿物和胶结物、火山玻璃、生物遗骸等物质组成的固态集合体，构成了地壳和上地幔顶部的重要组成部分。

按照现代地质学，岩石按其形成过程，分为岩浆岩、沉积岩和变质岩三大类。沉积岩主要分布在大陆地表，约占陆壳面积的75%，而距地表越深，则火成岩和变质岩越多。就体积而言，岩浆岩占整个地壳体积的64.7%，变质岩占27.4%，沉积岩占7.9%。

岩浆岩也叫火成岩，是三大类岩石的主体。岩浆岩是由在地幔或地壳深处形成的岩浆沿地壳薄弱地带上升逐渐冷凝固结形成的岩石。岩浆是以硅酸盐为主要成分的炽热、黏稠、含有挥发性成分的熔融体。硅酸盐的主要成分是 SiO_2，它与 Al_2O_3、Fe_2O_3、FeO、MgO、CaO、Na_2O、K_2O 等其他氧化物结合，组成各种不同的硅酸盐矿物。SiO_2 的含量是划分岩浆岩大类的主要基础，岩石的酸度，是指岩石中含有 SiO_2 的质量百分数。SiO_2 含量高时，酸度也高；含量低时，酸度也低。而岩石酸度低时，说明它的基性程度比较高。根据酸度，也就是 SiO_2 含量，可以把岩浆岩分成四个大类：超基性岩（SiO_2 的含量小于45%）、基性岩（SiO_2 的含量在45%~53%之间）、中性岩（SiO_2 的含量在53%~66%之间）、酸性岩（SiO_2 的含量大于66%）。常见的岩浆岩主要有花岗岩、闪长岩、辉长岩、橄榄岩、流纹岩、安山岩、玄武岩、伟晶岩等，其中，花岗岩是地球上分布最广泛的侵入岩，玄武岩是地球上分布最广泛的喷出岩，表 2-4-1 列出了岩浆岩的类型和基本特征。花岗岩是一种分布广泛的岩石，各个地质时代都有产出，形态多为岩基、岩株、岩钟等，是一种深成酸性岩浆岩，主要由石英、长石和少量黑云母等暗色矿物组成，其中，石英的含量为 20%～40%；碱性长石约占长石总量的三分之二以上，主要为各种钾长石和钠长石；斜长石主要为钠更长石或更长石；暗色矿物以黑云母为主，含少量角闪石。

表 2-4-1　岩浆岩类型和基本特征

		超基性岩	基性岩	中性岩		酸性岩
SiO_2 含量		小于 45%	45%～53%	53%～66%		大于 66%
主要矿物		橄榄石、辉石、角闪石	钙长石、辉石、角闪石	中长石	碱性长石	钾长石、钠长石、石英、黑云母
				角闪石、黑云母		
色率		大于 75	75～35	35～20		小于 20
喷出岩	岩流、岩被、斑状或隐晶质结构，气孔、杏仁、流纹构造	科马提岩	玄武岩	安山岩	粗面岩	流纹岩
浅成岩	斑状、细粒或隐晶质结构	少见	辉绿岩	闪长玢岩	正长斑岩	花岗斑岩
深成岩	全晶质、粗粒或似斑状结构	橄榄岩、辉长岩	辉长岩	闪长岩	正长岩	花岗岩

沉积岩是在地表或近地表不太深的地方形成的一种岩石类型。在地表条件下，地壳上先期存在原始物质经水的运移、沉积后，因自然胶结、压实等地质岩化机制而形成的岩石称为沉积岩，如页岩、砂岩、砾岩、灰岩等。组成沉积岩的原始物质主要有母岩风化作用的产物、生物物质、深源物质、宇宙源沉积物。母岩风化作用的产物包括陆源碎屑、溶解物质和黏土物质（构成沉积岩的主要组分）；生物物质包括生物残骸及有机生物残体；深源物质包括火山喷发带到地表的火山碎屑物质、沿断裂带进入地表的热卤水、温泉水、热液等；宇宙源沉积物包括从宇宙空间降落地表的陨石及尘埃物质。

在地壳形成和发展过程中，早先形成的岩石，包括沉积岩、岩浆岩，由于后来地质环境和物理化学条件的变化，在固态情况下发生了矿物组成调整、结构构造改变甚至化学成分的变化，而形成一种新的岩石，这就是变质岩。常见的变质岩有板岩、千枚岩、片岩、片麻岩、大理岩、石英岩、变粒岩、浅粒岩、麻粒岩、榴辉岩、矽卡岩等。

自地球形成以来，地壳岩石中就存在有原生放射性核素，其半衰期很长，可与地球年龄相比较。主要的原生放射性核素是 ^{40}K、^{232}Th 和 ^{238}U，次要的有 ^{235}U 和 ^{87}Rb，其中^{238}U和^{232}Th是两个天然放射系的母体核素。几乎所有的天然元素，包括自然天然放射性核素，都可以在岩石中发现，地壳中^{238}U的正常比活度为5~125 Bq·kg^{-1}，在某些富铀的岩石中，^{238}U的比活度为600~5 000 Bq·kg^{-1}。据估计，40亿年前，地球上四种主要放射性物质铀、钍、镭、钾的放射性水平比现在约大3倍。

各类岩石因结构构造和矿物成分的差异，原生放射性核素的含量有明显的不同。表2-4-2给出了不同类型岩石中天然放射性核素的含量。一般情况下，酸性岩浆岩中铀、钍含量较高，基性岩浆岩铀、钍含量最低。同一类型的花岗岩中，成岩年代愈近，铀、钍含量愈高；沉积岩放射性元素含量差异很大，一般以泥质页岩为最高，碳酸盐岩、岩盐、石膏中为最低；变质岩中放射性元素的含量与原有岩石中的矿物成分有关，同时，变质过程也会使之发生改变。研究结果表明，岩石中天然放射性核素含量的高低主要受岩性、蚀变、岩体形成地质年代等因素的影响，其次是岩相、岩带和区域地球化学环境等因素。

表2-4-2　地壳岩石中天然放射性核素含量（10^{-6}）

岩石类型	K/%	^{238}U		^{232}Th	
		均值	范围	均值	范围
地壳平均值	2.1	3		12	
基性火成岩	0.5	1	0.2~3	3	0.5~10
中性火成岩	1~2.5	2.3	0.5~7	9	2~20
酸性火成岩	4	4.5	1~12	18	5~20
砂质沉积岩	1.4	1	0.5~2	3	2~6
泥质沉积岩	2.7	4	1~13	16	2~47
石灰岩	0.3	2	1~10	02	
黑色页岩	2.7	8	3~250	16	
红土	很低	10	3~40	50	8~132

除原生放射性核素外，岩石中还含有某些宇生放射性核素（^{14}C、^{3}H等）及重元素自发裂变或诱发裂变而产生的^{95}Zr、^{137}Cs等天然裂变产物核素。

第五节　土壤中的天然放射性核素

土壤一般是指基岩层以上有植物生长的疏松物层，它以不连续的状态覆盖于地球表面，又称为土圈。土壤的基本成分是岩石和水循环系统之间长期风化作用形成的风化状岩石物质。在气候、地形、原始物质（母质）、时间和生物等多种因素的综合影响下，风化状岩石物质经由成壤作用而逐渐形成土壤。

土壤中的矿物质包括石英、长石类矿物、云母类矿物、辉石、角闪石等原生矿物和碳酸盐、硫酸盐、氯化物、水合氧化物等次生矿物，其化学组分以 SiO_2、Al_2O_3、Fe_2O_3、FeO、CaO、MgO 为主。此外，土壤的组成成分还包括水、空气和有机质，这些组分以紧密混合的状态存在于土壤中，各组分之间的相对比例则与气候、土壤类型、土层深度等因素有关。在植物生长良好的表层沃土中，矿物质的体积比约为 45%，有机质约占 5%，空气和水各占 20%~30%。

土壤发生于岩石，通常把岩床表层岩石称为成土母岩。母岩经风化作用的产物称为成土母质。土壤中主要原生放射性核素的比活度可参见表 2-5-1，表中核素比活度的数值对中国为地区加权平均值，对美国为算术平均值。土壤中天然放射性核素 ^{238}U，^{226}Ra，^{232}Th 和 ^{40}K 是环境辐射水平的主要贡献者，对其含量及其分布规律的研究是调查天然环境辐射水平的重要内容之一。

表 2-5-1　土壤中放射性核素的比活度

国别	核素	放射性比活度/(Bq · kg^{-1})	
		均值	范围
中国	^{40}K	580±200	12~2 190
	^{232}Th 系	49±28	1.5~440
	^{238}U 系	40±34	1.8~520
	^{226}Ra 子系	37±22	2.4~430
美国	^{40}K	370	100~700
	^{232}Th 系	35	4~130
	^{238}U 系	35	4~140
	^{226}Ra 子系	40	8~160

土壤中天然放射性核素的含量与成土母岩母质有密切关系，也与地形地貌、土壤类型和生物气候等自然环境因素有关。^{238}U、^{226}Ra、^{232}Th 含量以岩浆岩为母岩的土壤为最高，变质岩次之，沉积岩最低，^{40}K 含量也以岩浆岩为母岩的土壤为最高，但以沉积岩次之，变质岩最低。如我国以花岗岩为成土母岩的土壤中 ^{238}U、^{226}Ra、^{232}Th 含量较高，以花岗岩出露面积较大的福建、广东、江西、湖南等省份最为显著。印度喀拉拉邦土壤中富含天然钍含量极高的独居石矿物，当地环境本底辐射水平比全球平均值高出约一个数量级。我国土壤种类繁多。按 1978 年拟定的“中国土壤分类暂行草案”，我国主要土壤类型分为 11 个土纲（土壤系列），46 个土类，139 个亚类。根据不同的生物气候条件和各类土壤的区域特征，可将全国划分为 4 个土壤区域，15 个土带。根据 1983 年—1990 年全国环境天然放射性水平调查，通过综合分析研究中国大陆 28 个省土

壤中放射性核素^{238}U、^{226}Ra、^{232}Th和^{40}K含量的现状和分布规律，得出：

（1）中国大陆28个省市土壤中天然放射性核素^{238}U、^{226}Ra、^{232}Th和^{40}K的含量按面积加权平均值分别为39.5 Bq·kg^{-1}、36.5 Bq·kg^{-1}、49.1 Bq·kg^{-1}和580.0 Bq·kg^{-1}，变化范围值分别为1.8~520.0 Bq·kg^{-1}、2.4~425.8 Bq·kg^{-1}、1.0~437.8 Bq·kg^{-1}和11.5~2 185.2 Bq·kg^{-1}。其与世界平均值（对^{238}U、^{232}Th和^{40}K分别为25.0 Bq·kg^{-1}、25.0 Bq·kg^{-1}和370 Bq·kg^{-1}）比较，略高于世界平均值，但仍属世界正常本底水平。

（2）土壤中^{238}U、^{226}Ra、^{232}Th的含量随地域的变化规律基本一致，^{40}K含量随地域的分布规律不显著。

（3）土壤中天然放射性核素^{238}U、^{226}Ra、^{232}Th和^{40}K的含量与成土母岩有着明显的相关性，其中以花岗岩为成土母岩的土壤相对较高。

（4）^{226}Ra在高山土区域较高，^{238}U、^{232}Th、^{40}K均以高山土区域为最高；^{238}U，^{232}Th在富铝土区域均较高，^{226}Ra以富铝土区域最高，而^{40}K在富铝土区域内最低；四种核素在干旱土区域为最低（^{226}Ra、^{232}Th）或较低（^{238}U、^{40}K）。

（5）^{238}U、^{226}Ra、^{232}Th和^{40}K四种核素在各平原土壤中含量值都分布在一个比较窄的范围，而丘陵和高原地区，分布范围较平原宽。

（6）铀矿资源的分布与各省土壤中^{238}U、^{226}Ra、^{232}Th和^{40}K核素含量的分布有较好相关性。

（7）土壤中^{238}U、^{226}Ra、^{232}Th和^{40}K核素含量的地理分布有比较明显的地带性。^{238}U分布趋势为北低南高，其中广东、江西、福建、甘肃、广西、湖南、西藏、浙江和云南等省份较高；^{226}Ra分布趋势为北低南高，其中贵州、福建、湖南、广西、江西、广东和云南等省份较高；^{232}Th分布趋势为北低南高，福建、西藏、广西、江西、云南、浙江和广东等省份较高；^{40}K分布趋势为东部南低北高，中部由南至北变化不大，西部则为南高北低，其中吉林、宁夏、天津、辽宁、山东、北京、内蒙古和浙江等省份较高。

第六节　食物中的天然放射性核素

自然界中的天然放射性核素在动植物组织内均存在，构成动植物性食品的天然放射性本底。由于环境中放射性核素分布不同，不同地区食物中的放射性核素含量也不相同，同一地区不同食物天然放射性核素浓度亦有较大差异。从生物学角度讲，食物中最重要的天然放射性核素有^{40}K、^{226}Ra和^{210}Po。

从20世纪70年代起，我国为制定食品中放射性物质限制量和检验方法标准陆续开展了包括天然放射性核素的方法学研究和食品中天然放射性核素含量调查，特别是1982年两次全国性食品放射性调查检验了我国食品天然放射性核素的方法学研究成果，基本上阐明了我国食品的天然放射性核素含量、膳食摄入量及其所致内照射剂量水平，积累了大量国情资料，不少已被UNSCEAR历次报告书所采用。

表2-6-1给出了我国一些食品中天然放射系核素的含量，其中括号内的数字为UN-SCEAR2000年报告书中提供的参考值，可见，我国大多数种类食物中铀、钍放射系核素浓度高于世界参考值，而土壤中较高的铀、钍放射系核素活性浓度恰恰是主要原因。

表2-6-1 我国食品中天然放射系核素含量（$mBq \cdot kg^{-1}$）

食物种类	^{238}U、^{234}U	^{226}Ra	^{210}Pb	^{210}Po	^{232}Th	^{228}Ra	^{235}U
谷类	39.2（20）	54.2（80）	93.5（50）	119（60）	19.2（3）	105（60）	1.79（1）
薯类	35.2（3）	80.7（30）	147（30）	95（40）	9.0（0.5）	117（20）	1.60（0.1）
肉类	21.3（2）	31.9（15）	246（80）	260（60）	8.4（1）	82（20）	0.97（0.05）
水产类	25.2（30）	46.1（100）	1 608（200）	1 952（2 000）	7.0（10）	206	1.15
奶类	9.5（1）	16.2（5）	57.8（15）	56（15）	2.0（0.3）	24（5）	0.43（0.05）
蔬菜类	23.8（20）	72.4（50）	302（80）	306（100）	17.8（15）	160（40）	1.08（1）
水果类	3.3（3）	24.7（30）	88.5（30）	39（40）	2.0（0.5）	46（20）	0.15（0.1）
饮料和水	19.8（1）	7（0.5）	4（10）	4（5）	0.8（0.05）	10（0.5）	0.9（0.04）

一般情况下，铀随食物的日摄入量为1~2 μg，随饮水的日摄入量为115 μg。人体内大约含56 μg的铀，其中32 μg（56%）集中在骨骼中，11 μg存在于肌肉组织中，9 μg在脂肪中，2 μg在血液中，在肺、肝和肾中的含量小于1 μg。

1994年国家卫生部批准发布了国家标准《食品中放射性物质限制浓度标准》（GB 14882—94），该标准规定了适用于各种粮食、薯类、蔬菜及水果、肉鱼虾类和奶类食品的12种放射性物质（包括人工放射性核素和天然放射性核素）的导出限制浓度。表2-6-2列出了人工放射性核素的导出限制浓度，其中奶粉可折算为相当量的鲜奶(1 kg全脂淡奶粉相当于7 L鲜奶)。表2-6-3是食品中天然放射性核素的导出限制浓度值。

表2-6-2 人工放射性核素的导出限制浓度（$Bq \cdot kg^{-1}$）或（$Bq \cdot L^{-1}$）

核素	粮食	薯类	蔬菜及水果	肉鱼虾类	奶类
^{3}H	2.1×10^{5}	7.2×10^{4}	1.7×10^{5}	6.5×10^{5}	8.8×10^{4}
^{89}Sr	1.2×10^{3}	5.4×10^{2}	9.7×10^{2}	2.9×10^{3}	2.4×10^{2}
^{90}Sr	9.6×10^{1}	3.3×10^{1}	7.7×10^{1}	2.9×10^{2}	4.0×10^{1}
^{131}I	1.9×10^{2}	8.9×10^{1}	1.6×10^{2}	4.7×10^{2}	3.3×10^{1}
^{137}Cs	2.6×10^{2}	9.0×10^{1}	2.1×10^{2}	8.0×10^{2}	3.3×10^{2}
^{147}Pm	1.0×10^{4}	3.7×10^{3}	8.2×10^{3}	2.4×10^{4}	2.2×10^{3}
^{239}Pu	3.4	1.2	2.7	10.0	2.6

表 2-6-3 食品中天然放射性核素的导出限制浓度

品种	粮食	薯类	蔬菜及水果	肉鱼虾类	奶类*
$^{210}Po/(Bq \cdot kg^{-1})$	6.4	2.8	5.3	1.5×10	1.3
$^{226}Ra/(Bq \cdot kg^{-1})$	1.4×10	4.7	1.1×10	3.8×10	3.7
$^{223}Ra/(Bq \cdot kg^{-1})$	6.3	2.4	5.6	2.1×10	2.8
天然钍/$(mg \cdot kg^{-1})$	1.2	4.0×10^{-1}	9.6×10^{-1}	3.6	7.5×10^{-1}
天然铀/$(mg \cdot kg^{-1})$	1.9	6.4×10^{-1}	1.5	5.4	5.2×10^{-1}
注：* 天然铀、天然钍单位为 $mg \cdot kg^{-1}$（/L 奶），其余核素单位均为 $Bq \cdot kg^{-1}$（/L 奶）					

2011 年 3 月 17 日，日本厚生劳动省修订《食品卫生法》，为食品暂定国家标准值。以碘与铯为例：

^{131}I 活度上限，饮用水、牛奶及乳制品为 300 $Bq \cdot kg^{-1}$，蔬菜类（根茎类、薯类除外）为 2 000 $Bq \cdot kg^{-1}$；^{134}Cs 及 ^{137}Cs 活度上限，饮用水、牛奶及乳制品为每公斤 200 $Bq \cdot kg^{-1}$，蔬菜类、谷物类、水产品、肉、蛋等都是 500 $Bq \cdot kg^{-1}$。

香港海关则采用国际食品法典委员会（CODEX）所定下的标准：

不论任何类型食品，一律采用相同标准。当中以 ^{131}I 100 $Bq \cdot kg^{-1}$ 为上限，而 ^{134}Cs 及 ^{137}Cs 为 1 000 $Bq \cdot kg^{-1}$ 为上限，如果超过此辐射量即视为超标。

国家标准《食品和饮用水中放射性物质分析方法》规定，在正常放射性本底地区，一般情况下，食品和饮用水中应主要分析表 2-6-4 中所列的放射性核素；在高放射性本底地区，食品和饮用水除分析表 2-6-4 所列的核素外，必要时进行 ^{210}Po、铀（镭）、钍、^{241}Am 的分析；在核事故情况下，应重点检测 ^{89}Sr、^{90}Sr、^{95}Zr、^{95}Nb、^{103}Ru、^{106}Ru、^{131}I、^{134}Cs、^{137}Cs、^{140}Ba、^{140}La、^{238}Pu、$^{239+240}Pu$ 和 ^{241}Am 等核素。

表 2-6-4 食品和饮用水中应分析的主要放射性核素

食品种类或饮用水	应分析的放射性核素		
	具有 γ 放射性的核素	纯 β 发射核素	α 发射核素
饮用水	^{131}I、^{134}Cs、^{137}Cs	^{3}H、^{89}Sr、^{90}Sr	—
牛奶或羊奶	^{131}I、^{134}Cs、^{137}Cs	^{89}Sr、^{90}Sr	—
肉类	^{134}Cs、^{137}Cs	—	—
蔬菜	^{95}Zr、^{95}Nb、^{103}Ru、^{106}Ru、^{131}I、^{134}Cs、^{137}Cs、^{141}Ce、^{144}Ce	^{89}Sr、^{90}Sr	—
淡水和海洋食品	^{54}Mn、^{55}Fe、^{59}Fe、^{60}Co、^{65}Zn、^{95}Zr、^{95}Nb、^{103}Ru、^{106}Ru、^{110m}Ag、^{125}Sb、^{131}I、^{134}Cs、^{137}Cs、^{141}Ce、^{144}Ce、	—	^{238}Pu、$^{239+240}Pu$ 和 ^{241}Am
其他食品	^{134}Cs、^{137}Cs	^{89}Sr、^{90}Sr	—

目前，全世界具有国际权威性、代表性的饮用水水质标准有3部，即世界卫生组织的《饮用水水质准则》、欧盟的《饮用水水质指令》以及美国环保局的《国家饮用水水质标准》，其他国家或地区基本以这3个标准为基础制定饮用水标准。我国目前实施的国家饮用水标准是2006年底由卫生部颁布，2007年7月1日正式实施的GB 5749—2006《生活饮用水卫生标准》，该标准是以水中总α放射性活度和总β放射性活度大小作为生活饮用水的放射性指标的，即总α放射性活度为0.5 $Bq \cdot L^{-1}$，总β放射性活度为1 $Bq \cdot L^{-1}$。放射性指标规定的数值不是限值，而是参考水平。放射性指标超过规定的数值时，必须进行核素分析和评价，以决定是否能饮用。

思考题：

了解天然环境中的放射性对环境监测工作有什么作用？

第三章

低水平放射性测量

低水平放射性测量通常是指仪器装置给出每分钟低于一个计数的测量。低水平放射性测量通常分三个步骤来实现：

第一，采样。从所关心的地点采集具有代表性的环境样品；

第二，样品制备。对所采集的样品用物理、化学的方法进行处理，制成能测量的样品；

第三，测量。对制备好的样品进行测量和数据处理。

在上述情况中，待测量样品的放射性活度一般处于 10^{-9} Ci · kg^{-1}。对于这类微弱放射性样品，采用一般的探测装置不大可能获得具有足够精度的测量结果，必须采用专门的低水平放射性测量装置和技术。表 3-1-1 简要地列出了一些涉及低水平放射性测量的领域和研究内容。

表 3-1-1　一些涉及低水平放射性测量的研究领域

研究领域	低水平放射性测量内容
辐射防护	对接触放射性的工作人员进行内照射监测
环境科学	对大气、土壤、水体、生物中的放射性本底调查；对核设施周围环境介质中放射性核素的稀释、转移规律的研究；对放射性“三废”排放的监测
化学、生物学、核医学	化学、生物学中放射性示踪剂的应用；放射性药物在人体器官内的分布、转移及其对机体的影响
其他	宇宙射线强度分布；陨石及其他星球上的样品分析；放射性矿物勘探；考古学，如 ^{14}C 测定古代生物年代等

第一节　低水平放射性测量装置选择原则

一、优质因子 *Q*

对于一个具体的样品，可以选择不同的装置进行测量，实验者要考虑的是选择哪一种最为有利。在选择和比较不同的低水平放射性测量装置时，通常有三个方面是经常需要考虑的，第一是最少总测量时间，即为了得到一定的测量精度要花费多少时间去测量样品和本底；第二是本底的大小；第三是可以探测到的最少放射性活度是多少，三者相互有一定的联系。

当使用不同的探测器或改变探测器工作条件时（如工作电压或甄别阈值），往往本底及探测效率有不同程度的改变。究竟依据什么准则来选择探测器或者是探测器的工作状态呢？从统计误差考虑就是要求选择在给定误差下使测量时间为最小（或在给定时间内使测量结果误差为最小），为此，特定义测量装置的优质因子，优质因子为在给定测量精度时，总测量时间 T（样品加本底）的倒数，即

$$Q=\frac{1}{T} \tag{3-1-1}$$

显然，在给定的测量精度下，优质因子愈大，所需要的总测量时间愈短。因此，优质因子 Q 是衡量装置优劣的重要指标。在选用不同探测装置测量同一个样品时，按照式（3-1-1）算得的优质因子最大者灵敏度最高，该装置应该优先被采用。

二、优质因子 Q 的计算

设在 t_b 时间内测得本底计数为 N_b，在 t_s 时间内测得的样品加本底计数为 N_s，则样品净计数率 n_0 为

$$n_0=n_s-n_b=\frac{N_s}{t_s}-\frac{N_b}{t_b} \tag{3-1-2}$$

根据函数误差计算公式可知，样品净计数率 n_0 的误差为

$$\sigma=(\sigma_s^2+\sigma_b^2)^{\frac{1}{2}}=\left(\frac{n_s}{t_s}+\frac{n_b}{t_b}\right)^{\frac{1}{2}} \tag{3-1-3}$$

相对误差为

$$\upsilon=\frac{\left(\frac{n_s}{t_s}+\frac{n_b}{t_b}\right)^{\frac{1}{2}}}{n_s-n_b} \tag{3-1-4}$$

已知 $T=t_s+t_b$，可以求得当 t_s、t_b 满足

$$\frac{t_s}{t_b}=\left(\frac{n_s}{n_b}\right)^{\frac{1}{2}} \tag{3-1-5}$$

时，υ 为最小，此时

$$\upsilon^2=\frac{1}{Tn_b\left(\sqrt{\frac{n_s}{n_b}}-1\right)^2} \tag{3-1-6}$$

由式（3-1-6）可得

$$T=\frac{1}{\upsilon^2 n_b\left(\sqrt{\frac{n_s}{n_b}}-1\right)^2} \tag{3-1-7}$$

再由 $T=t_s+t_b$ 以及（3-1-5）可得

$$t_s=\frac{n_s+(n_s \cdot n_b)^{\frac{1}{2}}}{\upsilon^2(n_s-n_b)^2} \tag{3-1-8}$$

$$t_b=\frac{n_b+(n_s+n_b)^{\frac{1}{2}}}{\upsilon^2(n_s-n_b)^2} \tag{3-1-9}$$

在 n_s 和 n_b 有不同比例的情况下，可进一步导出具体准则。

当 $n_s \gg n_b$ 时，

$$\frac{1}{T}\approx\upsilon^2 \cdot n_s \tag{3-1-10}$$

当$\frac{n_s}{n_b}\sim 1$时，

$$\frac{1}{T}\approx\upsilon^2\frac{(n_s-n_b)^2}{4n_b} \tag{3-1-11}$$

因此，对于低水平放射性测量，当 υ 给定时，有

$$Q=\frac{1}{T}\approx\upsilon^2\frac{(n_s-n_b)^2}{4n_b} \tag{3-1-12}$$

又样品净计数率与总探测效率 ε 成正比，则式（3.12）可写作

$$Q\propto\frac{\varepsilon^2}{4n_b} \tag{3-1-13}$$

式（3-1-12）和式（3-1-13）说明测量装置净计数率与探测效率愈高，本底计数率愈低，则 Q 愈大，这样的探测装置愈好。

可见，低水平放射性测量装置应尽量满足下列要求：

① 本底计数率低；

② 总探测效率高；

③ 装置的长期稳定性好。

关于降低本底的问题下面还要讨论，这里介绍一下提高净计数率的措施，第一，$n_0=(n_s-n_b)$ 正比于 ε，故应尽可能选用高效率大体积的探测器，但是探测器体积增大往往也会使本底增加，所以，要特别注意探测元件的选择以及屏蔽条件的改善；第二，提高样品净计数率需要尽可能提高样品的容量，方法之一是利用物理或化学方法将样品进行浓缩以提高样品的放射性比活度；方法之二是增大样品体积（重量）或表面积。

例题，有三台充气式低本底 β 探测器，总探测效率分别为 100%、50% 和 25%，本

底计数率分别为 16 cpm、8 cpm 和 4 cpm，试计算三台探测器的优质因子。

解：由式（3-1-13）可得三台探测器的$\frac{\varepsilon^2}{4n_b}$分别为

第一台探测器　$\frac{1^2}{4\times16}=\frac{1}{64}$

第二台探测器　$\frac{(0.5)^2}{4\times8}=\frac{1}{128}$

第三台探测器　$\frac{(0.25)^2}{4\times4}=\frac{1}{256}$

可见，第一台探测器的优质因子最高。

第二节　放射性本底来源及降低本底措施

一、本底的来源

放射性测量装置的本底按其性质来说，可以分为两大类，一类是电离辐射与探测介质作用引起的，另一类是因电子仪器的噪声、电磁干扰、光电倍增管光阴极上光电子的瞬发发射、绝缘体高压击穿等原因引起的，其中电离辐射引起的本底按来源又可以分为宇宙射线、环境辐射以及屏蔽材料和探测元件的放射性。

1. 宇宙射线

宇宙射线是由太空进入地球大气的一些粒子流及其次级产物组成。从太空进入地球大气上层的宇宙射线主要是能量极高（$>10^7$ eV）的质子以及少量 α 粒子与各种原子核等，通常称为初级宇宙射线。初级宇宙射线与大气中的原子核相互作用产生大量的次级粒子和光子，形成所谓次级宇宙射线，次级宇宙射线主要包括 μ 介子、电子、光子和核子（主要是高能中子和质子）。

μ 介子的贯穿本领很大，100 g · cm^{-2}的混凝土仅能使它减弱约 60%，故称它为宇宙射线的硬成分。核子成分的衰减系数约为 165 g · cm^{-2}，因此，100 g · cm^{-2}的混凝土即能使它衰减到 400 分之一，而 15 cm 厚的铅便能差不多完全吸收电子和光子成分，因此，把这些易于吸收的成分称为宇宙射线的软成分。

宇宙射线对本底的贡献除了直接穿越探测器并在探测器内引起电离外，它在屏蔽材料内还会产生大量的高能电子、韧致辐射、湮灭光子、μ 介子、X 射线及中子等。这些贡献的相对大小取决于屏蔽材料的原子序数和屏蔽体积的大小。

2. 周围环境辐射

低水平放射性测量装置周围环境中的放射性有天然和人工的放射性，主要是建筑物室内四周墙壁和地面下土壤中的^{40}K、^{238}U和^{232}Th衰变链中的各个放射性核素以及空气中的^{222}Rn、^{220}Rn，还有裂变气体^{85}Kr和活化气体^{41}Ar等。

3. 屏蔽材料和探测元件中的放射性

低水平放射性测量装置一般都有很重的物质屏蔽，屏蔽材料大都采用铅和铁，铅中常含有^{210}Pb和Ra，其γ放射性最大可达90 dpm·g^{-1}，在二战后生产的钢材中，还可能有^{60}Co、^{106}Ru等核素，其中有的钢材中^{60}Co的含量可达5×10^{-14} Ci·g^{-1}，暴露于户外的材料还有遭受核爆炸、核事故放射性落下灰污染的问题。

砖和混凝土是实验室最常用的建筑材料，它们往往含有微量的Ra、Th及其子体产物以及^{40}K，对10 cm×10 cm的NaI（Tl）晶体（不加屏蔽），在小于4 MeV的范围内可给出约10^4 cpm的本底计数。

探测元件中含有的放射性杂质也是本底的重要来源。普通的光电倍增管玻璃中含有的^{40}K的比放射性活度约为3×10^{-11} Ci·g^{-1}，NaI（Tl）晶体中也含有少量的^{40}K、Ra和Th，其中有的含^{40}K高达PPm，作为端窗式G-M计数管窗材料的云母也会有^{40}K。直径为2.5 cm，厚度为4 mg·cm^{-2}的云母窗对计数管本底贡献为1.7 cpm。氪是正比计数管的良好充气材料，但因裂变产物^{85}Kr的影响，使得充氪的正比计数管本底增高。

对于不同的探测装置，上述各项对本底贡献的相对大小是不一样的。大体来说，β、γ放射性测量装置中，周围环境辐射对本底贡献约占50%～60%、宇宙射线硬成分占20%～30%、软成分占10%，其余占10%～20%；对α气体探测器，本底的主要来源是探测器结构材料内表面沾污。

二、降低本底的措施

根据本底的不同来源，可以采用不同措施，主要有物质屏蔽和屏蔽材料的选择、反符合屏蔽、探测元件和附属材料的选择、干扰的排除以及其他措施等。

1. 物质屏蔽和屏蔽材料的选择

对于宇宙射线的软成分和周围环境的γ辐射本底，通常可以采用物质屏蔽。常用的屏蔽材料为混凝土、铅、铁等。混凝土中含有较多的氢，能有效地屏蔽宇宙射线中的核子成分，但它也含有较多的^{222}Rn子体产物及较多的^{40}K，使得γ辐射本底增加；铅的密度较大，是很好的屏蔽材料，但铅中常常含有Ra和Th等及其子体产物，其中^{210}Pb的半衰期为20年左右，故最好选用放了一个世纪以上的老铅和特殊精练过的铅。钢也是广泛使用的屏蔽材料，不过，二次大战以后，放射性同位素在工业上应用日益广泛，可能污染某些钢铁产品，所以，用作屏蔽的钢铁，最好选择1945年以前的旧钢铁。某些无机物（如白垩）的放射性很低，价格又便宜，是很好的屏蔽材料。不锈钢、电解铜和经过多次蒸馏过的水银也是很清洁的材料，但价格昂贵，不能大量使用，只能用作主屏蔽的内衬。

物质屏蔽的厚度，可以根据对初级 γ 射线束减弱倍数的要求加以确定。一般来说主屏蔽体厚度用 15 cm 或 20 cm 的铁即可屏蔽良好，厚度过大，相应就增大了次级射线产生的概率及屏蔽材料中的放射性杂质的干扰。

图 3-2-1 是低水平放射性测量装置的屏蔽结构示意图。它采用复合屏蔽，在主屏蔽内加了一层镉衬里，镉衬里起到吸收在主屏蔽中产生的低能散射射线（100~300 keV）及铅的 K 壳层 X 射线（约 73 keV），镉的 K 壳层 X 射线（约 22 keV）相继被更里面的电解铜或不锈钢衬里所吸收。在最里层，则衬以聚乙烯或有机玻璃。

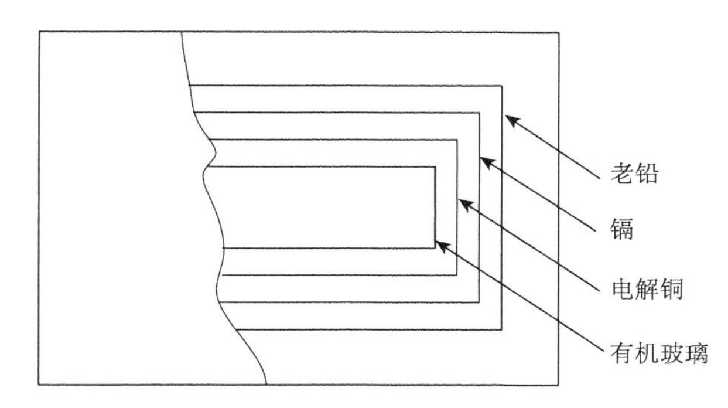

图 3-2-1 低水平放射性测量装置的屏蔽结构示意图

有的低水平放射性实验室建在地下深处，可以有效地减少宇宙射线的硬成分造成的本底。

2. 反符合屏蔽

宇宙射线的硬成分对本底的贡献无法用物质屏蔽消除，对此，可用反符合技术加以解决。在主探测器周围及顶部安放一组探测器，测量时，样品对着主探测器。宇宙射线进入主探测器之前，必先穿过屏蔽探测器，因此，两组探测器同时有信号输出，而样品发出的射线，能量较低，穿透本领较差，不可能达到屏蔽探测器，所以只有主探测器给出信号，把两个探测器的信号同时送到反符合线路中去，就可以使宇宙射线引起的本底不予记录，而只计样品的计数，因此，屏蔽探测器也称为反符合屏蔽或反符合环。

作为屏蔽用的探测器，一般有 G-M 计数管、流气式正比计数管、液体闪烁计数器、塑料闪烁体和碘化钠晶体。

G-M 计数管或流气式正比计数管简单易行，价格便宜，但它们对 γ 射线的探测效率较低，不能有效地减少散射光子引起的本底。用计数管作反符合屏蔽大约可使本底较少 50%以上。塑料闪烁体的发光衰减时间短、体积大，易于加工成不同形状，性能也较稳定，价格便宜，因此是很理想的反符合屏蔽计数器，缺点是能量分辨率差。碘化钠晶体也常用来作反符合屏蔽，它的 γ 射线探测效率高，又具有一定的能量分辨本领，因此配以碘化钠晶体作为主探测器便能组成反符合多维能谱仪。

图 3-2-2 给出了复杂 γ 能谱仪在阱型反符合工作方式时，电子学系统的电路框图。它们除微机系统外，均为 NIM 插件，可装在 NIM 机箱内，统一配备低压电源。

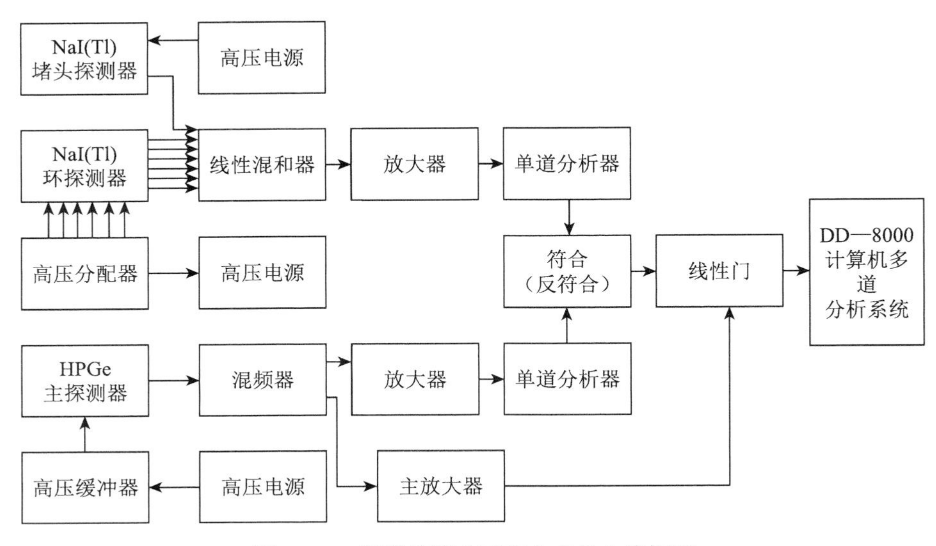

图 3-2-2　阱型反符合工作方式的电路框图

阱型反符合工作方式是利用 NaI（Tl）环探测器和 NaI（Tl）堵头探测器构成阱型反符合探测器。将样品和主探测器送入阱内，测量时，从主探测器逃出的散射光子，打入反符合探测器，其输出的反符合脉冲，经混合器、放大器和单道分析器送入反符合电路。同时，由主探测器输出的康普顿电子脉冲，经混频器分成两路，一路叫符合脉冲，经放大器、单道分析器送入反符合电路。另一路经主放大器放大后送至线性门。反符合电路的工作程序为：符合脉冲和反符合脉冲同时输入，则没有输出，只有符合脉冲输入，则输出开门信号。所以主探测器输出的对应全部 γ 能量的脉冲，经主放大器、线性门被多道分析器记录，而康普顿电子脉冲则不能被记录，实现了反符合抑制，同时，宇宙射线亦能被抑制。

3. 探测元件和附属材料的选择

低水平放射性测量装置中探测元件的材料要经过仔细选择，选用放射性杂质尽量少的，或预先加以纯化。计数管云母窗及光电倍增管玻璃壳中都含有相当数量的^{40}K，因此作为低水平放射性测量用的计数管及光电倍增管不应该用这些材料而代之以尼龙薄膜及石英玻璃。NaI（Tl）晶体中也可能含有少量的^{40}K，必需经过去钾提纯。光电倍增管遮光用的铅膜、黑漆以及一些电子元件如电阻、电容和焊锡中都会有相当多的放射性杂质，应尽量少用或远离主探测器灵敏体积。

对于 α 探测器，本底主要来自灵敏体积内内表面的 α 污染，所以要采用清洁的材料如导电塑料、电解铜箔等作为结构材料。

4. 干扰的排除

除了探测器接受不必要的辐照会引起本底外，测量仪器性能的不完善也会使记录系统有额外的计数，如接地不良、高压漏电等。气体探测器可能因猝息不完善引起假计数，这些假脉冲往往出现在主脉冲后约数百微妙内，因此可使用宽度为一百微妙的猝息电路。假如探测器有高压部分，则绝缘不良引起高压漏电可使本底计数大增，所以，在选择探测器结构材料时应考虑到能耐高压，装配时要注意清洁处理。

对于用闪烁计数器的装置，光电倍增管暗电流是本底的重要来源，必须仔细选择优质的管子及清洁的管座，国产的光电倍增管中，如 GDB-44D 及 GDB-76 都属于低噪声管子。

接地不良使得电子学线路容易受电信号干扰，在探测器与主放大器之间用长电缆连接时尤其如此，因此，应当尽量缩短探测器与主放大器之间的距离，所有的电子仪器要注意一点接地，把接地点选在主放大器处有较好的效果。

5. 其他措施

降低本底的其他措施包括幅度甄别、射程甄别、上升时间甄别和符合法等。

幅度甄别。对于一般的计数实验，并不强调它的脉冲幅度与粒子能量之间的线性关系，因此往往不管脉冲幅度的大小，凡是超过甄别阈值的都予以记录。假如利于能量灵敏探测器，则利于待测射线的特定能量，选择记录一定幅度的脉冲，便能极大地剔除其他干扰元素以及本底的影响，在具有 α 放射性以及 γ 放射性样品的测量中常常用到它。

射程甄别。射程甄别是利用被测粒子与本底射线粒子射程不同，而采取相应的甄别手段，达到去除本底的目的。

上升时间甄别。利用探测器对不同粒子给出信号的上升时间不同的特点，可达到大大减少干扰粒子产生的本底信号。正如正比计数管的上升时间与初电离径迹有关一样，低能 X 射线及 β 粒子或电子俘获后放出的低能电子，电离径迹很短，输出信号就有较短的上升时间。而本底事件，如宇宙射线中的带电粒子产生的径迹很长，信号上升时间就较大。要鉴别某一核素，在测量脉冲高度时，同时测量信号上升时间，就可以大大区别源事件与本底事件。

符合法。符合法是设计两个探测器，它们之间的隔层做成很薄，样品发出的射线能穿过两个重叠在一起的薄计数管，它们将同时给出信号，而管壁材料中的杂质放出的射线未必能同时穿过两个计数管，因而符合电路不给出计数，本底得以降低。

在一台好的低水平放射性计数测量装置里，往往要同时采用上述各项措施中的若干项，才能取得满意结果，表 3-2-1 列出了一套低水平 γ 测量装置的本底。

表 3-2-1　一套低水平 γ 测量装置的本底

能量	不同屏蔽条件下本底计数/c/m				
keV	无任何屏蔽	15 cm 钢	15 cm 钢+3 cm 铅	15 cm 钢+3 cm 铅+0. 5 cm 不锈钢+0. 2 cm 镉	15 cm 钢+3 cm 铅+0. 5 cm 不锈钢+0. 2 cm 镉+环反符合
63	272	3. 63	2. 07	1. 82	0. 333
511	36. 2	2. 39	1. 39	1. 37	0. 191
1 332	8. 14	0. 709	0. 209	0. 243	0. 066 7

表 3-2-2 列出了一种国产研制的低本底反康普顿高纯锗 γ 谱仪的本底。低本底反康普顿 HPGeγ 谱仪由 HPGe 主探测器、NaI（Tl）环探测器、NaI（Tl）堵头探测器、钢铅复合屏蔽室和电子学系统构成。HPGe 主探测器给出的信号，经主放大器放大后，由多道分析器记录给出 γ 能谱。NaI（Tl）环探测器一般为 Φ200~300 mm 环形 NaI（Tl）晶体，封装在不锈钢桶内，端面有 6 个石英玻璃窗，装有 6 只光电倍增管，用以探测和收集环晶体产生的光信号。环探测器的作用是降低康普顿散射对 γ 能谱的贡献和本底计数。NaI（Tl）堵头探测器的作用是降低反散射对 γ 能谱的贡献，亦可降低宇宙射线的干扰。堵头探测器和环探测器一起，与主探测器构成阱型反符合工作方式，更有利于压低环境本底和抑制康普顿散射及宇宙射线的干扰。

表 3-2-2　某型高纯锗低本底反康普顿 γ 谱仪的本底

能量范围/keV	屏蔽条件	测量时间/s	总计数	计数率/cps
50~2 014	无任何屏蔽	3 600	548 750	152. 43
	复合屏蔽室屏蔽	2 000	2 854	1. 427
	屏蔽室+阱型反符合屏蔽	60 000	23 528	0. 392

第三节　低水平放射性测量中的测量下限

在低水平放射性测量中，由于样品的活度很低，得到的样品净计数率往往低于测量装置的本底计数率，因此首先会碰到这样一个问题：

测得的计数是否能表明样品中存在放射性？例如，在 t_s 时间内测得样品加本底计数为 N_s，在 t_b 时间内测得本底计数率为 N_b，则样品的净计数 $N_0=N_s-N_b$。由于放射性计数的统计涨落，每次测量得到的 N_0 值往往不同，当 N_0 值相当小时（甚至会出现 $N_s<N_b$ 的情况），就难于断定样品中是否存在放射性。

第二个问题是：对选定的探测装置和探测方法，事先要作出估计，这种探测装置可以探测的最小放射性活度为多少？这一点对于考虑选取合适的环境样品化学浓集方法时有重要的参考价值。

第三个问题是：样品中应含有多少放射性才能在选定的测量装置上得到定量的结果，并满足规定的测量精度要求？

也就是说，在低水平放射性测量中，通常要回答这样三个问题：探测到没有？能否探测到？能否定量地探测到？为了正确回答上述三个问题，通常需确立三种相应的界限：

（1）判断限（L_1），它是判断样品中有无超过本底的放射性标准。当测得的样品净

计数 $N_0>L_1$ 时，即可作出结论："探测到"，即样品中存在超过本底的放射性；当 $N_0<L_1$ 时，则可作出结论："未探测到"，即样品中无超过本底的放射性。

（2）探测限（L_2），它回答能否探测到的问题。当 $N_0>L_2$ 时，则可作出结论：样品中的放射性可被探测到；当 $N_0<L_2$ 时，则可作出结论：样品中的放射性不一定能被探测到。

（3）定量下限（L_3），当 $N_0>L_3$ 时，则可作出结论：样品中的放射性能以所定精度被探测到。

一、判断限

待测样品的放射性是通过对它所测到的净计数 N_0 来确定的，而净计数 N_0 又是通过本底计数 N_b 和样品计数 N_s（包括本底）的两次测量得到的，通常选择它们的测量时间相等，因此有

$$N_0=N_s-N_b \tag{3-3-1}$$

假定 N_s 和 N_b 服从正态分布，因而 N_0 也服从正态分布，它的概率密度 $P(N_0)$ 可以写成

$$P(N_0)=\frac{1}{\sqrt{2\pi}\sigma_0}\exp\left[-(N_0-\mu_0)^2/2\sigma_0^2\right] \tag{3-3-2}$$

式中，μ_0 和 σ_0 分别是净计数 N_0 的期望值和标准误差，而 σ_0 可算得为

$$\sigma_0=\sqrt{\sigma_{N_s}^2+\sigma_{N_b}^2}=\sqrt{N_{s0}+N_{b0}}=\sqrt{\mu_0+2N_{b0}} \tag{3-3-3}$$

这里 N_{s0} 和 N_{b0} 都是指 N_s、N_b 的期望值。

由于统计涨落，显然不能简单地认为："若 $N_0>0$，样品中就有放射性；若 $N_0<0$，样品中就没有放射性"，这可以从图 3-3-1 中看出。

第一种情况：样品实际不含放射性。

如图 3-3-1（a）所示，由于计数的统计分布规律，此时，计数 N_0 将具有一个分布 $P(N_0)$，它是以 $N_0=0$ 为对称轴的正态分布。

$$P(N_0)\,dN_0=\frac{1}{\sqrt{2\pi}\sigma_1}\exp\left[-(N_0^2/2\sigma_1^2)\right]dN_0 \tag{3-3-4}$$

式中：σ_1 为样品净计数 $N_0=0$ 的标准误差。

第二种情况：样品含有放射性 L_2。

如图 3-3-1（b）所示，由于计数的统计涨落导致净计数 N_0 也将有一个分布。

$$P(N_0)\,dN_0=\frac{1}{\sqrt{2\pi}\sigma_2}\exp\left[-(N_0-L_2)^2/2\sigma_2^2)\right]dN_0 \tag{3-3-5}$$

式中：σ_2 为 L_2 的标准误差。

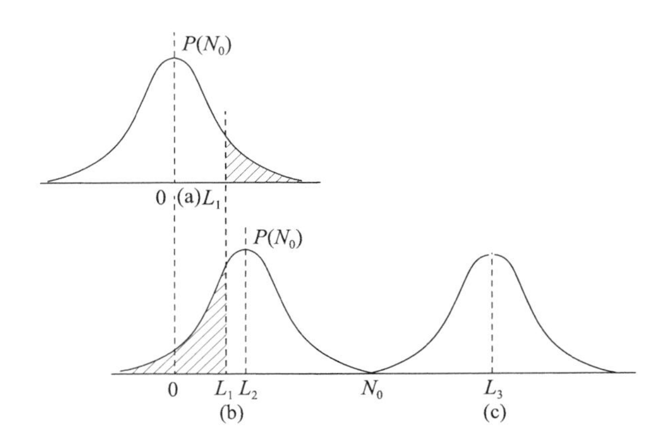

图 3-3-1　放射性测量结果的统计解释示意图

由此可见，由于统计涨落的原因，计数差 $N_0=N_s-N_b$ 将会有各种各样的数值。当 N_0 很小时（尽管 $N_0>0$），样品中有无放射性就很难断定。只能订出一个规定，即作出一个判断的标准，选取关于 N_0 的一个大于零的计数，设用 L_1 表示，若测到的 $N_0>L_1$，就说样品中有放射性；若 $N_0\leqslant L_1$，就说测不到放射性。作为判断样品中有无放射性所选择的这样一个净计数的判据值叫判断限。原则上说，不论 L_1 选在哪儿，判断中总会有两种错误发生：

（1）α 错误，样品中实际无放射性，但测到的 N_0 却大于 L_1，以致误判为有放射性，出现 α 差错的概率如图 3-3-1（a）中斜线部分面积所示。

（2）β 错误，样品中实际有放射性，但测到的 N_0 却小于 L_1，以致误判为没有放射性，出现 β 差错的概率如图 3-3-1（b）中斜线部分面积所示。

L_1 的位置和这两种错误发生的概率密切相关，通常 L_1 由发生第一种错误的概率 α 来确定。这就相当于做假设：H_0：$\mu=0$。这时

$$\alpha=P(N_0\geqslant L_1/\mu_0=0)=\int_{L_1}^{+\infty}\frac{1}{\sqrt{2\pi}\sigma_1}\exp[-(N_0^2/2\sigma_1^2)]\mathrm{d}N_0 \tag{3-3-6}$$

引入标准化变量 $x=N_0/\sigma_1$，得到

$$\alpha=P(x\geqslant K_\alpha/\mu_0=0)=\int_{K_\alpha}^{+\infty}\frac{1}{\sqrt{2\pi}}\exp[-(x^2/2)]\mathrm{d}x$$

这里 σ_1 是 $\mu_0=0$（样品中无放射性）时样品净计数的标准误差。K_α 是 L_1/σ_1，即 L_1 由式（3-3-7）决定：

$$L_1=K_\alpha\sigma_1 \tag{3-3-7}$$

由正态概率积分表，可以查出 α 和 K_α 的对应数值，如 $\alpha=0.05$ 和 $\alpha=0.1$，相应的 $K_\alpha=1.645$ 和 $K_\alpha=1.282$。σ_1 由式（3-3-3）决定，在零假设成立下，将 $\mu_0=0$ 代入，得到

$$\sigma_1=\sqrt{2N_{b0}}\approx\sqrt{2N_b}$$

因而

$$L_1 = K_\alpha \sigma_1 \approx K_\alpha \sqrt{2N_b} \tag{3-3-8}$$

总之，判断限 L_1 由第一种错误的概率 α 决定，若 L_1 取得大，即 K_α 大，则 α 较小；但 L_1 也不能取太大，否则会影响探测下限的选取，或发生第二种错误的概率 β 加大。α 的具体数值要视具体问题而定，例如在检查物品有无放射性污染时，为了安全起见，宁可让 α 较大些，就是说，允许把“清洁”误测为“污染”。

二、探测下限

在判断限 L_1 确定后，对有放射性的样品，其测量得到的净计数 N_0 也可能低于 L_1，因而误认为无放射性，此即所谓 β 错误。究竟样品中至少要有多少放射性（或者说，净计数的期望值至少应是多少）方能保证其净计数 N_0 不会低于 L_1，从而不致于漏测呢？探测下限就是根据这一要求所定出的一个净计数的期望值，用 L_2 表示。为确定 L_2，需要考虑发生 β 错误的概率 β。

假设样品中有放射性，其净计数的期望值 μ_0 为 L_2，由于统计涨落测到的净计数 N_0 也可能低于 L_1，这一事件，即发生 β 错误的概率 β 为

$$\beta = P(N_0 \geqslant L_1/\mu_0 = L_2) = \int_{-\infty}^{L_1} \frac{1}{\sqrt{2\pi}\sigma_2} \exp[-(N_0 - L_2)^2/2\sigma_2^2)]\mathrm{d}N_0 \tag{3-3-9}$$

参看图 3-3-2，它相当于在 $2L_2-L_1$ 到 ∞ 的域上积分

$$\beta = \int_{2L_2-L_1}^{\infty} \frac{1}{\sqrt{2\pi}\sigma_2} \exp[-(N_0 - L_2)^2/2\sigma_2^2)]\mathrm{d}N_0 \tag{3-3-10}$$

作变量变换

$$x = \frac{N_0 - L_2}{\sigma_2}$$

当 N_0 从 $2L_2-L_1$ 到 ∞ 时，x 从（L_2-L_1）/σ_2 到 ∞，并令（L_2-L_1）/$\sigma_2=K_\beta$，于是得到

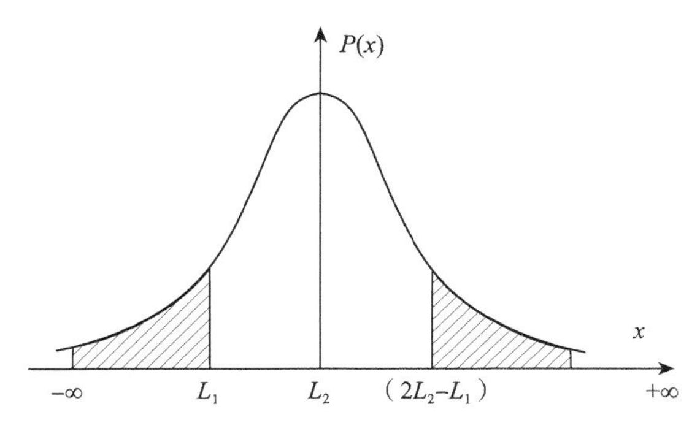

图 3-3-2　计算 β 的区域

$$\beta = P(x > K_\beta/\mu_0 = L_2) = \int_{K_\beta}^{+\infty} \frac{1}{\sqrt{2\pi}} \exp[-(x^2/2)]\mathrm{d}x \tag{3-3-11}$$

根据β，由正态概率积分表，可以查K_β，于是

$$L_2 = L_1 + K_\beta \sigma_2 \tag{3-3-12}$$

σ_2 是当 $\mu_0 = L_2$ 时，净计数的标准误差。由式（3-3-3），σ_2 计算如下：

$$\sigma_2 = \sqrt{L_2 + 2N_b} \tag{3-3-13}$$

将式（3-3-8）和式（3-3-13）代入式（3-3-12）则得

$$L_2 = K_\alpha \sqrt{2N_b} + K_\beta \sqrt{L_2 + 2N_b} \tag{3-3-14}$$

整理后得到 L_2 表达式

$$L_2 = L_1 + \frac{1}{2}K_\beta^2\left[1 + \left(1 + \frac{4L_1}{K_\beta^2} + \frac{4L_1^2}{K_\alpha^2 K_\beta^2}\right)\right]^{\frac{1}{2}} \tag{3-3-15}$$

其取 $K_\alpha = K_\beta = K$ 则有

$$L_2 = K^2 + 2L_1 \tag{3-3-16}$$

这就是说，当样品净计数的期望值 L_2 满足关系式（3-3-16）时，就能较有把握地保证测得的净计数大于 L_1，使犯β错误的概率不大于β。

三、定量下限

对于活性在判断限附近的样品，虽然可以被探测出来，但其误差较大，一般没有重要的定量意义，以 $N_0 = L_2$ 为例，其相对标准误差为

$$\frac{\sigma^2}{L_2} = \frac{\sigma^2}{K_\alpha \sigma_1 + K_\beta \sigma_2} \approx \frac{1}{K_\alpha + K_\beta} \tag{3-3-17}$$

若α和β均取成0.05，相应的 $K_\alpha = K_\beta = 1.645$，代入式（3-3-17），得到

$$\frac{\sigma^2}{L_2} \approx 30\%$$

作为定量测量，这样的误差显得太大了。若要求测量结果的相对误差不超过某个预定的值ε_r，那么样品的净计数期望值必须超过某个最低值，这个下限就叫定量下限，用 L_3 表示。L_3 可以用下面的方法求出，由式（3-3-3）

$$\frac{\sigma_3}{L_3} = \frac{\sqrt{L_3 + 2N_b}}{L_3} \leqslant \varepsilon_r$$

解出 L_3

$$L_3 = \frac{1 \pm \sqrt{1 + 8N_b \varepsilon_r^2}}{2\varepsilon_r^2} \tag{3-3-18}$$

判断限 L_1、探测下限 L_2、定量下限 L_3 三者之间位置可用图 3-3-3 表示。

L_1：当 $N_0 \geqslant L_1$，可认为样品是有放射性的；

L_2：当 $N_0 \geqslant L_2$，可有把握地测出样品是有放射性的；

L_3：当 $N_0 \geqslant L_3$，测量误差可满足要求。

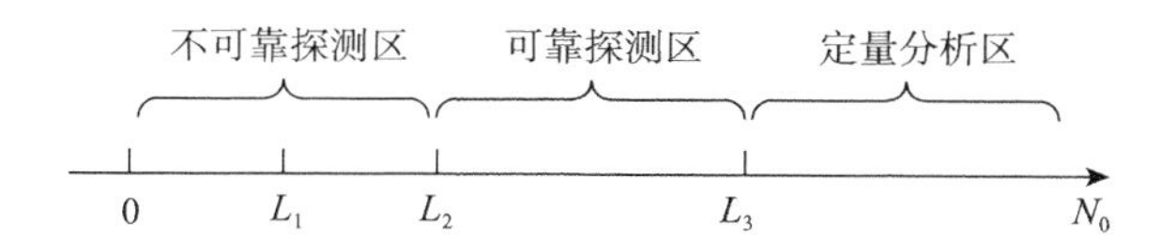

图 3-3-3 判断限、探测下限、定量下限位置示意图

例如，有一台低本底β测量装置，测得本底计数率 $n_0=1$ cpm。设样品和本底测量时间均为 100 min，试计算 L_1、L_2 和 L_3（置信度取 95%，要求误差≤10%）。

求解得，置信度为 95%，相应的 K 值为 1.645

$$L_1=K\sqrt{2N_b}=1.645\times\sqrt{2\times1\times100}=23.3$$

即 100 min 测得总计数 N_s 超过 123.3 个计数时，即可作出样品中含有超过本底的放射性。

$$L_2=K^2+2L_1=1.645^2+2\times23.3=49.3$$

即 100 min 内能给出净计数超过 49.3 个计数的样品，其放射性一般不会被漏测。

要求误差不超过 10%，即 $\varepsilon_r\leqslant10\%$，由式（3.31）计算 L_3，得

$$L_3=\frac{1+\sqrt{1+8\times100\times\left(\frac{10}{100}\right)^2}}{2\times\left(\frac{10}{100}\right)^2}=200$$

即 100 min 内能给出净计数超过 200 个计数的样品，测量误差能保证低于 10%。

若已知探测装置的总探测效率，则可以分别计算出满足上述 L_2 和 L_3 值时样品的最低活度。

设总探测效率为 25%，则相应于探测下限 L_2，样品的活度为

$$A=\frac{49.3}{100}\times\frac{1}{0.25}\approx2\text{ dpm}\approx1\times10^{-12}\text{ Ci（或 0.033 Bq）}$$

相应于定量确定下限 L_3，样品的活度

$$A=\frac{200}{100}\times\frac{1}{0.25}\approx8\text{ dpm}\approx4\times10^{-12}\text{ Ci（或 0.13 Bq）}$$

由上述计算可知，当样品活度超过 1×10^{-12} Ci 时，测量 100 min，实际测得的样品净计数会超过 49.3，而一般都不会被漏测；而当样品活度超过 4×10^{-12} Ci 时，测量 100 min，其测量误差一般不会超过 10%。

思考题：

1. 环境放射性本底的降低措施包括哪些？
2. 判断限、探测下限、定量下限的物理意义是什么？

第四章

环境样品采集、预处理与制备

在环境放射性监测中，样品的采集、预处理与制备是一个重要环节，是保证样品中被监测组具有代表性的首要条件。样品采集的布点方法是否正确，样品的保存和处理是否合理，关系到环境监测结果是否可信。如果样品采集布点不合理、不具有代表性，即使测量技术极佳、测量结果精确极高，这个结果都是不科学的，不可信的，甚至会给被监测的环境传递出错误的信息。

要想获得可靠的监测数据，不仅要采用灵敏、稳定准确的测量仪器，分析方法和科学严谨的质量管理制度，而且要有正确的采样方法和必要的样品保存和处理措施，使样品具有很强的代表性。为了防止样品从采集到测量这段时间内发生物理、化学和生物化学变化，保证分析数据具有与现代测试技术相适应的准确性，提高分析结果的可比性，必须对样品的采集提出明确的要求，采样工作者能否按要求采样是环境监测质量保证的非常重要的组成部分。经验表明，采样往往大于分析的误差，因而，必须高度重视采样工作，把从样品采集到分析测量作为一个整体看待，并要对其中的每个环节都实施必要的质量保证，确保环境监测结果的科学、可靠和可信。

第一节　环境样品采集原则和统计学

一、环境样品采集的基本原则

对于环境样品的采集，在国家专门制订的有关标准中，明确规定了应遵循的基本原则，这些原则明确规定环境样品的采集应根据环境监测的目的事先设计好待采集样品的种类、方式、时间等内容，必须按照制定好的采样程序进行。

（1）采集环境样品时必须注意样品的代表性，除了特殊目的外，采集样品应避开下列因素影响：天然放射性物质可能浓集的场合、建筑物的影响、降水冲刷和搅动的影响、产生大量尘土的情况、河流的汇水区、靠近岸边的水、不定型的植物群落等；

（2）采集环境样品时参数记载必须齐备，这些参数要包括采样点附近的环境参数，样品形状描述参数以及采样日期和经手人等；

（3）采样频度要合理。频度的确定决定于污染源的稳定性，待分析核素的半衰期以及特定的监测目的等；

（4）采样范围的大小决定于源项单位的运行规模和可能的影响区域。对于核设施，采样范围应与其环境影响报告的评价范围相一致；

（5）对于核设施、放射性同位素及伴生放射性矿物质资源的应用实践，采样应在排出物的排放点附近进行；

（6）样品的采集量要依据分析目的和采用的分析方法确定，现场采集要留出余量；

（7）采集的环境样品必须妥善保管，要防止运输及储存过程中损失，防止样品被污染或交叉污染，样品长期存放要防止由于化学和生物作用使核素损失于器壁上，要防止样品标签的损坏和丢失。

这些基本原则对于正确采集环境样品，具有重要的指导意义，在具体环境样品的采集工作中，每种具体形态样品的采集方法和程序都应在这些基本要求的限制下制订。

采样环境样品的种类，通常取决于监测的目的和监测的对象。通常包括沉降物样品、气体样品、水样品、土壤样品和生物样品等。取样对象确定后，为确定取样范围与分析频度还须考虑以下因素：待测核素的种类、辐射特性及其物理化学形态，待测核素在环境中的转移，影响核素在环境中转移的自然因素（气象、水文、植被等）和社会因素（土地利用、森林砍伐等），同时还要从技术上的可行性，经济的可行性、合理性以及监测数据的效益上来综合考虑，尽可能做到环境监测的最优化，有时，还要结合监测工作经验，作出试行计划，以便在初步分析后进行合理的调整，保证样本采集的代表性、均匀性及适时性。

环境样品采集后的前处理也是很重要的步骤，特别是对放射化学分析更是如此。采集的样品如含放射性浓度较高时，可直接制备成样品源；如浓度较低时，则需要预先将样品进行浓缩，然后再制备成样品源。常用的浓缩方法有以下几种，对于液体样品浓缩的方法主要有蒸发法、沉淀法和离子交换法等；对于生物样品浓缩的方法主要有干灰化法、湿消化法等。

在许多情况下，样品的处理和制备时间往往是分析时间的三至四倍，特别是生物样品前处理的目的是使待测核素转变为溶液体系，破坏有机物，缩小样品体积或重量，以便于分离操作，程序更为复杂一些。所以对样品分析前处理的一般要求是：不使待测核素损失或是尽可能减少待测核素的损失；有效地去除有机物及其他干扰物；对于生物样品，要使待测核素转变为离子态而进入溶液，或采取适当灰化方法；不使干扰核素或其他杂质进入体系。

二、环境样品采集的统计学

环境放射性监测中，环境采样和分析的目的是获取一个特定地点特定样品中人们所关心的放射性核素的浓度或比活度数据，用以表征采样地点环境放射性的水平或变化情况，是评判环境质量或采取行动的重要依据。在采样过程中，关键的一步是采集可靠的有代表性的样品，因此，对采样的关心和重视应该像对待分析测量一样严格要求。为了使数据富有意义，采样时必须目的明确，并了解要解决的问题和实际的自然条件，环境介质中的特定污染浓度随时间和地点的变化。因此，制定采样方案的关键决策是应在多少个地方采样和采样频率。样品的变异性可能要求建立不同介质之间的浓度关系，获得更多的信息，以便进一步了解动态过程。大多数采样方案要求探索性采样。这样，随时间和地点的变异性能同所要求的不确定度比较，成为采样方案统计设计的基础。

选择合适的采样点，规定采样方法、采样时间、采样频度和采样量，是环境样品采集方案的重要组成部分。在制定环境采样方案时，统计学方法十分有用。当定点采样时，除非有根据认为该采样点所代表周围环境的平均水平，否则由各点得到的数据只能说明各采样点的状况，不能用以对该采样点周围更广大的环境作统计推断。为对环境区域由环境的某一项目的真实水平作统计推断，要用下面几种考虑到地点和时间变异的随机抽样方法采集样品，要根据统计学上的考虑和监测值变化的特点，合理地确定采样时间和采样频度。

（一）样品代表性

样品的代表性根据监测目的、对象和要求有不同的含意，但一般讲，所谓代表性总是首先从关键核素、关键途径和关键人群组考虑。选取最能及时反映环境污染变化的地点和介质采样。同时，样品的代表性还体现在时间、地点、样品类型及理化特性上，同许多因素有关。事实上，在监测布点和采样的设计中，总是应该力求用最少的样本量代表总体。

1. 采样点位的代表性

固定监测网点和采样点位的代表性总是同关键途径和关键人群组相关，同时也取决于采集样品的类型和采样点位的气象、地质、地貌、水文、植被等诸多因素，甚至还与交通条件有关。一般讲，有的采样只在固定监测网点设采样点，例如，空气或气溶胶的采样点一般总是设在固定监测网点上，除非有必要才进行流动选点采样。

2. 采样类型的代表性

采集环境样品的类型一般可分为空气、大气沉降物、土壤、水底泥、水体、动植物、食品等，即使对同一类环境样品，在同一个地点或地区采样，由于采集样品的目的和采样条件不同，样品的代表性也是不一样的。例如，土壤样品的采集目的就可能包括核设施运行或事故释放、沉积增量估算、沉积总量估算、农业可用性、再悬浮可用性等；显然，采样方法也会随采样目的变化而变化。例如，一般环境污染监测时，土壤采样的目的在于观察是否有污染或污染量的变化，但如果采集的是经常翻耕的农田，这样采集的样品可能是毫无意义的。再如植物或蔬菜样，采样对象和样品预处理方法也应随采样目的而定。

3. 采样时间的代表性

环境样品采样时间的代表性更多地体现在采样频率上，它所代表的物理量不像辐射场的直接测量那样可以代表某一时刻辐射场的数据，而总是某一时间段的累积量，这个时间段可以很短，但也可以很长。所以从统计学上讲，即使一个采样点的样品，它所代表的也是在时间上平滑的均值。例如，在常规环境监测中，气溶胶的采样周期一般都以周或月为单位采样和测量，有时还把几个周期的样品组合成一个样品测量，按季度或半年进行评价。因此，各类样品采集的频率可以相差很大，有的一年可以只采一次样，但气溶胶采样频率一般要高些，这完全取决于核设施的类型。

4. 环境本底的代表性

一个核设施环境中的所谓放射性本底是指核设施运行前已经存在于环境中的放射性水平。环境本底的代表性之所以重要是因为它是一个基线数据，是评价环境监测结果的一个参考点，也是统计检验不可缺少的数据。一般在核设施运行前都要获取环境本底数据，但在核设施运行后，最好仍能选择一个与核设施环境相同或相似但不受或少受污染的地区作为参考地区，以便在需要时及时获取数据。

（二）随机抽样方法

在实际的常规环境监测方案的设计中，监测点位的设置以及采样类型及采样数目的确定，一般应不求过多但求合理，因为这时任何一个点位的监测数据都是动态变化的数据，它所代表的或者是多次监测的结果或者是长期累积测量的结果，所以一些固定点位的环境采样与测量既代表个体，也代表一个地区的总体。但是，监测对象如果是实际上被污染的场地或清污场地，这时则需要获得更多信息，采样方案则应按统计设计。

如果样本不是由按随机原则采集的样品组成的，就失去了对监测数据进行统计分析和推断的基础。即使对数据进行了分析推断，也只能对总体作了“形式上”的统计推断。因此，随机样本是对数据进行统计分析和推断的基础。为了取得随机，事先要明确定义总体，如在某一时间、某一区域（如排污口外附近）范围内的全部表层土壤、某种农作物，这时监测值只有地点上的差异。又如一年中采样范围内离地面高度 2 m 以内的大气，这时除地点差异外，还有时间上的差异。将定义的总体划分成互斥的基本抽样单位，再按随机原则从这些抽样单位中抽取一部分实测，这些实测的抽样单位就组成了该总体的一个随机样本。下面介绍几种随机抽样方法，实际工作中要结合不同的情况研究组成随机样本的方法。

1. 单纯随机抽样法

首先把总体的全部抽样单位编号，然后用抽签的方法或利用随机数字表在编号范围内抽取一些数，相应于这些编号或数的抽样单位便组成一个随机样本。例如，要从

1 000头家畜中抽取50头组成样本，测量肌肉样品的放射性含量。这时先将这些家畜编上000到999的编号。在随机数字表的任一行和列开始抄录三位数字，去掉重复出现的三位数，共取50个三位数，相应于这些编号的家畜便组成了所要的随机样本。同样，在地区范围内抽样时，将地区划分成等面积的抽样单位并编号，用上述方法抽样。如果时间也是需要随机化的因素，亦可将时间分成相等的间隔，按类似的方法处理。

此法对于抽样单位之间的差异不太大时是合适的，其缺点是对抽样单位进行编号十分费时，有时还很难做到，此外，如果总体中包含了几个不同特征的组成部分，例如有些地段放射性水平很高，有些地段很低，当样本容量较小时，用单纯随机抽样组成的样本对总体的代表性可能较差，这时最好用下述的分层抽样方法。

2. 机械抽样法

将总体中的抽样单位按一定顺序排列起来，每隔若干单位抽取一个单位，这种抽样方法称为机械抽样或系统抽样。例如，在前述的从1 000头家畜中抽取的例子中，也可以每20头家畜抽样抽取一头。同样将家畜按收到的先后顺序从000到999编号，再从随机数字表中任意读一个二位数，这个数字要在00到19之间，遇到大于19时可弃去另读，或者将大于19的数减去20，取其余数。例如若读数的二位数或余数为09，则编号为09，29，49，69，…，989的家畜就组成了样本。此法比单纯随机抽样容易实行，当被抽取的单位在总体中的分布比较均匀的，样品的代表性比较好。但是对一些具有某种周期性（或间隔性）变化的现象进行机械抽样时，则可能出现大的偏差，特别是当选定的抽样间隔和周期一致时，则样本中包含的测量值无法反映它的变化情况，以致使得样本对总体来说具有某种偏差。例如，随机选定一周的某一时间取一次河水样品，一年内在每周的该时间取样，如果某源项单位排入该河的核素排放量每周内呈周期性变化，则这样采集的样品所组成的样本是有偏差性的，其最终得到的对河水中核素浓度水平的估计将会过高或过低。在环境监测中，常按时间先后和距离远近和自然顺序间隔抽样，这些要根据过去的监测数据，或者进行专门调查，弄清所拟监测项目是否存在周期性变化。如果存在这种情况，要慎重考虑获得样本的方法。

3. 分层抽样法

将总体按一些重要特征分成几个层，从各层中用单纯随机抽样或机械抽样方法各抽取适当数目的抽样单位合起来组成一个样本，这种抽样方法称为分层抽样法。当总体由几个具有不同特征的部分组成的，用分层抽样方法组成的样本一般具有较好的代表性。由于事先已按一些重要特征将总体分成不同的层，同一层由抽样单位间的变异度较小。在各层抽取同样数目抽样单位的情况下，平均水平估计值的变异度比单纯随机抽样大为减小。同时，采用分层抽样时还能比较各层间的调查结果。因此，分层抽样是值得推广应用的一种抽样方法。

4. 混合样品法

为放射性分析而采集的样品可以直接分析单个样品，也可以把一些样品混合起来组成代表一些地区、一段时间或者两者都代表的混合样品进行分析。在保持样品代表性的情况下，采用这种混合样品的分析，可以减轻实验室的负担。当然，即使是单个样品，也可以认为是小范围空间或时间内的混合样品。例如，将不同位置上采集的土壤样品混合起来或不同牛的牛乳样品混合起来；又如空气监测时，如果将抽样单位定义为 8 h 内通过容积为 3 m^3 的空气，那么，用一个过滤装置连续采集空气样品一周，所得样品就是 21 个 8 h 的抽样单位所混合的样品。只要组成混合样品的每个样品的数量相同，则由混合样品得到的结果是相应总体平均水平的无偏估计值。但是，从混合样品中无法获得抽样单位之间（例如每 8 h 的空气之间、不同位置上的土壤样品之间、不同牛的牛乳之间）变异度的估计值，同时，最终推断总体均数置信区间的宽度将增大。

（三）采样时间和频度

如果不存在监测项目周期性变异，采样时间便无关紧要，可直接按所需采集的样品总数，平均分配于整个监测期间。如存在日的周期性变异，采样时间不能固定在每天的某一时刻上，应使得在每天的不同时刻采集数目大致相同的样品。如果存在周的周期性变异，采样时间不能固定在周的某一天里，而应在周的不同日子里采集大致相同数目的样品。这样分配采样的时间，才能使总体平均水平的估计不致产生严重的偏差。为了弄清监测项目是否存在周期性的变异，要进行试验性调查。每天在不同的时间上采集样品进行分析、测量，几天后就能说明监测项目是否存在日的周期性变异。为了弄清有无周的周期性变异，可在一周内每天的同一时间采样，调查几周的结果。必要时这样的试验性调查可在整个监测期间不时进行，以避免存在的周期性变异而导致监测结果的偏差。

采样频度应能反映监测项目的月、季、年变化，并应与不同的监测目的要求相适应。监视性监测应取较高的采样频度，了解污染物在环境中蓄积趋势的监测采样频度可适当低些。

（四）样本容量和采样量

在随机采样中，样本容量是指样本所包含的实测个体或单元的数目，而由样本所代表的待测对象的全体则称为总体。样本容量的大小取决于样本物理量的概率分布，在采样方案的设计中，基于样本物理量是遵从正态分布、对数正态分布和非参数技术或不知道其分布的几种情况，计算出对应的样本容量。

每一采样点上采集样品的体积和重量对测量结果的平均值和变异性有直接的影响，样品量越多，平均值的变异越小。决定样品采样量时，应考虑采样对象的粒度、成分、部位、时间、放射性水平和监测仪器的最低探测限。

第二节 沉降物样品采集与制备

沉降物通常包括沉降到地球表面的落下灰、雨水和雪。收集沉降物的目的在于了解核事故或核武器试验引起的地面辐射场强度变化并估算可能引起的任何危害。

一、粘纸法

粘纸法常用来测量单位时间、单位面积地表的放射性落下灰的沉降量。早期的方法见图 4-2-1。采样介质是一种橡胶基粘合剂，涂于醋酸纤维素衬片上，并用玻璃纸覆盖保护之。采样时揭下玻璃纸，把粘纸放在镀镉钢制框架上。框架由一立柱支持，距地面约 1 m。每张纸暴露 24 h，纸表面的粘性涂层能有效地捕集沉降于其表面的落下灰颗粒，此法简便，为国内外采用多年。其主要缺点是落下灰中较易溶的放射性核素能为雨水冲走，平均收集效率约 70%。

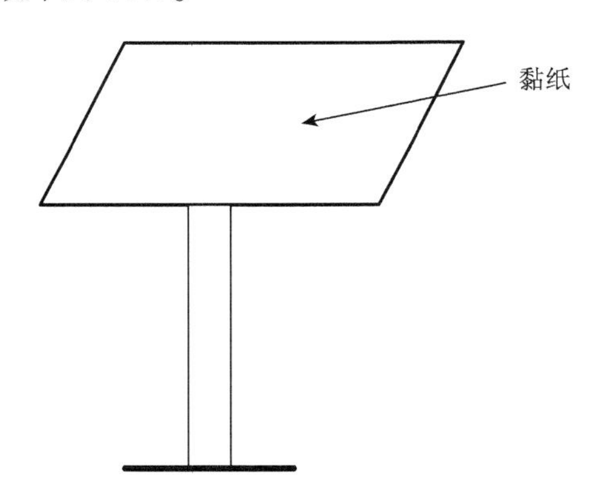

图 4-2-1 采集黏纸样品的框架

经改进后的粘纸法是把含灰量低的棉纸、粉廉纸等作成同形薄纸，涂上一层凡士林加机油或松香加蓖麻油等粘性油，将其粘于面积相同的、边高 10 cm 的圆形盘底。遇雨、雪时，可在雨雪后将粘纸及雨雪同时收集，并用纸和酸性水将盘底擦洗。样品合并，将粘纸剪碎，蒸干，炭化，移入 500 ℃马福炉中灰化。

二、水盘法与高罐法

水盘法是采用不锈钢或聚乙烯塑料制成的高 15 cm、面积为 2 500 cm^2 的园形水盘采集沉降物样品。盘内事先盛有 0. 1%的硝酸或盐酸，酌加数毫克的锶载体。将水盘置于采样点，暴露 24 h，记录当时的气象条件。暴露期间应保持盘底存水，防止沉降的沉降物随风扬起造成损失。暴露结束后，将盘内收集物全部转入烧杯中，盘底用稀硝酸洗涤。将收集物加热蒸发浓缩至约 20 mL，转入已称重的坩埚中蒸干。然后于 500 ℃马福炉中灼烧 2 h。

高罐法是用不锈钢或聚乙烯塑料制成壁高为直径 2.5 倍~3 倍的圆柱形罐暴露于空气中采集沉降物。由于其壁高，能阻止罐内已采集的灰尘随风带走，因此，罐内不必存水，可作长时间的采集沉降物用。样品处理方法与水盘法相同。

无论是水盘法或高罐法，均要求容器表面光滑，不吸附放射性核素。采集器应放置在开阔地，远离建筑物或树林。不被树木遮盖的建筑物的平顶是理想的采样处所。

三、雨水（雪）的采集

上述的水盘或高罐均可作为雨和雪的采样器。此外，采样器可以制成漏斗型，由 30 L 的聚乙烯瓶和漏斗两部分组成。收集器的面积要考虑能在采样期采集约 20 L 的雨水。因此要根据各地的雨量情况，设置若干个采集器。或者在合适的房顶上用塑料薄膜作成大型漏斗。收集到的雨水可以蒸发浓缩，或者将漏斗与离子交换柱直接相连。离子交换柱的下层装阴离子交换树脂，上层装阳离子交换树脂，最上层装入少量滤纸浆。吸附在离子交换树脂上的放射性核素用相应的溶液分别洗脱后进行放射化学分离和测定。也可以将树脂烘干后在马福炉中 450 ℃灰化。

如需从地面采集雪样，可事先选好一块平坦的地面，降雪后用清洁而光滑的木铲取一定面积的全部雪层，清除其中的树叶和草木等异物。待雪溶化后按雨水样品进行处理。

四、沉降灰的处理

用于捕集大气飘尘和沉降灰的大型滤纸（纤维素制成的滤纸等），应使附着灰尘的一面向内，折叠起来，放入瓷蒸发皿中。按干法灰化的操作进行灰化。大型水盘收集的沉降灰样品，按蒸发法操作将水蒸干，残渣供分析或制样测量。以玻璃纤维为滤材，或收集的沉降灰样品中夹杂着硅酸盐成分时，样品灰化后，还需用碳酸钠熔融和氯氟酸挥发硅酸的方法，以除去硅酸盐对分析测量的干扰。

第三节　气体样品采集与制备

空气采样和测量的目的是确定气载放射性物质的污染水平，评价和控制核设施的工作人员及周围居民受气载放射性照射的潜在危险。此外，通过对工作场所环境中空气的采样测量，还可检验核设施的运行情况，及早发现事故，检查排放控制系统的运行效果，并为有关规程提供佐证性资料等。

气载放射性物质通常包括气溶胶和气体、蒸汽两大类。

气载放射性物质的浓度、粒度分布和理化特性随时间和空间不断变化。在制订常规采样计划之前，必须进行广泛的调查，查明气载放射性物质的时空分布变化规律，由此确定为获得有代表性的特征值所必需的最少采样点和适宜的采样频次与时间。在进行常规采样的同时，应定期进行调查性采样，以确定常规采样对被监测现场所反映的准确程度。

一、气溶胶

气溶胶按其定义是指固体或液体粒子在空气或其他气体介质中形成的分散体系。气溶胶粒子的大小一般为 $10^{-3} \sim 10^{2}$ μm 量级。若这种微粒载有放射性核素，则称为放射性气溶胶。从辐射防护观点出发，主要的对象是分散介质为空气的放射性气溶胶。在原子能事业中，反应堆、加速器周围空气中的^{58}Fe、^{30}Si 等杂质被中子活化就会形成放射性气溶胶；铀、钍矿石的开采和冶炼中以及核燃料的生产和乏燃料后处理过程中产生的含有放射性物质的固体微粒泄漏到设备所在场所，直到环境空气中也会成为放射性气溶胶。此外，一些放射性气态核素子体产物，如^{222}Rn 的子体，也会在空气中形成放射性气溶胶等。

（一）采样点的选定

根据监测目的、放射性物质的可能来源、监测区域大小，人员活动情况以及其他一些因素来确定采样点的位置和数目。

在工作场所，最好是从工作人员的呼吸带空气层内采样，在整个操作过程中应使采样器尽量靠近人的口和鼻。从静止的气体中采样，采样头的入口气流一般应取水平方位。在设计一个操作放射性物质的设施时，就应考虑到采样点的预留位置和数目。在设施启用初期，应做较密的布点试验，以获取工作场所的最具有特征的采样点方面的资料。

在外环境中应根据污染源的性质、分布情况和气象条件等确定采样点的位置与数目，一般在核设施的上风向和下风向都应设点，根据污染范围，在下风向应多布点。在障碍物的下风向采样时，采样点离障碍物的距离应大于障碍物高度的 10 倍。采样头入口气流的方向和速度一般应与被采样气流的方向和速度一致。采样高度一般在离地面 1.5 m 高处。

（二）采样频度和时间

在工作场所，原则上整个工作日都应进行采样，个人空气采样器一般应能连续工作 8 h，累积式连续监测采样器也是在一个工作日连续运转。其他的固定式采样器，可在采样频度和采样时间上均匀分布。

在环境中，放射性气溶胶的浓度一般较低，采样需要大流量，长时间，在本底调查时尤为如此。环境采样无需高频度和短周期，一般能够反映旬、月甚至季度的变化即可。在某些特殊情况下，可根据需要适当增加采样频度。

（三）采样体积

采样体积视目的、浓度以及测量分析方法的灵敏度而定，对累积采样有如下关系：

$$F=\frac{q}{CT} \tag{4-3-1}$$

$$V=FT=\frac{q}{C} \tag{4-3-2}$$

式中　F——采样流量，以单位时间空气体积表示，L/min；

q——最小可测放射性活度，Bq；

C——待测放射性浓度，以单位体积空气中的放射性活度表示，Bq/L；

T——采样时间，min；

V——采样体积，L。

可以通过选取适当的采样器，截面积和流速达到一定的流量，调节流量 F 和时间 T 达到一定的体积，以满足测量分析方法的灵敏度和待测浓度的要求。对于直接的物理测量而言，选择采样器截面积时应考虑到采样后所用探测器的有效面积；选择采样流量时应考虑到获取代表性样品对采样流速的要求，以及流速与收集效率、流阻等的关系。环境采样流量一般为 20~2 000 L/min，工作场所与排放管道采样为 2~2 000 L/min。对于大流量的采样器，要防止收集到采样器本身的抽吸设备所排出的气体。

（四）采样方法

放射性气溶胶采样器有两种类型：其一是对粒子大小无选择的总浓度采样器；其二是对粒子大小有选择的粒度分级采样器。这两类采样器都配有相应的抽气设备、流量指示和调节装置等。

操作中产生的气载放射性微粒不发生显著变化，并通过专门研究已知微粒物质的粒度分布特性和其他理化特性之后，在常规采样中可采用对粒子大小无选择的总浓度采样器。其中最常用的是空气过滤法，它是通过过滤器把所关心的气溶胶粒子浓集起来。采样装置的示意图见图 4-3-1。由于滤材容易获得，抽气设备比较简单，效果也比较好，因而获得广泛应用。目前所采用的滤纸主要有醋酸纤维素滤纸，醋酸纤维和石棉混合物滤纸、玻璃纤维滤纸和薄膜滤纸等。对过滤材料的要求是，对粒子的收集效率高，对气流的阻力低以及对 α 粒子的自吸收小。其他类型的总浓度采样器还有静电沉降器和重力沉降器。

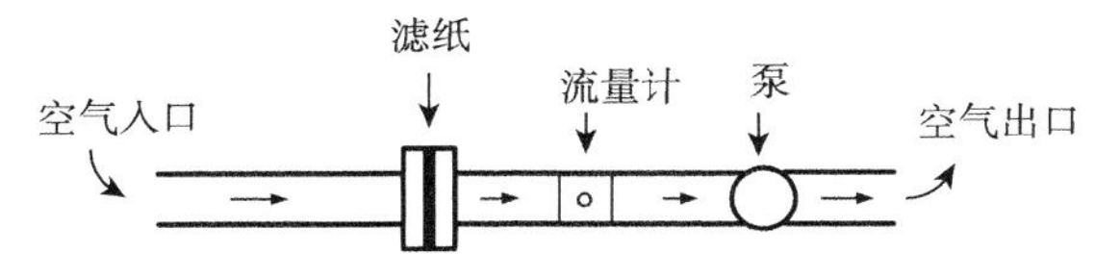

图 4-3-1　空气过滤法采样装置示意图

对粒子大小有选择的粒度分级采样器的种类很多，例如撞击采样器，向心分离采样器、旋风采样器、模拟肺沉积采样器等，基本上都是利用粒子运动时的惯性不同来达到分离不同大小粒子的目的。测定粒子大小分布可选择的采样器一般可以是多级的，即把气溶胶粒子按大小分成两部分，以给出气溶胶的粒度分布特性；也可以是两级的，只把气溶胶粒子按大小分成两部分，直接模拟肺沉积模型曲线。因此，对这类采样器，应给出采样器各收集级或各收集部位的收集特性的试验刻度结果。

（五）气溶胶样品的处理

取样结束后，要保护好样品，防止样品脱落。样品不能互相重叠，不能暴露于空气中。用于收集空气中气溶胶的用夹环固定的滤纸或滤布，取样完毕后，连同夹环一同取下，注意防止附着在滤纸上的样品脱落。将夹有取样滤纸的夹环置于专用盒或培养皿中，送作放射性样品直接测量。需要进行灰化时，应将滤纸或滤布向附着灰尘的一面折叠起来，放入瓷蒸发皿中，按干法灰化的操作进行灰化。以玻璃纤维为滤材，或收集的气溶胶样品中夹杂着硅酸盐成分时，样品灰化后，还需用碳酸钠熔融和氯氟酸挥发硅酸的方法，以除去硅酸盐对分析测量的干扰。空气取样器收集的吸附在用夹环固定的滤纸中气溶胶样品或专门用于吸取气态碘的活性炭盒，可直接提供作 γ 能谱分析。

二、气体和蒸气

放射性气体和蒸气是重要的气载污染物质，通常采用分离出特定成分和不分离出特定成分的两种采样方法。有关采样点、频度、时间和采样数量的一般原则均与气溶胶的采样相同。

（一）特定成分的采样

特定成分的采样是指用一种收集器把特定成分从气流中分离出来并保存住它的采样方法。采样时要详细了解采样对象及与之共存的非放射性气体和其他干扰物质的化学性质和物理性质。当需要分离和收集一特定成分时，一般进行连续采样，且采样流量和时间要保证满足辐射测量方法探测限的要求，同时又要兼顾到收集器的收集特性。这类基本收集方法有固体吸附剂法、吸收法和冷凝法。

固体吸附剂法采用固体颗粒床作收集器。例如，活性炭是放射性碘的有效吸附剂，浸渍活性炭是碘的有机化合物的收集剂。低温下活性炭也可用来吸附惰性气体。气流通过吸附床的时间要足够长，以保证有效的吸附。活性炭应维持适当的温度，以提高其吸附速率。要注意不要让气流中的粒子和非放射性的有机化合物阻塞或饱和了活性炭的活化中心。渗有活性炭的滤纸有时也可作为收集器。但是通常在其后要跟一个活性炭床，以保证收集和留存所有的单质碘和有机碘蒸汽。硅胶也是一种收集剂，常用来收集水蒸气形态的氚。被收集的氚可直接由收集床测量，也可用加热解吸或用合适的溶剂将其洗脱下来进行测量。

吸收法是用装有吸收溶液的容器作收集器，使空气从中通过，利用一些特殊的化学反应或溶液的特殊溶解性，可把某种放射性气体和蒸气与空气分离出来。例如氢氧化钠溶液吸收采样器可以从气流中吸收单质态碘和四氧化钌。在气流进入溶液之前应先通过过滤器把气载粒子除去。

冷凝法可用来收集挥发性的放射性物质，适用于收集较长时间的累积样品和连续监测的样品，如收集水蒸气形态的氚。

（二）不分离特定成分的采样

有时对空气中特定的放射性气体和蒸气的成分不加区分，而用一个抽空容器来收集总的空气样品，以确定空气中总的污染水平。这种采样容器可以是电离室，其电离电流就表示空气的相对放射性水平。一定要注意采样系统和电离室内气体的温度必须远高于露点。电离室内的污染将随采样次数的增加而逐渐累积，因而需设法去污，并随时充入干净空气，检查电离室是否存在累积下来的污染。可在采样容器前加过滤器，以去除放射性粒子，这样也有助于保持采样容器的清洁。由于这种采样方法没有对气体放射性进行浓集，因而测量灵敏度较低，使其应用受到限制。

最后应当指出，气载放射性物质的采样分析结果是否能真正反映现场的实际情况，是否能正确提供评价和控制吸入危害方面的资料，应与其他方面的分析测量结果相互印证。空气采样监测与生物样品分析的结果应经常进行对照，管道和烟囱的排放采样分析结果可与周围环境的采样分析结果相互印证。

第四节　水样品采集与制备

从核设施释放出的各种放射性流出物和来自核试验或核事故的放射性沉降物都可能使水体遭受污染，为此，需要对与人们生活和生产上密切相关的地表水和地下水等水体进行监测。底部沉积物对一些关键核素常常具有较高的浓集作用，它可作为潜在影响作用的指标。沉积物能记录给定水环境的污染历史，反映放射性沉积物的累积情况。

一、水样品

对各种水体的采样，通常有单次采样、连续采样和采组合样等三种方法，应当视具体情况加以选用。单次采样指在特定地点单次（短时间内）采集水样。连续采样指在特定的地点不间断地采集水样。组合样有下列几种不同情况：将同一采样点不同时刻所采的样品集在一起的混合样，称为时间组合样品；将不同采样点同时（或接近同时）所采的样品集在一起的混合样，称为空间组合样品；将不同采样点不同时刻所采的样品集在一起的混合样，称为时间空间组合样品。

一个单次采集的样品只代表该点在采样时刻的状况。如果在一段时间内水体中的放射性水平比较稳定，单次采样是可行的。否则应当考虑连续采样。组合样品适用于生产和特种工艺下水的监测，还适用于环境水体（地下水、地表水）长寿命放射性核素的监测，但是它不适用于短寿命放射性核素的监测。

（一）单次采样

单次方法仅适用于从地面水、地下水、工业废水、排放水等水体中取水样供放射性监测、化学分析、物理检验。

1. 取样断面和取样点的位置

地面水取样断面的设置。在河流沿岸的大城、大厂矿、饮用水取水点、重要水利设施等下游河段应设取样断面；较大支流汇合口的上游和汇合后与干流已充分混合处，入海河流的河口处，受潮汐影响的河段等应设取样断面；在重要排污门口下游的取样断面应设在排污口下游 500~1 000 m 处，尤其是废水中含有重金属时；在入湖（库）、出湖（库）的河流汇合处应设置取样断面；在湖（库）中心和沿水流流向以及滞流区应分别设置取样断面；在湖（库）沿岸的城市，工矿区、排灌区、排污区等处应设置取样断面。

地面水取样点的确定。在一个取样断面上，当水面宽度小于 50 m 时，设中泓一条垂线，当水面宽为 100~1 000 m 时，设左、中、右三条垂线，水面宽大于 1 500 m 时，至少设置 5 条等距离垂线，更宽的河口应酌情增加垂线数。在一条垂线上，水深 10~50 m 时，取水面下 0. 5 m，中水深和距河底 0. 5 m 处三点，水深 5~10 m 时，取水面下 0. 5 m 和距河底 0. 5 m 二处；水深小于等于 5 m 时，取水面下 0. 5 m 处一个点；水深超过 50 m 时，应酌情增加采样点数。

湖泊（水库）取样点的确定。在每个取样断面上，取样点的位置与河流的相同。

地下水取样点的设置应考虑环境水文地质条件，地下水开采情况，污染物的分布及扩散形式以及区域水化学特征等因素。工业区和重点污染源所在地的监测井的布设，主要根据污染物在地下水中的扩散形式确定。点状污染扩散形式其监测点的布设应沿地下水流向，用平行和垂直的监测断面控制；对带状污染的扩散形式，监测井用网状点法，设置垂直于河渠的监测断面。对供城镇饮用的主要地下水、工业用地下水、农田灌溉用地下水，应从开采井取水样。一般监测井在液面下 0. 3~0. 5 m 处取样，若有多个含水层，则可根据需要分层取样。

在车间或车间设备出口处、工业总排污口处、处理设施的排出口处、排污渠道内等应设置取样点。在临近阀门或配件的下游管道内的湍流区可作取样点。

2. 取样频度

对江河湖泊的取样频度，每年至少应在丰水期、枯水期、平水期各取样 2 次。对于常规监测应该每月取样一次或两周取样一次，当发现水体受污染时，应增加取样频度。生活用水和工业用水的取样频度视水源和取水点位置而定。当水源水体很大而且取水点离岸边足够远，不受支流汇水和岸边排放的废水等影响时，可以两周或每月取一次水样，使其能反映出季节变化。如果取水点位于水体的岸边而且常受汇入水、排放水的影响时，取样周期应缩短。对于地下水，每年应按丰水期和枯水期分别取一次样。因各地水期不同，应按当地情况确定取样日期。有条件的地方可每季取一次样。长期观测点应每月取一次样。对于工业排放废水（普通生产废水和特种工业废水）在工艺稳定、连续排放的情况下，每周取一次，对间断性排放，则需于排放前逐池取样监测。当连续排放废水的浓度接近排放控制限时，必须增加取样频度或连续取样。

3. 采样设备的准备

在采集供化学和物理检验的水样时，取样前将取样容器用洗液或去污剂洗净，然后用蒸馏水刷洗三次，晾干。在采集供放射性核素分析的水样时，应针对待监核素可能存在的形态选取合适的取样容器。通用的采样容器是硬质玻璃或聚乙烯塑料容器。测量总 α、总 β 放射性可用聚乙烯瓶，但若测量 HTO，则必须用硬质玻璃瓶，而不能用聚乙烯或塑料瓶。采样前可设法用含待测核素的稳定同位素的水浸泡一天以上，以减少样品瓶壁对待测核素的吸附。

4. 采样方法

常用的取样方法包括船只取样、桥梁取样、涉水取样、索道取样和直升飞机或其他手段取样。

供化学、物理检验用的样品。当从阀门处取水样时，应先把取样管线所积留的水放空，再把取样管线插入取样容器，先用水样清洗取样容器，再取样。如果样品与空气接触时，会使待测定成分的浓度和特性发生变化，那么在采集这种样品时，必须确保样品不与空气接触，并装满整个取样容器。在水库和水池等的特定深度处取水样时，取样期间扰动了水或使样品与空气接触都可能引起待测定成分的浓度或特性发生改变，要采用专门的取样器，使待取的深度水样通过一根管子流到容器底部，先用水样清洗容器，再取样。

供放射性测量的水样。取样方法一般应当遵守上述规定。当采集高水平放射性水样时，必须避免水样淌或洒到取样容器的外面，严防工作场所被污染。若取样时有可能造成空气污染，则应设置取样柜、取样手套箱，并加以屏蔽，以防止气载放射性对取样人员和周围其他人员的危害。取样时应将管线内的积水放掉，放掉的水应作为放射性废水处理。

在高压头下采集水样时，假若水中含有气态放射性物质，则所有容器应能防止取样期间气体逸出。在取水样时，如果水样中含有颗粒状物质，则应注意此时采用防止吸附的办法有可能会使吸附在颗粒状物表面上的放射性核素从悬浮状态向溶解状态转移。

对于低放射性水排放池（槽），要逐池（槽）取样。取样前要搅拌均匀。在没有搅拌设施的条例下，要取上、中、下三个深度的水样。

5. 水样的保存

对于要进行化学、物理和放射性检验的样品，只有在分析方法中有明确规定时，才能向样品中加入化学保存剂，并应在标签上写明所加入的保存剂名称。对于某些有机成分可用快速冷冻法加以保存。对于排放废水和环境水体的放射性监测，取样后应尽快分离清液与颗粒物，再向清液中加保存剂（一般用硝酸），防上金属元素沉淀和被测物质被容器壁吸附。样品在储存期间，有些阳离子会被玻璃容器吸附或与玻璃容器发生离子交换，这些阳离子包括铝、镉、铬、铁、铜，铅、锰、银和锌等。测定这些成分的水样应单独存放，并加硝酸或盐酸使 pH 为 2。有些检验内容要求取样后立即在取样容器内加入保存剂，而有时为避免保存剂在现场被污染，则在实验室中预先加入已洗净晾干的取样容器内。对于这种样品应严格按照分析方法中的要求执行。

从取样到样品分析之间的时间间隔。原则上说，从取样到样品分析这段时间应尽可能短。在某些情况下，需要在现场进行分析以保证分析结果的可靠性。在取样到样品分析之间实际允许的时间间隔随检验项目、样品特征以及允许进行修正的时间间隔等因素而变。供物理、化学检验用的水样，在加保存剂的情况下，最大存放时间不得超过：清洁水为 72 h；轻微污染水为 48 h；严重污染水为 12 h。在报告检验结果时，应当说明从取样到进行样品检验这段时间的间隔。

在测溶解气体（如氧、硫化氢和二氧化碳等）的含量时，除了在某些情况下该组分可以被固定，可稍后按专门的检验方法测定外，应在现场测量。在作放射性监测时，如果待测的是短寿命放射性核素，则应记录取样时刻并尽快进行分析，以减少放射性衰变的损失。如果关心的只是长寿命放射性核素，则在分析样品之前可放置足够长的时间让短寿命放射性核素衰变掉。这样做有时可以大大简化测量工作，但必须采取措施防止容器的吸附损失。

6. 样品的标记和运输

取样容器蚀刻面上或容器的标签上应记述下列项目：样品编号；取样日期和时刻；样品来源；取样点位置；样品的温度，设备内水流的流速；加入保存剂的名称及数量；对样品进行现场检验的结果；取样者签名。采样后，盖好取样容器的盖子，并同时用线绑牢，以防转运时洒漏。取样容器的尺寸以所规定的取水量为准。一般成分的水样要在取样容器内留有一定的空间，以防水样受热时膨胀使取样容器破裂。对于不稳定成分的水样则要用专门的取样容器，并将水样充满共空间以阻止空气进入取样容器内，必要时要加防光措施，以防水样的成分分解。样品在运输过程中应将样品装箱运送，装运箱和盖要用聚合泡沫塑料或瓦楞纸板作衬里和隔板，以防样品受损坏。对于快速冷冻样品，要配备专门的隔热容器，以保持样品处于冰冻状态。在运输放射性水平差别很大的几种水样时，应按放射性水平分级包装，严防样品交叉污染。一般情况下，不允许将环境样品与工业废水样品放在一起运输。

（二）取连续样

本方法适用于从地面水、地下水，工业废水以及排放污水等水体中连续取样供放射性监测、化学分析和物理检验用。

取连续样的主要设备是用各种电泵通过管道在取样点将水样连续不断地取入取样容器中，因此，连续取样的主要设备包括各种型号的自动连续取样器、管道系统、流量调节系统和流量计、水样收集器等。样品采集大多采用多点取样的组合法。当连续取空间组合样时，则可以同时在几个位置连续取样，从每个位置抽取的水量正比于该处的流量，把所取水样混合成一个样品。

含颗粒状物质的水体取样。颗粒状物质的大小、数量及理化特性经常都是待测的量。如果取样水体受到扰动，会增大分析测量结果的误差，因此取样时尽量不要改变原有的流态。在检测溶解气体（例如测定溶解氧和二氧化碳）时，应尽量避免抽水泵扰动气体—液体的平衡。泵、滤网、阀门和管道必须抗腐蚀，防止样品被腐蚀产物污染。包在泵入水门处的滤网孔眼应当有足够大小，以防止在部分网孔被堵塞情况下滤网两端产生明显的压降。泵到样品容器之间管线系统应当设计为使泵在其最低压力下仍能运行。安装管线系统时，应当使泵与出水点之间的管线连续增高，决不能有相反的坡度。为了防止室外的设备结冰，可把泵的止回阀卸掉，以便在停电时管线能自行排水。设置取连续样品管线时，要防止固体沉积物和藻类的淤塞和气堵。

取样断面、取样点的设置、取样频度、取样体积、取样容器的准备、样品的保存和运输等同单次采样规定。

（三）取组合样

组合样品代表几个样品的混合平均。按平均含义的不同可分为空间平均、时间平均、流量平均和体积平均。组合样品适用于生产下水和特种工业下水的监测，还适宜于环境水体（地下水、地表水）长寿命放射性核素的监测以及适用于化学和物理检验，而不适于供短寿命放射性核素的监测。

当待检测的特征在水体中分布不均匀或变化很大时，可用组合样品的监测结果进行评价。当在水体中取组合样时，一般是由连续在几天（例如一周）之内逐日取出等量水的样品组成。对于排放水的监测，至少在一周内要采集一个组合样品（即取周组合样）。对于污水暂存池的监测要对暂存池内的污水搅拌均匀后取组合样。

样品的采集。采集时间组合样是从同一水体中按一定时间间隔进行单次取样或用自动取样器定时取样后混合而成。采集空间组合样是从同一水体中于不同位置进行单次取样后混合而成。但必须说明组合样品的体积是否正比于水的流量或水体体积。

取样点的选定、取样频度与周期、取样容器的准备、样品的处理保存、分析前的时间间隔、运输和标记等同单次采样规定。

二、底部沉积物

底部沉积物是矿物、岩石、土壤的自然侵蚀产物，生物过程的产物，有机质的降解物，污水排出物和河床母质等随水流迁移而沉降积累在水体底部的堆积物质的统称。水、沉积物和各种水生生物组成了水环境体系。底部沉积物采样监测的目的是全面了解水环境的现状，水环境的污染历史和沉积物污染对水体的潜在危险。因此，底部沉积物采样是水环境监测的重要组成部分。

（一）采样点的选定

采样断面的设置原则上与水的采样断面相同，采样点与水的采样点位于同一垂线上，以便进行对比研究。但是，底部沉积物的采样是指采集泥质沉积物。如果采样的控制断面和消减断面所处位置是砂砾、卵石或岩石区，沉积物采样断面可向下游偏移至泥质区，如果水的对照断面所处的位置也是砂砾、卵石或岩石区，则沉积物采样断面应向上游偏移至泥质区。如果在采样点采样遇有障碍物，可适当偏移。若中泓点为砂砾和卵石，可只设左、右两点；若采样断面的左、右两点中有一点或两点均采不到泥质样品，可以把采样点向岸边偏移，但是采样点必须是在枯、丰水期都能为水所淹没到的地方。

调查特定污染源影响时，应在排污口上游避开污水回流影响处设置一个对照断面，在排污口下游视河流大小在一定距离内设置若干个断面。

（二）采样频度

在通常情况下，沉积物采样应半年进行一次。有丰、枯水期的河流，每年在枯水期采样一次。

（三）采样器材和设备

可以用新的塑料食品袋或塑料广口瓶作为底部沉积物样品的容器。用前先用洗涤剂洗涮、清水漂洗干净待用。在装样品前，先用采样点的水样荡洗 2 至 3 次。采集表层泥质沉积物样品时可以采用掘式采泥器，采集深层泥质沉积物样品时可以采用柱状样品采集器。

（四）采样方法与样品处理

底部沉积物的采样通常有表层泥质沉积物样品的采集和柱状样品的采集。底部沉积物中人工放射性核素主要存在于沉积物的表层。因此，从人工污染物的环境放射性监测的目的出发，采集时应尽量采集未被搅乱的表层。对于浅水区可用铲子手工挖出。对深水区，可乘船用采泥器取样。

样品处理时，先将运到实验室的样品倒入搪瓷盘内，拣出石块、贝壳，杂草等杂物。然后根据待测核素的特性，决定采用风干或烘干的方法。在风干或烘干过程中要防止尘埃落入。如果需要烘干，可将样品放入电热恒温箱中，于 110 ℃恒温至半干，取出捣碎，过 40 目筛，再放入 110 ℃电热恒温箱内烘干，冷却，封装备用。

三、水样品处理

（一）水样品酸化处理

1. 雨雪水

采集雨雪水的目的是测量与降雨、降雪时一道沉降在地面的放射性物质，测量其总 α、总 β 放射性或作核素分析。雨雪水将由专门布设的采样器进行定时或定量的收集，采集的水储存于聚乙烯或玻璃容器中。采集的雨雪水样应以每 1 L 水加入 2 mL 6 N 的盐酸或硝酸，以防止在运输或存放过程中产生放射性胶体或沉淀。

2. 地表水

地表水是指河川水、湖泊水、井水和自来水。采集的地表水原则上不作过滤处理。采集的地表水储存于聚乙烯或玻璃容器中，并立即在样品中加入 6 N 的盐酸或者硝酸，每 1 L 水中加入 2 mL 的酸，然后盖严。

3. 排放水

排放水是属核设施或放射性物质处理设施排放出来的水。采集的排放水原则上不作过滤处理。采集的排放水储存于聚乙烯或玻璃容器中，并立即在样品中加入 6 N 的盐酸或者硝酸，每 1 L 水中加入 2 mL 的酸，然后盖严。

（二）水样品的浓缩

水样品的浓缩方法有直接蒸发法和化学处理法。化学处理法中有共沉淀法、萃取法、离子交换法和电沉积法。所有这些方法都在样品的测量和放射化学分析中得到了应用，其中蒸发法和沉淀法应用最为广泛。

1. 蒸发法

取 1~5 L 水样品，在 750 mL 瓷蒸发皿中，加入体积约 500 mL 的水样品，蒸发皿置于电压可调控电热套上加热，使水在不沸腾状态下蒸发。当体积浓缩到约 200 mL 时，再加入待蒸发水样，直至全部蒸发浓缩到约 50 mL 时，将浓缩液转移到 100 mL 烧杯中，并用体积比为 1/30 的硝酸洗涤蒸发皿，合并后继续在不沸腾条件下蒸发。在水样快蒸发干时，用少量硝酸洗涤烧杯，并将洗涤液和残水一起转移到样品盘内，用红外灯继续蒸干，使残渣均匀铺在盘上。作总 α 放射性测量时，应使样品盘中沉积固体的厚度不超过 0.1 $mg \cdot cm^{-2}$。

2. 沉淀法

沉淀法一般适用于对水中某一特定核素的分析。

例如水中 ^{137}Cs 的沉淀。取 1~5 L 水样品，用硝酸调节至 pH <3，加入 100 mgCs^{+}载体溶液，按每 5 L 水样 1 g 的比例加入磷钼酸铵，搅拌 30 min，放置澄清 4 h 以上。吸

去上清液，沉淀转移到离心试管中。离心，弃去清液，沉淀供分析用。

（三）用于 γ 能谱分析水样品的处理

用作 γ 能谱分析的水样，一般都要进行浓缩。本节介绍的水样浓缩方法，均可用作 γ 能谱分析水样品的制备。当明确分析某一核素时，共沉淀法、载带法和离子交换法是较为方便的方法。浓缩水样的总体积，应以水中被测核素的含量和 γ 能谱分析方法的灵敏度确定。

第五节　土壤样品采集与制备

土壤的采样和分析是测定沉积到地面上的气载及水载长寿命放射性污染累积量的有效方法。在核设施运行前的监测中，它可提供放射性核素在土壤中的浓度；在常规监测中，用来监测核设施排放的放射性核素的沉积；在事故情况下，土壤的采样和分析也是获得信息的手段之一。土壤采集的地点、深度、方法、数量和时间等，都是由采样分析的目的来决定的。

一、土壤样品的采集

1. 采样点布设和采样场所选择

采样点的布设取决于监测目的，核设施的性质、规模、操作放射性物质的种类和数量，该地区的气象条件和水文条件，人口分布及其他一些偶然因素。

每个采样地点，实际上是一个采样测定单元，它应具体代表它所在的整片土壤。由于土壤本身在空间分布上具有一定的不均匀性，土壤被认为是不均匀的介质。因此，在环境监测中应多点采样，均匀混合，以获得有代表性的土壤样品。采样前应当对采样区域的自然条件、土地利用、农业生产，土壤性状和污染历史与现状等进行调查。还应当用环境 γ 闪烁照射量率仪巡测，以便了解辐射场是否均匀或异常。在核设施运行前的本底调查中，土壤的采样点测量数据应当在运行后的常规监测中是可以重复的。如果为了估计某段时间内放射性沉积的情况，采样场所应选择在此期间内未受到干扰的地方。对于核设施的环境监测，要根据地形，大气扩散条件等因素来决定采样场所，并且应尽量选择在可能受到污染的地方。对于大规模的环境放射性水平调查，土壤采样点的设置可与环境 γ 辐射测量相一致，按网格布点，特殊地方加密布点。在事故情况下，应根据事故性质和可能涉及到的范围来选定。

采样点应尽量趋于水平位置，土壤应具有较好的渗透性，在大雨期间没有或很少有雨水流过，任何时候均未受雨水冲刷影响的地方。保护良好的矮草地是理想的采样场地，因为草坪和牧草对采样地区构成了很好的覆盖层，并且有助于防止水土流失。

但是，高大的植物又会对本来应该沉降下来的气载物质起到一种阻留作用。采样场所一般宜选择在一块大而平坦的开阔地的中心，不要靠近建筑物，树木或其他有隐蔽或屏蔽作用的障碍物。采样点离开建筑物最近距离不应小于 50 m，在 50～100 m 应很少有建筑物，此外，有过多的蚯蚓和啮齿类动物活动的地区也不适宜采样，因为它们会随时破坏土壤原来分布状态。施过化肥的耕地，可能会引起某些放射性核素浓度的增高，不宜选为采样场所。

采样场所选择好之后，可在不同方位上选择有代表性的采样点。采样点的分布应尽量照顾土壤的全面情况，不要太集中。图 4-5-1 为几种采样布点方法。其中的对角线采样法适宜于受污染的水灌溉的田块，由流水入口和出口连线，将其三等分，每等分的中央点作为采样点。梅花形采样法适宜于面积较小、地势平坦、土壤较均匀的区域。棋盘式采样法适宜于中等面积，地势平坦、地形完整、土壤较不均匀的地区。蛇形采样法适用于面积较大，地势不太平坦、土壤不够均匀、采样点较多的区域，例如山区地形可考虑用蛇形布点采样。

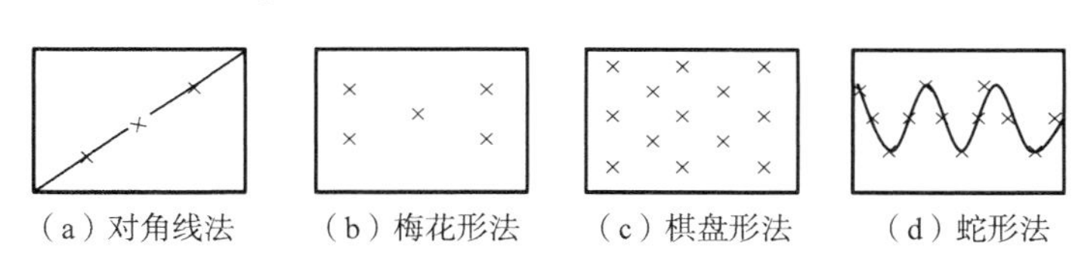

图 4-5-1　几种采集土壤的布点方法

2. 采样频度和时间

采样频度取决于监测的目的。为了解土壤污染状况，可随时采集。如要同时了解在该土壤上生长的农作物的污染状况，则采样时间应选择在作物生长的后期到下一期作物播种前。常规监测时，一般每半年采样一次。

3. 采样深度

采样深度也取决于采样目的。通常的环境监测中，均采集表层土壤。为了解近期气载及水载放射性物质沉积情况，采样深度为 5 cm。为测定早期核试验落下灰的沉积量，采样深度可为 30 cm。为分析土壤中^{90}Sr和^{239}Pu的浓度，采样深度可分别为 15 cm 和 10 cm。对于环境放射性水平调查，采样深度一般为 10 cm。

4. 采样设备

根据采样场所土壤质地和采样深度的不同，采用不同的采样器，如 SSl 采样器是—段带把手的钢管，共内径为 8 cm，高为 20 cm，下端为锐利的刀口；SS2 采样器是一段带把子的钢管，共内径为 8 cm，高为 70～100 cm，下端装有特殊的刀子。如采集表层干的、松散的沙质土壤样品可采用内径为 10 cm，高为 5 cm 的钢环。其他采样用具有铁锹、移植瓦刀；塑料布、塑料袋，布袋或编织袋；大木锤或橡皮锤；卷尺、刻度尺（100 cm）、标签，木签；小勺、罗盘、绳子等。采样中可使用称量 10 kg，感量 50 g 的台称。

5. 采样方法和步骤

进入采样场所后，首先对地形、土壤利用情况、土壤种类、植被情况进行观察与记录。清除采样点上的杂物，植物仅留下 1~2 cm 高。如有必要可保留去除的植物。非表层土壤采样不受此限制。在清理后的采样场所，划定两块面积为 1 m^2 的区域，两块区域间隔 3 m。在每个区域的中心和四角处取样。为满足采样量，可以增加采样区域。

表层土壤采样时，将 SSl 采样器垂直立在地面，用锤冲打采样器至预定深度。用铁锹、移植瓦刀等挖出采样器。如遇砂质土壤，在回收采样器时为防止采样器内的土壤滑落，可用移植瓦刀将采样器开门部位堵住。去掉采样器外表的土壤，从采样器中取出土芯。对于过于干松的土壤，可在采样前喷洒适量的水以便使地面湿润。对于干松质土壤，可用钢环采样器压入土壤中，用小勺取出环内的土壤。对深层土壤采样时，可用 SSl 采样器依次继续取得下层土壤，也可用 SS2 采样器在 SS1 采样器挖好的孔位旋转向下推进取样。把采集的土芯装入塑料袋中，密封称重、贴签，再装入布袋或编织袋中。记录土壤样品湿重。清洗用过的采样设备，避免交叉污染。

二、土壤样品中放射性核素的解吸

环境中或核设施事故情况下释放出来的放射性物质，一般以沾染或吸附的形式存在于土壤中，对碱金属和碱土金属元素的放射性核素，在加入待测核素的载体后，用 2 倍于土壤重量的 6 N 的盐酸溶液在加热条件下搅拌，此时待测核素将易于溶解在热酸中，并与加入的载体迅速达到同位素交换平衡。

若待测核素由于扩散或离子交换等过程进入到土壤晶格结构内部时，则需采用碳酸钠熔融和氢氟酸挥发硅酸的方法来破坏土壤结构和提取被测放射性核素。

解吸的操作方法：称取 50 g 经处理后的土壤样品，置于 250 mL 烧杯中，加入 100 mL、6 mol/L 的盐酸和待测核素的载体（或按化学产额确定载体加入量），置于沸水浴中加热，电动搅拌 20 min 后，将热溶液倾入 50 mL 离心试管中，离心，清液倾入另一 250 mL 烧杯中，残渣用 50 mL、6 mol/L 的盐酸洗涤，并转到原烧杯中继续加热搅拌 10 min。离心，合并清液作放化分析用，弃去残渣。

三、土壤样品的制备

土壤制样设备主要有台称（称量 10 kg，感量 50 g）、烘箱、盘状器皿（搪瓷盘、不锈钢盘等）、粉碎机、系列分样筛、聚乙烯桶或聚乙烯瓶、小铲或小勺等。

从采样场所取回的新鲜土壤，先取出一部分测定其水分。方法是：分别测定新鲜土壤的湿重和 110 ℃烘干后的干重。然后根据干重和湿重之差。计算土壤的含水百分率。将其余土壤放在搪瓷盘或不锈钢盘内，捣碎，除去石块等杂物，摊开，置于通风良好处风干，或者放在干燥箱中 100 ℃以下烘干。在烘干或风干过程中要严防放射性污染。将干土块压碎、研磨，用混样机或其他方法进行充分的混合。样品先通过 20 目筛缩分一次，再进行粉碎。最后过 60 目筛，如含砂较多，必须重复研磨，至全部过筛后，盛于玻璃瓶或塑料瓶内待测。经处理后的土壤样品，可直接装入样品盒制样，称重。与标准对照样作指定核素的 γ 能谱分析。清洗制样设备，避免交叉污染。制样人员必须戴口罩和手套操作。样品应置于储存室内保存。储存室应保持干燥、通风良好。必要时，储存样品应一式两份并异地保存。定期核查储存样品及记录，确保样品不被丢失和混和。样品运输时要确保样品容器不被损坏，防止标签丢失和样品交叉污染。制样记录应包括样品编号、采样日期和时间、采样场所、植被情况（如乔木，灌木、草类、农作物等）、地形和土壤利用情况（如水田、旱地、果园地、草地、荒地、或空地等）、土壤种类、取样当天及前一天的气候情况、采样重量及采样者姓名、采样方法、采样深度、采样器类型、采集的土芯数目、制样者、制样状况、运输方法、样品形态及样品数量等内容。

第六节　生物样品采集与制备

一、生物样品的采集与一般预处理

采集生物样品的一般原则包括：

样品的代表性。选择一定数量能代表被研究对象总体的样品。

样品的典型性。采集的部位要能反映所了解的情况。

样品的适时性。根据研究的目的和污染物质对样品影响情况，在植物的不同生长发育阶段适时采样，有的仅于收获季节采集当年刚生产的食品样。

需指出，食品的生产日期对半衰期较短的放射性核素的衰变校正是十分重要的。所以，对生产日期需有规定，如大米、玉米、黄豆、小麦与蔬菜等农作物的生产日期指收获日期；茶叶、水果指采摘日期；鱼、虾指捕捞日期；奶、鸡蛋如在奶场和养鸡场采集，则指挤奶和产蛋日期。有些样品不能指出确切日期，只知一个日期范围，则按该时期的中间日期计算。

（一）植物类样品

1. 采样前的准备

采样前应预先准备小铲、剪刀等采样工具，布袋或塑料袋、标签、记录本、样品采集登记表格等。

2. 样品采集面积

每块欲测土地上种植的若是大量单一植物，如粮食、牧草，要量出采样面积（最多为 4 m×1 m)，并全部收集此面积上的植物，采样点的面积沿整个土地面积对角线来划分，收获面积最少要有 10 m^2；每单位面积上若只有少量单一植物（如卷心菜或萝卜)，采样面积的确定，也可用测量行距与株距的方法计算，收集作物的数量最少需 4 m×1 m；若采集的样品量超过 3 ~ 5 kg，需将样品就地分装，但不要按植物的部位细分，并应保持植物的含水量不变，因此需尽快将样品用塑料袋包装，运送至实验室，不得中途停留或储存；每一采样面积的作物在采集后应直接称鲜重。

3. 样品采集量

主要考虑样品分部位处理时，最少部分的数量要足够分析用，一般至少有 1 kg 干重，尚须按分析项目的增多而适当增加，如为新鲜样品，以含 80% ~ 90%的水份计算，则鲜样要比干样重 5 ~ 10 倍，总之应不少于 5 kg 鲜重。

4. 样品的采集

应根据不同监测目的采集不同类型的样品。如核试验期间或事故后监测沉降物对蔬菜的污染，应采集叶菜类为主；若为其他目的如对核素在环境与生物体内转移规律的研究，应根据所研究的对象，在选好的样区内采集，有时分别采集不同植株的根、茎、叶和果等的不同部位。对农作物、蔬菜的采集，一般在各采样小区内，采取一个代表样品，代表样在这地块中分布于 5 至 10 处，采集 5 至 10 个样品混合组成。常以梅花形五点采样，如图 4-6-1 所示，或在小区平行前进以交叉间隔方式采样，如图 4-6-2 所示。

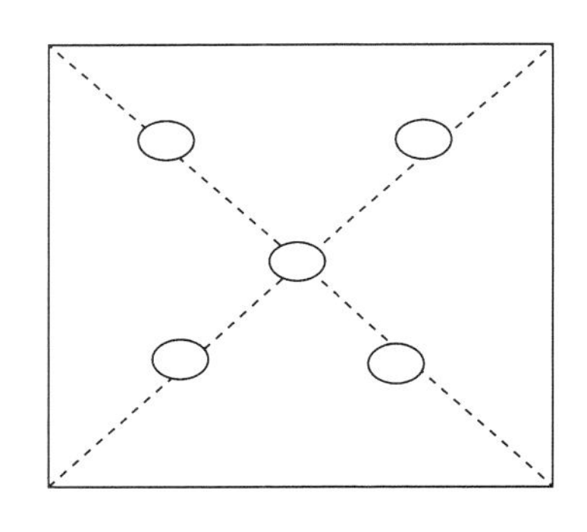

图 4-6-1　梅花形采样法

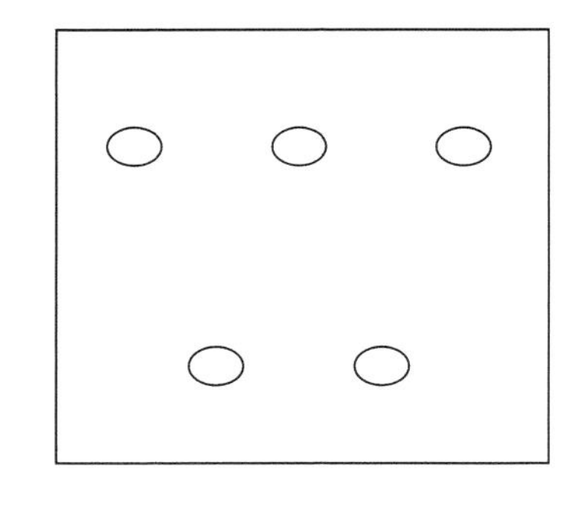

图 4-6-2　交叉间隔采样法

关于粮食则于收获季节，选择一块地，在不同位置采 5 至 10 份样混合为一个样。如在固定生产地点采样，需了解当地的灌溉与施肥情况。若为已收获进仓的粮食，应上、中、下各层进行均匀采样。

若为水生植物（如浮萍、眼子菜与藻类等）一般采集全株。若从污水塘或污染较严重的河塘中捞取的样品，需用清水冲洗干净，并去掉其他杂草、小螺等。

若为食品样，应选择居民主要食用的食品进行分析。采样可从两个角度考虑：其一，重点放在产区，则需在田间或在最初集中地采样，这种采样是为了评价来自核设施的可能污染；其二，重点放在消费方面，最好在零售市场上采集，如已估计出平均的长期照射剂量，可依据单一食品或食品的消费统计来采集食品样。对各类食品可单独进行分析。若涉及照射的短期效应，则需到产地采样，以免在产、销两地之间的时间耽搁。

样品采集后，装入布或塑料袋，附上编号标签，采集时必须同时做好记录和填写样品采集登记表，对特殊情况也应记录，以便查对数据时作参考。

5. 样品的一般预处理

从现场采回的样品称为原始样品，应将各类原始样品，取食用部分，用不同方法选取各个样品的平均样，制成可供分析用的样品，称为分析样品。采回的样品，经选取，食用部分用水洗净，将表面水用纱布擦干或晾干后，立即将其烘干而不使其中的核素损失。现将各类样品的一般预处理概述如下：

块根与块茎类洗净后，切成每面约 2 cm^2 的小方块；蔬菜类分别去除不可食部分，用水洗净晾干；水果和瓜类去皮，苹果去芯，甜瓜等去皮和籽，各切成小块；粮食类拣去砂粒与泥土等杂物。经上述处理后的样品，分别置于铝盘或搪瓷瓶中，称鲜重，在 100 ℃烘干至恒重，再称干重，计算干/鲜比。

（二）动物类样品

包括肉类、禽类、鱼、动物的脏器和蛋等。采集各种肉类、鱼等食品时，为考虑代表性，可从市场上不同批的肉品中均匀取样，肥瘦中等，有时为了测定动物不同组织中的放射性，则可采集某种器官、脏器。将肉品去掉非食用部分，洗净，将表面水晾干或擦干，切成小块；若为鱼虾类，可采集主要食用鱼种如黄鱼、带鱼、鲤鱼、比目鱼及对虾等。除去非食用部分，洗净，将鱼肉和骨分开（150 ℃加热 1 h，肉与骨则易分开），擦干。其烘干方法同植物样品。鸡蛋用水洗净后在 105 ℃烘箱内烤熟，去皮。

牛奶样品，定期从市场采集不同奶场生产的原奶汁，或从当地的几个固定奶场进行定期采样，装入容器内，测量奶的总体积及其比重，将奶蒸发至半糊状后，转入蒸发皿，蒸发至近干，供灰化用。

若需分析奶样中易挥发的核素，如^{210}Po，则直接分析鲜奶。采集后每千克加入约 5 mL甲醛，用塑料桶密封，按湿消化法进行消解，供分析用。

在化学分析的实际工作中，为了使样品容易保存，需将样品烘干，进行分析。样品的分析结果常以 Bq/kg 鲜重表示，因此在样品烘干前需称其鲜重，烘至恒重后再称干重，求出干/鲜比，供换算分析结果时用。

二、生物样品的灰化处理

环境生物样品放化分析的特点是，需要分析的核素的放射性水平很低，而干扰因素多，为提高分析的灵敏度并达到一定的精度与准确度，常需大量样品，经灰化浓集与分离后才能测定。生物样品的灰化，需按样品量的大小、种类与性状，待测核素的化学性质等的不同，灵活地选择最适合的灰化方法。常用的有干式灰化方法和湿式消化方法。

（一）干式灰化方法

对较大量生物样品的灰化，目前最通用的方法是马福炉灰化法。将样品置于瓷、石英或铂制容器中，在电热板上较低温度下炭化，即在物料着火的临界温度下炭化。表 4-6-1 为各种样品着火的临界温度。炭化时要防止样炭明火燃烧。一般将样品炭化至无烟后，转入马福炉中，在 200~300 ℃下灰化数小时后，再在 450 ℃下灰化，直至灰分呈疏松白灰或灰白色灰样，各种样品的灰化温度需按样品性质不同而异，如叶类和粮食可在 400~450 ℃、骨骼可在 600~700 ℃下灰化。实验表明，在 400~450 ℃下灰化，可使核素的损失最小。

表 4-6-1　生物样品的着火临界温度

样品	温度/℃	样品	温度/℃
蛋	150~250	根类蔬菜	200~325
肉	燃烧	牧草	225~250
鱼	燃烧	面粉	燃烧
水果（鲜品）	175~325	干豆	175~250
水果（罐头）	175~325	水果汁	175~225
奶粉	—	谷物	225~325
奶（鲜样）	175~325	通心粉	225~325
蔬菜（鲜样）	175~325	面包	225~325
蔬菜（罐头）	175~250		

干灰化的原理是在空气中以热能分解（热解）破坏样品中的有机物质。该法的优点是设备简单、灰化操作简便，能灰化的样品量比湿消化法为大，只需较少的人工管理，故为目前普遍采用的方法。其缺点是灰化费时也费电，有时达几十小时甚至数天，因此，样品的灰化周期常为化学分析所需时间的几倍至几十倍。对某些样品（如萝卜、土豆）若灰化温度超过 500 ℃，灰样易与瓷容器熔结或导致难熔性残渣的形成，致样品报废；而温度低时，则很难灰化的完全，势必要延长灰化时间。此外，因灰化温度高，可导致某些挥发性核素的损失。

通常不必一定要获得纯白色灰样，灰化的残渣只是比原始样品易于处理而已。若当样品经一定时间灰化后尚含炭粒，而需要将样灰中的炭完全除去时，可向残渣中加入氧化剂溶液，如 HNO_3、NH_4NO_3 或 H_2O_2 浸润后灰化。其目的是促进有机物质的氧化分解，以缩短灰化时间。为了克服干灰化温度下，元素或核素的挥发损失，在干灰化前，对试样添加适量的灰化助剂，如硫酸、硫酸钾与镁的化合物（如硝酸镁、氧化镁与醋酸镁）等，以防止或尽可能地减少核素的挥发损失。有关灰化助剂的选用与研究，可按具体情况对待。上述改进措施对样品灰化有一定效果，但使灰化操作复杂化，特别是由于加入试剂而引起污染和增高本底值的缺点，故需选用高纯试剂。

干灰化后的全部灰样，需给出原物质每单位重量的灰重。接着必需磨细、过筛、混合均匀储存供分析用。若全部灰样供一次单样分析使用，则不需要研磨过筛。干灰化的最终目的是获得质优与适量的灰样。通常并不将灰重作为基本数据，而是用作计算样品中核素含量的中间数值，因通常多以干/鲜比与灰/干比换算成灰/鲜比。计算鲜样中待测核素的含量，一般以 Bq/kg（鲜重）表示。

（二）湿式消化方法

这种方法是将样品在氧化性溶液中加热进行消化，又称湿消化或湿消解法。常用氧化剂有硝酸、高氯酸、硫酸、王水或几种无机酸的混合酸，酸与 H_2O_2 的混合液及 Fenton 试剂（H_2O_2/Fe^{2+}）。湿消化通常在常压下进行，也有在加压下进行消解的。湿消化法的原理：氧化剂与样品在加热下经过一系列化学反应使碳链（—C—C—）氧化断裂，变成单个 C—键，它易氧化成 CO_2 由于氧化剂的氧化作用与引入的—OH 基进行水解作用相结合的碳链断裂，例如在氧化过程中加入 H_2O_2 即可引入—OH 基；使用 Fenton 试剂也可引入—OH 基。

1. 高温湿消化

用无机酸类为氧化剂的湿消化又称高温湿消化。通常在常压下用无机酸类为氧化剂，与样品在敞口容器中加热消化。主要氧化剂是硝酸，它是一种性能良好的氧化剂。一般单独用硝酸即可使样品完全氧化。即样品与 HNO_3 加热消解，蒸至小体积时，逸出棕色烟雾，表明还有未氧化的有机物质，应反复加入 HNO_3 或 HNO_3 与少量 $HClO_4$、或 H_2O_2，可使作用完全，直至消化不再逸出棕色烟雾。当样品中不含过渡元素时，灰样外观为纯白色，表明灰化已完全。用 HNO_3 消化样品时，需注意有时在试样完全分解前的沸腾逸失；当蒸干时，炭化的试样会在硝酸蒸汽中着火燃烧。如在分解开始之前，加入少量 H_2SO_4，即可防止自燃。其法是将约 5 g 试样于烧杯中，加入 10～20 mL 水和 5～10 mLHNO_3（比重 1.4 含 5%H_2SO_4），加盖热消化，将混合物加热到试样分散，再在 310～350 ℃小心加热蒸发，要注意防止起泡造成损失，再加入适量 HNO_3，继续加热蒸去 HNO_3，直至获得白色残渣。经上述方法处理仍难分解的试样，可用混合酸法。

2. 低温湿消化

用 Fenton 试剂的湿消化。该法是以 Fenton 试剂（H_2O_2/Fe^{2+}）与试样在加热（100～200 ℃）下进行消化。主要氧化剂是 H_2O_2 并加入催化剂（10^{-4}M）亚铁离子。因生物样品大多含有铁盐，在此情况下，在 H_2O_2 中可免加 Fe^{2+}。其原理是利用试剂所生成 OH 自由基的强氧化作用，于较低温度下进行氧化，断裂碳链，使有机物分解。消化也可在密闭系统中进行。

湿消化法的优点是消化温度均比高温干灰化法为低，故它适用于含低溶点挥发性元素的样品灰化，可减少或防止挥发性元素的损失；可消化较大量的样品（1~2 kg 鲜样），可在密闭系统中进行。缺点是所用试剂量大，因而有可能引入干扰物质而增高本底值；有可能引起剧烈反应而发生样液溅失或爆炸危险，特别是使用高氯酸时，较为费时费事。

三、生物样品的其他预处理技术

生物样品的其他预处理技术还有酸浸渍法和高温熔融法。当样品中某些待测元素易被酸浸出时则可直接用酸浸渍，如单一无机酸作用小，可用混合酸如王水或 $HNO_3-H_2O_2$。对含有少量硅酸盐的样品可用 HNO_3 与 HF 浸渍，再加入硫酸蒸发使其中的硅以 SiF_4 形式挥发除去。在此情况下，载体应在用酸处理前加入。当样品经干灰化后，若待测元素被氧化成不溶性氧化物或难溶性物质时，酸浸后的残渣或灼烧物，均需与熔剂进行高温熔融，使之转变成可溶状态，以促进与加入的载体进行交换。

四、用于 γ 能谱分析生物样品的处理

生物样品灰适用于制备 γ 能谱分析的样品。样品炭化后的体积能全部装进样品盒时，不必做进一步的灰化操作。

当生物样品中放射性含量达到分析灵敏度要求时，亦可在将样品洗净、切碎后直接装入样品盒中制样测量，例如动物甲状腺中碘的分析，在动物活动区已受到污染时，就可以直接取羊等动物的甲状腺作 ^{131}I 的 γ 能谱分析。

牛奶、尿样等液体样品，可参照水样的方法蒸发浓缩到 250 mL 以后，盛于样品盒中测量。但在作 ^{131}I 的 γ 能谱分析时，蒸发浓缩前应先将液体的 pH 调节到 9~10，并加入 10 mgI^-载体，以防止加热蒸发时碘的挥发损失。

思考题：

1. 环境样品采集的基本原则包括哪些要点？
2. 环境样品采集的代表性在环境放射性监测与评价中起到什么样的作用？

第五章

环境样品α、β放射性测量

环境放射性监测中，当需要快速测定放射性强度时，常常采用总 α 和总 β 放射性测量的手段，尤其是在发生核事故时，对于迅速判断事故的污染程度和涉及的范围具有一定的意义。另外在常规监测中，总 α 和总 β 放射性测量常被用作一种筛选监测手段，即确定是否需要进行某种放射性核素的进一步分析测定以及确定需要分析哪一种放射性核素。因为某种特定的 α 或 β 辐射体在样品中的浓度不可能大于成分不明的放射性核素混合物的总 α 和总 β 浓度，故在一般情况下，可以避免花费更多的时间和精力对特种核素进行分析。因此，虽然总 α 和总 β 放射性测定得不到被测样品中特定放射性核素的确切信息，但由于它快速、简便、经济，因而在环境放射性监测中仍然是作为一项监测项目。

第一节　环境样品放射性的相对测量

一、相对测量和标准参考物质

在环境放射性测量中，针对样品数量多等特点，在对测量结果要求不是很高的情况下，一般都采用相对法测量。所谓相对测量法，就是用一个活度已知的标准参考物，与待测样品在相同条件下测量，根据它们测量的量值之比和标准物质活度值即可算出待测样品的活度。即样品源的活度

$$A=\frac{n}{n_0}A_0 \tag{5-1-1}$$

式中，n 和 n_0 分别为样品源和标准参考物的净计数，A_0 为标准参考物的活度。

所谓相同条件下测量，包含着几方面的内容：（1）指用同一测量装置；（2）装置的工作状态相同（如高压、增益、甄别阈等相同）；（3）在长时间进行相对测量时，测量装置的稳定性要高，本底的变化可忽略；（4）测量几何条件相同且重复性好。即要求探测器与标准参考物之间和探测器与待测样品之间的相对位置完全一样。样品的形

状、厚度大小及核素分布、样品载体成分应与标准源一致。另外，样品盘的材料与厚薄最好与标准参考物的相同，放样品的支架尽量用原子序数低的材料制成。上述所有要求都是为了在测样品及测标准物质时，保证诸多的修正因子一样，如立体角及吸收、自散射、反散射等修正因子，比较时，就可以消去，因而实际测量时就不必计算这些修正因子确切的大小。有时候还可以用标准物质把仪器刻度好，或做好活度与读数校准曲线，则根据仪器读数便能立刻知道样品的放射性活度。

在相对测量中，标准物质的选择对结果影响很大。标准物质应和待测样品是同一种核素，而且二者活度最好差别不大。如果不能得到相同核素的标准物质作比较，也可选用放射同一种射线而能量相近的标准物质作比较，但若它们的衰变方式不同则应进行衰变方式校正，也即要考虑分支比的校正。事实上由于待测样品的核素种类是很多的，而可能获得的标准物质的核素种类是有限的，因此，有时连能量相近的核素标准物质也找不到。这时可利用几种能量不同的标准物质作出计数效率—能量响应曲线，通过内插法求出所要求的能量在相同条件下的计数效率。在相对测量中，所用标准物质必须具备足够的精度，这是保证获得较好结果的必要前提。另外，标准物质的活度与样品的活度应相近，一般要求在同一数量级。

放射性标准物质按其准确度分为两类：一级标准物质是用绝对测量方法测定的，其误差为1%~2%；二级标准物质是以一级标准物质作基准而比较测定的，其误差为3%~5%。

二、α和β放射性标准参考物质

（一）标准参考物质的代表性

在α和β放射性测量中，标准参考物对被测样品应该有充分的代表性，由于各种核素的射线能量不同，自吸收率也不同，造成计数效率的差异，有的差异很大。也就是说相等比活度的样品可能得到差别很大的计数率。为此要求标准参考物的基体组成要接近被测样品，二者的核素类型要尽量相同。

由于99%以上的环境样品中的放射性核素是天然铀、钍放射系及钾，所以一般总α、总β的标准参考物最好选用土壤或岩粉为基体的物质。如制作环境样品的总α标准样时，可以选用U-Ra平衡源和Th粉末源，或把二种源按1∶3~4的含量混合，因为各种岩石及土壤中的U（Ra）和Th的含量比基本上是1∶3~4，见表5-1-1。这样混合的标准物质中的核素类型和比例最接近大多数环境样品的放射性组成。

表5-1-1　土壤和主要岩石中U、Th的本底值及比值

样品	玄武岩	辉长岩	火成岩平均值	花岗岩	沉积岩	土壤平均值
U（μg/g）	0.6	1.0	1.5	3.0	3.0	2.9
Th（μg/g）	2.7	3.9	5.4	13.0	13.2	9.0
U/Th	1∶4.5	1∶3.9	1∶3.6	1∶4.3	1∶4.4	1∶3.1

在总β测量中，土壤、沉降物、水等样品的核素组成复杂，既有人工放射性核素又有天然放射性核素。样品的比放射性低且为粉末状。对于这类样品以往通常用以 KCl 化学试剂作标准源，在β射线能量和物理形态上是一种较好的模拟。因为 ^{40}K 的β平均能量与沉降物的β射线平均能量相近，所以可用与样品重量相同的 KCl 作标准源进行厚样测量。具体的程序为：称取已处理好的样品装入测量盘，铺平，压紧，记录所用样品重量。称取与所用样品量等重量的已烘干、研磨、过筛的市售化学分析纯氯化钾铺入测量盘，与样品一样铺平压紧。根据样品的净计数率、氯化钾标准源的净计数和氯化钾的比放射性计算样品的放射性。

$$A_{样} = \frac{n_{样}}{n_{KCl}} (A_{KCl})_0 \cdot m \tag{5-1-2}$$

式中　$(A_{KCl})_0$——1 mg KCl 的β放射性（0.880 d/m）；

m——样品量，mg；

n_{KCl}——与所用样品量重的 KCl 净计数率，cpm；

$n_{样}$——所用样品量的净计数率，cpm；

$A_{样}$——待测样品的放射性活度，dpm。

计算天然钾化合物（如碳酸钾或氯化钾）中 ^{40}K 的含量时，采用下列参数：^{40}K 的丰度 0.011 9%、半衰期 1.26×10^9 a、β衰变 89%。

1 g 天然钾每分钟可放出 1.668×10^3 个β粒子，因此，1 g KCl 每分钟可放出 890 个β粒子，1 g K_2CO_3 每分钟可放出 950 个β粒子。

^{40}K 标准参考物质的实验室制备方法：取一级固体试剂 KCl 于清洁的玛瑙研钵中研细，然后用 80 目筛子过筛。将 KCl 粉末置于 110 ℃烘箱内干燥 4~6 h，取出放进干燥器内冷却，用测量盘称取与样品源同样重量的 KCl 粉末，按样品源制备方法做成标准源，源表面滴加少量火棉胶丙酮溶液（重量不超过 0.5 mg/cm²）固定，平时保存在干燥器内以备用。

使用 KCl 作标准参考物存在着三个方面的缺点，一是它和样品的基体组成相差太大，自吸收不同；二是 KCl 中 K 的含量高达 52%以上，远远超出样品中的 K 含量；三是 KCl 吸水强烈，操作不方便，因此可选用标准部门研制的 ^{40}K 粉末源，它是用天然岩粉制备的，基本上可以克服上述缺点。

（二）标准参考物质中活度的计算方法

1. 天然物质中核素的活度

（1）1 mg 天然 U 中 ^{238}U 活度按下式计算：

$$\frac{1\times10^{-3}\times0.9927\times6.023\times10^{23}\times\ln2}{238.03\times4.51\times10^{9}\times365\times86400} = 12.24\ (Bq/mg)$$

式中，

1×10^{-3}——mg 换算成 g；

0.992 7——^{238}U 的原子丰度，即在总 U 的原子数中 ^{238}U 原子数占的百分数；

6.023×10^{23}——阿伏伽德罗常数；

$4.51\times10^{9}\times365\times86\ 400$——以秒为单位的 ^{238}U 的半衰期，它与 ln2 的商就是以秒为单位的 ^{238}U 的衰变常数；

238.03——天然 U 的原子量。

以下各式中的相应位置的数字除另有说明外与上述意义相同。

（2）1 mgRa 中 ^{226}Ra 活度按下式计算：

$$\frac{1\times10^{-3}\times1\times6.023\times10^{23}\times\ln2}{226.03\times1602\times365\times86\ 400}=3.656\times10^{7}\ (\mathrm{Bq/mg})$$

^{226}Ra 的比活度也可用下式计算：

$$1\times10^{-3}\times0.988\times3.7\times10^{10}=3.656\times10^{7}\ (\mathrm{Bq/mg})$$

式中，0.988 为 lg^{226}Ra 相当于 0.988 Ci，3.7×10^{10} 是 Ci 和 Bq 的换算系数。

（3）1 mg 天然 U 中 ^{235}U 活度按下式计算：

$$\frac{1\times10^{-3}\times0.007\ 21\times6.023\times10^{23}\times\ln2}{238.03\times7.1\times10^{8}\times365\times86\ 400}=0.565\ (\mathrm{Bq/mg})$$

（4）1 mg 天然 Th 中 ^{232}Th 活度按下式计算：

$$\frac{1\times10^{-3}\times1\times6.023\times10^{23}\times\ln2}{232.04\times1.4\times10^{10}\times365\times86\ 400}=4.075\ (\mathrm{Bq/mg})$$

（5）1 mg 天然 K 中 ^{40}K 活度按下式计算：

$$\frac{1\times10^{-3}\times0.000\ 118\times6.023\times10^{23}\times\ln2}{39.098\times1.26\times10^{9}\times365\times86\ 400}=0.031\ 7\ (\mathrm{Bq/mg})$$

2. 纯 U 源中 α、β 总活度

（1）纯 U 源中 α 总活度。

纯 U 源中 α 总活度 A_α 的计算公式：

$$A_\alpha=CP\ (12.24\times2+0.565)\ =25.05CP\ (\mathrm{Bq/g})$$

式中，12.24×2 是因为纯 U 源中有和 ^{238}U 平衡的 α 核素 ^{234}U 存在，其活度和 ^{238}U 相等。后面的 0.565 是 ^{235}U 的贡献；C 为标准物质中总 U 的含量，单位用 mg/g（1%为 10 mg/g）。P 为标准物质的重量 g。以下各源的计算式中意义相同。

（2）纯 U 源中 β 总活度。

纯 U 源中 β 总活度 A_β 的计算公式：

$$A_\beta=CP\ (12.24\times2+0.565)\ =25.05CP\ (\mathrm{Bq/g})$$

和 α 不同，^{238}U 系中有 ^{234}Th 和 ^{234}Pa 两个与 ^{238}U 平衡的 β 核素，而 ^{235}U 系中只有一个 β 核素子体 ^{231}Th。

3. U-Ra 平衡源中（Ra-Rn 平衡）α、β 总活度

（1）U-Ra 平衡源中（Ra-Rn 平衡）α 总活度。

① 由于 Ra 前面有 3 个 α 核素、Ra 及其子体中有 5 个 α 核素，^{235}U 系中有 7 个 α 核素。所以 U-Ra 平衡源中（Ra-Rn 平衡）α 总活度 A_α 为：

$$A_\alpha = CP\ (12.24\times3+0.565\times7)\ +DP\times3.656\times10^7\times5=40.68CP+1.828\times10^8 DP$$

式中，D 为平衡源中的镭含量，单位用 mg/g。

② 对于无 Ra 含量而给出平衡系数 η 时的平衡源，计算方法为

$$A_\alpha = CP\ [12.24\times(3+5\eta)\ +0.565\times7]\ =\ (40.68+61.2\eta)\ CP$$

③ 如果平衡系数及 Ra 含量均未给出，仅说明是平衡源，则上式简化为

$$A_\alpha = CP\ (12.24\times8+0.565\times7)\ =101.88CP$$

（2）U-Ra 平衡源中（Ra-Rn 平衡）β 总活度。

① 由于 Ra 前有 2 个 β 核素，Ra 后有 4 个 β 核素，^{235}U 系有 4 个 β 核素，故

$$A_\beta = CP\ (12.24\times2+0.565\times4)\ +DP3.565\times10^7\times4=26.74CP+1.462\times10^8 DP$$

② 对于给出平衡系数 η 标准，有

$$A_\beta = CP\ [12.24\times(2+4\eta)\ +0.565\times4]\ =\ (26.74+48.96\eta)\ CP$$

③ 只说明 U-Ra 平衡的标准，有

$$A_\beta = CP\ (12.24\times6+0.565\times4)\ =75.70CP$$

铀镭平衡系数：设铀的含量为 1 g，计算与铀处于平衡时的镭的质量，铀原子的质量数是 238，则 1 g 铀的原子数为

$$N_u = 1\times6.023\times10^{23}/238$$

由于铀镭平衡，即

$$\lambda_u N_u = \lambda_{Ra} N_{Ra}$$

有

$$N_{Ra} = \lambda_u N_u / \lambda_{Ra} = 4.91\times10^{-18}\times(6.023\times10^{23}/238)\ /1.37\times10^{-11}$$

将镭的原子数化成克数，即当镭与 1 g 铀平衡时镭的质量为

$$226\times N_{Ra}/\ (6.023\times10^{23}/238)\ =3.4\times10^{-7}\ (\mathrm{g})$$

也即当铀镭平衡时，镭和铀的含量比值为 $3.4\times10^{-7}:1$。由于铀和镭的化学性质有明显的差异，在不同的地球化学条件下，铀和它的衰变产物镭常常被分离、迁移和富集，引起平衡状态变化。有时镭与铀的比例较平衡时大一些，即 $Ra/U>3.4\times10^{-7}$，称作富镭，有时镭与铀的比例较平衡时小一些，即 $Ra/U<3.4\times10^{-7}$，称作富铀，故定义平衡系数 η：

$$\eta=\ (Ra/U)\ /3.4\times10^{-7}=2.9\times10^6\ (Ra/U)$$

当 $\eta=1$，U-Ra 处于平衡，$\eta<1$，即为富铀，$\eta>1$，即为富镭。

4. Th 粉末源中的 α、β 总活度

（1）Th 粉末源中的 α 总活度。

^{232}Th 系中有平衡的 6 个 α 核素，故

$$A_{\alpha}=CP\times4.075\times6=24.45CP$$

（2）Th 粉末源中的 β 总活度。

^{232}Th 系中有平衡的 4 个 β 核素，故

$$A_{\beta}=CP\times4.075\times4=16.30CP$$

5. K 源中的总 β 活度

$$A_{\beta}=CP\times0.0371\times0.8933=0.0283CP$$

K 源中只有 ^{40}K 有放射性，且只有 89.33%的 β 放射性，另外 10.67%是内转换。如果是用 KCl 作标准，则 $C=39.09/(39.09+35.45)=52.44\%$。$C$ 用 524.4 mg/g 代入。

6. 对 U、Th 混合源或几个源混合使用，可以按 U、Th 含量用量的百分比计算其实际活度。

（三）标准参考物质的生产工艺和性质

介绍中国核工业北京地质研究院研制的放射性标准参考物质的生产工艺和性质。

1. 纯铀粉末标准物质

纯铀粉末标准物质是用定量分离去子体 ^{226}Ra 后的纯铀烧结在放射性达本底值的花岗岩微粒表面的均匀粉末。该标准可以用作固体环境样品中不含 ^{226}Ra 和 ^{222}Ra 的标准，在环境样品中铀的放射性分析中与铀镭平衡源配套使用，或在能谱分析中与铀镭平衡源、钍粉末源和钾源配套使用，作为仪器系数测量的标准，也用作环境总 α、总 β 测量中的参比物。

2. 铀镭平衡标准物质

铀镭平衡标准物质是由天然平衡的铀矿石加工而成的。$^{226}Ra-^{238}U$ 平衡系数在 100%±5%之间，经过灼烧，其射气系数小于 5%，除了和纯铀源配套使用外，还能单独作为固体样品中铀系 γ 谱的标准。

3. 钍粉末标准物质

钍粉末源是由天然钍矿石加工而成的，主要用来和纯铀源等配套使用，以及用放射性分析法测量矿石和环境样品中的钍含量时，作为固体样品中钍系 γ 的标准。

以上 3 种标准物质也可用作化学分析的监控样。

4. 钍液体标准物质

钍液体源是从高含量钍矿石中用放化方法定量提取 ^{232}Th 和 ^{228}Ra 后合并而成的玻璃管装 HNO_3 溶液，作为 ^{232}Th 和 ^{228}Ra 平衡溶液的标准，可作为化学分析水体 γ 谱测量的标准，也可用作溶液中 Th 射气分析的标准。

5. 碳酸钡镭标准物质

碳酸钡镭源是装在小玻璃瓶中的白色粉末，可直接作为固体样品中 ^{226}Ra 测量的标准，更主要的用途是称取 1 g 粉末，用稀盐酸溶解后，装入扩散器中作为射气法 ^{226}Ra 的和 ^{222}Rn 测量的标准。特别要说明的是这类从 10^{-11} g/g 到 10^{-6} g/g 即 1 Bq/g 到 1×10^{5} Bq/g

的标准物质是矿石样品、环境固体样品（土壤、建材等）、生物样品、各种水体及气体中^{226}Ra和^{222}Rn测量中最常用的标准。

6. ^{40}K粉末标准物质

^{40}K粉末源是用钾长石加工而成的，用来代替KCl作为γ和β测量中^{40}K的标准。

7. 铀钍天然系矿石标准物质

铀钍天然系矿石标准物质是铀、钍混合标准，其中提供了^{238}U、^{232}Th系中可能引起平衡破坏的8个成员核素的比活度，是国产天然放射性物质中核素最全面的标准物质，可用作γ谱的标准和天然放射性各主要成员放化分析的监控样。

第二节　厚样品的总α放射性测量

环境样品总α放射性的测量，在样品制备上大体上分薄样品法（或称薄源法）和厚样品法（或称厚源法）两种。

薄样品法比厚样品法灵敏度高，但较正比较困难，且由于粒子的射程较短，难于制成均匀的薄层样；厚样品法虽然在灵敏度和准确度方面都比较差，然而厚样品法采用饱和层铺样时，它可以在最大限度内记录从样品表面射出的α粒子，样品放射性活度的计算方法简单，能快速给出结果。因此，在环境和生物样品的放射性测量中被广泛采用。本节主要介绍厚样品的相对比较法及自吸收校正法。生物样品灰、土壤、沉积物、矿物质及液体样品的浓集物统称为固体样品。

一、厚层样品表面出射α粒子的饱和性

设样品中放射性物质是均匀分布的。样品的比放射性，即单位质量放射性核素所含的放射性活度为A_m，每次衰变放出一个α粒子。样品的质量厚度为t_m，面积为S，并且假定样品的直径远大于样品的厚度。考虑样品中离表面距离为X，厚度为dX的一薄层。显然，对于从dX薄层中间向上出射的所有α粒子中，只有在样品中穿过的实际厚度小于α粒子在样品中射程R的那些粒子，才有可能从样品表面射出来进入探测器。从图5-2-1可见，这相当于以0点为顶点在θ圆锥角内发射的α粒子。这部分占0点发射的α粒子的总数的份额为

$$W=\frac{\Omega(\theta)}{4\pi}=\frac{1}{2}\left(1-\frac{X}{R}\right) \tag{5-2-1}$$

于是，深度为X的薄层dX中发射的α粒子中，能射出样品表面的粒子数为

$$\mathrm{d}I(X)=A_mS(\mathrm{d}X)W=\frac{1}{2}A_mS\left(1-\frac{X}{R}\right)\mathrm{d}X \tag{5-2-2}$$

将式（5-2-2）对整个样品厚度积分，便得到每秒钟内能射出样品表面的α粒子总数I

$$I=\int \mathrm{d}I(X)=\int_0^{t_m}\frac{1}{2}A_mS\left(1-\frac{X}{R}\right)\mathrm{d}X$$
$$=\frac{1}{2}A_mSt_m\left(1-\frac{1}{2}\frac{t_m}{R}\right) \tag{5-2-3}$$

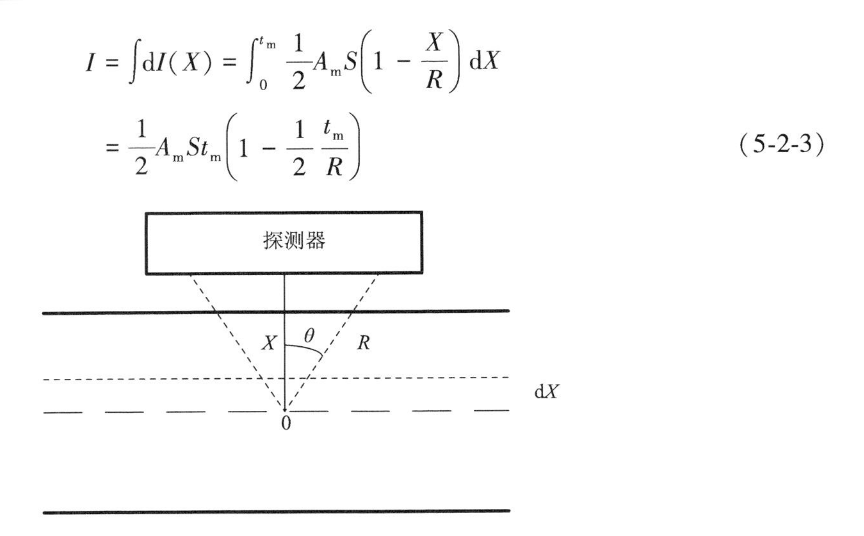

图 5-2-1　从 0 点发射的 α 粒子

式（5-2-3）右面包含两项。第一项表示不考虑自吸收时，样品向上方发射的 α 粒子总数。第二项表示被样品自吸收的份额。所谓薄源，就是自吸收可以忽略。此时，源厚度应当比射程小得多。如果要求自吸收小于 1%（这在比较精确的测量中是最起码的条件），就要求样品的厚度 $t_m<0.02R$。例如，^{234}U 放出的 α 粒子（能量为 4.77 MeV）在铀中的射程为 19 mg/cm^2，则源的厚度应小于 380 μg/cm^2，相当于线性厚度 0.2 μm。若^{234}U 混在砂土里，砂土的主要成分是硅，则射程为 5.0 mg/cm^2，样品厚度应相应小于 100 μg/cm^2 或 0.4 μm。由此可见，只有极薄的样品（通常厚度不大于 1 μm）时，才能忽略自吸收的影响，否则需作自吸收修正。

从式（5-2-3）可以看到，当样品厚度 $t_m\geqslant R$ 时，从表面出射的 α 粒子达到饱和。此时，α 粒子从表面的饱和出射率为

$$I_S=\frac{1}{4}A_mSR \tag{5-2-4}$$

式（5-2-4）表明：当样品厚度超过 α 粒子在样品中射程中时，α 粒子从表面的出射率和比放射性 A_m 及射程 R 成正比，而和样品厚度无关。这一点给样品制备带来极大方便。在实际测量时，由于探头与样品之间还有空气隙、保护膜等，这样，实际饱和厚度小于射程，因此采用有效厚度 δ 代替 R。一般，δ 值在 3~7 mg/cm^2。

二、相对饱和层比较法

根据式（5-2-4），可使标准样品和待测样品都处在超饱和厚度的状态，采用相对比较法测量待测样品的比放射性活度。

选择一种比放射性已知的样品作为模拟标准参考样品，它与待测样品含有的 α 辐

射体成分以及基质成分相同或相近，亦即射程 R 一致，并在仪器工作状态和测量几何条件完全一致的条件下进行比较则

$$\frac{A_m}{A_{m0}}=\frac{I}{I_0}=\frac{n}{n_0} \tag{5-2-5}$$

式中，I 及 I_0 分别为待测样品及模拟标准样品的 α 粒子表面出射率；n 及 n_0 为相应的净计数率；A_m 及 A_{m0} 分别为待测样品及模拟样品的比放射性。由式（5-2-5）即可得到待测样品的比放射性活度 A_m。

$$A_m=\frac{A_{m0}}{n_0}n=kn \tag{5-2-6}$$

再由样品的质量 M，便可得总的放射性活度 A

$$A=MA_m \tag{5-2-7}$$

用相对比较法求比放射性时，只要模拟标准样品与待测样品的核素能量、组分、厚度和样品的几何位置，仪器工作状态待情况基本一致，其测量结果就比较准确。模拟标准样品可选用一定量的天然铀标准溶液或天然铀粉末和适当的填充物质（如 Al_2O_3）均匀混合烘干后做成，天然铀的放射性可称重求出。

1 g 天然铀每分钟可放出 1.5×10^6 个 α 粒子，对于天然铀化合物，如 U_3O_8 有

$$1\ g\ U_3O_8=1.27\times10^6\ \alpha\ 粒子/min$$

另外，还可选用 ^{241}Am、^{210}Po、^{239}Pu 等核素作为 α 厚层标准源。

三、自吸收校正法

使用厚层的标准样品并不总是方便的，它没有现成的，要自己做，且难于长期保存。因此，可考虑另一种测量方法，即用薄标准源求探测效率和计算自吸收校正因子。该法的基本思路是，考虑样品在 2π 方向上发射的粒子数乘以自吸收校正因子得到射出样品表面的粒子数，然后再乘以几何校正因子得到探测器的计数。而几何校正因子是用薄标准源测量得到的。

自吸收校正因子定义为

$$F=\frac{I}{A/2} \tag{5-2-8}$$

式中：I 为每秒钟内能射出样品表面的 α 粒子数（出射率）；A 为样品的放射性活度；因子 1/2 是考虑在 2π 方向上发射的份额。

$$A=A_mSt_m \tag{5-2-9}$$

当样品厚度 $t_m\geqslant\delta$ 时，将式（5-2-4）及式（5-2-9）代入式（5-2-8）可得

$$F=\frac{\frac{1}{4}A_mS\delta}{\frac{1}{2}A_mSt_m}=\frac{\delta}{2t_m} \tag{5-2-10}$$

几何校正因子 G 的定义为

$$G=\frac{n}{I} \tag{5-2-11}$$

式中：n 为探测器的计数。

于是，对厚层（$t_m \geqslant \delta$）样品，计数率可以写成

$$n=\frac{1}{2}AFG \tag{5-2-12}$$

通常，几何校正因子 G 是使一个薄标准源求出。这是因为对薄源来说，它没有自吸收的影响（$F=1$）。假定它所发射的粒子和从厚层样品射出表面的粒子有相同的几何校正固子。于是

$$G=\frac{n_0}{A_0/2}=2\frac{n_0}{A_0}=2\varepsilon \tag{5-2-13}$$

式中　n_0——对薄源测到的计数率；

A_0——薄源的放射性活度；

ε——对薄源的探测效率（在 2π 方向），$\varepsilon=n_0/A_0$。

将式（5-2-13）代入式（5-2-12），得到

$$n=AF\varepsilon \tag{5-2-14}$$

或待测样品的放射性活度为

$$A=n/F\varepsilon \tag{5-2-15}$$

第三节　α 探测器和 α 谱仪

样品总 α 放射性测量，可得到环境样品中 α 放射性的总活度或总比活度。环境样品中的放射性核素常不止一种，总 α 测量只能得到总和的活度，还只是与校准仪器所用核素相当的总活度，因为核素不同每单位活度发射的 α 粒子数不同，而且仪器对不同能量的 α 粒子的探测效率也不一样。当需要知道样品中不同核素的各自活度时，可先用化学分析方法把不同元素分离开来，再分别测量其 α 放射性。但化学分析方法对同族元素的分离有一定难度，而对同位素的分离就无能为力了，这就得用核物理学的分析方法。

放射性核素衰变时能发射出特征 α 粒子，其 α 粒子的能量称为特征能量。表 5-3-1 列出了一些 α 衰变核素的能量、半衰期和该种能量的 α 粒子在单位活度中所占的相对活度。表的上半部为长半衰期核素，以能量大小排列；表的下半部为二个衰变系列可出现在大气中的子代。测量不同能量的 α 粒子数，就能在同一样品中分别测量出样品所含不同核素的活度来，而能够区别不同能量 α 粒子的仪器就叫做 α 粒子能量谱仪，

简称α谱仪。

表 5-3-1　一些放射性核素的α粒子能量

核素	半衰期	α粒子能量/MeV	相对强度/%
^{233}Th	1.41×10^{10} a	3.957	23
		4.016	77
^{238}U	4.468×10^{9} a	4.147	23
		4.196	77
^{235}U	2.342×10^{7} a	4.443	26
		4.493	74
^{230}Th	8.0×10^{4} a	4.621	23.4
		4.687	76.3
^{234}U	2.45×10^{5} a	4.724	27.5
		4.776	72.5
^{226}Ra	1.60×10^{3} a	4.785	94.5
^{239}Pu	2.413×10^{4} a	5.105	11.5
		5.143	15.1
		5.155	73.3
^{240}Pu	6.537×10^{3} a	5.123	20.5
		5.168	79.4
^{243}Am	7.380×10^{3} a	5.234	10.6
		5.275	87.9
^{228}Th	1.913×10^{0} a	5.341	26.7
		5.423	72.7
^{241}Am	4.320×10^{2} a	5.443	12.8
		5.486	85.2
^{238}Pu	8.774×10 a	5.457	28.3
		5.499	71.6
^{222}Rn（RaA）	3.82 d	5.490	9.99
^{218}Po（RaA）	3.05 m	6.003	99.8
^{214}Bi（RaC）	19.7 m	5.448	0.04
^{214}Po（RaC′）	1.5×10^{-4} s	7.687	99.9
^{210}Po（RaF）	138.38 d	5.364	100

续表

核素	半衰期	α粒子能量/MeV	相对强度/%
^{220}Rn（Tn）	55.6 s	6.288	99.9
^{216}Po（ThA）	0.158 s	6.778	
^{212}Bi（ThC）	60.5 m	6.051	25.3
		0.090	9.6
^{212}Po（ThC′）	3.10^{-7} s	8.784	100

一、α谱仪

可区分α粒子能量大小的仪器有三大类，即显示粒子径迹图像的仪器、磁偏转分离型仪器和电脉冲幅度鉴别型的仪器。

（一）径迹图像型仪器

α粒子是带正电荷的氦离子，在它路程中能电离附近的原子，产生离子对，利用云雾室（以被电离的空气为凝聚核，形成可见的雾点径迹）和核乳胶片（以被电离的银原子为潜影，经显影成黑点组成的径迹）观测α粒子的径迹，依其总电离数计算α粒子的能量，这种直观法很形象，但只适于少量事例的观测，若需积累大量的数据，则工作量太大，而且测量精度也不高，故不适用于环境样品的测量。

（二）磁偏转型仪器

即α粒子磁谱仪。带电粒子在磁场中的偏转，因粒子能量不同其偏转曲率也不同，而形成各自的轨道，在不同轨道上测出的粒子数就是不同能量的α粒子数。磁谱仪的测量精度最高，可达万分之一，但设备庞大而复杂。由于使用不方便和不需要如此高的能量测量精度，故也不适于环境样品的测量。

（三）电脉冲幅度甄别型仪器

在环境放射性测量中常用的仪器属于这一类，这类α谱仪是将α粒子引起的电离收集起来形成的电脉冲，以电脉冲的幅度大小作为测量能量的尺度。电脉冲型α谱仪和一般电脉冲型总α计数器一样，仪器可分为探测器和电子线路两大部分。

二、用于α计数和α谱仪的探测器

α粒子的特点是电离密度大，能量高（一般都在 4 MeV 以上），因此给出的脉冲幅度要比β射线、γ射线引起的脉冲大得多，用幅度甄别的办法能很方便地消除由β、γ引起的本底，而不需要笨重的物质屏蔽。由于α粒子的射程很短，只有靠近表面的α粒子才能到达探测器的灵敏体积。所以，α放射性测量装置的主要本底来源是探测器材料表面污染造成的，在建造低水平α计数器的时候要十分注意材料的选择。由于α放射性样品中存在严重的自吸收，为了提高探测器灵敏度，常需将测量源做成大面积样品。因此，使用大面积探测器比较有利。

α谱仪对射线探测部分的要求是探测器的输出量必须正比于入射的α粒子能量，也要求其配属的放大器的线性要好。常用于α谱仪的探测器有屏栅电离室、正比计数器、闪烁计数器、半导体探测器等。

（一）屏栅电离室

屏栅电离室是一种平行板电离室，工作在脉冲（微分）状态，待测样品放在阴极板的位置。在电离室空间平行于收集极加一栅极，栅与阴极的距离必须大于α粒子的射程，这样才可以消除迁移速度缓慢的正离子的影响，从而得到与α粒子能量成正比的脉冲幅度。屏栅电离室的分辨率可优于1%，屏栅电离室的缺点是脉冲信号小，需要用增益很大的放大器；又因电离室和高增益放大器易受外界干扰，样品放入电离室内，其工作气体须经常更新，故设备复杂，操作繁琐。优点是分辨率高（在电脉冲型仪器内比较而言），可以测量较大面积的样品。

另外，脉冲电离室在低水平α测量中应用也比较多。

（二）正比计数器

正比计数器的α测量装置总探测效率高，且配有自动换样装置，适用于大批样品的常规测量。

正比计数器一般做成圆饼形以配合平面样品，样品放在计数器外，故需很薄的材料做灵敏窗口（也有的正比计数器可把样品放到计数管内），灵敏面积一般略大于Φ50 mm，也可做到Φ200 mm或更大。正比计数器收集极为丝状，其周围的电场强度远远大于电离室的收集极附近的电场，使收集电离电子的作用处于正比工作范围，即被α离子电离的电子在电场加速下，其速度已足够快，也具有电离气体分子的本领，所以收集到的电荷远多于电离室。这种作用称为气体放大作用，气体放大倍数随工作电压高低而变，故要求工作电源的输出电压稳定度要高。对放大器的增益要求低于电离室。正比计数器有密封型和流气式两种，前者使用方便，但有一定寿命，后者一直在更新工作气体，使其本底较低，分辨率略高。由于气体放大作用是一种随机过程，有一定起伏，收集极金属丝的粗细也可能不匀，这些都会影响分辨率，一般分辨率大约在1%~2%。

（三）闪烁计数器

较早的和较普遍的低水平α计数装置是采用ZnS（Ag）屏的闪烁计数器。这种屏易被制成大面积闪烁且长期稳定性较好，特别适用于大面积的α放射性样品的测量。

由于ZnS（Ag）是多晶屏，其能量分辨率为30%~50%，故不能做α谱仪的探测器用。若用CsI作闪烁晶体，由于CsI在空气中不潮解，可碾压成薄片，经光导与光电倍增管耦合。这种探测器组合的分辨本领主要由光电倍增管的性能所决定。光电倍增管工作过程中，光电子的产生，打拿极的电子增殖，均为随机过程，其统计起伏相对地讲是比较大的，故组合的总体分辨率在 8%~10%。闪烁计数器的优点是使用方便，灵敏面积也足够大，例 Φ50 mm，缺点是分辨率差。

其他，如塑料闪烁、液体闪烁体也常在低水平 α 计数装置中使用。

（四）半导体探测器

在半导体 PN 结的两边加反向电场，在反向电场作用下 PN 结附近形成一层无载流子的耗尽层，射线在耗尽层内因电离作用产生的负电子和正空穴由电场引力迁移到电极形成电脉冲。其作用犹如电离室，耗尽层相当于电离空间，但耗尽层中是固体物质。射线在固体中射程短，因此半导体探测器体积可以很小，脉冲上升时间短。更为有益的是产生一对负电子和正空穴的游离功比电离室气体的游离功小近 10 倍，因之射线在耗尽层中同样能量所产生的电离电荷比在气体中多许多，所以固体探测器脉冲幅度的起伏较小，即可有较好的分辨率。输出脉冲幅度虽比电离室的大，但比闪烁探测器、正比计数器仍小很多，仍须增益较高的放大器。

对 α 粒子而言，半导体探测器耗尽层薄正适合 α 粒子穿透力不强的特点，并可降低 β、γ 射线的干扰作用。对测 α 谱讲更主要是要求无窗，或窗很薄，即 PN 结的某一级很薄。常用的测 α 粒子半导体探测器有，在高纯硅薄晶片一面蒸发镀上一薄层金膜形成的金硅面垒型探测器和离子注入平面硅（PIPS）探测器。这类探测器组成的 α 谱仪分辨率可达 1%左右，其他优点是：脉冲幅度与能量保持较好的线性关系。设备简单轻巧，使用操作方便，缺点是灵敏面积较小。

在某些特殊场合下，测量低水平 α 放射性样品时，也可使用核径迹探测器（核乳胶和固体径迹探测器）。

三、α 谱仪在环境监测中的应用

由测得的样品 α 谱曲线可以分析样品中各种 α 衰变核素的含量。另外，只在一个很狭窄的能区测某种核素，其本底比用总 α 计数器的本底（假设样品中没有其他核素）小很多。仪器本底低就可以得到高的测量灵敏度，也就是可测出更低水平的 α 核素。下面介绍几个环境监测中应用的例子。

（一）制样过程中回收率的测定

待测的环境样品是从环境总体中取样，再经过一定浓缩、处理和制样过程，其中包括必要的放射化学处理，制成平面源，才用总 α 计数器或 α 谱仪测量。样本中的待测核素是否已全部（或按一定比例）收集到平面样品源中是很值得重视的问题，样品源中核素的含量除以样本中原含量称为回收率。许多情况下，各次实验（即各次制样过程）的回收率起伏相当大。若用回收率平均值计算环境中的活度时会引入相当大的误差。为消除制样引入的误差，需要对每次制样个别测定当次回收率。

在每次制样和测α的同时测定回收率的基本步骤：

对样品进行物理或化学处理前，在样品中放入定量的与待测核素同种元素的另一种α放射性同位素，且要求原来环境中不存在这种新的添加示踪同位素。然后在α谱仪上分别测定这两种同位素。从示踪同位素的测量值可求出回收率，就地用于待测同位素，则能得到较准确的活度值。例如，在监测环境中^{239}Pu、^{238}Pu污染量时，可用^{236}Pu作为测回收率用的示踪同位素。

（二）空气中氡子体浓度的测定

据联合国原子辐射效应科学委员会（UNSCEAR）1982年报告：环境中氡及其子体对人类的辐射剂量当量是天然辐射剂量中的最主要部分。为此估算各类环境中氡引起的辐射剂量当量的工作受到一些学者的重视。由于氡衰变系列中各子体的半衰期和能量的差异，它们在大气中的比例受空气流动等状态因素的影响，故须分别测定各自的浓度方能更好地估算剂量当量。测定各子体浓度的方法之一是用α谱仪。

（三）大气中人工污染核素的监测

大气中的微量铀和超铀元素的监测不同于它们在其他环境样品的监测。因为，通常室外空气中氡浓度平均值在0.1～10 Bq/m^3，室内空气中平均氡子体浓度在5～25 Bq/m^3，有的房屋内浓度大于100 Bq/m^3，它们大大超过了铀和超铀元素的从剂量学限制体系的导出空气浓度（DAC），所以在监测人工污染核素时，氡子体发射的α粒子成为它的本底，且这本底高出待测浓度几个数量级，如不设法消除氡本底的影响，就根本不可能测出超铀核素的DAC级的污染。从表5.2的上半部可看到人工污染核素的α粒子能量均低于表下半部的氡子体的α粒子能量，因此消除本底的办法之一就是利用α能谱法。

四、α能谱测量中应注意的问题

前面讲到α谱的谱线有一定的展宽，可以用半高宽（FWHM）或能量分辨率来表示。在讲了各种典型仪器和应用后，现在可以归结一下谱线展宽的原因。α粒子在探测器灵敏区中产生的电荷有统计性起伏（正比计数器还有气体放大倍数的起伏，闪烁计数器还有光电倍增管内电子增殖的起伏）和电路（特别是第一级放大器）的各种噪声所产生的脉冲信号的迭加作用，这些都是属于随机性的起伏，可用高斯统计分布来描述，故谱峰应呈对称性分布。实际上α谱曲线在低能的一边更展宽一些。这是由于进入探测器灵敏区的α粒子能量不一样所造成的现象。例如，探测器有一定的窗厚（样品源放到探测区内时则例外），由于α粒子经过窗口斜射时的能量吸收比直射时多，故斜着进入探测器的α粒子能量比直射的低；α粒子从平面源到探测器间有空气层的吸收也会产生同样的现象；如果平面源有一定厚度，从源内层核素发射的α粒子出射到源表面时其能量肯定比在源表面的衰变发射的α粒子低，这种现象称源自吸收。以上几种原因引起的现象在谱图中等于在主对称峰的低能侧有许多较小的对称形小峰。这些现象都是由于α粒子电离能力强射程短所致，所以在实际测α谱时应注意探测器的窗应很薄，或无窗，其厚度一般应小于50 μg/cm²；测量时平面样品源至探测器之间的距离应尽可能缩短，或者抽成真空；探测器与样品源周围避免有其他物质，它们与外壁之间应有一定距离；样品源应制作得尽量薄，表面平整，最好是“无厚源”（尽可能除去非放杂质，采用电镀，电沉积等方法制作）；制源的回收率是个容易被忽略的因素，但它的影响却很大，必须重视；为保持仪器的可靠性、稳定性，对经常使用的仪器应定期测定本底和效率，进行质量控制。

第四节　样品的总β放射性测量

在环境样品的β放射性测量中，多是采用相对比较法，即将待测样品与模拟标准样品进行比较，使测量步骤得到大大减化，适宜大批样品的测量。

设A_0是模拟样品源的活度，A是待测样品的活度，n_0是模拟源净计数率，n是样品净计数率。当满足核素相同或β射线能量相近，谱形相似；源物质成分、承托膜材料、源面积、厚度尽可能一致（若把源承托膜厚度做成饱和厚度以上，则使反散射修正也相互抵消）；几何条件不变；探测器及测量仪器应相对稳定；待测源与标准源活度接近等条件时，则有

$$A=\frac{n}{n_0}A_0=\frac{n}{\frac{n_0}{A_0}}=\frac{n}{\varepsilon} \tag{5-4-1}$$

测量的精确度取决于模拟源本身的准确度、满足上述条件的程度及计数率的统计误差。从式（5-4-1）出发可以建立样品β放射性的薄样及厚样的相对测量法。

一、样品β放射性薄样的相对测量法

薄样法是目前使用较多的一种β比活度的相对测量法，它的最大优点是可以忽略自吸收的影响。

从图5-4-1及图5-4-2中氯化钾和锆英砂的取样量与计数率的关系可以看出，在取样量少（即薄样）时，它们近乎线性关系，可以忽略β自吸收。应该指出，不同样品因具有不同的β能谱和吸收情况，薄样法的最大取样量可能不同，应由实验确定。

如果采用氯化钾（其比活度为4.0×10^{-7} Ci/kg）作为模拟标准源，则可得薄样法计算固体样品β放射性比活度的公式：

$$A_X=4.0\times10^{-7}m_Kn_X/m_Xn_K \tag{5-4-2}$$

式中　A_X——待测样品的比活度，Ci/kg；

m_X——待测样品的重量，g；

m_K——氯化钾标准样品的重量，g；

n_X——待测样品净计数率，cpm；

n_K——氯化钾标准样品的净计数率，cpm。

式（5-4-2）可由下面推导得到：

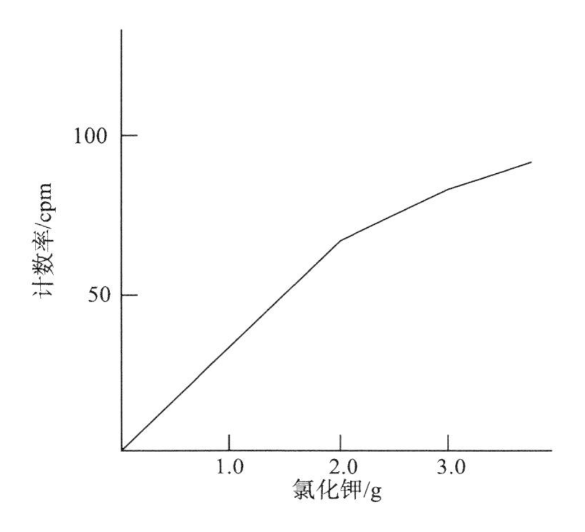

图 5-4-1　氯化钾取样量与净计数率的关系

（钟罩形 G-M 计数管；测量盘 Φ50 mm）

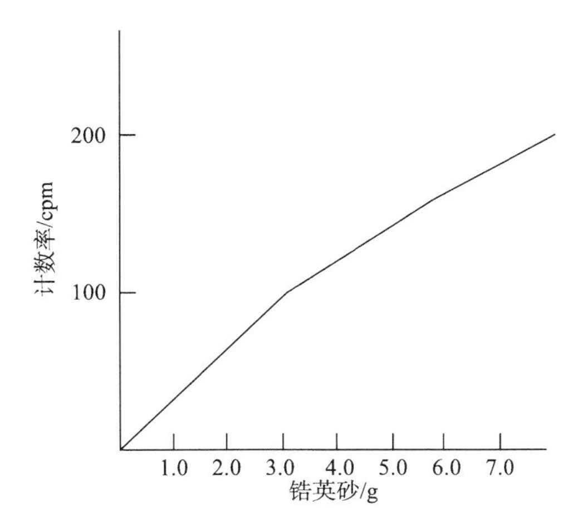

图 5-4-2　锆英砂取样量与净计数率的关系

（钟罩形 G-M 计数管；测量盘 Φ50 mm）

对氯化钾，其比活度 A_K（Ci/kg）与净计数率 n_K（cpm）的关系为

$$A_K = \frac{n_K}{22.2 \times 10^{12} \varepsilon_K m_K} \tag{5-4-3}$$

式中　ε_K——探测器对氯化钾标准样品的总探测效率；

m_K 为氯化钾重量，g。

对未知样品，同样有

$$A_X = \frac{n_X}{22.2 \times 10^{12} \varepsilon_X m_X} \tag{5-4-4}$$

式中：ε_X 为探测器对未知样品的总探测效率，其余符号同前。

假定 $\varepsilon_K = \varepsilon_X$，结合式（5-4-3）和式（5-4-4）得到

$$A_X = 4.0 \times 10^{-7} \frac{n_X m_K}{n_K m_X} \quad (\mathrm{Ci \cdot kg^{-1}})$$

此即式（5-4-2）。

在具体测量中，为保证测量结果误差尽可能小，可先用 Φ50 mm 测量盘制备一系列不同取样量的固体粉末样品源（如 0.25 g，0.50 g，…），测量其计数率与取样量的关系。利用作图法，找出两者呈线性（近似）关系的范围，也即取样量的重量范围。在此条件下，对不同取样量的比活度测量值求平均，作为待测样品的比活度结果。

二、样品 β 放射性厚样的相对测量法

当样品的厚度超过饱和厚度时，可采用所谓厚样法测量样品的比活度。厚样法的计算公式如下：

$$A_X = 4.0 \times 10^{-7} \frac{n_X d_{K/2}}{n_K d_{X/2}} \tag{5-4-5}$$

式中 $d_{X/2}$——β 射线在待测样品中的半吸收厚度，mg/cm^2；

$d_{K/2}$——β 射线在氯化钾中的半吸收厚度，mg/cm^2；

n_X——厚样法测得的样品的净计数率，cpm；

n_K——厚样法测得的氯化钾标准样品的净计数率，cpm。

公式（5-4-5）可由下面推导得出：

假定 β 放射性核素均匀分布于厚样中，又设 β 射线在样品中的自吸收服从指数规律，此时测量装置对从深度 X 的 dx 层样品射出的 β 粒子的计数率为

$$d_n = 2.22 \times 10^9 A \varepsilon S \rho \exp\left(\frac{-0.693 X \rho}{d_{1/2}}\right) \mathrm{d}x \tag{5-4-6}$$

式中 A——比活度，Ci/kg；

ε——总探测效率；

S——测量盘面积，cm^2；

ρ——样品密度，g/cm^3；

$d_{1/2}$——β 自吸收的半吸收层，g/cm^2。

对式（5-4-6）积分可得厚样的计数率 n（cpm）

$$n = 2.22 \times 10^{9} AS\varepsilon\rho \int_{0}^{\infty} \exp\left(\frac{0.693X\rho}{d_{1/2}}\right) dx$$

$$= \frac{2.22 \times 10^{9} \times A\varepsilon S d_{1/2}}{0.693} \tag{5-4-7}$$

对于氯化钾，式（5-4-7）可写成

$$n_K = \frac{2.22 \times 10^{9} \times 4.0 \times 10^{-7} \varepsilon_K S_K d_{K/2}}{0.693} \tag{5-4-8}$$

对于未知样品，式（5-4-7）可写成

$$n_X = \frac{2.22 \times 10^{9} A_X \varepsilon_X S_X d_{X/2}}{0.693} \tag{5-4-9}$$

假定 $\varepsilon_K = \varepsilon_X$，$S_K = S_X$，则结合式（5-4-8）和式（5-4-9）得

$$A_X = 4.0 \times 10^{-7} \frac{n_X d_{K/2}}{n_K d_{X/2}}$$

此即式（5-4-5）。

厚样法只要厚度超过饱和厚度，不必称重样品，而且净计数率比薄样法要高约 3 倍，但是需要测出 $d_{K/2}/d_{X/2}$ 的比值。为了讨论方便，令 $d_{K/2}/d_{X/2} = C$，C 值的测定方法有下列两种。

① 以薄样法测定样品的比活度 A_X，然后以厚样法测定其 n 和 n_K 值，由式（5-4-5）计算得到 C 值。

② 对样品和氯化钾标准分别制备一系列从薄到厚的测量源，可测得类似图 5-4-1 和图 5-4-2 的曲线。此曲线可用指数函数表示，即

$$n = n_{\infty} \left[1 - \exp\left(-0.693 d / d_{1/2}\right)\right] \tag{5-4-10}$$

式中　d——样品的质量厚度，mg/cm^2；

$d_{1/2}$——β 射线在样品中的半吸收厚度；

n——厚度为 d 的样品的净计数率，c/m；

n_{∞}——厚样的净计数率，c/m。

式（5-4-10）可改写为

$$\frac{(n_{\infty} - n)}{n_{\infty}} = \exp\left(-0.693 d / d_{1/2}\right) \tag{5-4-11}$$

因此，以 $\lg[(n_{\infty} - n)/n_{\infty}]$ 对 d 作图（在半对数坐标纸上），可求解 $d_{1/2}$ 值。应注意，在 d 较大时，由于 n 和 n_{∞} 接近 $[(n_{\infty} - n)/n_{\infty}]$ 值的误差太大，因此可略去这些实验点。对于氯化钾，测得的曲线由图 5-4-3 所示。由图得到 $d_{K/2} = 27\ mg/cm^2$。

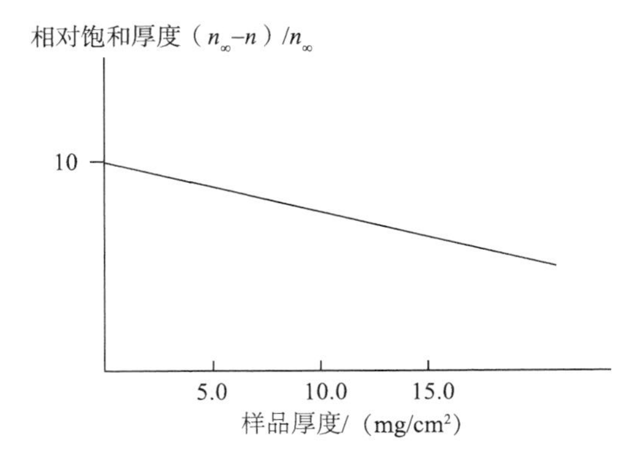

图 5-4-3　氯化钾的相对饱和厚度 [（$n_\infty-n$）/n_∞] 和质量厚度的关系

第五节　β 探测器和 β 谱仪

低水平 β 计数用的探测器可以是气体探测器、薄塑料闪烁体、液体闪烁体及金硅面垒型半导体探测器。采用物质屏蔽+反符合屏蔽来降低本底，β 本底测量的量级一般在 1 c/m 左右。目前国际上有成为商品的低本底 β 测量仪器多用流气式探测器，这种仪器使用很不方便，现在越来越多的使用薄塑料闪烁体做为主探测器，这是因为塑料闪烁体本身比较干净，本底低；厚度一般为 0.1～0.3 mm；对 γ 射线灵敏度低，它主要是由低 Z 成分的材料组成；可用幅度甄别的方法消除相当的 μ 介子产生的本底，不用反符合也能达到较低的本底。目前国内外用薄塑料做主探测器，本底可降至 0.01～0.2 cmp/cm，灵敏度可达 0.1～10^{-2} Bq。

在环境中存在着若干种纯 β 放射性核素，γ 谱仪和 α 谱仪对此是无能为力的，而化学分离方法耗时多，难于实现快速测量，而且一些母子体混合的放射性同位素又无法用化学分离方法处理，为解决这个问题，人们相继研制出磁谱仪、静电谱仪、正比谱仪等大型设备，但因其造价昂贵，结构庞大，而且灵敏度低，在环境样品的测量方面的应用受到一定的限制，为此人们对适用于测量低水平环境样品的 β 谱仪开展了研究，如液体闪烁计数器、半导体谱仪、塑料闪烁谱仪等相继问世并得到了广泛的应用。这里着重介绍一种符合型低本底闪烁 β 谱仪，其特点是造价低廉，本底低快速准确，适于环境样品的测量。

一、β 谱仪的组成及其特点

适宜于快速分析环境样品的低本底 β 符合谱仪，是由塑料闪烁计数装置和一个薄窗 G-M 计数器构成。这种装置综合了闪烁谱仪具有高的探测效率和 G-M 计数器的低本底两个特点（通过符合把闪烁型谱仪的本底降低到 G-M 计数器的本底水平）。

（一）原理及装置方框图

该装置是由一块把塑料闪烁体挖成井型内置一个两端窗圆形 G-M 流气式计数管组成。塑料闪烁体为 NE102A（国产可用 ST-401），尺寸为 Φ75 mm×36 mm，光电倍增管光阴极端面直径为 3 in（国产可用 GDB-51）。G-M 计数器内部尺寸为 Φ28 mm×6 mm，计数管端窗的面密度为 0.9 mg/cm^2，内表面镀金，靠近塑料闪烁体的一面镀铝，起着主探测器的反射层的作用。计数管阳极是与窗平行的两根不锈钢丝（其直径为 Φ0.05 mm）构成。整个探测器放在一个由 5 cm 厚铅，5 cm 厚铁，2.5 cm 厚铜构成的屏蔽体内。装置方框图如图 5-5-1 所示。

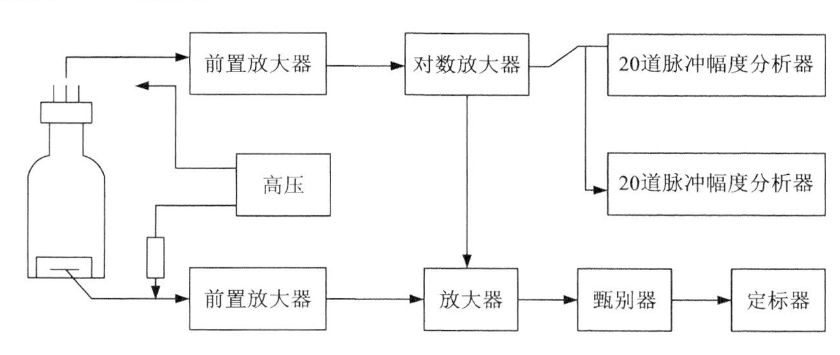

图 5-5-1　低本底 β 符合谱仪结构示意图

（二）探测器的设计

1. 闪烁体厚度的选择

为了使 β 粒子的能量沉积于晶体之中，对晶体的厚度应有一定的选择原则，通常是根据 β 谱仪分析的最大能量范围，其依据的经验公式如下：

$$R=412E^{(1.265-0.0994\ln E)}\qquad 0.01\ \text{MeV}<E<2.5\ \text{MeV} \tag{5-5-1}$$

$$R=530E-106\qquad 2.5\ \text{MeV}<E \tag{5-5-2}$$

式中　R——β 粒子在晶体中的射程（mg/cm^2）；

E——β 粒子的能量（MeV）。

如闪烁晶体的密度为 ρ，则晶体的最小厚度 $d=R/\rho$。

这是对应于能量 E 所须晶体的最小厚度，在本装置中还要在晶体中挖成井型以安装 G-M 计数器，所以其厚度要相应增加，但为了保证对 μ 介子进行有效的能量甄别，闪烁晶体的厚度不能随意增加，而且晶体厚度的增加势必引起本底的增加，它对光的输运效率也不一定是 100%，同时也增加了成本。

2. 塑料闪烁体与光电倍增管的光谱响应

塑料闪烁体与光电倍加管都有一定的光谱范围，两者最好能重合，光的运输效率才能提高，如国产光电倍增管 GDB-51，其光谱范围为 3 000 Å ~ 6 000 Å，主峰位为

4 000 Å~5 200 Å，国产 ST-401 型塑料闪烁体的光谱范围为 4 000 Å~5 200 Å，主峰位为 4 230 Å，两者光谱响应甚好，可为谱仪所采用。

3. 对 G-M 计数器端窗膜的要求

为了提高 β 粒子的透视率以减小 β 谱的畸变要求 Mylar 膜尽可能薄但又不能漏光，因此对镀膜技术的要求甚高。

4. 电子学线路

由图 5-5-1 可以看出，β 粒子必须穿过 G-M 计数器才能进入到闪烁计数器中，装置中使用了符合电路，这就意味着 β 粒子在 G-M 计数器中产生的脉冲必须与在闪烁计数器中产生的闪烁脉冲符合后才能被脉冲幅度分析器所分析记录。因此 G-M 计数器的假计数，闪烁计数器的假闪光，以及电子学噪声等均不能给出输出，系统的本底才能被大大降低。G-M 计数器实际上起了开门的作用。至于宇宙射线所引起的本底，装置也能够剔除，装置的屏蔽室屏蔽了宇宙射线中的软成分，宇宙射线的 μ 介子虽然能够给出输出但它超出了谱仪所分析的范围，通过调节多道分析器的甄别阈即可剔除。

此外在线路中使用对数放大器能扩展分析的能量范围，而且将对数谱的高能部分线性外推到能量轴可求出 β 最大能量，进而能鉴别核素。

二、符合型闪烁 β 谱仪的应用

符合型闪烁 β 谱仪在低水平测量中得到了广泛的应用。

（一）已知核素的低水平计数

对于已知 β 核素的计数测量，可以选择最佳道宽，使窗宽范围内的本底计数率比全部能量范围的本底计数率低得多，从而实现低水平测量的目的。

（二）快速测量短寿命核素

在核事故的情况下，要求对现场和周围环境样品、气载放射性等进行快速测定，以确定污染范围，减轻事故后果，而对一些短寿命的 β 核素，低本底 β 谱仪与化学分离方法相比其优越性显而易见。

（三）鉴别未知核素

在 β 谱仪中能够通过确定最大能量来鉴别未知核素，使用谱仪的对数系统，把 β 对数谱的高能部分线性外推到对数谱的能量轴，即能确定其最大能量从而鉴别出未知核素。收集到样品盘或者滤纸上的样品无须经过任何化学分离就可以进行计数测量。

（四）检验样品的放化纯度

在样品预制期间，由于存在天然或人工同位素的污染问题，需要检查低水平预制样品的放化纯度。使用此谱仪只需将低水平样品的 β 谱与纯核素的 β 谱相比较就很容易确定样品的放化纯度。

（五）简化化学分离

为了实现环境样品的快速测量，简化化学分离是必须考虑的。因为单一核素的β谱在对数坐标系统中所展现的是一个不变的形状，其对数谱在最大能量的一半处有一个峰值，这就易于确定样品是否含有“目标”核素。据此就可以确定是否需要作进一步的化学分离，如果有几种核素的最大β射线能量相差很大，那么复合谱的分析就很容易完成，因而样品进一步的化学分离就可以被省略。

（六）分析放射性同位素混合物

由放射性同位素组成的混合物，如^{89}Sr和^{90}Sr、^{57}Co和^{60}Co、^{103}Ru和^{106}Ru等，无法用化学方法分离。尽管它们同属发射不同β射线最大能量的同一种核素，但谱仪是可以分析出母体和它的子体各自的含量。

（七）确定平衡率

由母体和它的子体核素组成的混合物，如$^{90}Sr-^{90}Y$，$^{95}Zr-^{95}Nb$，$^{106}Ru-^{106}Rh$，$^{144}Ce-^{144}Pr$等属于同一族，它们中的多数是裂变产物。只要母体和子体彼此发射的β射线最大能量有显著差异，就很容易被谱仪分析测量。

（八）环境样品的监测实例

符合型低本底闪烁β谱仪在环境监测中得到了广泛的应用。β谱仪可以分析环境中的动植物样品、水样品等，特别是对^{90}Sr的分析，更有其特点，由于样品中通常^{89}Sr、^{90}Sr、^{90}Y同时存在，用其他方法分析时，必须等待$^{90}Sr-^{90}Y$平衡后才能分离出^{90}Y，因而耗时极长，有了β谱仪，在分离出^{90}Sr之后，立刻就可以测量其复合谱，很快得到结果。

由于β谱是一个连续谱，不如分立γ谱那样容易对样品进行测量分析，因而在环境样品的测量过程中不如γ谱仪使用的普遍。然而环境中的那些不含γ射线的核素却又居然存在，因此建立低本底β能谱仪十分必要。特别是β谱仪又能解决用化学分离解决的一些问题，使其更有特色。

思考题：

1. 环境放射性活度与计数率之间的关系？
2. 影响相对测量法精度的因素有哪些？
3. 为什么薄样法测量β比活度时可以忽略自吸收的影响？

第六章

环境样品放射性核素γ能谱分析

通常，具有γ放射性的原子核可以发射一种或多种能量的γ射线，由于核能级结构的不同，各种原子核所发射的γ射线能量是不一样的。如^{40}K发射能量为1 460 keV的一条γ射线，^{60}Co发射能量为1 173 keV、1 332 keV的两条γ射线，^{235}U发射能量为185 keV、201 keV、144 keV、183 keV等的多条γ射线。因此，通过测量样品所发射的γ射线能量，即可判断该样品含有哪几种放射性核素；再通过若干特定能量γ射线的强度，即可得到每种放射性核素的含量。具有这种能测量γ射线能量和强度功能的仪器系统称之为γ能谱仪，γ射线通过探头转变为电信号，此电信号幅度的大小与γ射线能量成正比，电信号通过谱仪的电子学系统记录下来，并以横坐标表示电信号幅度，以纵坐标表示各种幅度电信号的多少，将所有电信号反映在此平面图上，形成的曲线就叫做γ能谱，它对应各种不同的γ射线能量。完成γ射线的能量和强度分析的过程则称之为γ能谱解析。

第一节　γ能谱仪的组成、工作原理和指标

一、γ能谱仪结构和工作原理

从结构上讲，γ能谱仪可分为两类，一类是由单个探测器组成的简单γ能谱仪；另一类是由多个探测器及相应的电子学系统组成的复杂γ能谱仪。作为测量环境样品的γ能谱仪，还有一个重要特点，就是探头部分带有相当厚度的钢铅屏蔽体，轻者数百公斤，重者达数吨以上，用以屏蔽探头周围γ射线本底的干扰。

（一）简单γ能谱仪

简单γ能谱仪由探头、主放大器，多道脉冲幅度分析器及相应的高低压电源组成。根据探测器种类的不同，可分为NaI（Tl）单晶γ能谱仪和半导体γ能谱仪。

NaI（Tl）单晶γ能谱仪的组成方块图如图6-1-1所示。探头由低钾NaI（Tl）闪烁

体、光电倍增管（GDB）和前置放大器组成。它输出脉冲的幅度与γ射线在闪烁体内损失的能量成正比，该脉冲信号经主放大器放大后，由多道分析器系统记录，并进行数据处理。由于NaI（Tl）闪烁体的能量分辨率不高，多道分析器系统一般为512道，或者1 024道。为了屏蔽环境放射性的干扰，探头必须放在铅室内，典型的结构如图6-1-2所示。铅室内壁镶有3~5 mm厚铜衬和5 mm厚有机玻璃套，这是为了减少二次电子辐射、康普顿散射和吸收铅的X射线及^{210}Pb的γ射线。

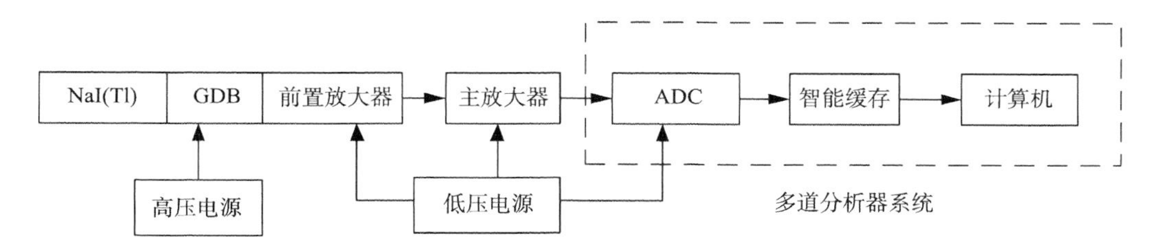

图6-1-1　NaI（Tl）单晶γ能谱仪方块图

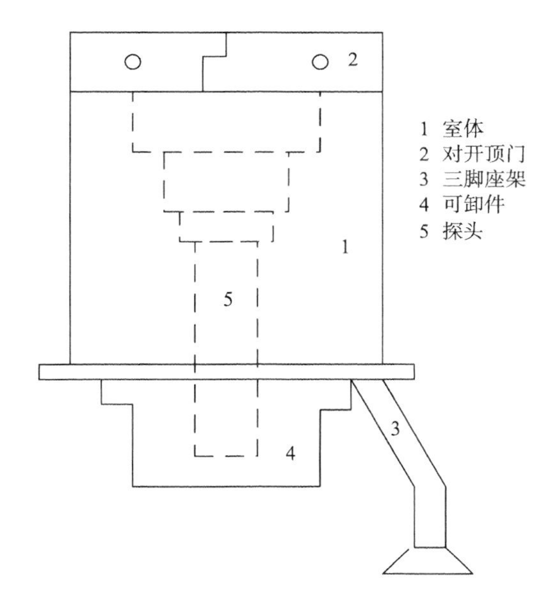

图6-1-2　铅室结构示意图

1—室体；2—对开顶门；3—三脚座架；4—可卸件；5—探头。

简单半导体γ能谱仪的组成与NaI（Tl）单晶γ能谱仪基本相同。不过，由于半导体探测器的能量分辨率很高，多道分析器的道数增多了，一般为4 096道，或者为8 192道。半导体γ能谱仪的探头由高纯锗HPGe半导体探测器和电荷灵敏放大器组成。采用电荷灵敏放大器作为前置放大器，可以降低噪声，提高谱仪的能量分辨率。同样半导体探头也要放在铅室内，以屏蔽环境放射性干扰。半导体探测器必须在低温下工作，可在常温下保存。

（二）复杂γ能谱仪

复杂γ能谱仪由多个探测器和较为复杂的电子学系统组成。较为典型的是低本底反康普顿 HPGeγ 谱仪，它由 HPGe 主探测器、NaI（Tl）环探测器、NaI（Tl）堵头探测器、钢铅复合屏蔽室和电子学系统构成。图 6-1-3 给出了这种谱仪的三种探测器和钢铅复合屏蔽室结构示意图。HPGe 主探测器给出的信号，经主放大器放大后，由多道分析器记录给出γ能谱。NaI（Tl）环探测器一般为 Φ200～300 mm 环形 NaI（Tl）晶体，封装在不锈钢桶内，端面有 6 个石英玻璃窗，装有 6 只光电倍增管，用以探测和收集环晶体产生的光信号。环探测器的作用是降低康普顿散射对γ能谱的贡献和本底计数。γ谱仪的相对灵敏度常用“优质因数”来估计（最小可探测放射性正比于$\sqrt{B/\varepsilon_P^2}$，其中 ε_P^2 为全能峰探测效率，B 为全能峰下的基底，它包括周围环境的本底和更高能量γ射线的康普顿分布）。所以环探测器可以提高γ谱仪的灵敏度。当然，随着主探测器的

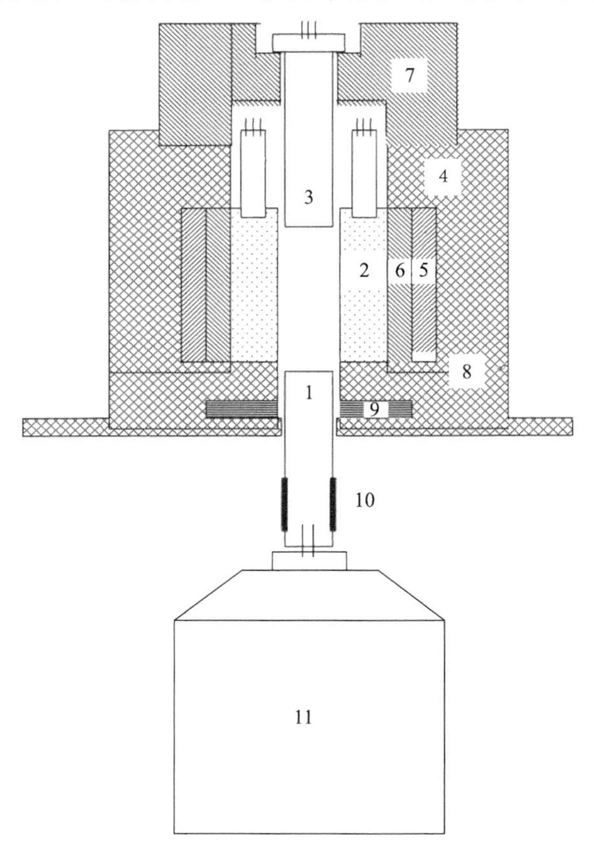

图 6-1-3　三种探测器和钢铅复合屏蔽室结构示意图

1—HPGe 主探测器；2—NaI（Tl）环探测器；3—NaI（Tl）堵头探测器；4—钢屏蔽（11 cm）；5—铅屏蔽（3 cm）；6—钢屏蔽（4 cm）；7—钢屏蔽；8—钢屏蔽（高 13 cm）；9—铅屏蔽（3 cm）；10—钢屏蔽环；11—杜瓦瓶。

大小不同，环晶体的尺寸是可以改变的。另外，塑料闪烁体也可作环探测器，只是材料较轻，要保证同样的屏蔽效果，体积要做得大一些，这样钢铅屏蔽室也就更大了。随着环探测器的大小不同，端面光电倍增管的数目也可变化。NaI（Tl）堵头探测器的作用是降低反散射对 γ 能谱的贡献，亦可降低宇宙射线的干扰。堵头探测器和环探测器一起，与主探测器构成阱型反符合工作方式，更有利于压低环境本底和抑制康普顿散射及宇宙射线的干扰。

测量时将待测样品放在主探测器端面，将探测器经屏蔽室下孔，送入环探测器内的测量位置。主探测器若为 NaI（Tl）闪烁体，由于体积小，它可以固定在屏蔽室内，屏蔽室下端就不必留孔了，此时可将堵头探测器提起，在它的下端安装样品架，把待测样品放上，再送至测量位置即可。

图 6-1-4 给出了复杂 γ 能谱仪在阱型反符合工作方式时，电子学系统的电路框图。它们除微机系统外，均为 NIM 插件，可装在 NIM 机箱内，统一配备低压电源。

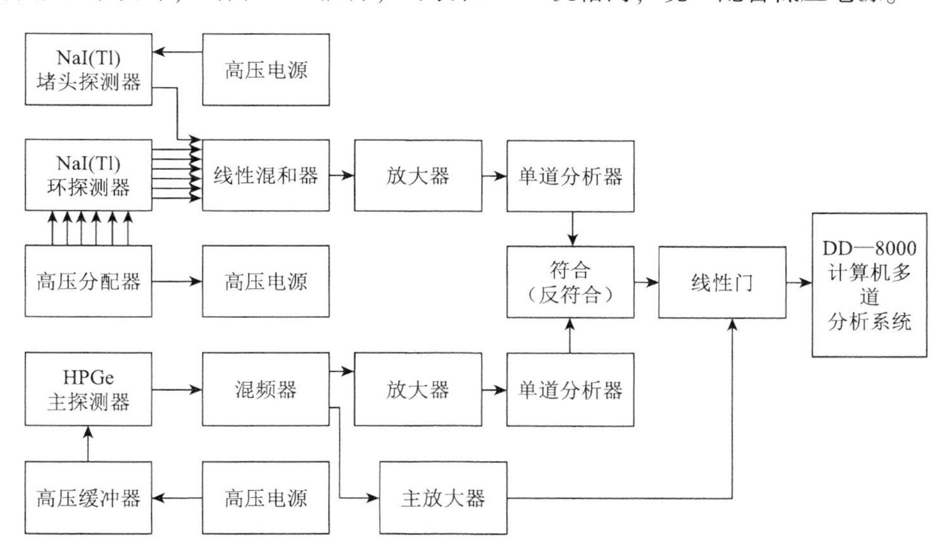

图 6-1-4 阱型反符合工作方式的电路框图

阱型反符合工作方式是利用 NaI（Tl）环探测器和 NaI（Tl）堵头探测器构成阱型反符合探测器。将样品和主探测器送入阱内，测量时，从主探测器逃出的散射光子，打入反符合探测器，其输出的反符合脉冲，经混合器、放大器和单道分析器送入反符合电路。同时，由主探测器输出的康普顿电子脉冲，经混频器分成两路，一路叫符合脉冲，经放大器、单道分析器送入反符合电路。另一路经主放大器放大后送至线性门。反符合电路的工作程序为：符合脉冲和反符合脉冲同时输入，则没有输出，只有符合脉冲输入，则输出开门信号。所以主探测器输出的对应全部 γ 能量的脉冲，经主放大器、线性门被多道分析器记录，而康普顿电子脉冲则不能被记录，实现了反符合抑制，同时，宇宙射线亦能被抑制。

二、γ 能谱仪主要技术指标

（一）能量分辨率

能量分辨率既是衡量主探测器优劣的重要指标，也是衡量 γ 能谱仪系统优劣的一项重要的技术指标，它表示 γ 谱仪对 γ 射线能量响应的优劣。

图 6-1-5 所示为 γ 谱仪给出的微分脉冲幅度分布，这种分布称为 γ 谱仪对所测 γ 射线能量的响应函数。这一分布宽度的大小，反映出 γ 谱仪分辨相近能量 γ 射线能力的强弱。很明显，宽度愈窄，愈能分辨出相近能量的 γ 射线。能量分辨率 η 定义为

$$\eta=\frac{\mathrm{FWHM}}{H_0}\times 100\% \tag{6-1-1}$$

式中，FWHM 为峰的最大纵坐标的一半处的宽度；H_0 为平均脉冲幅度。所以能量分辨率是一个无量纲的数。显然，FWHM 愈小，能量分辨率愈好。平均脉冲幅度 H_0 与 γ 射线的能量是成正比的，找出对应关系，η 亦可表示为

$$\eta=\frac{\Delta E}{E}\times 100\% \tag{6-1-2}$$

式中，E 为 γ 射线能量；ΔE 为 FWHM 对应的能量。

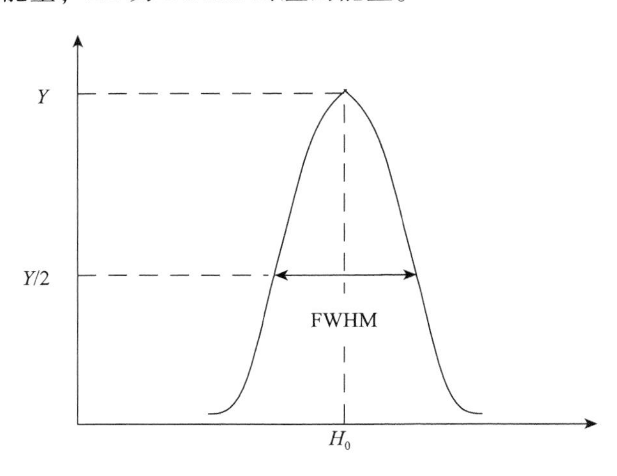

图 6-1-5　γ 谱仪对 γ 射线能量响应曲线

显然，能量分辨率 η 的大小与 γ 射线的能量是有关的。所以给出 γ 谱仪能量分辨率的指标时，都是对具体的 γ 射线来说的。如 NaI（Tl）闪烁 γ 谱仪的能量分辨率一般为 5%～10%，就是对 ^{137}Cs 662 keV 的 γ 射线来讲的。HPGe 半导体 γ 谱仪的能量分辨率一般用 FWHM 表示。对 ^{60}Co 1 332 keV 的 γ 射线，它的能量分辨率为 1.7～2.3 keV。半导体 γ 谱仪的能量分辨率比闪烁 γ 谱仪好得多。

影响 γ 谱仪能量分辨率的因素，总的说有三个方面，即测量过程中探测器工作特性的漂移；探测器和仪器系统的随机噪声；被测信号本身的离散特性引起的统计涨落。

一般地讲，第三个因素是最重要的。

对 NaI（TL）闪烁γ谱仪来说，影响能量分辨率的主要因素有，光电倍增管放大倍数 M 的统计涨落；闪烁光子转变为光电子的统计涨落；γ射线在闪烁体内损失同样能量产生闪烁光子的涨落，此部分的贡献亦称闪烁体本征分辨率。仪器系统的噪声与上述三项相比很小，可以忽略不计。所以闪烁探头的前置放大器，不必采取特殊措施降低噪声。测量过程中工作参数的漂移，影响也不是太大。可以说，闪烁γ谐仪的能量分辨率由三部分组成，即

$$\eta^2=\eta_1^2+\eta_2^2+\eta_3^2 \tag{6-1-3}$$

式中，η_1 来自光电倍增管 M 的统计涨落；η_2 来自光子转变成光电子的统计涨落；η_3 来自产生光子数的统计涨落，亦即闪烁体本征分辨率。

对于半导体γ谱仪，影响能量分辨率的主要因素有，射线所产生的电子-空穴对数的涨落；电荷载流子的俘获；探测器及前置放大器的噪声。当然，另外还有一些影响因素，例如放射源距探测器太近时的边缘效应；计数率太高时的堆积效应；放大器成形时间选用不当、增益不稳等，都会使分辨率变坏。

产生电子-空穴对数的统计涨落所引起的谱线展宽，是半导体探测器本身所固有的极限能量分辨率。由于半导体内产生一个电子-空穴对所需的平均能量较小，约为 3 eV，而气体的平均电离能约为 30 eV，因而，半导体探测器具有其他探测器无法相比的能量分辨本领。具有相同能量的入射γ射线，在探测器灵敏体积内全部损失能量，所产生的电子-空穴对数并不完全相同，而是围绕某一平均值 $\bar{N}$ 统计涨落。

$$\bar{N}=\frac{E\times10^6}{\omega} \tag{6-1-4}$$

式中：E 为入射γ射线的能量，用 MeV 表示；ω 为产生一个电子—空穴对所需的平均能量，用 eV 表示。

电子-空穴对数目的统计分布为高斯分布，故它的均方根偏差应为

$$\sigma=\sqrt{FN} \tag{6-1-5}$$

式中：F 为法诺因子。

电子-空穴对数目的统计涨落，导致脉冲幅度也在平均幅度附近有一展宽，此脉冲分布亦为高斯分布。它的半宽度 FWHM 与均方根偏差之间有如下关系

$$\text{FWHM}=2.36\,\sigma \tag{6-1-6}$$

若以能量单位 keV 表示脉冲幅度分布的半宽度，则有下式

$$\text{FWHM}=2.36\sqrt{FE\omega} \tag{6-1-7}$$

电荷载流子的俘获，随着探测器灵敏区厚度的增大，俘获影响也要增长。为了加大载流子漂移速度，减少俘获影响，通常在反向电流不显著增加的前提下，尽量提高反向电压。一般当每毫米耗尽层厚度的电位降大于 100 V 时，俘获效应就小了。对 HPGe 探测器，内部电场是不均匀的，外表面处电场较弱，为克服载流子俘获影响，需

要更高的反向电压。

探测器及前置放大器的噪声。探测器的噪声主要是漏电流涨落引起的，它的改善取决于制造工艺的严格要求，特别是探测器的表面处理。由于半导体探测器产生电子—空穴对数的涨落引起脉冲幅度分布的展宽很小，降低前置放大器的噪声，就是提高谱仪能量分辨率的突出问题了。因此，半导体 γ 谱仪与闪烁 γ 谱仪不同，前置放大器是采用低噪声电荷灵敏放大器。由于谱仪系统的各种噪声成分，γ 射线峰被加宽。一般情况下，主要考虑四种噪声成分，探测器系统的能量分辨率 FWHM 可写成下式

$$\mathrm{FWHM}=\sqrt{\sigma_g^2+\sigma_c^2+\sigma_l^2+\sigma_n^2} \tag{6-1-8}$$

式中：σ_g 为电荷产生过程的统计涨落产生的噪声，keV，

$$\sigma_g^2=8\ln 2F\omega E_r \tag{6-1-9}$$

式中：E_r 为 γ 射线能量；ω 为电子—空穴对产生能；F 为法诺因子，它是表征电离过程统计涨落的唯一因子。

σ_c 为不完全电荷收集产生的噪声，keV。一个好的探测器，它的电荷收集性能当然是好的，它可以百分之百收集由射线产生的电荷。但是，由于各种原因，如 HPGe 单晶的完整性，探测器体内的电场分布及强度等，射线所产生的电荷并不被全部收集，因此，它会损害探测器的分辨性能。另外，正如前面已讲到的，当探测器受到快中子或高能带电粒辐照损伤后，由于这种损伤，在探测器内产生电荷陷阱，这些陷阱是一些深的陷获能级，它们也会导致电荷的不完全收集而使能量分辨率严重变坏。

σ_l 为探测器漏电流产生的噪声，keV，

$$\sigma_l^2=\frac{2\omega^2 I_L\tau}{q} \tag{6-1-10}$$

式中：I_L 为探测器的漏电流；τ 为主放大器的成形时间；q 为电子电荷。σ_n 为电子学噪声，keV，它包含了一切电子学噪声，例如，前置放大器的噪声，包括探测器电容的贡献和颤噪声等，主放大器的噪声。

仔细判断，测定和消除正常噪声之外的噪声干扰，对组成一套高水平的探测器系统是非常重要的。

按照 IEC 推荐的 IEEE std. 325（1971）标准，实际测量能量分辨率时应遵循下列条件：系统计数率达 1 000 c/s；全能峰半高度的宽度不能少于 6 道；半高度以上的积分计数必须大于 10^4。^{60}Co 和 ^{55}Fe 是测量同轴型和平面型 HPGe 探测器能量分辨率常用的放射源。

（二）探测效率

测量 γ 射线不像测量带电粒子，如 α 粒子和 β 粒子等，它们只要进入探测器灵敏体积，就会被记录下来，由于 γ 射线不带电，穿透力很强，即使它进入探测器的灵敏体积，也完全有可能不与探测物质发生作用，所以 γ 探测器的效率是小于 100%的。通

常将探测效率分成两类，即绝对效率和本征效率。绝对效率的定义为

$$\varepsilon_{绝对}=\frac{记录到的脉冲数}{辐射源发射的\gamma射线数} \tag{6-1-11}$$

它不仅与探测器性能有关，还与实验的几何条件（主要是辐射源到探测器的距离）有关。本征效率的定义为

$$\varepsilon_{本征}=\frac{记录到的脉冲数}{入射到探测器上的\gamma射线数} \tag{6-1-12}$$

本征效率不再隐含探测器所张的立体角。对于各向同性的辐射源，两种效率的关系式为

$$\varepsilon_{本征}=\frac{\varepsilon_{绝对}4\pi}{\Omega} \tag{6-1-13}$$

这里 Ω 是从辐射源的实际位置看探测器所张的立体角。探测器的本征效率主要取决于探测器的材料，γ射线的能量和探测器在入射γ射线方向上的物理厚度等。

探测效率还可按被记录事件的性质分类。如要记录探测器输出的全部脉冲，则应使用总效率。在这种情况下，所有与探测物质相互作用的γ射线，无论损失能量如何低，也都假定能被记录。按图 6-1-6 所示设想的微分脉冲幅度分布来说，谱线下的整个面积就是记录到各种幅度的全部脉冲数的量度，在确定总效率时，应考虑此面积值。而峰效率仅涉及入射γ射线的全部能量都损失在探测器中的那些相互作用。在微分脉冲幅度分布中，这些全能事件通常由谱线最高端的峰显示出来。全能事件的数目可对峰下总面积积分得到，如图 6-1-6 阴影面积所表示的。总效率与峰效率用峰/总比 R 联系起来

$$R=\varepsilon_{峰}/\varepsilon_{总} \tag{6-1-14}$$

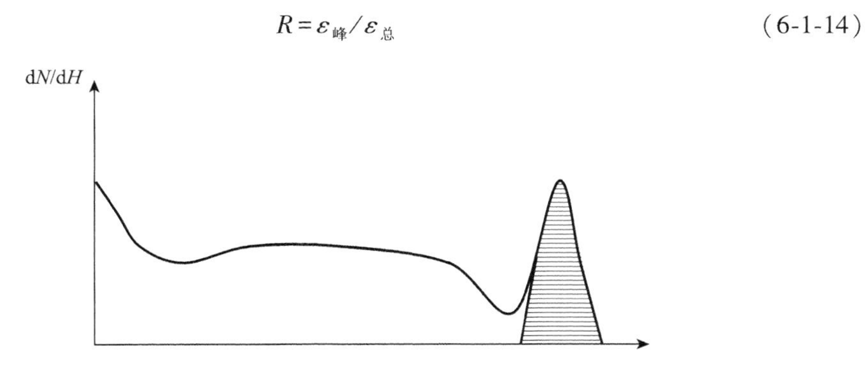

图 6-1-6　微分脉冲幅度谱中“全能峰”示例

从实验角度看，往往只有用峰效率才是可取的，因为全能事件数不受周围物体的散射和杂散噪声等一些干扰的影响，所以峰效率能普遍适用于各种各样的实验条件，而总效率值可能受条件变化的影响。最常用的探测效率是本征峰效率。

对 HPGe 探测器的峰探测效率作了以下具体规定：用标定过的 ^{60}Co 源测得谱线，源

到致冷器帽子末端的距离为 25 cm，绝对峰探测效率

$$\varepsilon_p = N_p / N \tag{6-1-15}$$

式中：N_p 为在有效（活）计数时间内全能峰计数；N 为 1.332 MeV 的 γ 射线数。峰探测效率有时称为源峰探测效率，用符号 ε_{sp} 表示。除绝对峰探测效率 ε_p 外，还有相对峰探测效率 ε_{pr}。后者是指在相同条件下，HPGe 探测器与直径 3 in，高 3 in 的 NaI（Tl）闪烁体探测效率之比，即

$$\varepsilon_{pr} = N_p / N'_p \tag{6-1-16}$$

N'_p 是用 NaI（Tl）测得的全能峰计数，在上述条件下，

$$N'_p = 1.20 \times 10^{-3} N \tag{6-1-17}$$

已知效率的探测器可用来测量辐射源的绝对活度。如已知探测器的本征峰效率为 ε_{ip}，若所测谱全能峰下的总计数为 N_p，并假定辐射源是各向同性的，辐射源和探测器之间不发生衰减，根据本征峰效率的定义，辐射源在测量期间发射的 γ 射线数 N 由下式给出

$$N = N_p \frac{4\pi}{\varepsilon_{ip} \Omega} \tag{6-1-18}$$

式中：Ω 为探测器相对于辐射源位置所张的立体角（以弧度为单位）。立体角由探测器面向辐射源一侧整个表面范围内的积分确定

$$\Omega = \int_S \frac{\cos a}{r^2} \mathrm{d}S \tag{6-1-19}$$

式中：r 为辐射源到面积元 $\mathrm{d}S$ 之间的距离，a 为该表面的法线与辐射源方向之间的夹角。如果辐射源的体积不能忽略不计，则必须对辐射源的全部体积元进行第二次积分。

（三）灵敏度

γ 谱仪的灵敏度表明探测低活度的能力。但它只是说明使用某谱仪的具体测量方案的一项指标，而不是该谱仪的性能指标。因为不同的测量目的，可采用不同的表示方式。如着眼于测出活度的数值，可用测量下限，也称定量下限或定量测定下限；如目的是检测样品有无可觉察的放射性，则可用判断限，也称最小判断水平或临界水平。

γ 谱仪一般是对放射多种 γ 射线的样品进行测量分析，它的灵敏度不是考虑最小可探测的总活度，而是要考虑样品中某种特定 γ 射线核素的最小可探测活度。所以灵敏度不仅与谱仪有关，而且与解谱方法有关。

如对 NaI（Tl）闪烁 γ 谱仪，利用逆矩阵法解谱，根据判断限的定义，有

$$L_c = K_\alpha \sigma_0 \tag{6-1-20}$$

式中：K_α 为把样品无放射性错判为有放射性的概率为 α 时的比例系数；σ_0 为无放射性时样品净计数标准误差。逆矩阵解谱法中，第 j 种核素成分的标准误差为

$$\sigma_{xj} = \left[\frac{1}{t} \left(\sum_{j'}^{n} \delta_{jj'} x_{j'} + B_j \right) \right]^{\frac{1}{2}} \tag{6-1-21}$$

式中：$\delta_{jj'}=\sum_{i=1}^{n}(a_{ji}-1)^2a_{ij'}$；$B_j=2\sum_{i=1}^{n}(a_{ij}-1)^2b_i$；$j=1,2,\cdots,n$

根据判断限定义，$x_j=0$，$\sigma_{xj}=\sigma_0$，所以逆矩法的判断限为

$$A_{cj}=L_c=K_\alpha\left[\frac{2}{t}\sum_{i=1}^{n}(a_{ji}^{-1})^2b_i\right]^{\frac{1}{2}} \tag{6-1-22}$$

当样品中只有一种核素时，只有一个特征道域，式（6-1-23）变为

$$A_c=\frac{1}{a_{11}}K_\alpha\sqrt{\frac{2b_1}{t}} \tag{6-1-23}$$

同样的方法，根据定义可以找到逆矩阵解谱法的探测下限和定量下限。

对 HPGe γ 谱仪，一般都以^{137}Cs 662 keV γ 射线峰来计算它的灵敏度。判断限为

$$A_c=\frac{K_\alpha}{2.22\varepsilon_p rT}\left[2(B+B_{nc})\right]^{\frac{1}{2}}\quad(\text{PCi}) \tag{6-1-24}$$

定量下限为

$$A_Q=\frac{K_Q^2}{4.44\varepsilon_p rT}\left\{1+\left[1+\frac{8(B+B_{nc})}{K_Q^2}\right]^{\frac{1}{2}}\right\}\quad(\text{PCi}) \tag{6-1-25}$$

式中　B——指样品以外^{137}Cs 的污染；

B_{nc}——包含天然本底在该峰区的贡献和能量大于 662 keV 的 γ 射线在该峰区的康普顿本底；

ε_p 和 r——分别为 662 keVγ 射线的峰效率和分支比；

T——本底和样品的计数时间；

K_Q——要求定量测定的相对标准偏差的倒数。

（四）线性

谱仪的线性包括探测器和电子学系统的总效应，它分为积分线性和微分线性。积分线性表示峰道址和 γ 射线能量之间的线性程度。对探测器来说，线性表示在探测器中形成的脉冲幅度与入射 γ 射线能量之间的线性程度；对多道分析器来说，线性表示道址与道边界（或道中心）所对应的输入幅度之间的线性程度。二者的总效应构成谱仪的积分线性。在实验中，一般是根据实测的峰位用最小二乘法，拟合出峰位与 γ 射线能量 E 的直线关系式，如 $y=aE+b$，再与实测曲线进行比较，如图 6-1-7 所示。二者的差别表示谱仪积分非线性的大小。积分非线性 INL 定义为

$$\text{INL}=\pm\frac{|y_i-(aE_i+b)|_{\max}}{aE_M+b}\times100\% \tag{6-1-26}$$

式中：E_i 为积分非线性计算范围内 E 的最大值。

在积分非线性不严重时，通常 aE_M+b 与 E_M 对应的实测值 y_M 十分接近。所以 INL 也可由下式计算

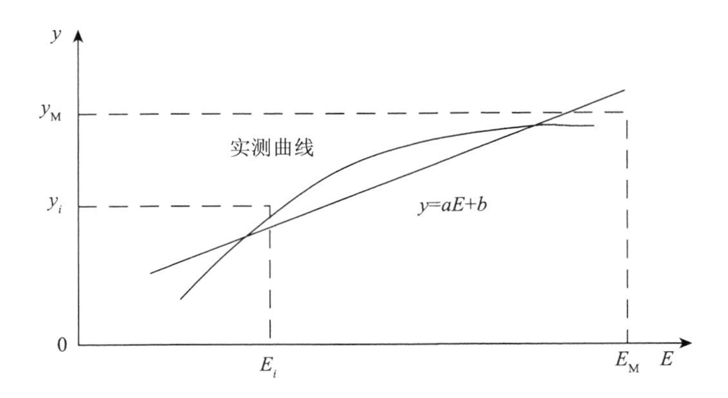

图 6-1-7　道址与能量关系曲线示意图

$$INL = \pm \frac{|y_i - (aE_i + b)|_{max}}{y_M} \times 100\% \tag{6-1-27}$$

谱仪的积分非线性，影响 γ 射线能量测定的精确度。通常要求 INL<±0. 1%；要求高时，INL<0. 01%。

微分线性表示多道分析器各道宽的均匀性程度。各道宽与平均道宽的偏差表示谱仪微分非线性的大小。若测量范围共有 L 道，L 道平均道宽为 H，令第 i 道的道宽为 L 则微分非线性的定义为

$$DNL = \pm \frac{|h_i - H|_{max}}{H} \times 100\% \tag{6-1-28}$$

若用滑移脉冲发生器检验多道分析器的道宽，设第 i 道的计数为 n_i，则 L 道的平均道计数为

$$\bar{n} = \frac{1}{L}\sum_{i=1}^{L} n_i \tag{6-1-29}$$

那么微分非线性亦可用下式表示

$$DNL = \pm \frac{|n_i - \bar{n}|_{max}}{\bar{n}} \times 100\% \tag{6-1-30}$$

由于 DNL 和 INL 都是从传输特性计算出来的，所以二者有内在的联系。分析和实测表明，通常 DNL 为 INL 的 5 倍~10 倍。

（五）峰/康比和康普顿抑制系数

峰/康比和康普顿抑制系数是反康普顿 γ 谱仪的重要指标，它们表示 γ 谱仪对康普顿散射和环境本底的抑制能力，这对 γ 能谱的测量和分析精度是很有意义的。

峰/康比的定义为全能峰最高计数道的计数与康普顿边缘典型道的计数之比。习惯上都是针对 ^{137}Cs 的 662 keV γ 射线和 ^{60}Co 的 1 332 keV γ 射线给出这一指标的。对 HPGe 谱仪，由于 γ 能谱占据的道数较多，康普顿连续谱段每道计数的统计涨落较大，康普

顿边缘的典型道很难确定。因此，峰/康比又定义为全能峰最高计数道的计数与康普顿边缘区平均每道计数之比。如对^{137}Cs，康普顿边缘区取460~484 keV。也有人对峰/康比取另外的定义，对^{137}Cs取一个边缘区为460~484 keV，再取另一个康普顿坪区为358~382 keV。对^{60}Co边缘区在1 096 keV附近取30道，康普顿坪区在1 060 keV附近取30道。求出两个峰/康比，即

$$峰/康（坪）=\frac{662\ \text{keV（或}1\ 332\ \text{keV）峰最高计数道计数}}{\text{坪区平均每道计数}} \tag{6-1-31}$$

$$峰/康（边）=\frac{662\ \text{keV（或}1\ 332\ \text{keV）峰最高计数道计数}}{\text{边缘区平均每道计数}} \tag{6-1-32}$$

然后，再取二者的平均值定为峰/康比，即

$$峰/康比=\frac{峰/康（坪）+峰/康（边）}{2} \tag{6-1-33}$$

峰/康比与γ谱仪的能量分辨率关系很大，能量分辨率愈好，全能峰占据的道数愈少，峰最大计数道的计数愈高，峰/康比也就愈大。目前，反康普顿HPGe γ谱仪的峰/康比，对^{137}Cs一般可达700∶1~800∶1，好的可达1 000∶1。

康普顿抑制系数是单谱与反康谱中康普顿连续谱部分的面积之比。这一指标一般是针对^{137}Cs 662 keV γ射线给出的，它的康普顿连续谱部分对应在50~595 keV之间，这一系数一般可达3~6。

（六）本底

在环境放射性测量中，本底的大小是γ谱仪的重要指标之一。众所周知，环境样品的放射性一般都是很弱的，它同测量设备周围环境的放射性强弱差不多，或者处于同一水平。为了保证测量的准确度，要求大大降低周围环境放射性的干扰，也就是要求大大降低测量本底。采取的措施有钢铅屏蔽、探测元器件材料的去钾处理，反符合屏蔽等。对反康普顿γ谱仪，在阱型反符合屏蔽下50~2 000 keV积分本底一般都小于1 cps。半导体γ谱仪在上述条件下，有的可达0.2 c/s左右。

（七）稳定性

谱仪的稳定性包括三个方面，即温度变化时的稳定性，电压变化时的稳定性和长时间工作的稳定性。总的表现在谱仪的增益和零点的漂移大小。温度对NaI（Tl）晶体的发光效率，对光电倍增管的输出和电子学系统都有一定的影响，但只要工作在一般的室温下，温度变化不是特别大，对稳定性的影响不是很严重。半导体探测器要求在液氮温度下工作，只要保证液氮供应，室温虽有些变化，对谱仪稳定性也没有大的影响。工作电压的变化对光电倍增是有明显影响的，主要是倍增系数随着变化，输出脉冲幅度当然也就变了。所以闪烁γ谱仪对高压电源稳定性的要求，要小于±0.1%。对半导体γ谱仪来说，只要在推荐电压下工作，对稳定度要求不是特别高，小于±1%即可。长时间工作稳定性，尤其对环境放射性测量来说，是非常重要的。这个“长时间”

不是对一般电子仪器所讲的 8 h，或者 24 h。测量环境样品有时要求仪器连续工作几个昼夜、几周乃至数月时间。谱仪稳定性不好表现为增益或零点漂移过大。增益漂移表现为大小幅度脉冲的峰位同时同向漂移，但漂移的情况不同。大幅度脉冲的峰位漂移的道数多，小幅度脉冲的峰位漂移甚至看不出来。零点漂移不同，大小幅度脉冲的峰位，虽然也是同时同向漂移，但不论大小脉冲，其峰位漂移的道数基本上是一样的。引起谱仪不稳，就电子学系统来讲，也不是单一的某个仪器，前置放大器、主放大器，线性门、模数转换器等都有可能，要逐级地、仔细地进行检查，找出原因以便修复或更换。

谱仪长时间工作的稳定性指标有多种表示方法，有的用谱仪连续工作多少小时，峰位漂移几道，这一般是对大幅度脉冲讲的，即位于高能端。也有用谱仪连续工作多少小时，峰位漂移的道数ΔM，除以峰位对应的道数 M，再乘 100%，即

$$\frac{\Delta M}{M}\times100\% \tag{6-1-34}$$

还有用谱仪连续工作多少小时，峰位漂移不超过一道来表示长时间工作稳定性。

γ 能谱仪的技术指标表示谱仪质量的优劣，在选用谱仪时，要根据测量对象的具体情况，进行综合考虑，不必追求全面的高指标。如有的样品 γ 射线成分很复杂，要求仪器的能量分辨率高，可选用半导体探测器，有的要求探测效率高，就要选用 NaI（Tl）探测器。

三、γ 射线能谱的一般特征

（一）γ 能谱的基本形式

1. ^{137}Cs 源的 γ 能谱

如图 6-1-8 是由 NaI（Tl）谱仪测到的^{137}Cs 源的 0. 662 MeV γ 能谱。图上有三个峰和一个平台。最右边的峰 *A* 称为全能峰。这一脉冲幅度直接反映（射线的能量，峰中包含光电效应及多次效应的贡献。平台状曲线 *B* 是康普顿散射效应的贡献，总的特征是散射光子逃逸后留下一个能量连续的电子谱。峰 *C* 是反散射峰。反散射光子能量总在 200 keV 左右，在能谱图中较易识别。峰 *D* 是 X 射线峰，它是由^{137}Ba 的 *K* 层特征 X 射线贡献的。

2. ^{24}Na 源 γ 能谱

当 γ 射线能量比较高时，能谱变得复杂。如图 6-1-9 是实验测得的^{24}Na γ 能谱图。^{24}Na放出两种能量 γ 射线，即 1. 38 MeV 和 2. 76 MeV。图中，峰 *A* 为 1. 38 MeV 的 γ 射线全能峰。能量为 $E_\gamma=2.76$ MeV 的 γ 射线在 NaI（Tl）晶体中主要产生电子对效应，这时正负电子对具有的总动能为

$$E_{e+}+E_{e-}=E_\gamma-2m_0C^2=E_\gamma-1.02\ \text{MeV}$$

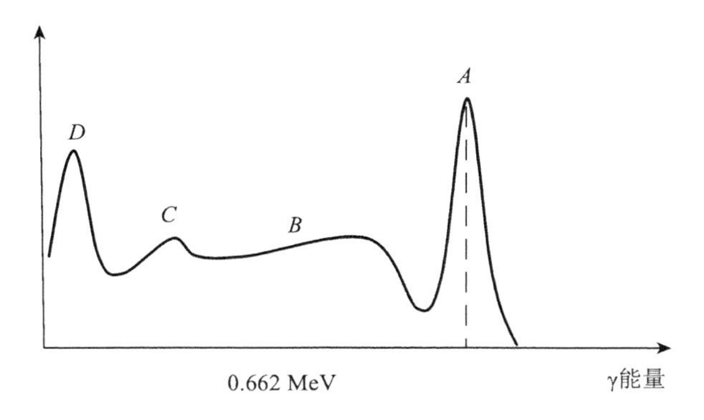

图 6-1-8 ^{137}Cs γ 能谱示意图

这一电子对动能消耗在 NaI（Tl）中用于闪烁发光。另外，当正电子动能消耗尽时，它就与碘化钠晶体原子产生湮灭作用，转化为二只光子

$$e^{+}+e^{-}\rightarrow 2h\nu$$

其中，$h\nu=0.51$ MeV。这二只能量为 0.51 MeV 的光子称为湮灭光子，它们在 NaI（Tl）晶体中有三种可能趋向：

首先，二只湮灭光子能量全部消耗在晶体中，它们的总能量 1.02 MeV 加到上面讲的 $E_{e+}+E_{e-}$产生的闪烁过程中去。所以谱仪记录到的是全能峰，即 B 峰，它对应的能量为

$$(E_{e+}+E_{e-})+1.02\ \text{MeV}=E_{\gamma}=2.76\ \text{MeV}$$

其次，二只湮灭光子中有一只逃逸出晶体，于是谱仪记录到的能量比全能峰少去 0.51 MeV。对应图中 D 峰，称为第一逃逸峰。它对应的能量为

$$E_{e+}+E_{e-}+0.51\ \text{MeV}=E_{\gamma}-0.51\ \text{MeV}=2.25\ \text{MeV}$$

第三，二只湮灭光子全部逃逸，对应图中 C 峰，称为第二逃逸峰，对应的能量为

$$E_{e+}+E_{e-}=E_{\gamma}-1.02\ \text{MeV}=1.74\ \text{MeV}$$

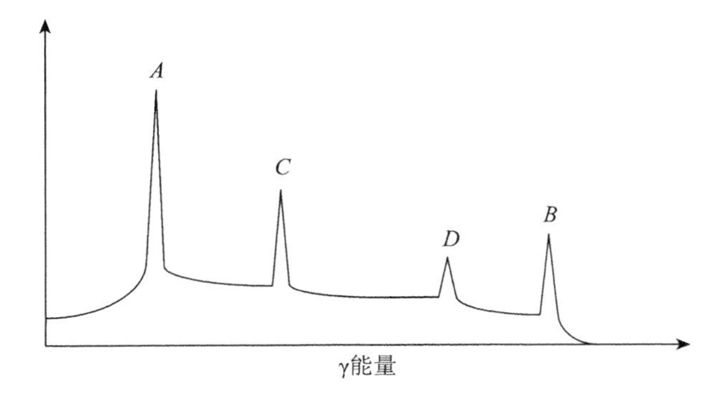

图 6-1-9 ^{24}Naγ 能谱示意图

单能 γ 射线在探测器中形成这么复杂的能谱图像，给 γ 能谱的分析工作带来较大

困难。多能量的γ射线就更加复杂。幸而全能峰与入射γ射线的能量对应关系比较简单，形状比较规则（一般呈正态分布），所以它在γ射线的能谱解析中占有极重要的地位。

（二）γ射线能谱的进一步讨论

前面，初步分析了使用Na（Tl）闪烁探测器测到的γ能谱，了解了由于γ射线和物质的光电效应、康普顿散射和电子对效应在γ能谱中所造成的光电峰（或称全能峰)、康普顿坪、单逃逸峰（SE）和双逃逸峰（DE）等组成部分。事实上，γ能谱的形成过程中还伴随着其他的作用过程，它们要影响γ谱形和使谱线复杂化。

1. 累计效应

这里指入射γ光子在探测介质中通过多次相互作用所引起的γ光子的能量吸收。例如，当γ射线在晶体中发生康普顿散射后，散射光子可能在没有逸出晶体前和晶体物质原子发生相互作用。引起了散射光子能量的再次被吸收，再次的相互作用可以继续发生散射。也可以发生光电效应的吸收。由于散射光子的能量已降低了。后者更易发生。散射光子在晶体中再次作用引起能量被吸收的事件，实际上是与原散射中反冲电子被吸收的事件同时发生的。它们引起晶体的发光在时间上是完全重合的，这样就只输出一个脉冲。其幅度仍等于晶体一次吸收γ光子能量时所输出的脉冲幅度。若吸收γ光子全部能量，就造成全能峰中的脉冲幅度。由于累计效应，可使本来是属于康普顿坪中的脉冲转到全能峰中去，相对提高了全能峰中的脉冲数。除康普顿散射外，在γ射线的其他相互作用过程中，也会发生累计效应。例如，对于电子对效应，就相当于湮没辐射的两个光子又被晶体完全吸收而产生一个全能峰的脉冲。把全能峰内的脉冲数与全谱下的脉冲数之比称峰总比，又称光分数。用R表示。显然，由于累计效应的存在，峰总比要更高。

显然，累计效应是否容易发生与射线能量、晶体材料、晶体大小和形状有关。当射线能量低时以及当晶体尺寸增大、晶体直径与长度之比接近于1时，累计效应更易发生。对NaI（Tl）来说，一般峰总比可达1/4～1/2，对半导体探测器只有几十分之一。对于NaI（Tl）晶体，累计效应对全能峰峰宽有一定的“加宽”作用，称“本征加宽”。对Ge晶体，由于它的线性好。不存在这种加宽作用，因而半导体γ谱仪比NaI（Tl）谱仪能量分辨率要好。

2. 和峰效应

在测^{60}Co源的γ能谱时，一次核衰变放出的1.17 MeV和1.33 MeV两个级联γ光子有可能同时被晶体吸收。这时探头不是输出两个分开的脉冲，而是输出一个幅度相应于这两个光子吸收能量之和的脉冲，称为和峰效应，对应在γ谱2.5 MeV处产生一个峰，称真和峰。

3. 碘逃逸峰

当γ光子在晶体中发生光电效应时，原子的相应壳层上将留下一空位。当外层电子补入时，会有X射线或欧歇电子发生。在NaI（Tl）晶体中，碘原子的*K*层特征X射线能量是28 keV。若光电效应在靠近晶体表面处产生，则这一X射线有可能逸出，相应的脉冲幅度所对应的能量将比入射光子能量小28 keV。这种脉冲所组成的峰称碘逃逸峰。一般在大于170 keV以上时，随着γ能量增加，这个峰就逐渐看不到了。

4. 边缘效应

当γ射线在晶体物质中发生相互作用时，γ光子转移给次级电子的动能在一般情况下都为晶体所吸收。但若这个次级电子在靠近晶体边缘处，它可能逸出晶体以致将部分动能损失在晶体外，所引起的脉冲幅度也要相应地减小一些，这种影响称为边缘效应。

5. 特征X射线峰

许多放射源本身有特征X射线放出，它们在能谱上形成特征X射线峰。例在^{137}Cs γ谱（见图6-1-8）中的*D*峰。X射线也可以是γ射线和周围物质的原子发生光电效应所引起的。例如γ射线在屏蔽层铅中作用引起的Pb的88 keV的X射线。

6. 散射辐射和反散射峰

γ射线在源衬托物上，探头外壳上（包括封装晶体的外壳和光电倍增管的光阴极玻璃）以及在周围屏蔽物质上都可发生散射，产生散射辐射。它们进入晶体被吸收会使康普顿坪区的计数增加。特别是在康普顿坪上200 keV左右的位置能经常看到一个小的峰，它是反散射光子所致，称反散射峰。由于反散射光子的能量随入射光子能量变化不大，通常在200 keV左右，因此反散射峰的位置总是差不多在这儿。

7. 湮没辐射峰

对较高能量的γ射线来说，当它在周围物质材料中通过电子对效应产生正电子湮没时，放出的两个0.51 MeVγ光子可能有一个进入晶体，这样就会产生一个能量为0.51 MeV的光电峰及相应康普顿坪。这个光电峰叫湮没辐射峰。当放射源有β^+衰变时，β^+在周围物质中湮没时也会产生湮没辐射，因此在这种核素γ谱上总可以看到湮没辐射峰。^{65}Zn、^{18}F和^{22}Na的γ谱就是这样的例子。

8. 韧致辐射的影响

γ射线常伴随β衰变放出，而β射线在物质中被阻止时会产生韧致辐射。韧致辐射的能量是连续分布的，它也会影响γ射线能谱，特别是当放射源的β射线强、能量高，而γ射线较弱时，韧致辐射的影响就更为严重。为防止β射线进入探测器，通常在源前放置一块β吸收片。它要用低*Z*材料如Be、Al、聚乙烯等做成，此外源衬托及支架等也要用低Z材料做成，这样，韧致辐射影响一般可忽略。

通过以上讨论可以看到，测量一个核素的能谱，所得到的谱形是与很多因素有关的，归纳起来有：

第一，γ射线的能量和分支比。对不同能量的γ射线，γ能谱具有不同特征。在能量较低（≤0.3 MeV）时，主要是光电峰，包括碘逃逸峰。对中等能量（0.3～2 MeV），除全能峰外还有一个康普顿坪。在能量较高（>2 MeV）时，除全能峰外，在谱形上又出现了单逃逸峰和双逃逸峰。

第二，放射源的辐射性质，如是否有特征X射线、β射线放出，是否为级联辐射等。

第三，探测器的物理性质，包括探测器类型，晶体大小和形状、能量分辨率等。

第四，实验条件和环境布置，如周围物质、屏蔽材料、源距、计数率高低等。

实验中要注意选择实验条件，要学会辨别γ谱形上的各个峰。在诸峰中，最重要的是全能峰，它直接与射线的能量相对应，而且形状规则易于辨认。逃逸峰和全能峰形状相似，它们的区别主要看在相应位置处是否有一个康普顿坪。另外，它们应该是等距的，能量相隔0.51 MeV。康普顿坪则可根据形状和估算其边缘位置来确定。辨认中参考必要的标准谱形是有帮助的。要善于区别干扰峰，如符合和峰、反散射峰、湮没辐射峰、碘逃逸峰以及属于本底核素的谱峰。切不要认为，对应于每一个峰就对应着有一种能量的射线或核素存在。

四、γ能谱测量中应注意的问题

（一）样品源的制备

对γ源强度的相对测量而言，由于γ射线不易被吸收，γ源既可以是固体状（如灰分），也可以是溶液状，这时只要保证待测样品和标准样品有同样的测量条件。一种方便的方法是把γ源置于用铝环做支撑的塑料薄膜上。为保证几何条件重复性好，对溶液状样品，一般使用标准计数瓶。对灰化样品可使用标准聚乙烯样品盒。对γ射线能量的相对测量来说，一般地，源的大小、厚薄、形状和测量位置的影响并不大。但在精细的γ能量测量中，为了减少γ射线能谱畸变及可能的峰位偏移，应尽量减少散射辐射、韧致辐射和特征X射线的产生。这时，除了要把源制得尽可能薄以及源的衬托和支架使用低原子序数的材料外，待测样品和标准样品在大小、厚薄方面也应尽可能取得一致。为避免计数率效应对谱线峰位置影响，也要求它们相应的计数率大体上一致和源强选择在一个合适的范围内。

（二）晶体的选择

晶体大小应根据γ射线能量和探测效率的要求来决定。在γ射线能量较高时，为了提高探测效率，应选用大尺寸的NaI（Tl）晶体。在能量低时，则应选择较小晶体。这时仍能保证足够的探测效率，同时它的分辨率往往较高，且价格便宜，还可减少本底计数和高能γ射线的影响。对HPGe，测量γ射线当然要选用同轴型的。对较低能量的γ射线，可用直径大、长度短的晶体，对高能γ射线，要使用较长的同轴晶体，才能有较高的探测效率。

（三）探测几何条件的选择

一般在探测器前要有专用的放源支架，源位置可调节，以便改变源距离。为保证几何条件重复性好，支架要固定，加工要精确，并有足够的刚度。为了增大测量的立体角，源应尽量靠近探测器，但为了减少因几何位置不准，对效率引起的变化，也应使源离探测器表面有适当的距离，并保持源在中心轴线上。

在环境样品放射性测量分析中，大部分待测样品是体源，且放射性很弱，可使用专用的塑料样品盒，样品盒有圆柱型的，外径与探测器相同，测量时，直接放在探测器端面，也有阱型的，体积更大些，内径与探测器基本相同，测量时套在探测器上。

（四）计数率效应

谱仪在高计数率下使用时，由于脉冲的堆积效应以及电子学线路的基线漂移等原因，它的分辨率要变坏，峰位要漂移，峰形也发生畸变。因此使用谱仪时，计数率不能太高。这一问题，半导体谱仪比闪烁谱仪更严重。因为前者的峰总比太小，以及它的分辨率指标更易受计数率变化的影响。为了满足统计误差的要求，积累一定的计数就要加长测量时间。不过对于环境放射性测量来说，通常情况不存在计数率过高的问题。

（五）反康普顿γ谱仪的使用

反康普顿γ谱仪的优点是，可以大大压低康普顿连续谱部分和降低环境本底的干扰。但是，当样品源中含有级联辐射的γ射线时，反康普顿γ谱仪又表现出了它的缺点。例如，有两个γ射线是级联辐射的，这在探测器内从时间上是分不开，如果一个γ射线进入主探测器，并输出全能脉冲，另一个γ射线进入反符合探测器，亦有脉冲输出，此时全能脉冲被抑制，该γ射线全能峰的计数就会减少。当样品源中含有多种放射性核素，并有多种级联辐射时，测得的γ能谱就会有许多全能峰被不同程度的抑制。分析样品时，测单谱还是反符合谱，要针对样品的具体情况，综合考虑后决定。

第二节 γ能谱仪的刻度

一、NaI（Tl）γ能谱仪的刻度方法

（一）能量刻度

为测定未知样品，谱仪需进行效率刻度和能量刻度，这里先讨论一下能量刻度问题。为了根据射线能量确定峰位（道址）或者反过来根据峰位确定射线能量都需要预

先对谱仪进行能量刻度。能量刻度就是在谱仪所确定的使用条件下（包括谱仪的组成元件和使用参数，如高压、放大倍数、时间常数等），利用已知能量的 γ 放射源测出对应能量的峰位，然后作出能量和峰位（道址）的关系曲线。有了这样能量刻度，根据测到的 γ 射线峰位就可以确定 γ 射线能量。根据能量刻度结果还可以检验谱仪的线性范围和线性好坏。

典型的能量刻度曲线近似为一条直线，如图 6-2-1 所示。

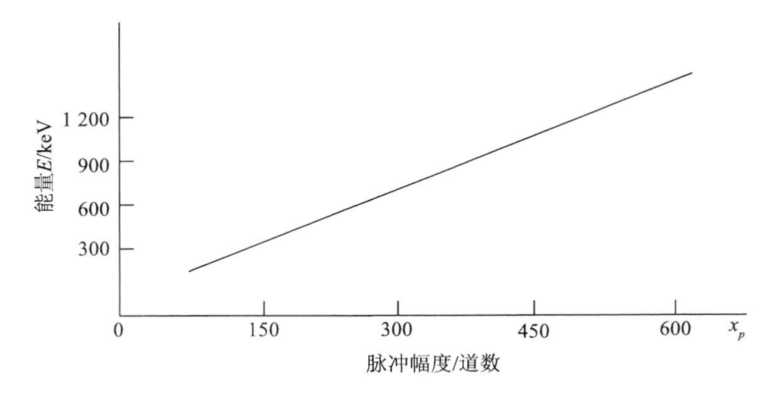

图 6-2-1　能量刻度曲线

此直线不一定通过原点。它近似可用线性方程写出

$$E\ (x_p)\ = Gx_p+E_0 \tag{6-2-1}$$

式中：x_p 为峰位（道址）；E_0 为直线的截距（为 0 道所代表的能量）；G 为直线斜率，即每道所对应的能量间隔，又称为增益，单位为 keV/道。

为了准确地进行能量刻度和确定未知能量。需注意以下几个问题。

1. 正确选择放射源

γ 射线能量必须是精确已知的。常用的放射源可查表，其中所列出的绝大部分核素，由于它们的能量和分支比已精确知道，也常作为标准源用在效率刻度中。使用时，可根据需要选择不同组合。例如，用国际原子能机构（IAEA）推荐的一组标准源 ^{241}Am、^{57}Co、^{203}Hg、^{22}Na、^{137}Cs、^{54}Mn、^{88}Y、^{60}Co 等（见表 6-2-1），基本上可满足 60 keV～1. 8 MeV 的能区刻度。

表 6-2-1　效率刻度用系列标准源

放射性核素	半衰期	γ 射线能量/keV	γ 射线分支比/%
^{241}Am	432 y	59. 5	36. 0±0. 4
^{203}Hg	46. 6 d	70. 8/72. 9	10. 1±0. 2
		279. 2	81. 5±0. 2
^{109}Ca	435 d	87. 7	3. 79±0. 07

续表

放射性核素	半衰期	γ射线能量/keV	γ射线分支比/%
^{57}Co	272d	121.97	85.6±0.3
		136.33	10.7±0.1
^{141}Ce	32.5 d	145.5	48.4±0.4
^{139}Ce	137.6 d	165.8	80.35±0.08
^{51}Cr	27.7 d	320.1	9.7±0.2
^{131}I	8.02 d	364.5	82.4±0.4
^{198}Au	2.69 d	411.8	95.53±0.1
^{85}Sr	64.8 d	514.0	99.28±0.01
^{134}Cs	2.06 y	604.6	97.5±0.2
^{137}Cs	30.0 y	661.6	85.3±0.4
^{95}Nb	35.15 d	765.8	99.87±0.04
^{54}Mn	312.5 d	834.8	99.98±0.01
^{46}Sc	83.7 d	889.2	99.98±0.01
		1 120.5	99.99±0.01
^{65}Zn	245 d	1 115.5	50.75±0.3
^{60}Co	5.27 y	1 173.2	99.88±0.04
		1 332.5	99.98±0.01
^{22}Na	2.60 y	1 274.5	99.95±0.07
^{24}Na	15.0 h	1 368.5	100.0
		2 753.9	99.85±0.02
^{140}La	40.27 h	1 596.6	95.6±0.3
^{88}Y	106.6 d	1 836.1	99.37±0.02

2. 定准峰位

可用图解法把峰位定在峰上最高计数的一道，或选在峰半宽度的中间位置。但在峰所占道数较少或峰不对称、本底变化不规则、统计误差较大等情况下，这样定出的峰位不很准确。进一步定准峰位的方法有所谓矩法，特别是曲线拟合法。

3. 考虑非线性

谱仪能量刻度基本上是线性的，但在精确进行能量刻度时仍要考虑实际上的非线性问题。能量刻度是在一定的测量条件下进行的，样品测量时也应保持测量条件一致。每当测量条件有较大变化时，应重新进行刻度。使用过程中也应定期校核。

（二）效率刻度

要确定 γ 射线强度，必须知道探测器的探测效率。这里所说的“γ 射线强度”是指放射源每秒钟放出的某种能量 γ 光子数目 N，它又称为该放射源对这种能量 γ 光子的发射率，γ 射线强度和放射源活度 A 是不同的，源活度是指源的衰变率。在详细了解该核素的衰变纲图（包括分支比、内转换系数等）后，不难确定发射率与源强之间的数值联系。在给出探测效率的刻度方法之前，先说明一下 γ 射线强度的确定方法，根据计数脉冲的幅度分布情况，γ 射线强度的确定通常有两种方法，即全谱法和全能峰法。

1. 全能峰法确定 γ 射线强度

在全谱法中，计数脉冲包括了探测器对 γ 射线所产生的所有幅度的脉冲，即利用了 γ 射线全谱下的总面积。设 n 表示全谱下的总计数率，它与源的发射率 N 通过源探测效率 ε_s 相联系着，ε_s 也称总效率，其定义如下

$$\varepsilon_s = \frac{n}{N} \tag{6-2-2}$$

根据上式，若知道了 ε_s 并通过测量得到 n，那么就可以求出 N，这样的测量虽然可得到最多的脉冲计数，但实际上除少数场合外，如核素单一或只要比较相对强度，一般是较少使用的。这是因为在一般的测量条件下，n 的测量很难准确，它受很多因素影响。这些因素是：

第一，为去除光电倍增管和线路的噪声脉冲，仪器设置一定的甄别阈。这样也就去除了一部分幅度小的 γ 脉冲；

第二，射线打在晶体外壳、反射层、光电管等物质上不可避免地发生散射，这些散射射线总是存在的，它们对计数引起干扰；

第三，其他，如特征 X 射线或韧致辐射的干扰。可以看出，这些干扰难以完全避免，并且随实验条件布置不同经常会有变化。

如果不测全谱下的总计数而只测全能峰下的计数，则上述几个因素的影响就大为减小。这是因为，散射及其他干扰辐射的脉冲幅度较小，因而就不会影响到全能峰的计数。此外，全能峰也容易辨认，靠设置甄别阈或从测得的能谱曲线中把全能峰内的计数求出来是比较容易的。因此，只要建立全能峰内计数率 n_p 和源发射率 N 之间的联系，就可通过测量全能峰内的计数来求出发射率了。这种方法叫全能峰法。为此，要确定下式所定义的探测效率，称源峰探测效率 ε_{sp}，也称全能峰效率。

$$\varepsilon_{sp} = \frac{n_p}{N} \tag{6-2-3}$$

2. 效率的物理含意

在讨论效率的刻度方法前，再强调说明一下几个不同名称效率的含意。一个是探测器效率，它是指探测器计数与入射在探测器灵敏体积内粒子数之比，称为本征探测

效率；另一个是探测效率，它是指探测器计数与源所发射的粒子数之比，称为源探测效率。

第一，入射本征效率 ε_{in}。全谱下的总脉冲数与射到晶体上的γ光子数之比，简称本征效率。

第二，本征峰效率 ε_{inp}。全能峰内的脉冲数与射到晶体上的γ光子数之比。由峰总比 R 的定义，可以写出

$$\varepsilon_{inp}=R\varepsilon_{in} \tag{6-2-4}$$

第三，源探测效率 ε_{s}。探测器计数与源所发射的粒子数之比，设几何因子 ω 为晶体对源所张的相对立体角，则可以写出

$$\varepsilon_{s}=\omega\varepsilon_{in} \tag{6-2-5}$$

第四，源峰探测效率 ε_{sp}。综上可以写出

$$\varepsilon_{sp}=\omega R\varepsilon_{in} \tag{6-2-6}$$

3. 效率刻度方法

探测器效率的几个概念中，主要的是总效率和全能峰效率。以全能峰作为γ能谱分析方法来说，核心问题是确定全能峰效率随能量的关系曲线，确定此曲线的方法主要有实验测量方法和理论计算方法，或二者结合的方法。实验测量方法主要有系列标准源刻度法、符合加和峰的效率刻度法和符合法作探测器的效率刻度等；理论计算方法目前主要采用 M-C 计算来确定探测器的全能峰效率。

重点介绍用系列标准源刻度法对 NaI（Tl）探测器全能峰效率的实验测定。用一组能量范围足够宽，能量已知的标准单γ能射线源（在表 6-2-1 中选择），各源均具有相同的几何形状和尺寸，保证闪烁谱仪在恒定的工作状态以及源和探测器之间的几何条件恒定的条件下，测量标准源系列的γ能谱。用适当的方法计算各标准源特征γ射线全能峰面积，然后计算该能量所对应的全能峰效率 ε_{sp}，谱仪的能谱获取时间以有效时间计算。求得各能量的全能峰效率以后，在全对数坐标纸上作出峰面积效率 ε_{sp} 与能量 E_{r} 的关系曲线，即为全能峰效率刻度曲线，如图 6-2-2 所示。

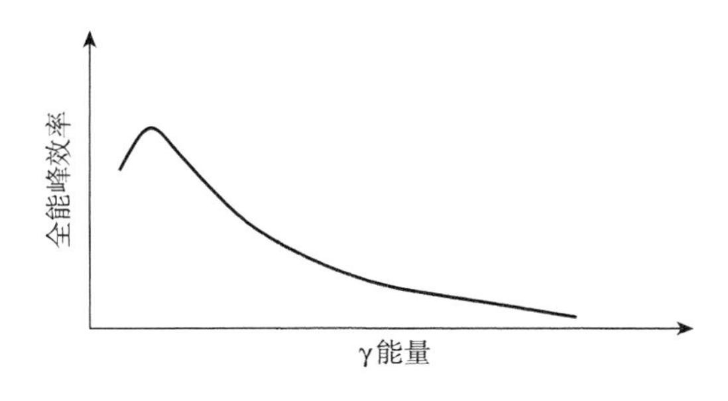

图 6-2-2　NaI（Tl）γ能谱仪全能峰效率—能量关系曲线

用这种方法作效率刻度时应注意：标准系列源必须与待分析样品的几何形状一致；

标准系列源与待分析样品的物质组成应尽可能一致；标准源与样品测量时的几何位置必须相同，谱仪的工作状态也应该一样；标准源与样品的 γ 射线全能峰面积的计算方法必须相同；作效率刻度时，特别是在低能区要考虑碘 KX 射线逃逸效应的修正。对级联 γ 射线发射核素，必须考虑符合相加效应的修正。当然，如果标准源和待分析样品的核素相同，这些效应是不必考虑的；标准源系列源强不宜太强，否则，可能产生随机符合相加效应，甚至可能使谱形发生畸变，致使刻度结果误差增大。

必须指出，任何方法的采用都必须对具体问题作具体的分析。在有些场合，不必要从很低的能量（如 50 keV）到很高的能量整个很宽的范围内进行刻度，而只须要一定能量的刻度曲线。

通常全能峰效率与能量的关系曲线可以表示为下式：

$$\ln\varepsilon_{sp}(E_r) = b\ln\left(\frac{E_0}{E_r}\right)+c\left[\ln\left(\frac{E_0}{E_r}\right)\right]^2 \tag{6-2-7}$$

式中：E_0 值取为 0.511 或 1.02，b 和 c 为常数，并且 $c \ll b$。当 $\ln(E_0/E_r) \leqslant 1$ 时，由于 $c \ll b$，因此，二次项可以忽略。也就是说，当 $E_r>0.2$ 以后可以忽略二次项。这时，

$$\ln\varepsilon_{sp}(E_r) = a_1\ln E_r+a_2 \tag{6-2-8}$$

可见，当射线能量 $E_r>0.2$ 时，峰面积效率与能量的关系在全对数坐标图上为一直线。即此全能峰效率刻度线段为一直线。这样只要有两种射线能量大于 0.2 的标准核素源就可以了。设此两种能量分别为 E_1 和 E_2，由它们的谱全能峰面积计算得到的效率分别为 ε_1 和 ε_2。那么由下式就可以计算出该线段中任何射线能量 E_r 所对应的全能峰效率 ε_{sp}。

$$\ln\varepsilon_{sp}=\ln\varepsilon_1+\frac{\ln\varepsilon_2-\ln\varepsilon_1}{\ln E_2-\ln E_1}(\ln E_r-\ln E_1) \tag{6-2-9}$$

由此，可以计算出一系列（ε_{sp}，E_r）刻度点，最后在全对数坐标纸上画出刻度线段或制成表格。

在环境 γ 样品分析中，一般使用的是所谓模拟样品标准源（体积源），例如，模拟土壤、植物灰、煤灰等标准源。这种模拟样品源（可自制或购买）装入与测量环境样品用的同样大小的样品盒内，如 Φ75 mm×75 mm 等。装入的厚度与待测样品一样，这样就保证了模拟样品源与待测样品源测量条件的一致性，然后就可以进行谱仪的效率刻度了。模拟样品源利用一定量标准液体源或粉末源掺合一定量的介质制成。例如，天然铀、平衡的铀—镭系、钍系、^{137}Cs 和^{40}K 模拟土壤标准源。环境土壤中天然放射性核素主要是铀、镭、钍、钾及微量的^{137}Cs。其中^{40}K 标准源直接用 KCl 粉末做成，也可用标准溶液加入固态粉末基体制成，基体可为 3 份 SiO_2 和 1 份 Al_2O_3 的混合物。

二、HPGeγ 能谱仪的刻度方法

半导体 γ 谱仪的突出特点是能量分辨率特别好，比 NaI（Tl）γ 谱仪要高数 10 倍。

它测得的复杂γ谱，大多数γ全能峰都能比较孤立地存在，这为谱的分析处理带来了方便，也提高了精度。由于半导体γ谱仪测得的γ谱，全能峰一般都能孤立地存在，因此谱仪的刻度是以γ射线全能峰为基础，也就是以描述一个峰的三个基本参数：峰位（峰址）、峰最大高度1/2和1/10处的全宽度（峰形因子）以及峰的面积为基础。所以谱仪的刻度就是对应这三个参量，分别作峰位与γ能量、峰形状与γ能量以及探测效率与γ能量的关系曲线。

（一）能量刻度

所谓能量刻度，就是实验确定γ谱峰峰址与能量之间的关系曲线，这是放射性核素定性分析的基础。半导体γ谱仪的能量线性，由探测器、前置放大器、谱放大器和模-数转换器构成的系统线性所决定，而该系统的线性又决定于许多因素：如探测器的电荷收集特性，放大器成形网络所用的时间常数，计数率和模-数转换器的特性等。正是由于影响半导体谱仪能量线性的因素比较多，同时，HPGe γ谱仪探测器分辨率高，能量测量的精度高，谱占用的道数多，因此，γ能量与峰址之间不一定满足线性关系，而可能服从二次多项式的变化，一般的能量刻度如下。

1. γ射线源及γ射线峰的选择

与NaI（Tl）γ谱仪一样，根据研究对象的需要，确定一个γ谱分析的能量范围（例如50~2 000 keV），选取若干个不同能量的γ射线源，要求它们在该能量范围内应均匀分布，如国际原子能机构推荐的一组标准源，建立γ射线全能峰位与能量的关系曲线。提供这些峰的γ射线源可以有几种考虑。

第一，选择γ射线能量已准确标定了的，具有单能或者能量间隔较大的二三种γ辐射的放射性核素，根据确定范围内能量均匀排布的要求，采用适当强度的若干核素混合，例如，^{109}Cd、^{57}Co、^{139}Ce、^{203}Hg、^{113}Sn、^{85}Sr、^{137}Cs、^{60}Co、^{88}Y等，制备混合同位素源。

第二，HPGe γ谱仪探测器分辨率高，实际上并不必要用很多发射单能γ射线的核素制作混合刻度源，只要用一个能量范围较宽的辐射多种能量γ射线核素制成刻度源就可以了。用得最多的就是^{152}Eu单核素刻度源。

第三，如果所分析的样品中，所含的放射性核素已知或者部分已知，而且它们的γ射线能量也已经标定过的。那么，最方便的方法就是利用被分析样品中某些核素的γ射线峰作能量刻度。

无论选用哪种源，最重要的是所选取的γ射线峰要分布于整个分析的能量范围。否则，刻度能量的微小误差就可能导致待确定核素的γ射线能量有较大的误差。另外，NaI（Tl）谱仪能量刻度中提到的应注意的几个问题，这里同样适用。

2. 峰址的确定对能量刻度的影响

作为能量刻度，精确确定峰址是十分重要的，而方法又必须简单方便。最简单的方法是取γ射线峰内最大计数的那一道作为峰址，但这样确定的峰址精度不高。比较好的方法是在峰区及其附近求光滑的一阶差分，用一阶差分谱确定峰址作能量刻度，进行定性分析的准确度更高。

3. 曲线拟合函数对能量刻度的影响

从放射性核素定性分析来说，总是希望γ射线能量与其峰址之间的关系是一直线。但是对半导体γ谱仪系统来说，这种线性关系是否能够满足要由实验来确定。因此，从文献查得精确的刻度能量，而又从实验确定准确的峰址以后，选择合适的拟合函数是十分重要的。

（二）峰形因子刻度

半导体谱仪测得的γ谱，其峰的形状因子主要有三个参数，即峰最大高度 1/2 处的全宽度（半宽度），用 FWHM 表示，FWHM 就是谱仪的分辨率；峰最大高度 1/10 处的全宽度，用 FWTM 表示，FWHM 和 FWTM 两个参数之比为 R。

γ峰形因子的刻度，就是测量 FWHM、FWTM、R 与峰道址（γ能量）之间的关系曲线。它们不仅表征半导体探测器的性能，而且对于计算机自动解谱也是十分重要的。实验上确定 FWHM、FWTM 的方法是由峰两边最接近半高度和 1/10 高度的两点作线性内插，以求出半高度和 1/10 高度的精确位置，然后取高能侧与低能侧位置之差，再转换为能量。计算公式为

$$H_{1/2}=\frac{y_{l2}-y_H}{y_{l2}-y_{l1}}+(x_{h1}-x_{l2})+\frac{y_{h1}-y_H}{y_{h1}-y_{h2}} \quad (\text{道}) \tag{6-2-10}$$

$$H_{1/10}=\frac{y_{d2}-y_T}{y_{d2}-y_{d1}}+(x_{u1}-x_{d2})+\frac{y_{u1}-y_T}{y_{u1}-y_{u2}} \quad (\text{道}) \tag{6-2-11}$$

式中，$y_H=y_0/2$，$y_T=y_0/10$

$$W_c=\frac{|E_0-E_n|}{x_0-x_n} \quad (\text{keV/道})$$

$$\text{FWHM}=W_cH_{1/2} \ (\text{keV})$$

$$\text{FWTM}=W_cH_{1/10} \ (\text{keV})$$

式中 y_0——待求峰的峰高；

y_{l1}、y_{l2}和y_{d1}、y_{d2}——分别为峰的低能侧最接近 y_H 和 y_T 的相邻两道计数，即 $y_{l1}<y_H<y_{l2}$，$y_{d1}<y_T<y_{d2}$，它们对应的道数分别为 x_{l1}、x_{l2}、x_{d1}和 x_{d2}；

y_{h1}、y_{h2}和y_{u1}、y_{u2}——分别为峰的高能侧最接近 y_H 和 y_T 的相邻两道计数，即 $y_{h1}>y_H>y_{h2}$，$y_{u1}>y_T>y_{u2}$，它们对应的道数分别为 x_{h1}、x_{h2}、x_{u1}和 x_{u2}；

E_0 和 x_0——待求峰的能量和对应的道址；

E_n 和 x_n——最邻近 E_0 的γ峰能量和对应的道址；

W_c——道宽；

$H_{1/2}$和 $H_{1/10}$——分别为“道”表示的半宽度和 1/10 峰高处的宽度。

$$R=\frac{\mathrm{FWTM}}{\mathrm{FWHM}} \tag{6-2-12}$$

R 的数值标志着峰形状的对称程度，如果峰是纯高斯形，则 $R=1.82$。实际上，半导体探测器测得的 γ 射线全能峰，通常在峰的低能侧有一个拖尾，故 R 值总是大于 1.82，R 值越大，峰的对称性越差。

峰形状因子刻度中，γ 射线峰分布选取的原则，以及峰址精确确定的要求与能量刻度相同。刻度曲线的拟合函数可选取线性函数或二次多项式。例如，对 ^{152}Eu 点源的主要 γ 射线峰，根据实测值拟合求得的曲线如下：

线性函数：

$$\mathrm{FWHM}\ (\mathrm{KeV}) = 2.9432\times10^{-4}x+1.32402$$

$$\mathrm{FWTM}\ (\mathrm{KeV}) = 5.69057\times10^{-4}x+2.61918$$

$$R=4.1076\times10^{-4}x+1.97393$$

二次多项式：

$$\mathrm{FWHM}\ (\mathrm{KeV}) = -5.78164\times10^{-8}x^2+4.80334\times10^{-4}x+1.22961$$

$$\mathrm{FWTM}\ (\mathrm{KeV}) = -1.23596\times10^{-7}x^2+9.66705\times10^{-4}x+2.41736$$

$$R=-2.06916\times10^{-9}x^2+2.5495\times10^{-6}x+1.97055$$

当然，对于不同的探测器，选择不同的道宽时，多项式的系数是不一样的。上述仅是一个具体的例子，其拟合值与测量值比较表明，二次多项式的拟合偏离略小一些。

（三）探测效率刻度

谱仪的效率刻度是 γ 谱定量分析的基础，刻度质量的好坏决定了分析结果的可靠程度。

由于半导体谱仪测得的 γ 谱中绝大多数峰都能孤立存在，因此，效率刻度就不考虑总效率，主要是确定 γ 射线全能峰效率与能量之间的关系，即全能峰效率曲线。该曲线可以理论计算，例如用蒙特卡罗方法计算就很方便，但由于晶体没有标准的固定尺寸，截面参数也不理想，故计算结果并不是很准确。实际工作中，一般都是实验测定效率曲线 $\varepsilon_{sp}(E)$。最常用的方法是系列标准源刻度法和辐射多能 γ 射线源刻度法。

1. 系列标准源刻度法

采用一系列放射性强度和半衰期确知的标准源，每个源 γ 射线的分支比也准确知道，这些源大多是单能 γ 射线源，少数是辐射 2～3 种能量的 γ 射线源，如表 6-2-1 所示。标准源的强度适当，源太强不但使分辨率变差，而且会产生较强的偶然符合效应，源太弱，计数的统计误差大，结果都会影响效率刻度的质量。标准源的几何形状，大小以及介质成分均要与待分析的样品一致或接近。同时，源与探测器之间的距离，源的位置也必须和待分析样品相同。刻度步骤如下。

第一步，系列标准源 γ 谱的测量和修正。

根据所分析的 γ 能量范围，按尽可能使 γ 峰均匀分布的原则，在表 6-2-1 中选用足够的标准源，在特定的测量条件下，测量每个标准源的γ谱，一般每个源要测量 5 次~10 次，取其平均值。如源较强，需要对死时间和堆积效应造成的损失进行修正。最好制备计数率小于 1 000 cps 的源，从而可忽略死时间和堆积损失。若放射源具有级联辐射，如^{60}Co、^{88}Y 等，还要进行符合相加修正。修正方法将在用多能γ射线源的刻度中叙述。所以刻度中最好选用单能γ源，或者虽有次要γ射线，但它们被探测的概率甚小，如^{54}Mn、^{57}Co、^{65}Zn、^{85}Sr、^{95}Nb、^{137}Cs、^{139}Ce、^{198}Au 和^{203}Hg。

第二步，源峰效率计算。

首先是峰面积的计算，计算方法有多种，但要指出，效率刻度谱和待分析样品谱，一定要用同样的峰面积计算方法。求得峰面积后，源峰效率计算公式如下：

$$\varepsilon_{sp}=\frac{S}{2.22\times10^{6}A\cdot r\cdot t_{e}}e^{\frac{t\ln2}{T}} \tag{6-2-13}$$

式中：S 为某一特定能量的γ峰净面积（计数）；A 为源标定时刻的放射性强度（μCi）；r 为该能量γ射线的分支比；t_e 为谱计数时间（min）；T 为该核素的半衰期；t 为源标定时刻到测量时刻的时间间隔，T 和 t 的单位必须相同。

第三步，选择合适的分析函数对实验数据作最小二乘法拟合。由实验测得的已知γ能量 E_i 所对应的源峰效率 ε_{spi}，$i=1, 2, \cdots, n$，数据点 n 总是有限的，要确定某种γ能量 E 的源峰效率，必须要对实验数据进行内插，因此，要对离散的数据进行最小二乘法拟合。拟合中最常用的分析函数为

$$\ln\varepsilon_{sp}=\sum_{i=0}^{n-1}a_i(\ln E)^{i} \tag{6-2-14}$$

实验表明在 $E=200$ keV 左右，效率曲线出现峰值，在 $E<200$ keV 左右时，由于探测器死层及封壳等材料的屏蔽效应，探测效率随 E 的降低逐渐下降。拟合函数在高能端和低能端应有所不同，经验表明，在低能端，即 $E<200$ keV 左右，上式的 i 取 2 或 3，在高能端，即 $E>200$ keV 左右，i 取 2~4。半导体γ谱仪系统的效率曲线的一般形式如图 6-2-3 所示。

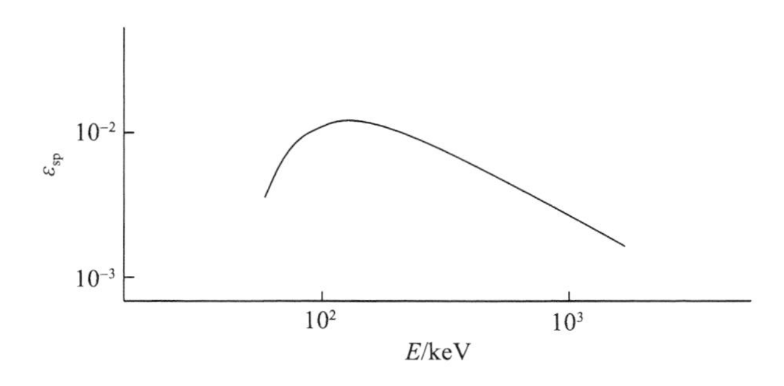

图 6-2-3　半导体γ谱仪系统的效率曲线示意图

系列标准源效率刻度法的优点是可以获得准确的绝对效率值。但这种方法要使用

大量的标准源，各源之间的几何形状，源的几何位置以及测量条件很难保证完全一致，同时，多数源的半衰期很短，很难在较长时间内使用，并且测量时要逐个更换，十分浪费时间。因此半导体谱仪的效率刻度，一般多采用半衰期较长的多能量γ射线源。

2. 多能量γ射线源刻度法

当然，将若干发射单能γ射线的核素混在一起，制成混合标准源，是可以节省测量时间的，但由于各种核素的寿命差别较大，长时间使用是不合适的。多能量γ射线源的选择，除要求半衰期较长外，γ射线的能量范围要宽广，且相对强度准确已知。最常用的如^{152}Eu 等，它的参数列于表 6-2-2 中。

表 6-2-2　^{152}Eu（13.2 a）参数

γ能量/keV	相对强度	符合相加修正/%
121.8	141±4	0.8
244.7	36.6±1.1	1.1
344.3	127.2±1.3	0.6
367.8	4.19±0.04	1.9
411.4	10.71±0.11	1.5
444.0	15.00±0.15	1.0
488.7	1.984±0.023	1.2
586.3	2.24±0.05	1.0
678.6	2.296±0.028	1.9
688.7	4.12±0.04	0.3
778.9	62.6±0.6	0.9
867.4	20.54±0.21	1.4
964.0	70.4±0.7	0.6
1 005.1	3.75±0.07	1.4
1 085.8	48.7±0.5	-0.3
1 087.7	8.26±0.09	0.9
1 112.1	65.0±0.7	0.4
1 212.9	6.67±0.07	1.4
1 299.1	7.76±0.08	1.0
1 408.0	100.0±1.0	0.4
1 457.6	2.52±0.09	-0.7

首先要进行相对效率刻度，然后再转换成绝对效率刻度，具体步骤如下：

第一步，先进行相对效率刻度。要求使用的放射源具有多种能量射线，如^{152}Eu，其强度可以是未知的，但各种能量射线的相对强度是精确已知的。设放射源放出的第 i 种射线的能量是 E_i，相对强度是 K_i。通过半导体谱仪的测量，得到对于这些能量射线的全能峰计数率为 n_{pi}。把峰内计数率与峰探测效率用下式联系起来：

$$n_{pi}=\varepsilon_{spi}AK_i \tag{6-2-15}$$

其中 A 是源衰变率，它可以是未知的。改写上式得到

$$\varepsilon_{spi}=\frac{n_{pi}}{K_i}\frac{1}{A} \tag{6-2-16}$$

由此式可以看出，源峰效率 ε_{spi}是与 n_{pi}/K_i 成正比的。因此作出相对效率 n_{pi}/K_i 与能量 E_i 的关系曲线就得到了相对效率的刻度。

相对效率刻度用的多能量 γ 射线源，除^{152}Eu外，还有^{169}Yb、^{182}Ta、^{125}Sb、^{110m}Ag、^{140}Ba-^{140}La、^{226}Ra、^{154}Eu等也可用，它们放出的 γ 能量和相对强度可查阅《核素常用数据表》《放时性同位素手册》等。

第二步，利用一个标准源测定谱仪对该能量的源峰探测效率 ε_{sp0}。要求此源的强度是已知的，能量最好是单一的，如^{137}Cs、^{95}Nb等。

第三步，根据这一能量的源峰效率 ε_{sp0}，就可以把相对效率的刻度换算成绝对效率的刻度。即对于第 i 种射线能量 E_i，所相应的源峰效率 ε_{spi}为

$$\varepsilon_{spi}=\left(\frac{n_{pi}}{K_i}\bigg/\frac{n_{p0}}{K_0}\right)\varepsilon_{sp0} \tag{6-2-17}$$

式中：n_{pi}/K_i 和 n_{p0}/K_0 为在相对效率刻度曲线上对应于能量 E_i 和 E_0 的数值，E_0 为标准源射线的能量。

这种方法中，未知强度放出多种能量的放射源可以不止使用一个，以便能够刻度的能量点较多，并要求各能区彼此有覆盖部分，求出的相对效率能彼此衔接。但是绝对效率的标准源只要用一个就够了。当然还可以使用其他的标准源加以校核。

第三节　γ 能谱的定量解析方法

γ 能谱分析是 γ 辐射测量的一种手段。通过能谱分析，不仅要了解被分析对象的性质，更重要的是测知 γ 辐射的强度以及 γ 辐射体的含量。就多数情况而言，就是要确定被测对象中，具有 γ 辐射的放射性核素的性质及其含量，即定性、定量分析。定性分析是定量分析的基础。要获得比较好的定性、定量分析结果，首先要获取尽可能良好的脉冲幅度谱数据，以及进行准确的仪器刻度。本节主要叙述对于已获得的脉冲幅度谱数据，依靠谱仪刻度数据进行定量解析的方法。

一、γ谱解析方法发展过程的概述

γ能谱的解析就是从所测得的脉冲幅度谱中，通过一定的数据分析方法，求出待测样品的定性、定量结果。如果样品的成分已知，就是要求出其中各成分的放射性含量。对于未知组成的样品，谱的解析包括定性解析和定量解析两步：第一步，利用各种核素的半衰期和特征γ射线能量的不同，以及辐射多种能量γ射线的核素，γ射线相对强度比的差异，在相同的测量条件下，在不同时刻测量同一样品的γ能谱。必要时，还可以利用各种核素特征X射线能量的区别，同时测量低能的X射线谱。从预先备有核素特征中，细致筛选出可能的核素，确定被测样品所含有的成分。第二步，在定性解析的基础上，根据γ能谱的特征、复杂程度、标准源谱的掌握情况以及数据处理手段等条件，选择恰当的解析方法，或者几种方法结合使用，对γ能谱进行定量解析。定量解析反过来又可以促使定性解析更加准确可靠。

定量解析方法，从国外来看，于20世纪50年代开始经历了这样一个发展过程：峰面积法，逐次差引法（剥谱法），逆矩阵法（解联立方程组），逐道最小二乘法，峰面积法。对于NaI（Tl）γ能谱，实际上是峰面积法和逐次差引法交替发展的。在电子计算机没有得到广泛应用以前，人们对于γ能谱数据的分析，只能手工计算，或借助于台式电动计算器处理。这样就不可能进行复杂的数学分析，只能进行各道计数累加的简单峰面积法。同时，由于NaI（Tl）γ能谱仪一般不需要很多的道数，较简单的全能峰孤立分开的混合谱，尽管费时，用手工逐次差引还是可以解析的。然而，由于NaI（Tl）γ能谱仪的分辨率有限，较为复杂的混合放射性核素的γ能谱，简单的峰面积法就无能为力，促使人们进一步发展更加精确而较复杂的解析方法。随着电子计算机技术的发展和应用，为人们用复杂的数学分析作γ能谱更精确的定量解析提供有利条件。因此，至今仍被广泛应用的逆矩阵法、逐道最小二乘法就产生了，而且在精确的解析NaI（Tl）γ能谱的发展中，不断补充和完善起来。半导体探测器的出现，使得γ能谱探测技术发生了革命性的变化。由于半导体探测器具有很高的分辨率，即使混合核素较为复杂的γ能谱，大部分的γ射线谱峰均能孤立分开。这样，又使得γ能谱的定量解析变得简单了，峰面积法又重现了新的生命力。累加计数的峰面积法，固然在许多场合仍然十分有用。但是，电子计算机的数据处理能力，使得峰面积法又有了新的发展，出现了更加确切反映峰的特征、复杂分析函数拟合的峰面积法。这种函数拟合法有可能更准确地求得“真正”面积，并且可以解决重叠峰面积的计算问题。目前，NaI（Tl）γ能谱仪和HPGe γ能谱仪，由于它们各具优点，可根据不同的探测对象进行选择，因而均有广泛应用。与之相适应的解谱方法，亦同时占有其应得的地位。

二、累加计数的峰面积法

所谓“峰面积”法，实际上并不真正反映γ能谱全能峰的面积，而是全能峰区全部或部分“道”上计数的累加，甚至可能是各“道”计数若干倍的累加。因此，计算峰面积方法的优劣并不是以它是否反映全能峰真正面积来衡量，重要的是方法本身抗干扰的能力以及大基底、弱峰的情况下，峰面积计算结果的准确度。只要 γ 能谱中各全能峰之间比较孤立分开，这里所介绍的方法除个别的以外，原则上均适用 NaI（Tl）和 HPGe γ 能谱峰的计算。

（一）总峰面积法

它也叫 TPA 法。该法要求把属于峰内的所有脉冲计数相加起来。本方法中，本底是按直线的变化趋势（直线本底）加以扣除，见图 6-3-1（a），具体的计算步骤如下。

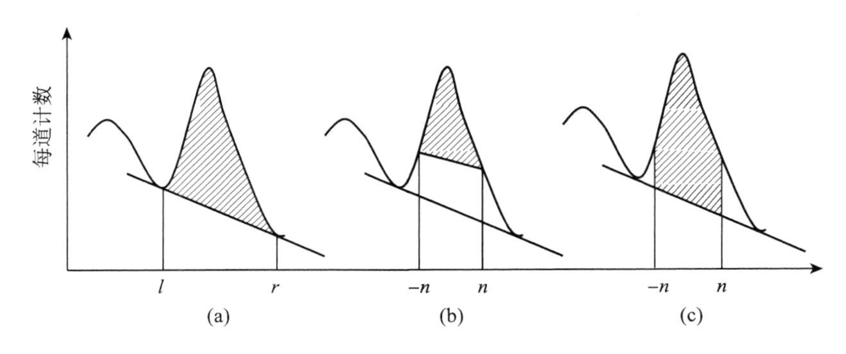

图 6-3-1　三种峰面积计算法示意图

1. 确定峰的左右边界道

一般可选在峰两侧的峰谷位置，或者选在本底直线与峰底相切的那两道上。设峰的左边界道数为 l，右边界道数为 r，则峰所占道数为 $r-l+1$。

2. 求出峰内各道计数

求出峰内各道计数，是指包括还未扣除本底的总和，即以 l，r 为左右边界道的峰曲线下所包围的面积，用 T 表示

$$T = \sum_{i=l}^{r} y_i \tag{6-3-1}$$

式中：y_i 为峰内第 i 道计数。

3. 计算本底面积 B

由于假设峰是落在一个本底为直线分布的斜坡上，因此本底面积 B 可按一块梯形面积计算，即

$$B=\frac{1}{2}（y_l+y_r）（r-l+1） \tag{6-3-2}$$

4. 求峰面积

求峰面积就是求出峰内净计数，以 N 表示

$$N = T - B = \sum_{i=l}^{r} y_i - \frac{1}{2}(y_l + y_r)(r - l + 1) \tag{6-3-3}$$

在峰面积的确定中，有种种原因会引起误差。在 TPA 法中主要来自两方面：

第一，本底按直线变化趋势加以扣除是否正确。这要看峰区本底计数变化的实际情况。这个本底不限于谱仪本身的本底计数，还包括样品中其他高能量γ射线康普顿坪的干扰。在测孤立强峰或单一能量的射线时，峰受其他射线干扰小，按直线本底考虑问题不大。在测多种能量射线时，则峰可能落在其他谱线的康普顿边缘或落在其他小峰上，譬如说处理图 6-3-2 所示的 a、b 两种情况时，按直线本底考虑就会造成很大误差。在实际工作时，应该对本底情况有足够分析，要小心处理。应该指出，在 TPA 法中，由于对峰所取用的道数较多，本底按直线考虑容易偏离实际情况。因此本方法容易受到本底扣除不准的影响。

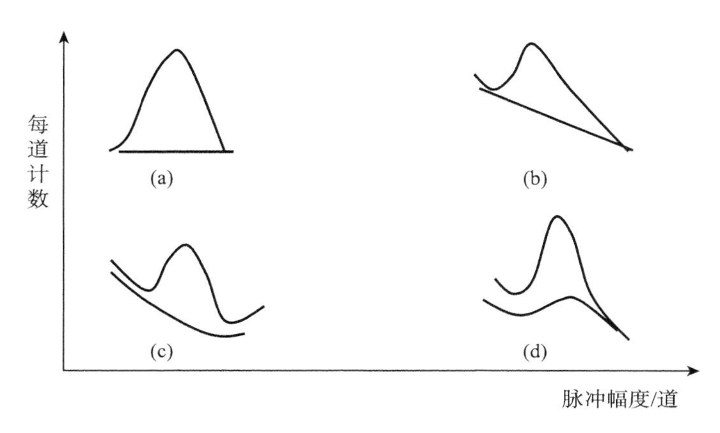

图 6-3-2　在不同本底形状上所出现的峰

第二，计数统计误差。把式（6-3-3）改写一下，按统计误差公式计算，可得到如下结果：

$$N = \sum_{l+1}^{r-1} y_i + (y_l + y_r)(1 - r + l)/2 \tag{6-3-4}$$

峰面积 N 的方差 σ_N^2 为

$$\begin{aligned}\sigma_N^2 &= \sum_{l}^{r} y_i - (y_l + y_r) + (y_l + y_r)(1 - r + l)^2/4 \\ &= T + \frac{1}{2}(r - l - 3)B \\ &= N + \frac{1}{2}(r - l - 1)B\end{aligned}$$

可看出，峰面积的方差 σ_N^2 与 N、B 这两块面积有关，但 B 的系数因子是 $(r-l-1)/2$，而 N 的系数因子是 1。因此本底面积的大小对峰面积的误差有较大贡献。为了减小统计误差，计算本底面积时，边界道计数可取边界附近几道计数的平均值。以上两种误差都与计算峰面积时峰占的道数有关。为了减小误差，峰的道数不宜取得太多，故又提出其他方法。与其他方法相比，TPA 虽有不足之处，但它利用了峰内的全部脉冲数，受峰的漂移和分辨率变化的影响最小，同时也比较简单，因此仍是一种常用的方法。

（二）科沃尔（Covell）峰面积法

科沃尔（Covell）建议，在峰的前后沿上对称地选取边界道，并以直线连接峰曲线上相应于边界道的两点，把此直线以下的面积作为本底来扣除，见图 6-3-1（b）。设峰中心道用 $i=0$ 表示，左右边界道分别用 $i=-n$ 和 $i=n$ 表示，则所求峰面积为

$$N = T - B = \sum_{i=-n}^{n} y_i - \left(n + \frac{1}{2}\right)(y_{-n} + y_n) \tag{6-3-5}$$

或者表示为

$$N = y_0 + \sum_{i=1}^{n-1}\left(y_{-i} + y_i\right) - \left(n - \frac{1}{2}\right)(y_{-n} + y_n) \tag{6-3-6}$$

峰面积 N 的方差 σ_N^2 为

$$\begin{aligned} \sigma_N^2 &= y_0 + \sum_{i=1}^{n-1}(y_{-i} + y_i) + \left(n - \frac{1}{2}\right)^2 (y_{-n} + y_n) \\ &= T + \frac{(2n-3)}{2}B = N + \left(n - \frac{1}{2}\right)B \end{aligned} \tag{6-3-7}$$

此方法中，由于计算峰面积的道数减少，同时又利用在峰中心附近精度较高的那些道上的计数，相对地提高了峰面积与本底面积的比值。与 TPA 法相比，结果受本底不确定的影响相对说较小，理论上是较优越的。本方法中，边界道 n 的选择对结果的精度有较大影响。n 要适当选取。n 选得太大，会失去计算峰面积时采用道数较少这个优点；但若 n 选得太小，则也容易受到峰漂和分辨率变化的影响，同时 n 太小则基线较高，从而又会降低峰面积与本底面积的相对比值。总之 Covell 法与 TPA 法各有优缺点，前者受本底不确定影响较小，但易受分辨率变化影响，后者则相反。

（三）瓦生（Wasson）峰面积法

瓦生（Wasson）在以上两法的基础上提出了一种较理想的方法。该法仍把峰的边界道对称地选取在峰的前后沿上，但本底基线选择较低，选择的和 TPA 法一样，见图 6-3-1（c）。这样，峰面积就由下式计算：

$$N = \sum_{i=-n}^{n} y_i - \left(n + \frac{1}{2}\right)(b_{-n} + b_n) \tag{6-3-8}$$

式中，b_{-n}和 b_n 为左右边界道对应于在 TPA 法中本底基线上的高度。

可以看到此方法中，峰取用的道数较少，基线又低，因而进一步提高了峰面积与本底面积的比值，本底基线的不准和计数统计误差对峰面积准确计算的影响较小。它受分辨率变化的影响与科沃尔峰面积法相同，没有 TPA 法好。

除了上述三种方法外，还有斯特令斯基（Sterlinski）峰面积法和奎特纳（Quittner）峰面积法等。

三、函数拟合法

若能根据所测量的峰区数据，把峰用一个已知的函数来描述，并把函数中有关的参数（如峰高、半宽度等）都求出的话，那么这个峰面积就可以通过积分运算求出。例如，假设一个峰能用一个高斯函数来描述，即在峰区各道计数 $y(x)$ 与道数 x 的关系为

$$y(x)=y_0 e^{-(x-x_0)^2/2\sigma^2} \tag{6-3-9}$$

式中：x_0 为峰中心道数；y_0 表示峰中心道计数即 $y_0=y(x_0)$；σ 为描述峰分布宽窄的一个参数（均方根差），它与半宽度（FWHM）的关系为

$$\mathrm{FWHM}=2\sqrt{2\ln 2}\sigma=2.36\sigma \tag{6-3-10}$$

若峰的这些参数 y_0、σ 等都是已知的话，则峰面积 N 可通过积分计算得到

$$\begin{aligned} N &= \int_{-\infty}^{\infty} y(x)\,\mathrm{d}x = \int_{-\infty}^{\infty} y_0 e^{-(x-x_0)^2/2\sigma^2}\mathrm{d}x \\ &= 2\pi\sigma y_0 = \frac{1}{2}\sqrt{\frac{\pi}{\ln 2}}(\mathrm{FWHM})y_0 \\ &= 1.065(\mathrm{FWHM})y_0 \end{aligned} \tag{6-3-11}$$

必须指出，实际峰形与高斯函数的描述有很大的差异，特别是在峰的低能侧一边。这有很多原因引起，例如对 NaI（Tl）谱仪来说原因可以是小角度散射的γ射线、碘逃逸峰的存在、边缘效应、光收集的损失等。为了准确计算峰面积就必须先找出能够确切描述峰形的函数形式。假定这个函数形式已选定，求峰面积再可分两步进行：第一步是使所测到的峰区数据拟合于一个已知函数，函数中的参量要用非线性最小二剩法求出；第二步是积分这个函数或利用已得到的积分公式将参量代入求得峰面积。这种方法叫函数拟合法。

对 NaI（Tl）光电峰，实验数据的拟合结果表明，仅用简单的高斯函数不能很好拟合。当对峰中心附近的拟合数据与实验数值一致时，在离中心较远的两侧实测值就偏高于拟合值。为了找到更满意的函数形式，Heath 等人以高斯函数为基础又增添两个幂函数项，函数形式如下

$$y(x)=y_0 e^{-(x-x_0)/b_0}\left[1+a_1(x-x_0)^4+a_2(x-x_0)^{12}\right] \tag{6-3-12}$$

它称为修改型高斯函数。与简单高斯函数相比，增添了后两项，其目的在于提高峰形两侧数据的拟合值，其中 a_1 和 a_2 是与能量有关的两个系数，其他符号 y_0 和 x_0 的意义同前。b_0 为

$$b_0=2\sigma^2=(\mathrm{FWHM})^2/4\ln 2$$

这个修改型高斯函数共有 5 个参数 y_0、x_0、b_0、a_1、a_2，它们需要根据实测计数值，用非线性最小二乘法求得。

通过对式（6-3-12）的积分，峰面积 N 由下式给出

$$N=\sqrt{\pi b_0 y_0}\left[1+\frac{3}{4}a_1 b_0^2+\frac{10\ 395}{64}a_2 b_0^6\right] \tag{6-3-13}$$

当然，上述函数形式只是一个典型的例子，其实，科学工作者对峰函数的近似解析表达式进行了大量的研究，已经发表和使用的峰形函数就有十多种。归纳起来有以下四类：

第一类，标准高斯函数。

第二类，在峰区内各段使用不同的函数。例如，峰顶附近采用高斯函数，左、右尾部使用指数函数。

第三类，高斯函数与不同数量、不同形式的尾部函数叠加。

第四类，采用变形的高斯函数或其他函数。

四、逆矩阵法解析复杂γ谱

当分析较多放射性核素的混合样品时，由于许多能量的γ射线能谱混在一起，谱形就比较复杂。NaI（Tl）谱仪的能量分辨率较低，致使峰之间相互重叠，甚至不能区分，这时就需要对复杂谱进行解析。逆矩阵法就是最常用的一种方法。此法要利用组成核素的标准谱，并基于下述假定：混合样品的能谱就是各个组成核素的标准谱，按各自的强度关系线性的叠加。这一假定意味着测量要满足相关条件：第一，标准谱和样品谱是在相同的测量条件下获得的，谱仪的分辨率、探测效率和能量刻度在前后测量中没有显著变化；第二，谱仪的响应性能不随计数率显著改变。这就是说，当一个核素强度增加后，其能谱的各道计数都按强度比例线性增加，整个谱形仍与标准谱相似。实际上这只有使计数率保持在某个上限范围内，可忽略脉冲堆积的和峰效应时才是成立的。

假定混合样品由 n 种放射性核素组成，这些核素的种类已知，但它们的放射性强度 x_j（$j=1, 2, \cdots, n$）未知，要由解谱来确定。在实验中，应对每种组成核素建立标准谱，并对每种核素确定一个计数用的道域，它称为特征道域。特征道域一般选在有主要分支比的、能表征该核素而又能区别其他核素的全能峰上。道域序数用 i 表示（$i=1, 2, \cdots, n$）。为了确定各种核素对各个道域计数的贡献，定义响应系数 a_{ij} 如下式所表示：

$$a_{ij}=\frac{\text{第}\,j\,\text{种成分在第}\,i\,\text{道域中的计数率}}{\text{第}\,j\,\text{种成分的衰变率}} \tag{6-3-14}$$

式中：a_{ij} 为单位衰变率的第 j 种成分在第 i 道域上所能引起的计数率。a_{ij} 可根据标准谱得到，或利用标准源直接测量各道域中计数得到。有了 a_{ij} 后，显然可知，强度为 x_j 的第 j 种成分在第 i 道域中的计数率贡献是 $a_{ij}x_j$。

对混合样品，要测量在各个特征道域中所引起的计数。设在第 i 道域，混合样品的计数率为 m_i（$i=1, 2, \cdots, n$），根据解谱的基本假定可知，它为各成分核素分别在该道域引起的计数率之和，即

$$\sum_{j=1}^{n} a_{ij}x_j, \quad (i = 1, 2, \cdots, n) \tag{6-3-15}$$

这就得到一个包含 n 个未知数 x_j（$j=1, 2, \cdots, n$）由 n 个方程式组成的方程组。由于各标准谱互不相同，这样的方程式是互相独立的，因此利用逆矩阵法解方程组即可求出 n 个未知强度 x_j 来。

本方法中影响结果精度的因素主要有统计涨落和峰漂的影响。在各特征道域上，样品计数和本底计数的统计涨落会对结果带来误差，不仅影响属于该特征道域核素的精度，而且也通过方程组求解运算影响到其他核素。根据误差理论可以推算出第 j 成分含量 x_j 的标准误差 σ_{x_j} 为

$$\sigma_{x_j} = \frac{1}{\sqrt{t}}\sqrt{\sum_{j'} \delta_{jj'}x_{j'} + B_j} \tag{6-3-16}$$

式中，$\delta_{jj'} = \sum_{i=1}^{n}(a_{ji}^{-1})^2 a_{ij'}$；当 $j \neq j'$ 时，$\delta_{jj'}$ 为第 j' 成分计数统计涨落对第 j 成分的误差贡献因子；当 $j = j'$ 时，表示第 j 成分自身统计涨落对误差的贡献因子；B_j 为本底计数统计涨落对误差的贡献，其值为 $B_j = 2\sum_{i=1}^{n}(a_{ji}^{-1})^2 b_i$。这里 b_i 为 i 道域的本底计数率；t 为测量时间。

方法不适宜分析很多核素的样品，一般不超过5~6个核素。

NaI（Tl）γ谱仪在长时间测量中，峰漂1%~2%是经常可能的。峰漂就意味着标准谱在混合样品谱的测量和计算中不完全适用了。在实际测量工作中为减小峰漂对误差的贡献可采用“道域跟踪”法，即考虑特征道域位置相应于峰漂情况也作适当变化。比如说，峰位向左漂了一道，则考虑特征道域位置也左移一道。

环境样品一般都包含多种放射性核素，例如，用NaI（Tl）γ谱仪测量土壤中放射性核素的含量，就得到一个复杂γ谱。解此谱最常用的就是逆矩阵法。一般解出 ^{238}U、^{226}Ra、^{232}Th 和 ^{40}K 四种核素的含量。其他的放射性核素，有的含量甚微，对人的影响很小，一些放射系的子体，分别与 ^{238}U、^{226}Ra 和 ^{232}Th 处于久期平衡状态，活度与它们相同，含量当然很容易求出。但解谱时各核素用的特征γ射线，不一定是它本身发射的，多数是子体发射的。方法描述中已讲了，对特征γ射线是有一定要求的。如 ^{238}U 可使用 ^{234}Th 的92.6 keV或 ^{235}U 的185.7 keV的γ射线，^{226}Ra 可使用 ^{214}Pb 的295 keV、325 keV或 ^{214}Bi 的609 keV、1 765 keV的γ射线，^{232}Th 可使用 ^{212}Pb 的238 keV、^{208}Tl 的583 keV或 ^{228}Ac 的911 keV的γ射线，^{40}K 只能用自身发射的1 461 keV的γ射线。确定特征道域时要注意，不能用特征峰中心一道的计数，由于统计性质会带来较大误差，一定要取特征峰中心若干道的计数作为特征道域的计数。而且同一种核素的特征道域，对标准谱和混合（样品）谱要取相同的道数。

五、最小二乘法解析复杂γ谱

对谱仪测的复杂γ谱来说，最小二乘法也是常用的解谱方法之一。该方法的使用条件及对实验条件的要求，与逆矩阵法完全相同。

为了减小计数统计涨落对结果误差的影响，可以在更多的道域上建立计数值与各核素成分含量之间的关系，使方程式个数远大于被分析核素的个数，然后按最小二乘法来求得结果。

设样品中有 P 种核素成分，取道域数 n 个（通常每道就算一个道域），$n \gg P$。类似于逆矩阵法，在每道上可建立方程式：

$$y_i = \sum_{j=1}^{P} a_{ij}x_j + \varepsilon_i \quad (i = 1,\ 2,\ \cdots,\ n) \tag{6-3-17}$$

式中，用 y_i 表示第 i 道上测到的计数率。a_{ij} 和 x_j 的意义同前。ε_i 为各道上的统计误差。

最小二乘原理要求各道的统计误差 ε_i 的平方和最小，也就是说，当 ε_i 的平方和 R_0 最小时，x_j 获得最可靠值。

$$R_0 = \sum_{i=1}^{n} \varepsilon_i^2 = \sum_{i=1}^{n} (y_i - \sum_{j=1}^{P} a_{ij}x_j)^2 \tag{6-3-18}$$

但是，上述的最小二乘原理是假定每个观测值的方差是相同的，这对γ谱是不成立的，因为γ谱每道计数的精度不等，即每道计数为非等精度观测值。所以要用加权最小二乘法，寻找适当的权重因子，以提高拟合质量。加权最小二乘法的基本思想是使每道权重误差平方和趋于极小。故需引入权重因子 ω_i，这样就要求下式

$$R = \sum_{i=1}^{n} \omega_i (y_i - \sum_{j=1}^{P} a_{ij}x_j)^2 \tag{6-3-19}$$

为最小。

为使 R 最小，要求满足以下极值条件：

$$\frac{\partial R}{\partial x_k} = \frac{\partial}{\partial x_k} \sum_{i=1}^{n} \omega_i (y_i - \sum_{j=1}^{P} a_{ij}x_j)^2 = 0 \quad (k = 1,\ 2,\ \cdots,\ P)$$

这就得到如下的方程组：

$$\sum_{j=1}^{P} (\sum_{i=1}^{n} \omega_i a_{ij} a_{ik})^2 x_j = \sum_{i=1}^{n} \omega_i a_{ik} y_i \quad (k = 1,\ 2,\ \cdots,\ P) \tag{6-3-20}$$

此方程组展开来写就是

$$(\sum_{i=1}^{n} \omega_i a_{i1} a_{i1}) x_1 + (\sum_{i=1}^{n} \omega_i a_{i1} a_{i2}) x_2 + \cdots + (\sum_{i=1}^{n} \omega_i a_{i1} a_{iP}) x_P = \sum_{i=1}^{n} \omega_i a_{i1} y_i$$

$$(\sum_{i=1}^{n} \omega_i a_{i2} a_{i1}) x_1 + (\sum_{i=1}^{n} \omega_i a_{i2} a_{i2}) x_2 + \cdots + (\sum_{i=1}^{n} \omega_i a_{i2} a_{iP}) x_P = \sum_{i=1}^{n} \omega_i a_{i2} y_i$$

$$\cdots$$

$$(\sum_{i=1}^{n} \omega_i a_{iP} a_{i1}) x_1 + (\sum_{i=1}^{n} \omega_i a_{iP} a_{i2}) x_2 + \cdots + (\sum_{i=1}^{n} \omega_i a_{iP} a_{iP}) x_P = \sum_{i=1}^{n} \omega_i a_{iP} y_i$$

式中的权重因子 ω_i 可这样选取，因一个测量值的权重因子反比于该测量值的方差，而计数的方差约等于计数值，所以 ω_i 可取为相应道计数值 y_i 的倒数，即 $\omega_i=1/y_i$。若需要多次拟合，第二次拟合时的 ω_i 可取上次拟合结果 y_i 的倒数。方程组是一个包括了 P 个未知量 x_j 的、由 P 个方程式所组成的方程组。解此方程组可求出 P 个核素成分的含量 x_j。

解谱结果的好坏可以通过计算 χ^2 值来检验。χ^2 的表示式为

$$\chi^2=\frac{1}{n-P}R \tag{6-3-21}$$

根据统计理论，χ^2 的理论数值应趋近于 1。若实际计算结果 χ^2 偏离 1 太大，就说明实验中有问题，可能的问题是：①标准谱失效；②有漏失成分；③增益和阈漂移严重。

最小二乘法解谱利用了脉冲幅度分布尽可能多的数据，因此可得到比逆矩阵法和剥谱法更高的精度，对重叠峰和弱成分的分析也显得有力，解谱效果的优劣还可得到相当可靠的检验。但是这种方法计算工作量较大，必须使用计算机处理数据。此外，它对标准谱和样品谱的测量条件要求严格一致，增益和阈漂移的控制要求苛刻。这除了要求改善谱仪稳定性外，在数据处理中一般还需要设计进行增益和阈漂校正的附程序。

除逆矩阵法和最小二乘法外，还有剥谱法解析复杂 γ 谱，但此法精度较差，目前已很少有人使用。上述三种方法有一个共同的缺点，就是被测样品放射性核素的组成是已知的，因为它的响应系数是由标准谱建立的。在样品放射性核素的组成成分不知时，逆矩阵法和最小二乘法就不能用了。这时要用函数拟合峰面积法，通过复杂谱 γ 射线的能量，可知样品放射性核素的组成，通过它们的峰面积，又可知道 γ 射线的强度，并进而求出核素的含量。这种方法对 NaI（Tl）谱仪测的复杂 γ 谱的解析，虽然是可以用的，但在目前，它已更多用于半导体谱仪测得的 γ 谱的解析。

六、解析 HPGe γ 能谱的一般步骤

HPGe γ 谱仪的能量分辨率特别高，它测得的 γ 能谱，其全能峰十分尖锐，大多数 γ 峰都能孤立分开，因此，HPGe γ 谱的解析方法主要是峰面积法。在进行谱分析之前，首先要对谱仪系统进行能量、峰形参数和效率的刻度。每当实验条件改变时，如更换探测器，改变探测器的高压、放大器的放大倍数和成形时间等，或改变测量的几何条件，或总计数率有较大变化时，都要重新进行刻度。即使测量物理条不变，考虑到探测器和电子学系统的漂移，也要定期地对系统进行刻度，以保证谱分析的精度。γ 谱的分析包括以下几步：谱数据的平滑处理；寻峰；计算峰面积；核素识别和核素活度的定量计算。

（一）谱数据的平滑处理

由于 γ 射线和探测器中固有的统计涨落和电子学系统噪声的影响，谱数据有很大

的统计涨落。在每道计数较少时，相对统计涨落更大。谱数据的涨落会使谱数据处理产生误差，主要表现在寻峰过程中丢失弱峰或出现假峰，峰净面积计算的误差加大等。谱数据的平滑，就是以一定的数学方法对谱数据进行处理，减少谱数据中的统计涨落，但平滑之后的谱曲线，应尽可能地保留平滑前谱曲线中有意义的特征，峰的形状和峰的净面积不应产生很大的变化。对数据进行平滑处理，通常是使用数字滤波器。由信号分析理论的观点出发，可以把原始谱数据看成是噪声（即谱数据中的统计涨落）和信号（即峰函数和本底函数）的叠加。只要选择恰当的数字滤波器响应函数，就能够使平滑后的谱既保留原始谱中峰和本底的形状和大小，又得到最佳信号噪声比。由频域的观点分析，谱中的统计涨落，即噪声的频谱分布在$-\infty \sim +\infty$整个频率范围内，而峰函数和本底函数的频谱主要集中在低频范围，因此，使用低通滤波可以使峰和本底信息都能通过滤波器到达输出器，而噪声中的高频成分被滤波器抑制，从而提高了平滑后谱中的信号噪声比，减少谱数据的统计涨落。

广泛使用的谱数据平滑方法是最小二乘移动平滑方法。其他还有高斯滤波器法、重心法等，它们的平滑原理有许多书籍介绍，这里重点讨论与谱分析直接有关的平滑窗口的选择和平滑重复次数的确定问题。

1. 平滑窗口的选择

当计算平滑后的谱的第 m 点的数据时，需要在原始谱中第 m 点两边各取 k 个点（共 $2k+1$ 个点）进行运算。$2k+1$ 就叫做平滑窗口。改变平滑窗口的大小，对平滑效果有很大的影响。平滑窗口过大或过小都不好。过小时，平滑效果不明显；过大时，峰高急剧下降，平滑效果也不好。最佳平滑窗口的大小与谱曲线中峰的宽度有关。当峰的半高宽 FWHM 比较大时，最佳平滑窗口也较大。因此，为了达到好的平滑效果，对宽度不同的峰需要选取不同的平滑窗口。另外，还要考虑平滑窗口大小对谱曲线形状的影响。当平滑窗口比峰的 FWHM 大很多时，平滑后谱中的峰将显著变宽，这将使谱中原来相互靠得比较近的峰严重地重叠起来，从而使寻峰和峰面积的计算更加困难。综合上述两个因素，在平滑处理时，平滑窗口的大小要根据峰的宽度来选择。一般的做法是选用的平滑窗口，近似等于峰的半高宽 FWHM（以道为单位）。例如，当 FWHM≤7 时，取 $2k+1=5$；当 7<FWHM≤9 时，取 $2k+1=7$；当 9<FWHM≤11 时，取 $2k+1=9$。能谱曲线中峰的宽度随道址的增加而增大，可以把整个谱分成若干段，每段采用不同的平滑窗口。

2. 平滑重复次数的确定

对谱数据多次重复地进行平滑处理，可以更有效地减小谱数据中的统计涨落。但多次平滑也会使谱的形状产生畸变，主要表现为峰高降低，峰宽增大，峰谷被填平。对于一个单峰来说，虽峰高下降，但半高宽增加，对峰的面积影响不大，不会使谱的定量分析产生很大误差。但在重峰情况下，由于峰的展宽，可能会淹没位于强峰附近的弱峰，这将会造成弱成分的漏失。总之，需要对谱数据平滑多少次，应考虑改善谱的统计涨落，减少谱形畸变两个因素，根据谱数据的具体情况而定。在谱数据中各道计数较低，统计涨落较大的情况下，平滑次数可以多些。在谱数据中各道计数较大，或者谱形比较复杂的情况下，平滑次数应当少一些，一般不多于三次。

（二）寻峰

在谱数据中精确地计算出各个峰的峰位是能谱分析中最关键的问题。在谱的定性分析中，只有正确地找到谱中全部峰的峰位，才能根据主峰和各验证峰的能量来决定在被测样品中是否存在某种核素。在谱的定量分析中，尤其是用最小二乘法函数拟合进行重峰分析时，一般使用迭代法，峰位作为迭代参数的初值，如果峰位的误差很大，或混入了假峰，漏失了真峰，则会造成迭代次数增加，甚至不收敛，使迭代失败。谱分析对寻峰方法的要求：有比较高的重峰分析能力；能识别弱峰，特别是位于高本底上的弱峰；假峰出现的几率小；能精确算出峰位，某些情况要求峰位的误差小于0.2道。寻峰的方法很多，但总的可概括为谱变换和峰判定两个步骤。

1. 谱变换

谱变换一般采用线性滤波技术，其目的是减少谱数据的统计涨搭，消除本底影响，突出峰位信息。寻峰中使用的数字滤波器与平滑时使用的滤波器不同，平滑处理时使用低通滤波器，而寻峰中一般使用带通滤波器。谱中的本底成分随道址是缓慢变化的，在频域中属于低频成分，不能通过带通滤波器，因而变换后的谱中，消除了本底成分影响。此外，由于带通滤波器既能抑制高频噪声，又能抑制低频噪声，从而能更有效地减少统计涨落，突出峰信息。

2. 峰判定

峰判定是根据预先设置的条件来识别真峰和剔除假峰。峰判定有峰高的统计性判定、峰净面积的统计性判定和峰形判定。几种不同判定条件可以用在同一个寻峰方法中，也可以使用其中的一部分。采用不同的谱变换方法和不同的峰判定条件，就形成了不同的寻峰方法。常用的寻峰方法有匹配滤波器法、矩形滤波器法、导数法、简单比较法、二阶差分法、协方差法和线性拟合法等。匹配滤波器法的冲击函数为高斯函数，可得到最佳信号噪声比，因而它寻找弱峰的能力最强，假峰出现的概率小，适于弱放射性核素的分析，它的缺点是分辨重峰的能力比较差，由于高斯函数是指数，运算速度较慢；矩形滤波器法其特点与匹配滤波器法基本差不多，由于冲击函数为矩形，因而计算方法简单，运算速度快；一阶导数寻峰法是最常用的一种寻峰方法，它能找出大部分单峰，计算方法比较简单，运算速度比较快，缺点是不能分辨相距很近的重叠峰；二阶导数法和二阶差分法与一阶导数法相比，有较高的分辨重峰的能力；简单比较法是最直观而又快速的一种寻峰方法，适于寻找强单峰，在高本底上寻找弱峰和分辨重峰的能力都比较差；协方差法具有很好的分辨重峰的能力，又适于在统计涨落很大的高本底谱上寻找弱峰，因而是一种比较好的寻峰方法，其缺点是计算公式较为复杂，运算速度较慢；线性拟合法是吸取了匹配滤波器方法的优点，同时用一阶寻数法和线性拟合双重峰的技术，来提高分辨重峰的能力，它具有最好的分辨重峰的能力，适用于复杂谱的分析。

（三）计算峰面积

峰净面积计算是能谱定量分析主要内容之一。在峰区内谱曲线和横轴之间所包围的面积称为峰的总面积（A_T），本底曲线之下所包围的面积称为本底面积（A_B），峰总面积减去本底面积就是峰净面积（A_N）。峰净面积和探测器所接收的某种能量的射线强度成正比。如图 6-3-3 所示。

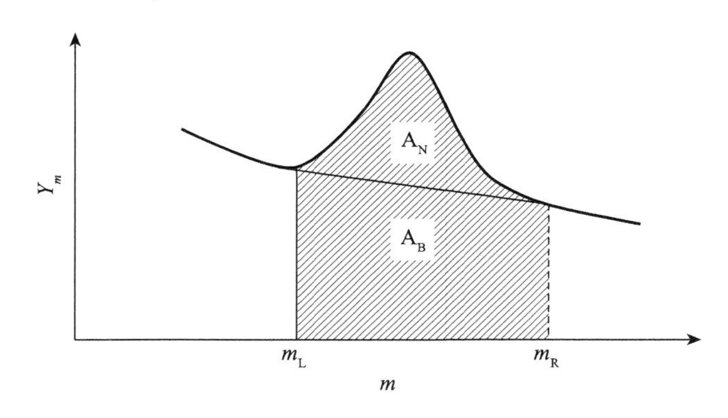

图 6-3-3　峰的净面积和本底面积

计算峰净面积的方法有两种：第一种方法称为直接法。在直接法中，首先确定峰区的左右边界道址 m_L、m_R，在 m_L、m_R 范围内求出谱数据的各道计数和，得到峰的总面积。根据本底分布曲线求出峰区同范围道本底的计数和，得到本底面积。由总面积减去本底面积，就得到峰的净面积。计算峰净面积的第二种方法是函数拟合法。在拟合法中，通常用一个解析表达式，即谱函数来描述峰区内谱的分布，谱函数可看成是若干个峰函数和本底函数的叠加。在峰区范围内，用最小二乘法以谱函数拟合谱数据，可以求出峰函数中的各个参数，在峰区范围内，计算峰函数的定积分，可以得到峰的净面积。

直接法比较简单，运算速度快。在峰的高度比较大，能量分辨率比较高，峰区比较窄的情况下，能够得到比较满意的计算精度。一般地说，直接法只适用于单峰的净面积计算，在重峰区内不能正确地计算出各个组分峰的净面积。函数拟合法的计算过程比较复杂，其优点是计算精度高，在峰高比较小，本底比较大的情况下，也能得到比较满意的计算结果。函数拟合法不仅适合于单峰区，也适合于双峰，特别是在重峰区内，能够计算出几个相互重叠的组分峰各自的净面积。

（四）核素识别与核素活度的定量计算

在某些情况下可以预先估计出被测样品中含有哪几种核素。但在多数情况下，需要由计算机程序自动识别样品中存在的核素种类，并算出其各自的活度。核素识别就是根据从谱数据中找出的峰所对应的能量，去检索一个核数据表格，找出该峰是由哪个核素产生的，然后，再由峰的净面积计算核素的活度。

为了进行核素识别和定量计算，在计算机系统中需要预先存放有关的核数据表格，这些表格以数据文件的形式存放在磁盘中。为了检索的方便，核素的有关数据常常存在两个数据文件中。一个称为峰识别库，另一个称为核素定量分析库。在峰识别库中，以能量大小的顺序存放γ射线的能量和放出该种能量γ射线的核素名称。在核素定量分析库中，按核素名称的顺序列出核素的有关数据，如半衰期、主峰能量和发射概率、其他验证峰的能量和发射概率。核素定量分析库是用于γ谱定量分析的。对于不同的实验任务，核素定量分析库的内容和格式是不同的，根据需要用户在进行定量分析之前，可以对核素定量分析库的内容进行删改或补充。

核素识别和核素的定量计算一般分两步进行，首先进行峰识别，然后进行核素验证和核素活度的定量计算。

1. 峰识别

峰识别就是根据找到的峰的能量检索峰识别库，查出每个峰可能属于哪种核素。对复杂γ谱，峰识别的结果具有下述特点：首先是一个峰可能和几种核素相对应，或者说几种不同的核素放射出的γ射线，可能共同形成一个峰，这个峰的净面积包括了几种不同核素的贡献。这样的核素称为“相干”核素，几个“相干”核素形成一个“相干”核素组。“相干”核素组内的每一个核素都和组内另一个核素共享一个共同的峰。如果某个核素没有和另外任何一个核素享有共同的峰，称该核素为“非相干”核素。在峰识别的结果中，可能出现的另外一种现象是某些峰在峰识别库中，没有与之相对应的核素。出现这种情况一般有两个原因，一个是峰识别库中的数据不完整，需要补充，另一个原因是识别能量窗选得太小，以致在检索过程中漏失了一些核素。能量窗就是一个小的能量区间，如2 keV，当某个γ峰对应的能量与峰识别库中某个能量之差，小于或等于2 keV时，即认为该γ射线是这个能量对应的核素发射的。显而易见，所选用的识别能量窗的大小，对峰识别的结果影响很大。能量窗取值太小时，由于能量刻度的误差和峰位误差等，可能使峰能量的总误差大于能量窗，在峰识别库中能检索到的核素数量将减少以致于漏失了很多核素。能量窗取得太大时，峰识别结果中“相干”核素的数量将增多，而其中一部分是虚假的。能量窗大小的正确选择是很重要的，对于高能量分辨率的半导体γ谱仪系统，能量窗口的正确取值应在0.5FWHM～1FWHM。

2. 核素验证和核素活度的计算

峰识别的结果只是给出了被分析样品中可能存在哪几种核素，还不能完全肯定该核素一定存在于被测样品中。为了确认样品中存在的核素，还需要作进一步的验证。核素验证的方法如下：对于“非相干”核素，首先根据峰识别找到的核素检索核素定量分析库，查出该核素的全部验证峰能量和每次衰变产生该种能量光子的概率；然后检查这些验证峰在谱中是否都存在，如果都存在，则确认被分析样品中包含该种核素。如果某个验证峰在谱中不存在（即寻峰程序没有找到这个峰），由验证峰的发射概率计算这个没有测出的峰所对应的 γ 射线强度的期望值，如果期望值小于探测限，则确认样品中含有该核素，否则舍弃该种核素，认为它不存在于被分析的样品中。

在确认了样品中全部“非相干”核素之后，可以计算每种核素的活度。存在于样品中“非相干”核素活度的计算公式为

$$C_i = \frac{\sum_{j=1}^{N_G} I_j Y_{ij}/\sigma_{Ij}^2}{\sum_{j=1}^{N_G} Y_{ij}^2/\sigma_{Ij}^2} \tag{6-3-22}$$

式中　C_i——第 i 种核素的活度；

I_j——第 i 种核素衰变过程中产生的第 j 种能量的 γ 射线的强度；

Y_{ij}——第 i 种核素每次衰变中产生能量为 E_j 的 γ 射线的概率；

σ_{Ij}——I_j 的标准误差；

N_G——第 i 种核素在谱中产生的峰的个数。

I_j 和 σ_{Ij} 可以由峰净面积和净面积的误差计算出来，Y_{ij} 由核素定量分析库中查出。

I_j 的计算公式如下

$$I_j = \frac{KA_j \mathrm{Exp}\ (0.693\ 147 T_D/T_H)}{T_1 \varepsilon} \tag{6-3-23}$$

式中　A_j——和能量 E_j 相对应的峰净面积；

T_D——样品的衰变时间（min）；

T_H——该核素的半衰期（min）；

T_1——获取谱的活时间（s）；

ε——系统对能量为 E_j 的 γ 射线的源峰探测效率。

常数 K 是短寿命核素在谱获取时间内的衰减因子，它由下式计算

$$K = \frac{\lambda T_r}{1 - \mathrm{Exp}\ (-\lambda T_r)} \tag{6-3-24}$$

式中　λ——衰变常数；

T_r——获取谱所用的真实时间。

“相干”核素的活度计算要复杂一些，必须按“相干”核素组逐组进行计算。由于每个峰包含有几种核素的贡献，射线强度公式可以写成

$$I_j = \sum_{i=1}^{N_{\mathrm{NU}}} Y_{ij} C_i \quad (j = 1,\ 2,\ \cdots,\ N_G) \tag{6-3-25}$$

式中　C_i——某一个“相干”核素组内第 i 种核素的活度；

N_{NU}——该组内核素的个数；

N_G——该组核素产生的不同能量的γ射线形成的峰的个数；

Y_{ij}——第 i 种核素在每次衰变时产生的能量为 E_j 的γ射线的概率。当第 i 种核素不产生能量 E_j 的γ跃迁时，$Y_{ij}=0$。

通常情况下，$N_G \geqslant N_{NU}$。为了求解 C_i，可以使用最小二乘法，目标函数为

$$Q = \sum_{j=1}^{N_G} \left(I_j - \sum_{i=1}^{N_{NU}} Y_{ij} C_i\right)^2 / \sigma_{Ij}^2 \tag{6-3-26}$$

求出 C_i 之后，还必须使用前面讨论的方法，进一步确认该核素中样品在确实存在。当某个核素的某个验证峰在谱中没有找到时，由计算出的该核素的 C_i 和该验证峰的 Y_{ij}，计算出该能量γ射线强度的期望值，如果期望值大于系统的探测限，则认为该核素在样品中不存在，并予以剔除，重复上述计算步骤，最后得到正确的结果。核素识别和核素活度的定量计算，方法虽然比较烦琐，但计算结果精度比较高，已为很多程序所采用。

在某些程序中，使用更简便的方法进行核素识别和定量计算。其中心思想是设法避开核素之间的相互干扰，使峰识别的结果尽量不出现“相干”核素。例如，可以精心地安排峰信息库和核素定量分析库，尽量减少核素库中核素的数量，使库中仅仅包含样品中可能存在的核素。对每种核素选定一个主峰能量，该主峰能量与核素库中其他峰的能量相差比较大，这样每个核素的主峰只包含一个核素的贡献。根据验证确认核素之后，由主峰所对应的γ射线强度和γ射线发射概率，就可以直接计算出该种核素的活度。

第四节　反康普顿γ能谱仪在低活度样品分析中的应用

本节就反康普顿γ能谱仪在低活度样品分析中涉及的一些技术问题作进一步的深入讨论，包括如何调试反康普顿γ谱仪系统至最佳状态，以及如何在低活度样品分析中应用等。

反康普顿γ谱仪探测器系统，主探测器可以是 NaI（Tl）探测器和 HPGe 探测器；反符合屏蔽探测器可以是 NaI（Tl）闪烁晶体，也可以是塑料闪烁体（包括液体闪烁体），因而就有四种组合方式构成的反康顿谱仪。作为典型，这里介绍用 NaI（Tl）闪烁体作反符合屏蔽，主探测器分别为 NaI（Tl）和 HPGe 探测器两种结构的反康普顿谱仪系统。

一、NaI（Tl）反康普顿γ谱仪最佳状态的调试

以 NaI（Tl）探测器作为主探测器，则可得到一套 NaI（Tl）反康普顿谱仪系统。对于用 NaI（Tl）晶体作反符合屏蔽环的反康普顿谱仪，一般环的外径取用 Φ200 mm～300 mm，内径为 Φ85 mm～100 mm。高度选用 250 mm 以上，如果条件允许，高度适当取大一些较好，这样可以提高低能段的反康普顿效果。

一套反康普顿谱仪是否工作于最佳的工作状态，可由谱仪系统测得的反康普顿（康普顿抑制）谱反映出来，并与单一探测器（整个系统的结构不变）测得的谱（称单谱）进行比较来确定。反康普顿效果主要决定于下面几个指标：

（1）峰/总比——全能峰区积分计数与全谱积分计数之比；

（2）峰/康比——峰址道上的计数与康普顿端的计数之比；

（3）康/端比——无反符合时单谱中的康普顿端（康普顿散射电子能量最大处）计数与反康谱中康普顿端计数之比；

（4）反康系数（康普顿抑制系数）——单谱与反康谱中康普顿连续部分的面积之比；

（5）峰的显现性；

（6）反康普顿谱仪的积分本底和谱仪长期工作的稳定性。

（一）NaI（Tl）主探测器结构对康普顿抑制的效果

对于给定尺寸（如 3 in×3 in）的 Na（Tl）晶体，可以选择阱型，也可以选择普通圆柱型探测器。晶体的封壳材料和厚度特别是前窗的厚度影响较大，需要认真选择。当主探测器是 Φ3 in×3 in，井孔直径为 25 mm，井深为 40 mm 的阱型探测器时，用一个 ^{137}Cs 源（3 μCi）分别置于井内和端面上，测得的单谱和反康谱比较示于图 6-4-1 和图 6-4-2。两个源位置测得的反康谱比较于图 6-4-3（已对全能峰归一化）。两个源位置所获得的反康效果比较列于表 6-4-1 中。图和表说明：源置于探测器井内，康普顿散射减少，反康效果也比较好，尤其是康普顿边缘明显压低。但反散射峰在反康谱中显观性更强，这是因为 γ 射线在主探测器封壳光电倍增管和后塞探测器封壳等“死”物质（不发生闪烁的物质）中的散射，反散射光子被主探测器吸收而散射电子都没有进入屏蔽探测器所引起的。源置于井内峰探测效率高一倍。因此，在可能的条件下，选择阱型探测器和效率尽可能高的探测器作为主探测器更有利。

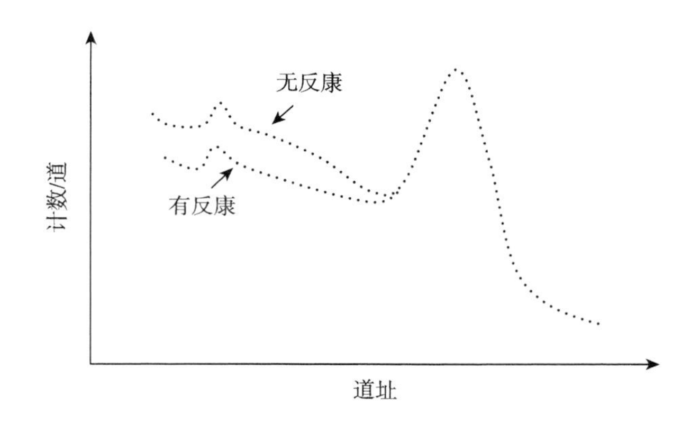

图 6-4-1 ^{137}Cs 源置于主探测器井孔里时，有和无反符合的 γ 谱

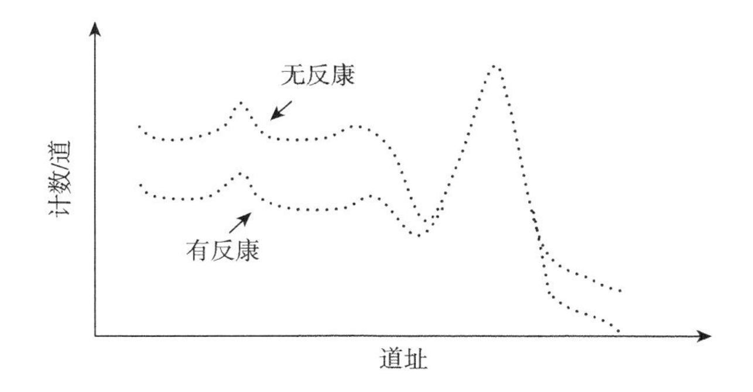

图 6-4-2　^{137}Cs 源置于主探测器端面上时，有和无反符合的γ谱

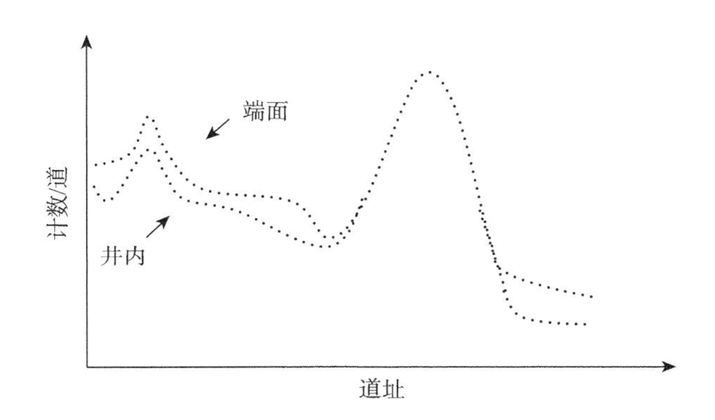

图 6-4-3　^{137}Cs 源置于主探测器井孔里和端面上的反谱之比

表 6-4-1　^{137}Cs 源置于主探测器井孔里和端面上时的反康效果比较

指标	井内			端面上		
	单谱	反康谱	反/单	单谱	反康谱	反/单
峰总比	0. 487±0. 001	0. 679±0. 001	1. 39	0. 406±0. 001	0. 581±0. 002	1. 43
峰康比	18. 1±0. 3	38. 5±0. 6	2. 13	9. 69±0. 13	24. 4±0. 3	2. 52
峰效率/%	16. 0±0. 1	15. 1±0. 1	0. 94	8. 43±0. 01	7. 87±0. 01	0. 93
反康系数		2. 77±0. 01			2. 64±0. 01	

（二）主探测器的位置以及主和堵头探测器之间的相对位置对反康效果的影响

主探测器在屏蔽环中心轴上的位置对反康效果是有影响的。选择主探测器的顶面分别位于环轴中心和低于中心 33 mm 的两个位置，用^{137}Cs 源（3μCi）对几个主要指标进行测量，结果列于表 6-4-2。说明主探测器顶面的位置低于环轴中心。反康效果不好，因为这时由主晶体中散射出来的光子从环孔下方逃离屏蔽晶体的概率大，使反康效果降低。因此，主探测器的顶面至少位于环轴的中心或适当高于中心。

表 6-4-2 主探测器位于环轴上不同位置对反康效果的影响

指标	环轴中心			低于中心 33 mm		
	单谱	反康谱	反/单	单谱	反康谱	反/单
峰总比	0. 487±0. 001	0. 679±0. 001	1. 39	0. 488±0. 002	0. 680±0. 033	1. 39
峰康比	18. 1±0. 3	38. 5±0. 6	2. 13	16. 8±0. 6	36. 3±1. 0	2. 16
峰效率/%	16. 0±0. 1	15. 1±0. 1	0. 94	15. 8±0. 2	14. 8±0. 3	0. 94
反康系数		2. 77±0. 01			2. 58±0. 01	

如果将主探测器的顶面固定于环轴中心偏上 18 mm，改变堵头探测器的位置，反康效果的变化表明，堵头探测器距主探测器 18 mm 最好，距 3 mm 时，由于堵头探测器上的反散射，使单谱和反康谱中的康普顿贡献增加，特别是反散射峰附近更明显，致使反康效果差。距 30~40 mm 时，由于堵头探测器太远，不能充分发挥作用，反康效果也变差。

（三）环轴上点源距主探测器表面距离对反康效果的影响

点源与主探测器表面的距离对单谱和反康谱的影响均很大。用不同的源距测量单谱和反康谱并对全能峰归一化后示于图 6-4-4。随着源距的增加单谱的康普顿部分大大增加，这是因为源距为“0”时，张的立体角大，峰效率提高，而周围物质的散射只有接近于 180°的散射光子才能进入主晶体。随着源距的增加，一方面峰效率降低，另一方面周围物质包括环探测器的散射光子，越来越多进入主晶体。对于反康谱，随源距的增加，在环晶体和堵头晶体中散射光子进入主晶体的部分由于反符合的作用而被压低，但在环晶体内层封壳和堵头晶体封壳上的散射光子进入主晶体的部分，反符合不起作用，因此，反康谱中的康普顿部分也随源距的增加而增加，反康效果随源距的增加而变差。

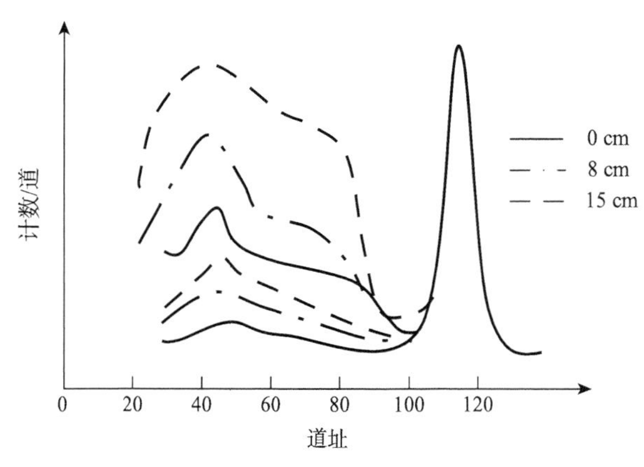

图 6-4-4 ^{137}Cs 源距主探测器表面不同距离对反康谱形的影响

（四）源的几何形状和包装材料厚度对反康效果的影响

用前窗有效吸收厚度为0.5 mm Al的主探测器实验薄膜源和塑料袋包装的点源对反康效果的影响。可以看到单谱的峰/康比不变，而反康谱的峰/康比以及康端比、薄膜源均比塑料包源好。

用不同几何形状的源，前窗有效吸收厚度为2.8 mm的主探测器，在没有堵头（只有环）探测器的情况下，不同几何形状源对反效果的影响实验表明，塑料包源和棒源单谱峰/康比不变，对反康谱，棒源峰/康比变坏，康端比和反康系数也变差。对于大样品土壤源，源中的散射成分增加，进入主晶体的散射光子增多，导致康端比、反康系数以及反康谱中的峰/康比都变差。总之，应该尽量减少源与主晶体和屏蔽晶体之间的“死”物质。

此外源的强度对反康效果的影响也很大。还有反康谱仪系统的积分本底以及长期工作的稳定性等指标将在半导体反康普顿系统的调试中再详述。

二、半导体反康普顿γ谱仪最佳状态的调试

半导体康普顿γ谱仪的调试程序基本上与NaI（Tl）反康谱仪一样，衡量谱仪的指标和影响反效果的因素也类似。但是，NaI（Tl）反康谱仪，主和屏蔽探测器都是NaI（Tl）晶体，主和反符合晶体输出信号的形状相同，两道输出脉冲时间上容易匹配。而半导体反康谱仪的主探测器是HPGe探测器，它输出电压脉冲的上升时间是电子-空穴对产生地点的函数。脉冲幅度相同，但上升时间可能不同。幅度相同而上升时间不同的脉冲经放大成形后变成了幅度不同的脉冲，这种现象称为弹道亏损，引起了谱“线展宽”，影响能量分辨率。同时，由于脉冲上升时间的复杂化，要使得半导体探测器的康普顿电子或散射光子信号与散射光子（或康普顿电子）在NaI（Tl）屏蔽探测器中产生的信号符合，时间上的匹配需要细心的调节。也就是说，要获得最佳的工作状态，逻辑电子学部件如时间单道分析器、符合反符合单元以及主道延迟放大器等有关时间参数的调试是十分重要的。

（一）道宽选择、脉冲成形时间以及源强对分辨率的影响

从理论上讲，半导体谱仪的分辨率决定于HPGe探测器的本征分辨率和核电子学设备的性能，应该与道宽无关。但在实际应用中，若道宽取得太宽，一个全能峰只占一道，或没有占用应有的道数，那么就很难分辨互相靠近的峰。一个峰所占的道数多少直接影响分析精度。另外，表示分辨率的半宽度FWHM的计算，是由最大值（峰值）的一半附近两点作线性内插求得的。道宽（keV/道）与用“道”表示的半宽度$H_{1/2}$之乘积，为用“keV”表示的FWHM。如果道宽较宽，则计算的误差较大，从而影响分辨率的计算结果。同样，峰最大高度十分之一的全宽度FWTM也是如此。

HPGe探测器输出的电压脉冲是由于γ射线与探测器相互作用产生电子-空穴对，

在电场的作用下，载流子向两电极运动感应电荷而形成的。电子-空穴对产生的位置不同，载流子被电极收集的时间也不同，因此输出脉冲的上升时间取决于电子-空穴对产生的地点。即使脉冲幅度相同，而上升时间却有很大的不同，探测器越大，上升时间的分散性越大。如果谱放大器内脉冲成形时间选择不当，就会导致相同幅度的脉冲输入，而输出脉冲的幅度却不一样，从而使谱峰展宽。因此，为了保证输入脉冲上升时间的起伏不至于影响峰的分辨，必须选择合适的脉冲成形时间。

源强对谱仪分辨率的影响也较大。由于脉冲的堆积效应，如果源强太强，不但产生偶然的加和效应，而且影响 γ 射线的能量分辨和全能峰的对称性。因此控制适当的源强，不但有助于分辨率的提高，而且也可以改善峰的形状。

（二）源与半导体探测器间吸收物质对反康效果的影响

由于 γ 射线探测器对高能 β 射线也是灵敏的，为了减少 β 粒子及其产生的轫致辐射对谱（特别是低能段）的影响，在源与探测器间常常采用铝和铜吸收片。但这些外加的吸收片，由于 γ 射线在其里面的散射，而影响反康效果。固定源的位置及其他几何条件，不同吸收层对反康效果的影响实验结果表明，随吸收层厚度的增加反康效果变差，这是因为在吸收层中散射的光子进入半导体探测器，而反符合不起作用。同时，在半导体探测器内反散射的光子部分被吸收层所吸收而没有进入反符合探测器。因此，为了提高反康效果，应该尽量减少环晶体中心孔道内的“死”物质（包括探测器的封壳）。

（三）堵头探测器与半导体探测器间的距离对反康效果的影响

HPGe 探测器顶面位于环晶体轴的垂直平分线上的情况下，固定源的位置，移动堵头探测器，改变它与 HPGe 的距离以及去掉堵头探测器，测量反康效果，结果表明：

① 随着堵头探测器距离的增大，单谱的峰/康比没有变化，反康谱于两探测器相距超过 30 mm 时峰/康比也几乎没有变化，但当无堵头探测器时，反康谱中康普顿“端”区的峰/康（端）比变差，而坪区的峰/康（坪）比没有变化，这是因为从 HPGe 探测器中反散射的 γ 散射线没被反符合探测器接收。

② 堵、主探测器距离为 30 mm 时；康端比最好，距离太近时堵头探测器封壳的散射影响大，距离太远，反符合的作用又被削弱。无堵头探测器时，康端比变差，原因显然与峰/康（端）比一样。

③ 反康系数随两探测器距离的增大略微变差，但不太显著。无堵头探测器时，反康系数变差是意料之中的。

综上所述，在堵头探测器可以移动最大距离的范围内，改变它的位置，对反康效果影响不显著，但没有堵头探测器时，反康效果明显变差。

（四）源与探测器之间的距离、源的几何形状以及源强对反康效果的影响

在环探测器的中心轴上源与半导体探测器的距离对反康效果影响较大，原因与 NaI（Tl）反康谱仪中所作的解释相同。如果对不同源距测得的单谱和反康谱，按全能峰归

一化到“0”距离的情况，再计算康普顿谱区的面积。各个源距与“0”距离的康普顿面积之比列于表 6-4-3 中。结果说明，随源距的增大，单谱和反康谱的康普顿面积均增大，而反康谱的增大速率更低。这是因为在环晶体中向前散射进入 HPGe 探测器的光子被反符合掉了，只是内封壳中的散射反符合不起作用。

表 6-4-3　^{137}Cs 源轴向距离对反康谱的影响

源距/mm	0	18	41	64	83
单谱康区面积比	1	1.08	1.19	1.31	1.38
反康谱康区面积比	1	1.03	1.08	1.14	1.17

为了研究源的几何形状对反康效果的影响，制成^{137}Cs 点源，土壤混合粉末。然后将少量粉末装入小玻璃瓶，瓶子水平放置，粉末沉聚于瓶的侧面而形成圆柱状源。再将土壤粉末装入 Φ75 mm×50 mm 的塑料盒内而形成圆柱体源。这三种几何形状源反康效果的测量结果表明，点源的反康效果最好，峰/康比，康端比和反康系数都比较大。而土壤圆柱体源，反康效果比较差。这是由于在源中散射所引起的。体积越大的源，反康效果越差。

研制反康谱仪的目的主要是分析低水平放射性样品。由于 NaI（Tl）屏蔽探测器一般比较大，效率比较高，通常达 60%~87%。因此，源越强，屏蔽探测器内的堆积效应越严重（主探测器中的堆积效应也增强，但相对屏蔽探测器弱得多），在 HPGe 探测器中产生的信号，与之相对应的符合信号损失的概率越大，反符合的概率降低，从而影响反康效果。用不同强度的源对反康系数的测量结果，事实证明，源越强，反康效果越差。一般来说，要求源的强度^{137}Cs 小于 0.1 μCi，^{60}Co 小于 0.06 μCi，也就是说，根据不同的分析对象，源的强度要适当控制。

（五）逻辑电子学部件时间参数对反康效果的影响

一套半导体反康普顿γ谱仪系统，需要若干逻辑电子学部件。逻辑电子学电路中各部件在时间配合好坏，对反康效果会产生明显的影响。如将 HPGe 探测器主放大器脉冲成形电路的时间常数和 NaI（Tl）屏蔽探测器脉冲成形时间常数固定，而改变单道分析器的延迟时间和为 ADC 提供输入信号的延迟放大器的延迟时间，实验表明，这两个延迟时间不但影响总的反康效果，而且调节不适当时，将会导致低能反散射区康普顿抑制较好，而高能康普顿边缘区抑制较差，或者相反的情况。

三、环境样品的γ能谱分析

通常，环境样品中的放射性核素，大多数具有γ辐射，采用γ能谱分析方法比较方便，由于γ放射性核素常常在环境中存在量极低，因此，需要使用低本底高分辨率的谱仪系统。本节着重叙述半导体反康普顿γ谱仪在环境样品分析中的应用。

半导体反康普顿谱仪与单一半导体探测器谱仪所测得的γ射线谱，其差别不但表现在反康谱中康普顿部分被抑制，而且，对级联的γ射线，由于反符合的作用，全能峰内的计数也受到抑制。导致峰内计数减少的原因有两个方面：一是符合相加效应，这并不是反康谱所特有的，可用符合相加修正方法进行修正；二是级联的两个γ光子“同时”分别进入半导体探测器和屏蔽探测器，使得在半导体探测器中形成的全能脉冲被反符合掉。这是反康谱所特有的峰抑制效应，这种峰抑制效应的强弱依赖于级联γ射线的分支比及其在屏蔽探测器中被记录的效率。由于存在于环境样品中的放射性核素以及用作标准的放射性核素，既有单能γ辐射的核素，又有级联γ辐射的核素，甚至有的核素发射多能而又复杂的级联γ射线，致使环境样品的半导体反康谱更为复杂。

（一）半导体反康普顿谱仪的效率刻度

通常，半导体反康普顿γ谱仪可以有单一主探测器、符合探测和反符合探测三种工作方式。在进行半导体反康普顿γ谱仪全能峰效率的刻度前，要确定探测器系统处于不同工作方式时，单能量γ射线源、多能量级联γ射线源的实验谱全能峰面积的变化和关系。为此，对单一探测器、符合和反符合探测系统三种工作方式，用单一^{137}Cs土壤模拟源、纯^{40}KCl源以及^{182}Ta+^{152}Eu土壤混合源进行实验。^{182}Ta+^{152}Eu土壤混合源用三种工作方式实验测量γ谱图。结果表明：

（1）对于单能γ射线源，单一探测器和反康（反符合）谱中，γ全能峰面积在误差范围内是一致的，可直接用反康谱峰面积计算效率。

（2）对于具有多能量级联γ射线的放射性核素，其反康谱中各γ全能峰面积与单一谱峰面积相差很大，对不同能量的γ射线，相差的程度也不同，这与γ跃迁的起止能级有关，一般来说，加和峰（如^{182}Ta的1 374 keV和^{152}Eu的1 528 keV）的峰面积，反康谱与单一谱在误差范围内是一致的。对于既有加和效应使内峰计数增加又有与之级联的γ跃迁导致峰内计数减少的γ射线（如^{182}Ta的1 189 keV、1 121 keV、1 221 keV和264 keV等；^{152}Eu的1 408 keV、1 086 keV和779 keV等），反康谱与单一谱峰面积相差的大小，依赖于两种贡献的相对强度。对于没有加和贡献而又与多种能量γ跃迁级联的γ射线（如^{182}Ta的114 keV和^{152}Eu的411 keV、444 keV），其γ峰在反康谱中几乎没有出现。

（3）符合谱与反符合谱正好相反，在反符合谱中，全能峰面积较小的γ射线，在符合谱中峰面积较大，反之亦然。并且对一特定能量的γ射线，反符合谱峰与符合谱峰峰面积之和在误差范围内与单一谱相应的峰面积是一致的。

综上所述，对半导体反康普顿γ谱仪进行效率刻度，除了测量反康谱外，同时还要测量符合谱。也就是说，对于一个能量γ射线源，要在同一个时间内同时记录反符合和符合两个谱（对由各单能γ核素组成的混合源只须测一个反康谱）。然后，将两个

谱对应的 γ 峰面积逐个相加，由此面积之和计算峰面积效率。

（二）半导体反康普顿谱仪工作方式的选择

谱仪的灵敏度可用最小判断水平和最小可定量测定的活度两个量来表征。为了弄清楚环境样品中主要 γ 放射性核素的测定，采用什么样的探测器系统比较有利。必须进一步研究单一、反符合和符合三种探测器系统工作方式时，探测环境样品中主要放射性核素的灵敏极限。实验证明，在环境样品中，大多数 γ 放射性核素，用反符合即反康普顿谱仪测量是有利的，只有少数具有级联辐射的核素如 ^{60}Co、^{106}Ru－^{106}Rh、^{134}Cs 和 ^{140}La，不宜用反符合谱分析，但是用符合谱分析这些核素比较有利，比单一谱分析的灵敏度高，还有一些核素的 γ 射线如 ^{208}Tl 的 583 keV 和 ^{214}Bi 的 609 keV，用反符合谱和符合谱分析均比较有利。

（三）计算活度用的特征 γ 全能峰选择

用反康谱仪测定环境样品中的 γ 放射性核素时，测定辐射单能 γ 射线核素的活度时，不存在 γ 峰的选择问题。但是，对于辐射多种能量级联 γ 射线的核素，采用哪一个或哪几个 γ 峰来计算该核素的活度，是需研究的。

一般来说，对于这些核素，在测反符合谱的同时，还须测一个符合谱，然后选择分支比较高而又很分立的一个或几个全能峰，将反符合谱和符合谱中对应的峰面积相加，以此面积之和值计算该核素的活度，再求加权平均值即得最后结果。如果只记录一个反符合谱，除了高分支和孤立峰的要求外，还要求选择的峰抑制系数（单谱峰面积与反符合谱峰面积之比）接近于 1 的全能峰。峰抑制系数越大的 γ 射线越不可取。

如果待分析的核素是属于递次衰变的，还存在一系列子核素，确定母核素的活度时，除了考虑 γ 全能峰的恰当选择外，还存在子核素的正确选择问题（如果母核素无直接 γ 辐射的话），这时，必须将子核素、γ 射线峰以及系统的工作方式结合起来考虑。为此，用一个 U-Ra 平衡标准矿粉和一个 ^{232}Th 标准矿粉源进行实验，源的体积为 Φ75 mm ×50 mm，质量约 250 g。用三种工作方式（单一探测器、反符合、符合）分别对这两个源进行测量。在环境样品中天然射线性核素 ^{238}U、^{235}U、^{226}Ra、^{232}Th 的浓度确定方法是很重要的，这些核素在地球形成的时候就已经存在，并且存在一系列子核素而形成一个衰变系。那么应该选择哪一个子核素哪一些（或一个）γ 射线来确定这些核素的浓度呢？如果样品中这些天然核素与其一系列的子体处于长期平衡状态，问题就比较简单，只须选择发射强 γ 射线的核素及这些强的 γ 射线峰，即可算出衰变系中任何一种核素的放射性强度或比活度。但对于大多数环境样品，这些天然核素尤其是 ^{238}U 与其所有子体，很难保持平衡，因此，需要选择合适的子体核素来确定母核素的浓度。例如土壤样品，由于土壤中 ^{238}U 和它的子体产物存在地球化学行为的差别，而且子体 ^{234}U、^{230}Th 和 ^{226}Ra 的寿命很长，因此，^{238}U 和 ^{226}Ra 很难保持久期平衡的状态，^{238}U 和 ^{226}Ra 的比活度是不相等的。

1. ^{238}U 的确定

由于土壤样品中^{238}U和^{226}Ra的比活度不相等，因此，不能用^{226}Ra以后的子体核素的γ射线峰来确定^{238}U。但^{234}Th与^{238}U之间满足平衡条件，这样，可选择^{234}Th的92.6 keV γ全能峰来确定^{238}U。然而，环境土壤中还含有^{232}Th，它的子体^{228}Ac有一个93.4 keV的X射线，对^{234}Th的92.6 keV峰产生干扰，用单一探测器分析时，必须扣除^{232}Th的这种干扰，扣除时可先算出^{232}Th的含量，再算出^{232}Th对该峰的贡献。也可用处于久期平衡状态的纯^{232}Th土壤标准源（或标准矿粉），求出93.4 keV峰面积与某一分立的强γ峰（如911 keV或583 keV）面积之比，由此比值与待分析样品中911 keV或583 keV之积，则为^{232}Th在93 keV峰内的贡献，然后将^{232}Th的贡献扣除。采用反康谱仪分析时，在反符合谱中，^{232}Th93 keV峰没有受到抑制，而^{232}Th的93 keV的X射线峰，受到很大的抑制，反符合谱峰只是单谱峰面积的30%。可见在反符合谱中，^{232}Th的93.4 keV X射线对^{234}Th的92.6 keV γ峰干扰很少，采用反康谱中92.6 keV峰来确定^{238}U浓度是很有利的。

2. ^{226}Ra 的确定

由于^{226}Ra的子体^{222}Rn是气体，半衰期为3.82天，容易逸出，破坏了^{226}Ra与^{222}Rn以后子体的平衡。为了保证^{226}Ra与^{222}Rn以后的子体处于长期平衡状态，一般来说，样品制备完毕后应密封并放置两个月然后测量。这时可以选用^{214}Pb的295 keV、352 keV和^{214}Bi的609 keV和1 765 keV γ峰进行计算，然后求加权平均以确定^{226}Ra的含量。

对于反康谱，^{214}Bi的609 keV γ峰受到强烈的抑制，不能选用，可选用^{214}Pb的295 keV、352 keV和^{214}Bi的1 765 keV γ峰来确定^{226}Ra的含量。如果同时测量了符合谱，应该将反符合谱和符合谱中对应的γ峰面积相加，用面积之和数据来确定^{226}Ra的含量。

如果不能保证^{226}Ra和^{222}Rn及其他子体处于久期平衡状态，最好是用^{226}Ra直接辐射的186 keV γ射线峰来确定^{226}Ra的含量。但该峰受到^{235}U的185.7 keV γ射线干扰，必须要扣除^{235}U的贡献。若样品中不存在裂片核素^{141}Ce，则可先用144 keV γ峰来确定^{235}U，然后再计算^{235}U对186 keV γ峰的贡献。

3. ^{235}U 的确定

^{235}U天然丰度比较低，但在核企业周围的环境中，它的丰度可能增加。一般来说，可先用^{226}Ra的子体γ确定^{226}Ra后，计算^{226}Ra对186 keV γ峰的贡献，扣除这种贡献余下的186 keV γ峰面积则可用来确定^{235}U的含量。如果样品中^{235}U的含量较高，又没有裂片核素的^{141}Ce干扰，则可用144 keV γ峰来确定^{235}U的含量。当用反康谱仪测定时，用144 keV γ峰更为有利。

4. ^{232}Th 的确定

在^{232}Th的衰变系中，相对于^{232}Th来说，没有特别长半衰期的核素，气体^{220}Rn的半衰期又短，因此，可以认为在环境样品中^{232}Th及其子体处于久期平衡状态。这样，对于单一半导体探测器测得的单谱，可以采用^{212}Pb的238 keV、^{208}Tl的583 keV和^{228}Ac的911 keV γ峰面积计算^{232}Th的活度，然后取加权平均值确定^{232}Th的含量。如果采用反符合谱，只能选用^{212}Pb的238 keV γ峰来确定^{232}Th。在记录反符合谱的同时，也记录了符合谱，那么可以选用与单谱一样的γ峰，但必需将反符合谱和符合谱中相应的γ峰面积相加，再用面积之和的数据计算^{232}Th的含量。

必须指出，^{137}Cs 662 keV γ峰受到了^{214}Bi的666 keV γ峰的干扰，但666 keV γ峰在反符合谱中受到强烈的抑制，因此，用反康谱仪分析环境样品中的^{137}Cs含量特别有利。

（四）样品量不恒定的环境样品的分析

对大多数环境样品，样品量是可以人为地控制一定的量。但有的样品，其数量是难以控制的。例如在一定时期（如一个月）内收集到的放射性沉降物样品，由于放射性落下灰是与尘土一起沉降至收集容器内，尘土的多少随气象条件的变化而有很大变化，因此，每月沉降物的土灰量不一样，甚至相差可能比较大。如果规定每月测量的土灰量都相同比较困难，对测量的精度也不利，每月收集到的土灰量必须全部用于测量。这样，每个测量样品的土灰量就可能有较大的差异，采用同一个标准样品源进行仪器刻度是不行的，需要制作各种各样土灰量的标准样品源。然而，这样做也是不现实的，所以需要研究γ射线全能峰面积效率与样品土灰量之间的关系。

实验中可采用模拟放射性沉降物的^{152}Eu加^{182}Ta混合标准土灰样品源，用$\Phi 75\times 50$ mm的塑料样品盒，逐次装入一定量的^{152}Eu加^{182}Ta标准土灰，铺匀压平，置于半导体反康普顿探测系统内，测量γ能谱，计算各个能量γ全能峰面积效率，作出一组效率曲线。这些曲线对应一组土灰量。由这些效率曲线查出某一γ射线能量，样品不同土灰量所对应的γ全能峰面积效率，在直角坐标纸上画出数据点。对于给定的γ射线样品中存在自吸收效应时的效率ε_p与无自吸收效应时的效率ε_p^0之间满足如下的关系：

$$\varepsilon_p=\varepsilon_p^0 F \tag{6-4-1}$$

式中：F为自吸收校正因子。实验证明，当假设所有的γ光子均垂直穿过源而到达探测器表面时，F满足下面的表达式：

$$F=\frac{1-e^{-\mu d}}{\mu d} \tag{6-4-2}$$

式中：d为样品的厚度；μ为线性衰减系数。由于所用的样品核直径一定（即面积S一定），当每次装样的密度ρ相同时，F与样品重量w的关系为

$$F=\frac{1-e^{-\mu_g w}}{\mu_g w} \tag{6-4-3}$$

其中，$\mu_g=\mu/(\rho s)$，将式（6-4-3）作泰勒展开：

$$F=\frac{1}{\mu_g w}\left[1-\left(1-\mu_g w+\frac{1}{2}\mu_g^2 w^2-\frac{1}{6}\mu_g^3 w^3+\cdots\right)\right]$$

$$=1-\frac{1}{2}\mu_g w+\frac{1}{6}\mu_g^2 w^2-\cdots \qquad (6\text{-}4\text{-}4)$$

对式（6-4-4）只取前面三项低次项，代入式（6-4-1）得

$$\varepsilon_p=aw^2+bw+c \qquad (6\text{-}4\text{-}5)$$

可见峰面积效率与样品重量 w 的关系近似为二次多项式。将实验数据作最小二乘法拟合，拟合曲线与实验点符合很好。说明各种能量 γ 射线的全能峰面积效率与样品土灰量之间关系在一定的范围内近似服从二次曲线的变化。还可以进一步由二次曲线的参数求出 ε_p^0 和 μ_g 的初值，用非线性最小二乘法拟合，获得式（6-4-1）描述的效率与样品量之间带指数项的变化关系。这样，对于任何一个样品，只要知道土灰量（注意密度一致性），就可以从拟合曲线图或表达式求得某 γ 能量的全能峰面积效率，从而可以确定该能量所表征的放射性核素的含量。

第五节　γ 能谱测量中的符合相加和自吸收修正

一、符合相加修正

半导体 γ 能谱仪的效率刻度是 γ 能谱定量分析的基础，刻度质量的好坏决定了分析结果的可靠程度。环境放射性一般都是很弱的，效率刻度用的标准源，活度也不能很大，因此，随机符合相加（也称偶然符合相加）效应的修正可以忽略，但多能量 γ 射线源都存在级联辐射，特别是环境样品测量，由于放射性弱，样品都紧靠探测器，因此，符合相加效应不能忽略，必须进行修正。

符合相加效应相对于偶然符合相加效应而言，也称为“真”符合相加效应，是由于放射性核素在谱仪的分辨时间内发射两个或多级联 γ 光子所引起的。比如第一个 γ 光子在锗晶体中消耗了它的全部能量，而同时第二个 γ 光子也被探测，那么就有一个幅度加和的脉冲被记录下来，此事件就从第一个 γ 全能峰中损失掉。这种加和效应的概率随源到探测器距离的减少而增加，它与计数率无关。在低水平测量时，常常将样品置于探测器的顶盖上，符合相加效应比较强。当然，如果采用与样品相同的放射性核素标准源，进行相对测量，则不须进行修正。然而，若是采用有级联跃迁的系列标准源或多能量 γ 射线源测定效率曲线时，必须进行符合相加修正。

（一）符合相加修正因子的计算

符合相加修正因子理论计算，可用图 6-5-1 的简单衰变纲图来说明。对 γ_{21} 和 γ_{10} 来说，如果在探测器内消耗全部能量用 F_{21} 和 F_{10} 表示，消耗部分能量用 P_{21} 和 P_{10} 表示，那么，在分辨时间内，γ_{21} 和 γ_{10} 同时与探测器相互作用时，符合相加效应可能存在下面

三种情况：

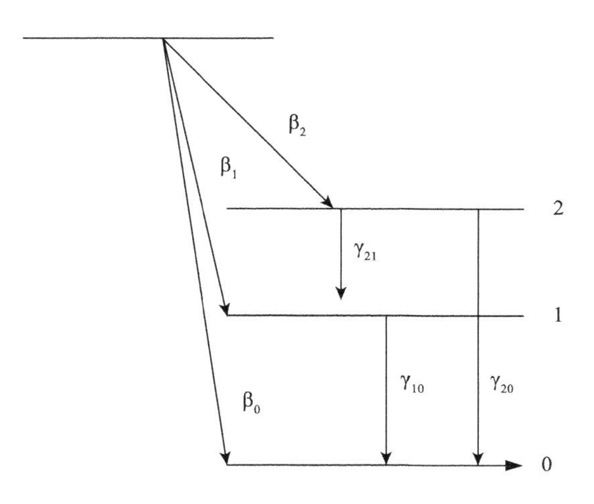

图 6-5-1　简单衰变纲图

$F_{21}+F_{10}$—这是和峰效应，贡献给跨能级跃迁的 γ_{20} 的全能峰（峰增加）。

$F_{21}+P_{10}$ 或 $F_{10}+P_{21}$—称峰损失，是一种重要的效应。

$P_{21}+P_{10}$ 这种符合相加方式，只对平滑的康普顿基底有贡献，对全能峰无影响。即使这两部分能量的总和等于 F_{21} 或 F_{10}，但这种概率不会在 F_{21} 或 F_{10} 处出现峰，仍然是 γ_{21} 和 γ_{10} 峰下的基底，不会影响峰面积。

因此，符合相加修正只指前两种情况，即峰损失或者峰增加，当然，峰增加必然伴随峰损失。另外，在符合相加修正因子的计算中假定：

β 辐射被探测器封盖吸收，不存在 β、γ 符合效应；忽略轫致辐射；不考虑级联辐射间的角关联。

1. 对点源计算符合相加修正

设 β 衰变到子核各能级的分支比为 β_i（$i=0$，1，2，…），i 为能级编号；从 i 能级到 j 能级的跃迁，对 i 能级来说，γ_{ij} 射线（含内转换）总的分支比为 x_{ij}；内转换系数为 a_{ij}；对母核来说，γ_{ij} 射线的分支比为 η_{ij}；实验测得的峰面积为 S'_{ij}；真正峰面积为 S_{ij}；峰效率为 ε_{ij}^{P}；总效率为 ε_{ij}^{T}；源活度为 A。对图 6-5-1 的简单衰变纲图，没有符合相加效应时，真正峰面积为

$$\begin{cases} S_{21}=\dfrac{A\beta_2 x_{21}}{1+a_{21}}\varepsilon_{21}^{P}=A\eta_{21}\varepsilon_{21}^{P} \\ S_{10}=\left[\dfrac{A\beta_1 x_{10}}{1+a_{10}}+\dfrac{A\beta_2 x_{21}x_{10}}{(1+a_{21})(1+a_{10})}\right]\varepsilon_{10}^{P}=A\eta_{10}\varepsilon_{10}^{P} \\ S_{20}=\dfrac{A\beta_2 x_{20}}{1+a_{20}}\varepsilon_{20}^{P}=A\eta_{20}\varepsilon_{20}^{P} \end{cases} \tag{6-5-1}$$

考虑符合相加效应时的峰面积，即实测峰面积为

$$\begin{cases} S'_{21}=A\beta_2 x_{21}\dfrac{\varepsilon_{21}^P}{1+a_{21}}\left(1-\dfrac{\varepsilon_{10}^T}{1+a_{10}}\right) \\ S'_{10}=A\beta_1\dfrac{\varepsilon_{10}^P}{1+a_{10}}+A\beta_2 x_{21}\dfrac{\varepsilon_{10}^P}{1+a_{10}}\left(1-\dfrac{\varepsilon_{21}^T}{1+a_{21}}\right) \\ S'_{20}=A\beta_2 x_{20}\dfrac{\varepsilon_{20}^P}{1+a_{20}}+A\beta_2 x_{21}\dfrac{\varepsilon_{21}^P\varepsilon_{10}^P}{(1+a_{21})(1+a_{10})} \end{cases} \tag{6-5-2}$$

如果不考虑内转换，则实测峰面积变为

$$\begin{cases} S'_{21}=A\beta_2 x_{21}\varepsilon_{21}^P(1-\varepsilon_{10}^T)=A\eta_{21}\varepsilon_{21}^P(1-\varepsilon_{10}^T) \\ S'_{10}=A\beta_1\varepsilon_{10}^P+A\beta_2 x_{21}\varepsilon_{10}^P-A\beta_2 x_{21}\varepsilon_{10}^P\varepsilon_{21}^T \\ \quad =A\eta_{10}\varepsilon_{10}^P\left(1-\dfrac{\eta_{21}}{\eta_{10}}\varepsilon_{21}^T\right) \\ S'_{20}=A\beta_2 x_{20}\varepsilon_{20}^P+A\beta_2 x_{21}\varepsilon_{21}^P\varepsilon_{10}^P \\ \quad =A\eta_{20}\varepsilon_{20}^P\left(1+\dfrac{\eta_{21}\varepsilon_{21}^P\varepsilon_{10}^P}{\eta_{20}\varepsilon_{20}^P}\right) \end{cases} \tag{6-5-3}$$

由上述各式得符合相加修正因子为

$$\begin{cases} C_{21}=\dfrac{S_{21}}{S'_{21}}=\dfrac{1}{1-\varepsilon_{10}^T} \\ C_{10}=\dfrac{S_{10}}{S'_{10}}=\dfrac{1}{1-(\eta_{21}/\eta_{10})\varepsilon_{21}^T} \\ C_{20}=\dfrac{S_{20}}{S'_{20}}=\dfrac{1}{1+\eta_{21}\varepsilon_{21}^P\varepsilon_{10}^P/\eta_{20}\varepsilon_{20}^P} \end{cases} \tag{6-5-4}$$

对于复杂衰变纲图，设 β^-衰变后有 m 个激发态，级联跃迁 γ_{ij}射线峰面积的一般计算公式为

$$S'_{ij}=A\beta_i^* D_{ij}M_j \tag{6-5-5}$$

式中：

$$\beta_i^*=\beta_i+\sum_{n=i+1}^{m}\beta_n^* b_{ni},\quad D_{ij}=d_{ij}+\sum_{k=j+1}^{i-1}d_{ik}D_{kj},\quad M_j=\sum_{k=0}^{j-1}b_{jk}M_k,\quad M_0=1$$

$$d_{ij}=x_{ij}\varepsilon_{ij}^P\Big/(1+\alpha_{ij}),\quad b_{ij}=x_{ij}\left[1-\varepsilon_{ij}^T\Big/(1+\alpha_{ij})\right],\quad \sum_{j=0}^{i-1}x_{ij}=1$$

无符合相加时的峰面积，一般为

$$s_{ij}=A\eta_{ij}\varepsilon_{ij}^P \tag{6-5-6}$$

这样使得符合相加修正因子

$$C_{ij}=S_{ij}\Big/S'_{ij} \tag{6-5-7}$$

以上各式中的总效率，必须用单能系列源由实验测定。

2. 对体源计算符合相加修正

对体源计算符合相加修正因子要复杂得多。同样，对图 6-5-1 的简单衰变纲图，符合相加修正因子的计算公式如下：

$$
\begin{cases}
\dfrac{1}{C_{21}} = 1 - \dfrac{\int \varepsilon_{21}^{P}(\vec{r})\varepsilon_{10}^{T}(\vec{r})\mathrm{d}V}{\int \varepsilon_{21}^{P}(\vec{r})\mathrm{d}V} \\[2ex]
\dfrac{1}{C_{10}} = 1 - \dfrac{\eta_{21}}{\eta_{10}}\dfrac{\int \varepsilon_{10}^{P}(\vec{r})\varepsilon_{21}^{P}(\vec{r})\mathrm{d}V}{\int \varepsilon_{10}^{P}(\vec{r})\mathrm{d}V} \\[2ex]
\dfrac{1}{C_{20}} = 1 - \dfrac{\eta_{21}}{\eta_{20}}\dfrac{\int \varepsilon_{21}^{P}(\vec{r})\varepsilon_{10}^{P}(\vec{r})\mathrm{d}V}{\int \varepsilon_{20}^{P}(\vec{r})\mathrm{d}V}
\end{cases}
\tag{6-5-8}
$$

这时峰效率和总效率不仅是能量的函数，而且是空间的函数，要给出这些函数关系是十分复杂的，一般可用实验方法求得效率的空间关系。就是将多能量γ射线核素和若干单能γ射线核素做成点源，置于体源介质体积中不同位置处测量，求出效率对空间的关系。上述各式中积分的计算，可用数值积分方法。将体源细分成许多体积元，对每个体积元视作点源计算符合相加修正因子，然后用各体积元位置处测得的峰效率作权重，求加权平均值，即获得最后的符合相加修正因子。

（二）符合相加修正因子的实验测定

对于常用于刻度半导体γ谱仪的放射性核素，如 ^{152}Eu、^{88}Y 和 ^{60}Co 等，符合相加修正因子的实验测定，一般有两种几何测量条件：

（1）放射源为点源，置于探测器端面上。

（2）用一直径为 90 mm 的透明烧杯，装 1 L 放射性溶液，也放在探测器端面上。

选择γ射线强度 I_r 已知的一系列单能γ射线源，分别制成点源和杯装溶液源，并置于探测器端上（用 c 表示）和距离探测器端面 16 cm 处（用 f 表示）进行测量。在两个几何位置上，对于某一能量γ射线，其峰面积计数分别为 N_c 和 N_f，源峰效率分别为 $\varepsilon_{spc}=N_c/I_r$ 和 $\varepsilon_{spf}=N_f/I_r$。小源距与大源距效率比 $R=\varepsilon_{spc}/\varepsilon_{spf}$。当源为点源时，效率比 R 随γ能量变化的测量结果如图 6-5-2 的圆点所示。图 6-5-3 圆点为杯装溶液源效率比 R 的测量结果。两图中的实线为通过刻度点的手描曲线，也可用最小二乘法拟合求出。从两图可见，对于点源，效率比 R 随γ能量的降低而增加，这是由于小源距时，探测器所张有效立体角，对低能γ射线比高能γ射线大，同时，效率随能量的变化程度，在小源距时比较大。对杯装溶液源，由于γ辐射在源中的自吸收，而自吸收效应随能量的降低而显著增加，因此，效率比 R 在低能区被过补偿，而导致随γ能量的降低而降低。

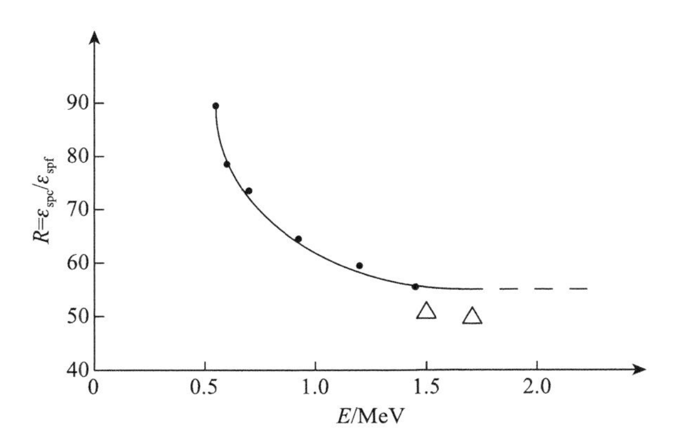

图 6-5-2　点源时，R 随 γ 能量的变化示意图

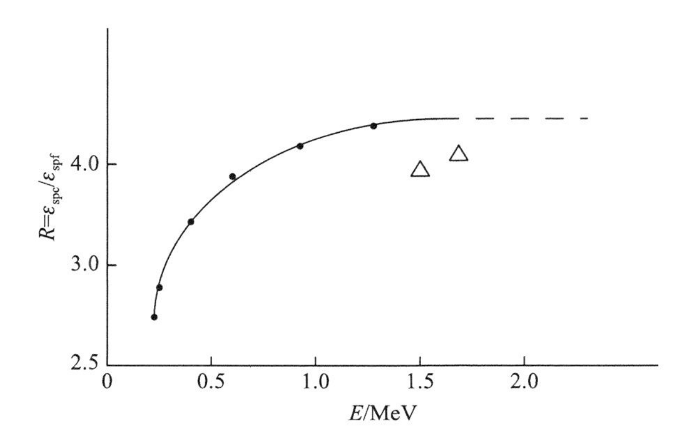

图 6-5-3　杯装溶液源效率比 R 的测量结果

对于具有级联跃迁的 γ 源，如^{152}Eu、^{88}Y、^{60}Co 等，和单能 γ 源一样，制备上述两种几何形状的源，置于上述两种几何位置上进行计数，用同样的峰分析方法计算峰面积 N_c' 和 N_f'，图 6-5-2 和图 6-5-3 给出了^{60}Co 两种能量 γ 射线的效率比 $R'=\varepsilon'_{spc}/\varepsilon'_{spf}$，以三角形表示。由于存在符合相加效应，γ 峰内计数减少，近距离减得多，远距离减得少，导致效率比 R 落在实线的下面。一般地说，源与探测器的距离超过 16 cm 后，符合相加效应可以忽略不计了。对于某一能量的 γ 射线，为了获得小源距条件下的真正效率 ε_{sp}，则所测得的效率 ε'_{spc}，必须乘上符合相加修正因子 C。从实验拟合曲线可求得 R，于是

$$\frac{R}{R'}=\frac{\varepsilon_{spc}\varepsilon'_{spf}}{\varepsilon_{spf}\varepsilon'_{spc}} \tag{6-5-9}$$

而

$$\varepsilon'_{spf}\approx\varepsilon_{spf}$$

所以

$$\varepsilon_{sp}=\varepsilon_{spc}=\varepsilon'_{spc}\frac{R}{R'}$$

$$C=\frac{R}{R'} \tag{6-5-10}$$

必须指出，修正因子 C 对于不同的探测器，不同的形状源和几何位置是不一样的。

二、体源自吸收修正

由于环境放射性核素的活度水平很低，在用半导体谱仪进行定量分析时一般都采用大体积样品，因此必须考虑样品的自吸收问题。如果把体源中能量为 E 的 γ 射线在谱仪上观测到的全能峰面积表示为下式：

$$a = NP\varepsilon F \tag{6-5-11}$$

式中　N——样品含有能量为 E 的 γ 射线核素的活度；

P——能量为 E 的 γ 射线的发射概率；

ε——能量为 E 的 γ 射线的全能峰探测效率；

F——能量为 E 的 γ 射线在样品中的自吸收因子。

自吸收因子 F 实质上等于该能量 γ 射线通过样品自身的透射概率，即

$$F = \mathrm{e}^{-(\mu/\rho) l \frac{m}{V}} \tag{6-5-12}$$

式中　μ/ρ——样品材料对能量为 E 的 γ 射线的质量减弱系数；

m——体源样品的质量；

V——体源的体积；

l——被测量 γ 射线通过体源本身的平均有效长度。

l 是一个几何量，和样品的材料无关。因此对固定的样品盒和探测器，无论分析什么样品，l 是常量。至于对不同尺寸的探测器和同样的样品盒，可能会有点不同，但在确定 l 的实验误差范围内可认为是不变的。

用式（6-5-12）得到的自吸收因子，是样品的绝对自吸收，对于大体积样品是不能忽视的。就推荐的标准凹型杯体源而言，对大多数日常分析的样品材料，对 1 MeV 的 γ 射线的绝对自吸收接近 10%，对 60 keV 的 γ 射线，样品的自吸收可以高达 40%。若在测量中不仔细做样品的自吸收修正，分析结果是极其不准确的。因此做好体源的自吸收修正是测量体源核素活度的关键。

直接采用式（6-5-12）计算样品自吸收，由于修正量大，会给测量结果带来较大的误差。为了提高样品分析的准确度。将以 ^{152}Eu 体标准源（或以河泥标准参考物质）刻度探测器的全能峰效率为基础，来计算实际待测样品相对于标准样的自吸收修正因子，借以达到修正了样品自吸收的目的。因为用标准样品刻度过的谱仪测量样品，在刻度效率中已包含着标准源基质材料对 γ 射线的自吸收因素。所以使用标准源的刻度效率来确定待测样品的核素活度时，等于自动修正了相当标准样品基质材料对 γ 射线的自吸收部分。因此在用标准体源刻度过的谱仪上测量样品，只须做待测样品同标准样品之间的自吸收差额就够了。下面给出三种修正体源自吸收的方法。

（一）已知标准样品和待测样品的质量减弱系数时的理论计算法

假如有两种不同的基质材料，并加进相同放射性核素活度两个体源。放在同一探测器上测量。观测到某一能量 γ 射线的全能峰面积分别为

$$\begin{cases} a_{sT}=N_r\varepsilon \mathrm{e}^{-(\mu/\rho)_s l\frac{m_s}{V}} \\ a_{nT}=N_r\varepsilon \mathrm{e}^{-(\mu/\rho)_n l\frac{m_n}{V}} \end{cases} \tag{6-5-13}$$

式中：N_r 为所分析 γ 射线的发射率 $N=NP$。于是样品 n 相对于样品 s 的自吸收修正因子是

$$F_{n-s}=\frac{a_{nT}}{a_{sT}}=\mathrm{e}^{-\left[(\mu/\rho)_n l\frac{m_n}{V}-(\mu/\rho)_s l\frac{m_s}{V}\right]} \tag{6-5-14}$$

式中：m_n 和 m_s 为装满相同的待测样品和标准样品的质量，可直接用天秤称量。γ 射线通过样品的有效行程长度 l，对这里所推荐的 1 L 的凹型杯可由标准实验室提供。对其他规格的体源盒可用后面的实验方法求得。标准源的质量减弱系数 $(\mu/\rho)_s$ 可从提供标准源的实验室得到，而待测样品的质量减弱系数 $(\mu/\rho)_n$，如果没有现成的可用，必须由用户自己设法求得。实验室测定 $(\mu/\rho)_n$ 工作难度比较大，这是此方法的一个缺陷。

（二）未知待测样品的质量减弱系数的近似自吸收修正法

如果不易得出待测样品的质量减弱系数，可用下面导出的近似公式来确定自吸收修正因子。

将公式（6-5-14）先作如下的变化

$$\begin{aligned} F_{n-s}&=\mathrm{e}^{-\left[(\mu/\rho)_n l\frac{m_n}{V}-(\mu/\rho)_s l\frac{m_s}{V}\right]} \\ &=\mathrm{e}^{-l\left[(\mu/\rho)_s\frac{m_n}{V}-(\mu/\rho)_s\frac{m_n}{V}+(\mu/\rho)_n\frac{m_n}{V}-(\mu/\rho)_s\frac{m_s}{V}\right]} \\ &=\mathrm{e}^{-l(\mu/\rho)_s\left(\frac{m_n}{V}-\frac{m_s}{V}\right)}\cdot \mathrm{e}^{-l[(\mu/\rho)_n-(\mu/\rho)_s]\frac{m_n}{V}} \end{aligned} \tag{6-5-15}$$

如果在式（6-5-15）中取后一项为 1，可以得到一个方便使用的近似自吸收修正因子的计算公式，即

$$F_{n-s}=\mathrm{e}^{-l(\mu/\rho)_s\left(\frac{m_n}{V}-\frac{m_s}{V}\right)} \tag{6-5-16}$$

公式（6-5-16）使用起来比较方便，不需要做任何附加实验，只要对装满度一样的标准样和待测样称量各自质量，就可立即得到待测样品的自吸收修正因子。

（三）不用质量减弱系数的自吸收修正法

取两个于标准源相同的样品盒，一个装满体标准源的基质材料，另一个装满待测样品的基质材料。它们除了没有放射性以外，其他完全和体标准源或待测样品完全一样。再选取一块多 γ 射线点源（如 ^{152}Eu 点源），所用点源的 γ 射线能量范围要求能覆盖待测样品中需要分析的 γ 射线能量。然后按图 6-5-4 所给出的点源，体源基质材料和

探测器之间的配置进行实验测量，并得到如下的测量结果：对某一γ射线能量为E，点源分别在两种不同基质材料上所观测到的全能峰面积分别如式（6-5-13）所示，样品 n 相对于样品 s 的自吸收修正因子是

$$F_{n-s}=\frac{a_{nD}}{a_{sD}}=e^{-\left[(\mu/\rho)_n L\frac{m_n}{V}-(\mu/\rho)_s L\frac{m_s}{V}\right]}$$

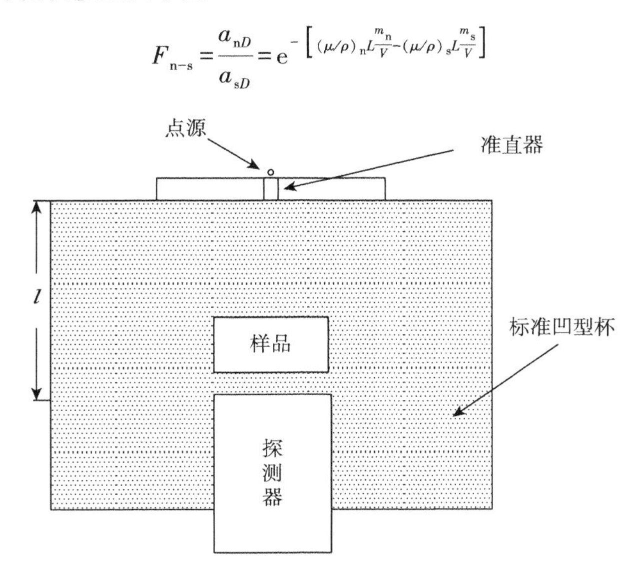

图 6-5-4　点源和探测器的配置示意图

两边取对数整理后得到

$$(\mu/\rho)_n=\frac{(\mu/\rho)_s L\frac{m_s}{V}-\ln\left(\frac{a_n}{a_s}\right)}{L\frac{m_n}{V}} \tag{6-5-17}$$

式中：L 为点源γ射线通过体源样品的最近距离，对标准凹型杯，当样品充满的条件下取 $L=4$ cm。将式（6-5-17）的结果代入式（6-5-14）得到

$$F_{n-s}=e^{\frac{l}{L}\ln\left(\frac{a_{nD}}{a_{sD}}\right)} \tag{6-5-18}$$

基于式（6-5-18）的实验方法比较简便，只需用一块多γ射线的点源，不要求它是标准源。由于环境样品的放射性很弱，只要选用足够强的点源，也就是由点源γ射线所得到的全能峰面积比由待测体源样品和体标准源本身所引起的全能峰面积大得很多时，这项实验完全可以直接在待测样品上和体标准源上完成，不必额外选用相似的基质材料。此方法最大的优点是不依赖测量样品的质量减弱系数，使自吸收修正的准确度大大提高。

（四）确定 l 的实验方法

在式（6-5-14）中的 l 是γ射线到达探测器之前，在体源内所经过的平均有效行程长度，它很难从分析中得出。用 M-C 方法计算是可行的，但对凹型杯的体源，这种计

算是十分困难的。一般是用实验的方法来确定它。

1. 用质量减弱系数已知的基质材料测量法测量 l

用质量减弱系数已知的两种基质材料（最好是液体材料）制作两个体源（标准凹型杯），其中所含核素活度一样。在相同条件下，测量有关 γ 射线全能峰面积。对某一 γ 射线可以得到一个类似式（6-5-14）的表达式，即

$$\frac{a_{m1}}{a_{m2}}=e^{-\left[(\mu/\rho)_{m1}l\frac{m_1}{V}-(\mu/\rho)_{m2}l\frac{m_2}{V}\right]} \tag{6-5-19}$$

式中，$(\mu/\rho)_{m1}$ 和 $(\mu/\rho)_{m2}$ 分别代表基质材料 1 和 2 的质量减弱系数；m_1 和 m_2 分别表示在样品盒中装满时，材料 1 和材料 2 的质量；a_{m1} 是对基质材料 1 的样品，测量到的某一 γ 射线的全能峰面积，a_{m2} 是对基质材料 2 的样品，对同一 γ 射线测量到的全能峰面积。

由式（6-5-19）得到 l 的直接表达式为

$$l=\frac{\ln\frac{a_{m1}}{a_{m2}}}{(\mu/\rho)_{m2}\frac{m_2}{V}-(\mu/\rho)_{m1}\frac{m_1}{V}} \tag{6-5-20}$$

利用这个公式，在加有同一单能 γ 射线混合源的 5 个不同基质材料的体源，完成一批测量。在 44%相对探测效率的高纯锗探测器，从不同样品组合（两个一组）计算出 60 个有效行程长度值 l，他们的算术平均值和平均值的标准偏差为

$$l_1=1.29\pm0.055$$

用相对效率为 35%的高纯锗探测器，也从这个样品的组合中，得到 30 个有效行程长度 l 值，它们的算术平均值及平均值的标准偏差为

$$l_1=1.29\pm0.06$$

由此看出，两个测量结果相一致，说明 l 是由样品几何量所决定，而与探测器尺寸无明显的依赖关系。取两个测量结果的平均值 $l=1.29\pm0.04$ 作为 1 L 的标准凹型杯样品盒的平均有效行程长度值推荐使用。在 50~1 500 keV，它的不确定度能给体源自吸收修正因子带来（0.1~1)%的相对误差。

2. 利用自吸收修正因子的计算公式确定 l

由式（6-5-13）变化得到下式

$$l=\frac{L\ln\frac{a_{nT}}{a_{sT}}}{\ln\frac{a_{nD}}{a_{sD}}} \tag{6-5-21}$$

采用这个公式，确定 l 的实验步骤如下：

第一，在装满标准凹型杯的无放射源的 H_2O 和 $H_2O+FeCl_3$ 的两种基质材料的样品

盒上中心位置，分别放置一块^{152}Eu 的点源（图 6-5-4），完成两次能谱测量。并对有关 γ 射线能量上分别计算出全能峰面积比，即 a_{nD}/a_{sD}。

第二，在上述两个空白样品中分别加入相同量的^{152}Eu 溶液，放在同一探测器上分别测量，并计算出有关 γ 射线的全能峰面积比，即 a_{nT}/a_{sT}。

第三，以上用的^{152}Eu 点源和^{152}Eu 溶液不一定是标准源。实验得到的数据代入式（6-5-21），可对不同 γ 射线能量给出一组 l 的平均值，取它们的算术平均值就得到所用样品盒的样品对光子的有效行程长度 l。该方法不依赖质量减弱系数 μ/ρ 值，所确定 l 的不确定度只与四个观测峰面积的统计误差有关。所以，该方法是目前测量任何体源内光子平均有效行程长度的较好方法。

（五）关于质量减弱系数（μ/ρ）

在使用有关公式计算自吸收修正因子时，都涉及质量减弱系数（μ/ρ）。对于元素成分已知的基质材料，可以通过查表得到 γ 射线在不同元素中的质量减弱系数。对于元素成分未知的样品，只能用实验的方法来确定。实验的理论依据是式（6-5-17），具体实验配置如图 6-5-4 所示。计算的关键在于有一个质量减弱系数已知的标准基质材料（如水）。下面直接给出了几种基质材料对 γ 射线的 μ/ρ 值及它们和 γ 射线能量之间关系的表达式。^{152}Eu 体标准源的质量减弱系数表达式为：在 30~300 keV 能量段上，

$$(\mu/\rho)=0.7288-1.5536\ln A+1.9511(\ln A)^2-1.3199(\ln A)^3+0.4510(\ln A)^4-0.0609(\ln A)^5$$

在 300~1 500 keV 能量段上，

$$(\mu/\rho)=0.2329-0.0593\ln A+0.003597(\ln A)^2$$

式中：$A=E/30$（keV），E 是以（keV）为单位的 γ 射线能量。表 6-5-1 给出了这两种样品基质材料对常用能量 γ 射线的质量减弱系数值。

表 6-5-1　^{152}Eu 体标准源和河泥标准参考物质的质量减弱系数（μ/ρ）值

γ 能量/keV	^{152}Eu 体源	河泥参考物质	γ 能量/keV	^{152}Eu 体源	河泥参考物质
30	0.729 1		59.537	0.245 8	0.302 9
40	0.413 4		88.032	0.188 3	0.207 0
50	0.298 3	0.355 2	121.78	0.160 8	0.158 4
60	0.244 9	0.300 7	122.06	0.160 7	0.158 3
80	0.197 6	0.227 0	136.47	0.153 2	0.147 9
100	0.175 6	0.184 4	244.7	0.129 2	0.124 2
150	0.149 5	0.141 4	344.28	0.109 7	0.101 1
200	0.134 8	0.130 2	391.69	0.104 4	0.093 5
300	0.115 8	0.112 2	444	0.099 3	0.087 4

续表

γ能量/keV	^{152}Eu 体源	河泥参考物质	γ能量/keV	^{152}Eu 体源	河泥参考物质
400	0.103 3	0.092 4	661.66	0.084 0	0.072 8
500	0.094 3	0.082 5	778.9	0.078 0	0.069 7
600	0.087 1	0.076 5	834.843	0.075 6	0.068 0
800	0.078 7	0.069 1	964	0.070 6	0.064 9
1 000	0.068 7	0.064 1	1 085.8	0.066 5	0.062 2
1 500	0.055 9	0.053 9	1 112.1	0.065 7	0.061 6
			1 115.5	0.065 6	0.061 5
			1 408.03	0.058 1	0.055 1

思考题：

1. γ能谱仪的主要技术指标有哪些？

2. 高纯锗γ能谱仪和碘化钠γ能谱仪的刻度方法。

3. 在土壤样品γ谱仪分析中可选择 ^{234}Th 的 92.6 keV γ全能峰来确定 ^{238}U，如何扣除 ^{232}Th 子体 ^{228}Ac 93.4 keV 的 X 射线的干扰？

第七章

环境辐射就地监测

辐射就地监测技术是20世纪60年代发展起来的环境监测的一个分支，用于测定辐射场的特性，鉴别放射性核素并确定其大致浓度，这种方法不改变待测样品在环境中的状态，具有快速获得结果的优点，克服了取样和分析工作量大的问题，在许多情况下，常与实验室样品分析技术配合使用。就地监测按测量射线的种类可分为γ、β和α以及中子监测，其中以γ、中子为主。γ射线监测又可分为γ照射量或剂量监测以及γ放射性浓度监测，中子监测则分为剂量和辐射场强度监测。

第一节　γ辐射照射量的监测

一、γ照射量率仪

（一）常用的γ照射量率仪

常用的γ照射率仪所使用的探测器有G-M计数器、闪烁计数器和电离室。

用G-M计数器构成的γ照射量仪具有简单、稳定和环境适应性好等优点，但其灵敏度较差，自身本底较高。

闪烁计数器主要有NaI（Tl）、塑料和蒽闪烁计数器等。闪烁计数器具有灵敏度高、结构简单等优点，在环境γ照射量率测量方面应用较为广泛。NaI（Tl）闪烁计数器是应用最广泛的一种，其最大优点是灵敏度高，用NaI（Tl）闪烁计数器测量的数值约比热释光剂量计的测量值平均高40%。国内常用的FD-71辐射仪，其探测器为NaI（Tl），在正常本底地区，对γ辐射的读数平均约为高压电离室读数的一倍。为了减少NaI（Tl）闪烁计数器的能量响应，可采用各种过滤片，但仍然可达20%~30%。由于有机闪烁体的原子序数接近空气，因此采用有机闪烁的计数器的能量响应较好，但在低能部分稍有下降。为了改善其能量响应，可在有机闪烁体中加入一定量的锡。

电离室是最早用于环境γ辐射测量的仪器。按所充气压的大小，可分常压电离和高压电离室。常压电离室的优点是结构简单、能量响应较好，缺点是灵敏度较低，且当充空气时，α 放射性产生的电流较大，灵敏度随温度和气压的变化也较大。高压电离室的优点是灵敏度较高，稳定性较好，室壁材料发射的 α 粒子产生的本底电流也较低，由于这些优点，高压电离室在环境 γ 辐射测量中得到了广泛的应用。对于高压电离室，α 放射性引起的电流通常可以忽略不计。为了测量 γ 射线刻度因子，可用已知活度的 γ 辐射源进行刻度，然后对能谱差异可能引起的误差作出相应修正。由于^{226}Ra 的能量和环境 γ 能谱比较接近，所以通常采用^{226}Ra 刻度源，1 mg^{226}Ra 源 1 m 处产生的照射量率为 2.13×10^{-7} c/kg · h（0.825 mR/h）。对于充氩的高压电离室，电离室壁为不锈钢，壁的质量厚度为 2.85 g/cm^2，当用镭源刻度时，能谱差异引起的修正为 30%。通常，水中放射性的含量很低。因此，在具有一定深度的开阔水面上的空气中的电离量可以认为都是宇宙射线引起的。所以，把电离室置于海洋、湖泊和大型水库水面上，就可求出电离室对宇宙射线的响应。

（二）γ 照射量率仪的基本要求

用于环境监测的理想的 γ 照射量率仪的基本要求包括有效测量范围、辐射能量响应、角响应、环境因素对仪器读数的影响等方面。

有效测量范围：2.58×10^{-10} c/kg · h ~ 2.58×10^{-7} c/kg · h（1 μR/h ~ 1 mR/h）。在有效测量量程的 10% ~ 90% 相对固有误差不大于 ±15%。刻度用的参考源通常是^{137}Cs 源。刻度点剂量率约定真值的准确度应在 ±5% 内。

辐射能量响应。与^{137}Cs 参考辐射源比较，辐射在 50 keV ~ 3 MeV 范围内能量响应不大于 ±30%。对用于测量核电站附近由^{16}N 产生的 6 MeVγ 辐射的仪器，要求在 3 ~ 9 MeV 范围内能量响应不大于 ±50%。如果符合这一要求，则在 6 MeV 时能量响应在 ±35%。

角响应。用两种不同能量的辐射源（^{137}Cs 和^{241}Am）在两个互相垂直的平面上检验仪器，对^{137}Cs，平均值大于刻度值的 70%，对^{241}Am 大于 50%。

对其他辐射的响应。对能量值到 2.27 MeV 的 β 辐射（^{90}Sr-^{90}Y 源，E_{max} = 2.27 MeV），仪器没有响应。当仪器用于存在中子等辐射的情况时，应检验仪器对这些辐射的响应。

环境因素对仪器读数的影响。对温度，在 -10 ~ ±40 ℃ 范围内，读数变化在 ±20% 内；在 -25 ~ 50 ℃ 范围内，读数变化 ±50%；对相对温度，在 35℃ 时相对湿度为 40% ~ 95%，读数变化小于 ±10%。

二、累积 γ 照射量监测

累积 γ 照射量监测方法主要有热释光剂量计、玻璃剂量计和外逸电子剂量计等。其中最常用的是热释光剂量法。从 20 世纪 60 年代中期起，热释光剂量计开始用于环境监测，由于它具有简单方便等优点，所以现在已较普遍地用于核设施的环境监测，其中用于环境 γ 辐射监测的热释光剂量计主要有：$CaSO_4$（Dy）、$CaSO_4$（Tm）、CaF_2（Dy）、

CaF_2（Mn）、天然 CaF_2 和 LiF 等。

（一）基本要求

灵敏度和精确度。在实验室条件下，当 γ 辐射场照射量率为 2.58×10^{-9} c/kgh 时，在使用周期内，测量值与已知值在 10%（可信度为 95%）范围内相符，在野外情况下，这一误差不超过 30%。

能量响应：80 keV～3 MeV，灵敏度变化小于±30%。

方向性。对 ^{60}Co 或 $^{137}C_S$ 发射的 γ 射线，在所有方向的平均响应与特定方向的响应的差值不大于±15%。

环境条件。在 50 ℃时储存 30 d，读数变化小于±20%。

从环境剂量计的国际比对结果看，热释光剂量计基本上均可满足上述要求。80%以上的结果在预期值的±30%以内；从参加国际环境剂量计比对的类型看，热释光剂量计应用得最多。

（二）监测方法

监测程序。为了减少前剂量，发光体在使用前，均应进行退火，退火后立即分放监测地点或存放于屏蔽小室内以待发放。除用于监测的剂量计外，应同时存放两组剂量计于屏蔽小室中，一组用于刻度，另一组用于扣除存放期间剂量计所受照射量。在发光体退火后，要抽几个样品进行测量作为本底。剂量计从监测地点取回后，立即存放在屏蔽小室中。取出用于刻度的一组剂量计，以不同的照射量照射的几个点作刻度曲线。照射量的大小应大致与监测剂量计相同。同时测量监测剂量计和存在于屏蔽小室的剂量计。

三、测量 γ 照射量时应注意的问题

（一）自身本底

由于探测器及其附加结构材料均可能含有一定量的放射性物质，从而在仪器或剂量计中产生相应的读数，即自身本底。在测量时必须扣除仪器或剂量计本身的本底。

表 7-1-1 列出了一些热释光剂量计的自身照射量率。由表中可见，自身照射量率最小为 2.06×10^{-9} c/kg·d，最大为 1.11×10^{-7} c/kg·d，即大约为正常地区天然本底辐射照射量率的 0.03 倍和 2 倍，可见它是不可忽略的。

表 7-1-1 一些热释光剂量计的自身照射量率

剂量计类型	自身照射量率/(2.58×10^{-7} c/kg·d)	存放地点
$CaSO_4$（Tm）	0.008	山洞铅室内
$CaSO_4$（Dy）	0.012	
$CaSO_4$（Dy）	0.041	存放在 10.16 cm 铅+0.32 cm 钢+0.16 cm 镉的厚屏蔽室中

续表

剂量计类型	自身照射量率/(2.58×10^{-7} c/kg·d)	存放地点
$CaSO_4$（Tm）	0.055	屏蔽室内
CaF_2（Mn）	0.09	
CaF_2（Mn）	0.43	

对用NaI（Tl）作为探测器的仪器，NaI（Tl）中K含量差异就可能从万分之几到百万分之几，即相差两个数量级，显然，其自身本底相差也可能很大。高压电离室自身本底产生的自身照射量率通常可以忽略不计。

（二）对地层辐射的响应

对于非空气或组织等效的探测器，均存在能量响应问题。由于刻度源的能谱与欲测环境γ辐射能谱是有差异的，故需进行能量修正。对于天然环境γ辐射，其能谱与镭源能谱较为接近但仍有差异。天然环境γ辐射是来自钾、铀系和钍系的放射性核素，它们大致均匀地分布在土壤与岩石中，这些核素所放出的γ辐射谱，除一部分直接透出地面外，还有一部分因散射和多次散射退降为连续谱。另外，天然环境γ辐射能谱也不固定，它与岩石和土壤中^{40}K、铀系和钍系的比例等因素有关。

（三）对宇宙射线的响应

在测量环境γ辐射时，不可避免要遇到宇宙射线响应问题。宇宙射线的组成很复杂，但μ子和相关的电子在海平面空气中产生的吸收剂量率占70%以上。因此，作为一级近似，可以用对μ子的响应代替对宇宙射线的响应。

四、区分环境γ本底辐射的方法

环境γ剂量监测的目的不是测量天然本底辐射，而是测量和评价核设施或其他人为活动产生的照射，通常从核设施产生的环境γ辐射剂量比天然环境γ辐射剂量要小得多，因此，如何区分天然环境γ辐射就成为环境γ剂量监测方法的中心环节。

（一）对环境γ照射量率仪

利用从核设施排出的放射性羽烟产生的γ辐射照射的变化规律与天然环境γ辐射照射的变化规律的差异来区分天然环境γ辐射照射。放射性羽烟产生的照射量率随风向、风速和大气层扰动的变化而迅速变化，变化的时间通常小于几分钟。天然放射性核素（如Rn子体），由于Rn源的分布很广，喟然尝试变化大，但快速波动较小。地层γ辐射照射的变化则通常较缓慢，其γ辐射照射量率的变化主要决定于土壤的温度，这种变化大体上与季节相关。宇宙射线强度一般较恒定，其变化周期更长。

基于这一原理，利用高压电离室，可以监测核设施排出放射性羽烟的γ辐射照射量率仪通常的方法是：把若干连续测量数据求平均以消除偶然涨落的影响，然后选择一定的时间间隔来计算这些平均值的标准偏差，大于一定标准偏差的数值就可能是放射性羽烟的贡献。

（二）对累积 γ 剂量计

区分和估算环境天然 γ 本底辐射通常有如下四种方法：

（1）忽略环境天然 γ 本底辐射随空间的变化，假设在某一地区内，各点的 γ 本底辐射为同一数值。为此，需要选择不受核设施和其他人为活动影响的地质结构大体相同的地区作为对照点。方法的误差取决于各点 γ 本底照射量率的变化大小。

（2）忽略环境天然 γ 本底辐射随时间的变化，假定在某一地区内，各点的 γ 本底辐射按相同规律等比例变化。选择一个地区作为对照点，假设其他点的变化规律与对照点相同。

（3）忽略环境天然 γ 本底辐射随时间的变化，假定每一点的 γ 本底辐射不随时间而改变。通常，可在核设施开工前测量周围 γ 本底辐射量率作为基线。测量持续时间一般为二年。

（4）用数学模式描述 γ 本底辐射照射量率的变化规律。由于 γ 本底辐射量率的慢变化主要决定于土壤的湿度，故可以用一定的模式计算 γ 本底辐射照射量率。计算时所需的主要参数包括土壤中天然放射性物质的含量或开工前实测的 γ 照射量率，及有关气象数据。

四种方法比较起来，方法（1）、（2）和（3）较简单，但误差较大，方法（4）误差较小，但计算较复杂。在实际环境监测中，前面三种方法可以综合地加以运用。

第二节　环境中子、γ 辐射就地监测

一、环境中子测量

通常，环境中子剂量测量的主要对象：

（1）宇宙射线产生的天然中子剂量；

（2）核设施在其周围产生的中子剂量。由于放射性核素通常不产生中子，故中子剂量的监测主要限于核设施附近。

最常用的测量环境中子辐射水平的仪器是由 BF_3 正比计数器加慢化体组成的。计数器通常都是特制的大 BF_3 正比计数，慢化体为 6.5 cm 厚的聚乙稀或石蜡。测量的数值一般是注量率，然后根据中子注量率—剂量当量率换算系数求剂量率。原则上其他中子探测器，如 ^3He 正比管、液体闪烁计数器和固体径迹探测器等均可用于测量环境中子辐射水平。

一种典型的环境中子、γ监测系统，由三种类型的探测器组成，即中子探测器、低灵敏度γ探测器、高低灵敏度γ探测器，可实现常规环境下的就地监测和事故状况下的应急监测。

二、就地γ能谱测量

就地γ谱仪是就地监测的主要仪器，它既可用于γ照射量率的测量，也可用于环境介质中放射性浓度的测量。

γ谱仪测得的γ射线全能峰计数率和地面空气中照射量率的关系可用下式表示：

$$N_{场}/\dot{X}=(N_{场}/N_0)(N_0/\varphi)(\varphi/\dot{X}) \tag{7-2-1}$$

与地面放射性浓度的关系：

$$N_{场}/C=(N_{场}/N_0)(N_0/\varphi)(\varphi/C) \tag{7-2-2}$$

式中 $N_{场}/N_0$——角分布因子，即在场所测量全能峰计数率与相同通量密度沿探测器轴线入射时计数率之比。当探测器角响应均匀时，$N_{场}/N_0=1$。角分布因子的大小依赖于辐射的能量和放射性核素的分布及土壤的特性；

N_0/φ——沿探测器轴线放射的、能量为 E 的单位通量密度光子产生的光电峰计数率；

$\varphi/\dot{X}$——某一核素产生的能量为E的光子入射到探测器上产生的总通量密度；

φ/C——单位浓度土壤（PCi/g 或 mCi/km^2）中发射的光子在探测器上的总通量密度。

由式（7-2-1）和式（7-2-2）可见，当探测器的角分布因子、探测效率以及 $\varphi/\dot{X}$ 或 φ/C 已知时，就可求出照射量率或核素浓度。用γ谱仪测量环境γ照射量率和土壤中放射性浓度时，可以测量总γ照射率和土壤的污染浓度，也可以测量各个组成核素产生的照射量率和核素浓度。

（一）γ照射量率的测量

探测器的能量响应 N_0/φ 和角响应 $N_{场}/N_0$ 可以用已知的非准直的光子流，与探测器对称轴平行地或成一角度地入射到探测器上，在实验室中求出。许多探测器基本上是各向同性的，因此，通常接近于1。

表7-2-1和表7-2-2列出了一些常见核素的 $\varphi/\dot{X}$。天然放射性核素在土壤中的分布通常都是均匀的。人工放射性的分布通常随深度按指数规律下降，表7-2-1列出了在天然放射性核素均匀分布的土壤上方1 m处的 $\varphi/\dot{X}$，表7-2-2列出了在人工放射性各种不同分布的土壤上方1 m处的 $\varphi/\dot{X}$。表中 a 表示张弛长度的倒数，/cm（假设放射性核素随深度的分布遵守指数规律）。ρ 表示土壤的密度，g/cm^3。

（二）土壤中放射性浓度的测量

用就地 NaI（Tl）谱仪测量^{40}K 和钍，通常都在±25%范围内相符，但对铀系符合得较差。表 7-2-1 列出了在土壤中天然放射性核素均匀分布时在地面上方 1 m 处照射量率与土壤中放射性浓度的比值，其余两项比值见表 7-2-2 和表 7-2-3。

表 7-2-1　在天然放射性核素均匀分布的土壤上方 1 m 处的 $\varphi/\dot{X}$

铀系	能量/keV	$\varphi/\dot{X}$（cm^2/s/μR/h）	钍系	能量/keV	$\varphi/\dot{X}$（cm^2/s/μR/h）
^{226}Ra	186	2.52×10^{-3}	^{228}Ac	129	1.03×10^{-3}
^{214}Pb	242	5.71×10^{-3}		210	2.06×10^{-3}
	295	1.60×10^{-2}	^{212}Pb	239}	
	352	3.30×10^{-2}	^{224}Ra	241	2.57×10^{-2}
	609}		^{228}Ac	270}	
^{214}Bi	666}	5.37×10^{-2}	^{208}Tl	277}	3.62×10^{-3}
	768	6.34×10^{-3}	^{228}Ac	282}	
	934	4.45×10^{-3}	^{212}Pb	301	1.96×10^{-3}
	112 0	2.31×10^{-2}	^{228}Ac	338	7.73×10^{-3}
	123 8	9.45×10^{-3}	Mixed	328～340	1.03×10^{-2}
	137 8	8.19×10^{-3}	^{228}Ac	463	3.26×10^{-3}
	140 1～	6.87×10^{-3}	^{208}Tl	510	6.84×10^{-3}
	140 8	3.91×10^{-3}	^{208}Tl	583	2.27×10^{-2}
	151 0		^{212}Bi，^{228}Ac	727	6.60×10^{-3}
	173 0}	3.95×10^{-2}	^{228}Ac	755	9.57×10^{-4}
	176 5}			772	1.45×10^{-3}
	184 5	1.07×10^{-2}		795	4.25×10^{-3}
	220 5	3.66×10^{-3}		830}	
	244 8			835}	3.33×10^{-3}
^{40}K		0.203		840}	
	146 0		^{208}Tl	860	4.18×10^{-3}
			^{228}Ac	911	2.68×10^{-2}
				965}	
				969}	2.17×10^{-2}
				1 588	4.36×10^{-3}
			^{208}Tl	2 615	5.92×10^{-2}

表 7-2-2 在人工放射各种不同分布的土壤上方 1 m 处的 $\varphi/\dot{X}$

同位素	能量/keV	源的分布 a/ρ/(cm^2/g)					
		0. 062 5/(cm^2/s/μR/h)	0. 206/(cm^2/s/μR/h)	0. 312/(cm^2/s/μR/h)	0. 625/(cm^2/s/μR/h)	0. 625/(cm^2/s/μR/h)	$\dot{X}$(cm^2/s/μR/h)
^{144}Ce−^{144}Pr	134	1. 04	1. 19	1. 31	1. 48	2. 14	1. 97
^{141}Ce	134	0. 352	0. 453	0. 504	0. 577	0. 838	0. 780
^{131}I	145	1. 17	1. 42	1. 52	1. 74	2. 45	2. 23
^{125}Sb	364	0. 444	0. 541	0. 585	0. 636	0. 808	0. 702
^{140}La	428	0. 149	0. 177	0. 193	0. 203	0. 259	0. 245
^{140}Ba−^{140}La	487	0. 046	0. 056	0. 061	0. 064	0. 083	0. 076
^{103}Ru	487	0. 037	0. 045	0. 049	0. 052	0. 067	0. 062
^{106}Ru−^{106}Rh	497	0. 416	0. 503	0. 528	0. 574	0. 715	0. 687
^{144}Ce	512	0. 251	0. 303	0. 319	0. 339	0. 419	0. 401
^{140}Ba	537	0. 296	0. 352	0. 370	0. 400	0. 486	0. 465
^{140}Ba−^{140}L	537	0. 020 6	0. 025 3	0. 026 8	0. 028 2	0. 036 2	0. 033 4
^{120}Sb	601	0. 104	0. 121	0. 128	0. 135	0. 166	0. 160
^{103}Ru	610	0. 027 1	0. 032 2	0. 033 5	0. 035 9	0. 044 0	0. 043 0
^{106}Ru	622	0. 129	0. 153	0. 160	0. 470	0. 207	0. 198
^{137}Cs	662	0. 378	0. 441	0. 463	0. 499	0. 606	0. 582
^{95}Zr	724	0. 155	0. 181	0. 192	0. 206	0. 24	0. 241
^{95}Zr−^{95}Nb	724	0. 047 6	0. 055 7	0. 058 9	0. 063 4	0. 075 8	0. 073 4
^{95}Zr	757	0. 196	0. 230	0. 242	0. 265	0. 313	0. 303
^{95}Z−^{95}Nb	757	0. 060 2	0. 070 9	0. 074 4	0. 085 1	0. 096 1	0. 092 2
^{95}Nb	766	0. 346	0. 409	0. 428	0. 473	0. 551	0. 531
^{95}Z−^{95}Nb	766	0. 239	0. 282	0. 297	0. 328	0. 381	0. 371
^{140}La	816	0. 028 7	0. 033 6	0. 035 5	0. 037 4	0. 045 7	0. 043 3
^{140}Ba−^{140}L	815	0. 023 2	0. 027 0	0. 028 6	0. 030 2	0. 036 8	0. 035 0
^{54}Mn	835	0. 332	0. 380	0. 400	0. 483	0. 509	0. 497
^{140}La	159 7	0. 154	0. 166	0. 173	0. 175	0. 203	0. 195
^{140}Ba−^{140}La	159 7	0. 124	0. 134	0. 140	0. 142	0. 163	0. 158
^{60}Co	117 3	0. 127	0. 146	0. 153	0. 162	0. 188	0. 183
^{60}Co	133 3	0. 134	0. 151	0. 159	0. 168	0. 191	0. 187

表 7-2-3 土壤中天然放射性核素均匀分布时在地面上方 1 m 处照射量率和放射性浓度比值

同位素	照射量率/放射性浓度比值	
	2. 58×10^{-10} c/kgh/3. 7×10^{-2} Bq/g(μR/h/PCi/g)	2. 58×10^{-10} c/kgh/3. 7×10^{-2} Bq/gh(μR/h/表中所列浓度)
^{40}K	0. 178	1. 49/K%
^{226}Ra+子体	1. 80	0. 61/0. 358×10^{-6}μg/g Ra*

续表

同位素	照射量率/放射性浓度比值	
	2.58×10^{-10} c/kgh/3.7×10^{-2} Bq/g (μR/h/PCi/g)	2.58×10^{-10} c/kgh/3.7×10^{-2} Bq/gh (μR/h/表中所列浓度)
^{214}Pb	0.20	0.07/0.358×10^{-6} μg/g Ra*
^{214}Bi	1.60	0.54/0.358×10^{-6} μg/g Ra*
^{238}U+子体	1.82	0.62/μg/g　^{238}U
^{232}Th+子体	2.82	0.31/μg/g　^{232}Th
^{228}Ac	1.18	0.13/μg/g　^{232}Th
^{208}Tl	1.36	0.15/μg/g　^{232}Th
^{212}Bi	0.09	0.01/μg/g　^{232}Th
^{212}Pb	0.09	0.01/μg/g　^{232}Th
注：* 与 1 μg/g ^{238}U 达到平衡的 ^{226}Ra 浓度		

对 ^{137}Cs，当浓度分布不明时，在两倍的范围内相符；当垂直浓度分布已知时，在±20%范围内相符。用于测量 γ 照射量率和土壤中放射性浓度的谱仪主要是半导体谱仪和 NaI（Tl）谱仪。高纯锗半导体谱仪的优点是分辨率高，缺点是价格较贵并需要保持在液氮温度下工作。NaI（Tl）的优点是效率高，因而测量时间短（约 10 min），不需冷却，便于携带，缺点是分辨率差，基于计算机的分析系统，其重量可以做到小于 2 kg。

三、空气中放射性浓度的测量

用 γ 谱仪测量环境和气态流出物中放射性浓度时主要的对象是烟囱中放射性气态流出物以及由气态流出物形成的羽状烟云。监测的核素主要是惰性放射性气体。测量烟囱中放射性气态流出物的 γ 谱仪主要是高纯锗探测器和 NaI（Te）谱仪。高纯锗探测器分辨率高，故可同时测量出多种核素的浓度。在线放射性烟囱监测仪通常由四部分组成，探测装置、抽气泵、多道分析器和计算机。表 7-2-4 列出了一些用 γ 谱仪制成的空气放射性浓度监测仪。

表 7-2-4　用 γ 谱仪制成的空气放射性浓度监测仪

探测装置			记录系统	探测限/(3.7×10^{10}Bq/L)
探测器及用途	小室	屏蔽		
高纯锗（烟囱）	20 L	13 cmPb	多道	1×10^{-11}（^{133}Xe）
Na（TI）（烟囱）			多道	1×10^{-11}（^{133}Xe）

四、航空γ能谱测量

航空监测由装置在飞机上的空中放射性测量系统进行。通常由大闪烁体（至少Φ10 cm×10 cm的NaI（Tl）、高压电源、放大器和记录仪等组成。研制空中放射性测量系统的主要目的是提高对核事故的反应能力。但这一系统也可用于测量一个地点的总的状况。鉴别产生γ放射性的核素以及污染的程度与分布。对于地面测量有困难的区域，这一方法具有特殊的意义。

利用航空γ能谱数据进行环境放射性监测，寻找放射性污染源，国内外均有先例。其中最突出的例证是1986年瑞典地质公司用航空γ能量谱测量方法，快速、有效地圈定了切尔诺贝利核电站事故泄露的放射性沉降物范围。利用航空γ能谱数据进行环境放射性监测，寻找放射性污染源的确是一种快速有效的方法。航空γ能谱测量还是目前国内外先进的航空物探勘查方法之一，由空中采集的各道计数率经本底、高度、大气氡、康普顿散射修正及调平等数据处理，可直接测出各地表岩石或土壤中的放射性核素含量，其精度达到钾约为0.25%，铀、钍为1×10^{-6}左右。此外，通过同一地点地表黏土、沙土的钾、铀、钍核素含量测定结果对比发现：

（1）同一样品不同测试方法测定的核素含量虽有差异，但放射性核素含量均随土壤颗粒由细至粗而逐渐降低，有其相同的变化规律。空中测定的钾、铀、钍核素含量与室内分析及地面γ能谱测量结果基本相同，其相对误差均小于20%，从而为确定环境天然放射性辐射水平、定性评价大气氡浓度提供了可靠数据；

（2）三种天然放射性核素^{40}K、^{238}U、^{232}Th是陆地表面γ辐射的主要辐射源，约占环境辐射总剂量的2/3左右；

（3）根据表7-2-5中的换算系数，把航空γ能谱测得的钾、铀、钍核素含量换算成距地表1 m高处的照射量率和空气吸收剂量率，进而编绘成照射量率等系列图件，即可依次分析地表（土）放射性核素分布组合规律，环境放射性γ辐射水平。

表7-2-5　天然放射性核素含量与照射量率、吸收剂量率换算系数*

核素质量分数/%	W（K）/%	W（U）/10^{-6}	W（Th）/10^{-6}
照射量率/(pC/kgs)	0.108	0.047	0.021
吸收剂量/(pGy/s)	3.633	1.576	0.693
注：*此表是Lovborg于1981年公布的换算系数，适用于均匀平面测试环境			

五、水中放射性浓度的测量

铀镭矿山、伴生性矿山等可能由地表水侵入到附近的河流、湖泊、水库，或核事故产生的放射性污染物可以通过沉降或降雨等方式蓄积在河流、湖泊、水库等饮用水中，或核恐怖所造成的人为污染水域，除了采集水样进行实验室放射性分析外，有必要对水中放射性浓度进行就地测量。把探测器直接安置在水中，就可以完成水中放射性物质浓度的测量。探测器可以用 NaI（Tl）、把 CsI（Na）或 HPGe。由于水本身就是一种屏蔽物质，故采用这种方法测量水中放射性物质的浓度，可以达到较高的灵敏度。

图 7-2-1 是中国辐射防护研究院开发研制的 WRM-I 水中放射性连续监测仪，其主要技术规格为：

图 7-2-1　WRM-I 水中放射性连续监测仪

探 测 限：　对于 ^{137}Cs

10 s　　1. 2 Gy/h

60 s　　0. 5 Gy/h

60 min　0. 06 Gy/h

能量范围：　48 keV ~ 23 MeV

测量时间：　5 ~ 60 s，手动设置

输　　出：　超阈报警值与报警的历史时刻

数据链接：　可实现串行接口 RS-232

显　　示：　LCD16×2 字符显示

外　　壳：　轻质铝材，直径 30 mm，长 260 mm

探 测 器：　硅半导体探测器

浮　　筒：　铝筒，直径 300 mm，长 100 mm
校　　准：　使用检验源^{137}Cs
装　　配：　将探头装到浮筒上，连接控制主机
主机尺寸：　200 mm ×190 mm×150 mm
检　　验：　采用约 1 μ Ci 的^{137}Cs 或高品位的矿石粉源

思考题：

1. γ 谱仪测得的 γ 射线全能峰计数率和地面空气中照射量率的关系。
2. 就地监测为什么要扣除宇宙射线的影响？

第八章

空气中氡及其子体浓度的测量

氡的原子序数为86，是周期表中第六周期的零族元素，属惰性气体族（He、Ne、Ar、Kr、Xe、Rn）的最后一个元素，也是最重的一个元素。

在自然界中氡是一个广泛存在的天然辐射源，从而使得生活在地球上的人时时都在受着氡及其子体的照射。在某些地区人们由于吸入氡子体产生的辐射剂量占到天然辐射源产生的总剂量的50%以上。氡也是核燃料循环中的主要问题，因为它造成采矿、水冶工作人员的职业照射。氡及其子体不但大大增加了铀矿工人肺癌的发生率，而且也是导致居民肺癌发生的主要原因之一。因此，环境中氡及其子体的调查和对居民健康影响的评价引起了人们的广为重视。

由于氡广泛存在于环境介质中，因此在地质学、地震学上往往通过测量土壤、岩石和水中的氡用于研究和解决地质找矿、地震预报等问题。从环境监测和防护评价角度，主要进行空气中氡及其子体浓度的测量。

第一节　氡的基本性质、来源、标准及危害

一、氡的基本性质

（一）氡的理化性质

氡是惰性元素。常温、常压下为无色无味的气体，在空气中以自由原子状态存在。氡在-65 ℃的温度和101 325 Pa的压力下转化为液态，在-113 ℃时转化为固态。熔点为-71 ℃，沸点为-61.8 ℃。在0 ℃和标准压力101 325 Pa下，气态氡的密度为9.727×10^{-3} g/cm^3，液态氡的密度为5.7 g/cm^3，临界温度为104.4 ℃。气态氡无色无味，液态氡起初是无色透明的，然后由于衰变产物而逐渐变浑，固态氡不透明，能发出明亮的浅蓝色光。3.7×10^{10} Bq活度的氡全部衰变时能放出63 765 J的热量。

（二）氡的辐射性质

氡是镭核衰变的中间产物，有四个同位素，即^{222}Rn、^{220}Rn、^{219}Rn和^{218}Rn，其中^{218}Rn

是20世纪中发现的，由于它的半衰期 $T_{1/2}=0.03$ s 太短，一般文献很少对它报道。氡的其他三种同位素 ^{222}Rn、^{220}Rn、^{219}Rn 分别来自天然放射性衰变系列铀系、钍系和锕系。^{235}U 在自然界含量很少，其丰度仅为0.72%，而且它的衰变子体 ^{219}Rn 的半衰期非常短，只有3.96 s，所以，在空气中几乎看不出它的存在。^{222}Rn 和 ^{220}Rn 的半衰期分别为3.825 d和55.6 s，由于半衰期的差异，空气中的 ^{222}Rn 约是 ^{220}Rn 的100倍，所以，在低层大气中天然放射性的主要成分是来自铀系的 ^{222}Rn，通常所说的是氡就是指 ^{222}Rn，它的衰变常数为 2.097×10^{-4} s，α 粒子的能量为5.481 MeV，相应的空气中的射程4.04 cm。氡进一步衰变产生钋-218、铅-214、铋-214和钋-214等短寿命子体。图8-1-1是 ^{222}Rn 和 ^{220}Rn 的衰变链。

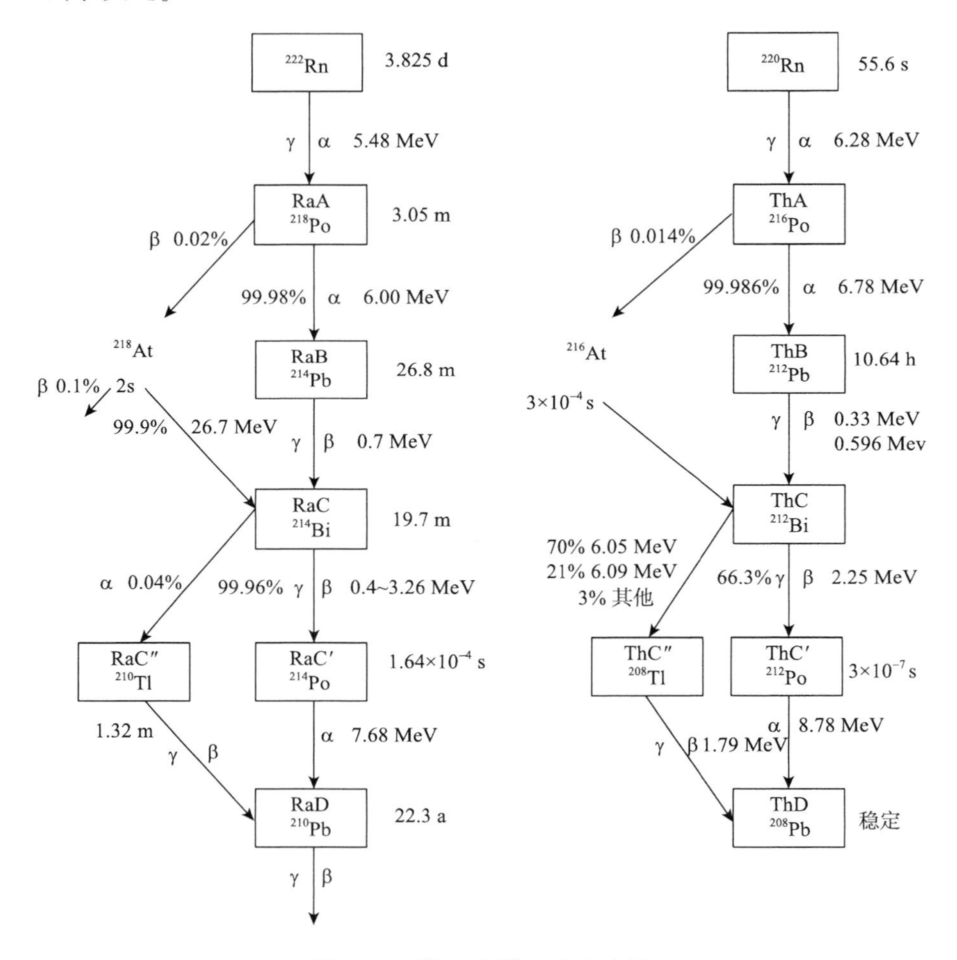

图8-1-1 ^{222}Rn 和 ^{220}Rn 的衰变链

（三）氡的溶解性

氡的4个同位素能以不同的速度溶解于不同的液体中，其中尤为显著是溶解于各种油脂和煤油中。氡在液体中的溶解速度随温度增高而降低，但当其含量达到饱和极限时，氡溶解速度变慢。但在液体中盐浓度增高时，氡溶解速度也变慢。用有机溶剂（非水）溶解氡，也是降氡的一种措施。

（四）固体物质对氡的吸附

所有固体均在不同程度上吸附氡，其中尤以煤、橡胶、蜡、石蜡等最为突出。活性炭又是它们中吸附能力最强的，因为它有大体积的微孔隙，总表面积也最大。用2.5 g活性炭能吸附氡10～100 Bq。低温时氡易被吸附，如在-180 ℃时，氡可以全部被吸附，甚至在常温下，活性炭也能大量吸附同它相接触的氡，因此，活性炭是各种防氡降氡设备和仪器所采用的重要材料。在岩石中黏土是很好的氡吸附剂。各种无机凝胶（SiO_2、Al_2O_3 等）和有机胶体也能极强烈地吸附氡并能牢固地将氡保持住。

二、环境氡的来源

^{222}Rn 的唯一来源是 ^{226}Ra 的衰变，1 g 的 ^{226}Ra 每秒钟产生 2×10^{-6} Bq 的 ^{222}Rn，而 ^{226}Ra 的多少取决于自然界 ^{238}U 的含量，^{238}U 是自然界中广泛存在的微量元素，人类的生产实践改变了铀在自然界中的分布情形，造成了氡来源的多样化，大致可分为以下8个方面。

（一）大地释放

铀在土壤和岩石中的分布情况是不同的，见表8-1-1，全世界范围内的平均含量为2.8 ppm，相应的土壤中 Ra^{226} 的含量为25 Bq/kg，其氡含量是空气中的 10^4～10^6 倍。一般15 cm深土层内的氡可以释放出来，导致地球表面氡的平均析出率为 1.6×10^{-2} Bq/m^2 · s^2，每年为 5.05×10^5 Bq/m^2 · a，乘上陆地的总面积 1.5×10^{14} m^2，得 7.6×10^{19} Bq/a。

表8-1-1 岩石、土壤中铀含量（p/m）

土壤	花岗岩	页岩	石灰岩	基性火成岩	砂岩
1.80	4.70	3.70	2.20	0.90	0.45

陆地表面氡析出率受许多因素影响，主要有气压、水分和湿度。大气压力变化10%，析出率朝相反方向变化1倍；潮湿的土壤比干燥的土壤氡的析出率高，但水分超过一定程度析出率急剧下降，因为水分堵塞了氡原子析出的通道；随着湿度增加析出率增高。

氡射气从地壳中释放出来进入大气后，其衰变产物完全是金属元素，很容易吸附在气溶胶微粒上形成放射性气溶胶。在近地面大气中，氡的浓度依氡从土壤和水中析出率及气象条件而定，从陆地上释放的多，从水面上释放的少。陆地上大气中氡的浓度平均约为 4.44×10^{-3} Bq/L，海洋上空氡的浓度约为 3.7×10^{-5} Bq/L。氡从土壤中平均释放率的估计值是（5.18 ± 0.73）$\times10^{-2}$ Bq/m^{2}s。随着海拔高度的增加，大气中氡的浓度逐渐降低。近地面空气中氡及其子体的浓度受气象条件的影响很大。风可以使土壤表层空气中氡的浓度减低，但其析出率增加。降雨可以使大气中氡子体被吸附下来，使空气中氡的浓度降低。在一天之内，氡的浓度变化很大，可有数量级的变化，在晴天的无风夜晚，近地面处常产生逆温现象，使近地面析出的氡垂直扩散作用减弱，于是就产生射气在近地面大气中聚积。在凌晨1时~6时氡可达到最高值，当白天温度升高时，气体交换和混合作用加强，氡的浓度随之减少，中午11时—15时氡的浓度可达到最低值。大气中氡的浓度往往呈现出季节性的变化，一般秋冬季出现最大值，春夏季有最小值，但也有的地区观测到相反的现象，夏季出现最大值。不同地区不同时间大气中氡浓度的差异是很大的。就全世界范围来说，陆地上大气中的氡浓度大致在1.5~15 Bq/m^3；而海洋上则只有1 Bq/m^3 以下。在地质结构有重大变化时，如地震发生前，空气和地下水中氡的浓度急剧地升高，是地震预报的重要指标。

（二）海洋释放

海水中也含有^{226}Ra，平均浓度为1 Bq/m^3，海底比海面上要高一个量级。海洋表面氡的平均析出率为7×10^{-5} $Bq/m^2 \cdot s^2$，每年为2.2×10^3 $Bq/m^2 \cdot a$，乘上海洋总面积3.6×10^{14} m^2，得8×10^{17} Bq/a。海面空气中的氡浓度比陆地上至少低2个量极，因而海洋附近的氡浓度受风向的影响，当风从海上吹向陆地时氡浓度下降，反之增高。即使距海岸几百公里的大陆深处，这种影响亦是明显的。

（三）植物和地下水的载带

由于植物的新陈代谢作用会增加氡的释放，实测结果表明，种谷物的土地氡的析出率是那些不毛之地的3倍。地下水会把地壳深处的氡带到地表而释放到大气中。地下水中氡浓度在1.85×10^5 Bq/m^3 左右。由于植物和地下水的作用，每年释放到大气中10^{19} Bq的氡。

（四）核工业的影响

核燃料生产过程中，采矿、水治是释放氡的主要环节。矿井内积累的氡不加过滤地排入环境，使局部地区氡浓度增高。例如一个中等规模的铀矿山每天排入环境10^{10} Bq的氡，尤其是对下风向的影响是严重的，因此为减少氡危害，铀矿山排风口的高度、位置、方向都要精心选择，以保证居民区空气不被污染。水治中95%的^{230}Th、99%的^{226}Ra进入尾矿堆，形成了人工氡气源。不加覆盖的尾矿堆氡析出率为18.5 Bq/m^2s^2，均为土壤的1 000倍，对其周围环境的影响十分明显。估计全世界的铀矿和水治厂每年释放到大气中10^{19} Bq的氡。使用中的尾矿堆应加水层覆盖，废弃的尾矿堆要加土进行永久性的覆盖。一层60 cm的水可使氡的析出率减少90%，1 m厚的土层可使氡的析出率降至1%，6 m厚的土层可使附近的氡降至本底水平。由于表层土壤容易流失，需要定期治理和加厚。

（五）煤的燃烧

煤是工业和民用的主要燃料，每年要烧掉大量的煤，一个中型的大力发电厂每年要烧掉 300 000 t 煤，一台普通的取暖锅炉每年要烧 6 000 t 煤。煤中的铀含量平均为 1 ppm，灰量以 10%计，则灰中铀含量浓缩到 10 ppm，煤灰便成了人工氡气源。估计全世界范围内由于烧煤每年向大气中释放 10^{13} Bq 的氡。

煤灰的产量是惊人的，而且随意堆放。与尾矿堆相比还有些不同点：

① 尾矿堆被人重视加以覆盖，远离居民点，而煤灰无人过问，分散在居民区内；

② 尾矿堆的放射性以 ^{230}Th 半衰期（7.7×10^4 a）衰减，而煤灰中的放射性以 ^{238}U 半衰期（4.5×10^9 a）衰减，几乎是永不消失的氡气源。

（六）磷酸盐工业

磷酸盐矿石中的铀含量高，尤以海生磷盐矿石为最高。我国磷酸盐矿分布广泛，山东、湖北、云南都有，含铀量为 0.5～34 ppm。80%的磷酸盐作为肥料而施撒在土地上，其土地氡的析出率不亚于尾矿堆，估计每年释放到大气中 10^{18} Bq 的氡。磷酸盐工业的副产品石膏通常作为建筑材料，无疑会增加室内的本底照射。

（七）天然气

天然气中氡浓度差异很大，平均值为 700 Bq/m^3，在管道输送和贮存时衰变掉一部分。燃烧过程中氡便释放到室内，然后进入环境。估计全世界每年由于燃烧天然气向大气中释放 10^{14} Bq 的氡。

（八）建筑物释放

建筑材料中都含有一定量的 ^{226}Ra，因而地板，墙壁、天花板都产生一定量的氡气，其中一部分进入室内，在通风和扩散作用下又进入环境。室内氡浓度通常高于室外，与居民健康有更密切的关系，它的主要来源有以下几个方面：

1. 位于室内地下的或出露地表的断裂构造

由于地质的作用而形成不少的断层、裂隙、节理等构造。这些构造是氡的有利通道。另外，在岩石、矿物和土壤中往往也存在微细构造，“毛细管”和各种“空隙”，也利于氡的运移。再者，两种岩性的接触带往往也呈现高的或较高的氡浓度。

2. 地基土壤

建筑物周围和地表土壤中的氡可以通过扩散或渗透进入室内。进入室内的渠道可以是地面裂隙，以及穿过地面的各种管线周围裂隙。扩散是由于土壤与室内空气中氡浓度的差异而导致的。而渗流则是由于气象参数变化产生的压力梯度不同而引起的。这样，渗流作用是由于气象条件影响而产生的，所以由渗流作用而引起室内氡浓度增高的也是变化的。

3. 建筑材料

任何房屋都是用各种建筑材料建成的。由于建材中含有不同程度的镭，生成的氡便进入室内，这些进入的氡量取决于建材中镭的含量等以及墙壁表面的处理方式。一般情况下墙壁积累的氡有 10%进入室内。

4. 通风条件

室内的通风条件也是室内氡浓度高低的重要因素。特别是在冬天，烧煤取暖，门户紧闭，可使室内氡水平提高一个数量级。

5. 用水

在做饭、洗衣和淋浴时，水中的氡便释放到室内空气中，若水中氡浓度达到10^4 Bq/m^{3}时，便是室内的重要氡源。水中氡的释放量与温度和时间有关。室温下15 min以后，水中氡减少至40%，也就是说有60%的氡可进入室内空气中。

6. 天然气燃烧

在燃烧天然气和石油液化气时，由于没有烟囱，其中的氡全部释放到室内。天然气中氡浓度大致在（0.04~2）×10^3 Bq/m^3 范围内，因输送和储存，氡会衰变和逸出一些。一般炉灶用气量0.8~2 m^3/d，取暖时就更高了。由于燃烧天然气，每天有数千贝克的氡释放在室内，如果通风则会大为减少。

对地下建筑物而言，由于土壤和岩石中的镭不断地衰变成氡，氡在岩石和土壤中通过扩散作用和对流作用，在岩石的孔隙中运动，并经由地下建筑物内被覆层的毛细管不断地进入地下建筑物内大气中。氡进入大气后又不断地衰变生成一系列氡的子体，这样就使地下建筑物内空气中总是有一定数量的氡和氡子体产生。地下建筑物内空气中氡浓度的高低与建筑物所在地区岩石中含铀、镭多少有很大关系。岩石中含铀、镭多的地区，那里建筑物内氡气浓度必然高。虽然建筑物内有被覆层，但是被覆层的用料多为就地取材；同时，混凝土是多孔性材料，在施工中不可避免会产生蜂窝和麻面。所以地下建筑物选点时，在条件允许的情况下尽量避开岩石中含铀、镭多的地区；在施工时，被覆层中尽可能采用一些闭孔性和铀镭含量低的材料。地下建筑物内的氡浓度和该建筑物与外界循环通风量大小也有直接关系，通常情况下，通风量大者，可以有效地降低氡浓度。因为外界空气中氡浓度比地下建筑物内的氡浓度低得多。地下建筑物在密闭的情况下，夏季的氡浓度有可能达到或超过职业工作人员的剂量限制。

三、有关氡及其子体的几个概念

（一）氡子体平衡比

氡子体平衡比是指^{214}Bi 和^{218}Po 的活度之比值。当各子体完全处于放射性平衡时，其平衡比为^{218}Po：^{214}Pb：^{214}Bi＝1：1：1，当只有^{218}Po 时，其平衡比则为^{218}Po：^{214}Pb：^{214}Bi＝1：0：0。这是两种极端情况，在实际工作中是不多见的，多数处于两者之间。

（二）氡子体 α 潜能

氡子体 α 潜能是指氡的所有子体衰变到^{210}Pb 时所发射的 α 粒子能量的总和，而单位体积空气中氡子体 α 潜能叫做潜能浓度，简称为潜能值，其单位是 J/m^3。氡子体潜能的最基本单位是 MeV/L，即在 1 L 空气中所具有 α 潜能值，而潜能要以 MeV 为单位。

（三）工作水平

工作水平以 WL 表示，1 WL=1.3×10^5 MeV/L。

（四）工作水平月

在具有一个工作水平的子体潜能的场所工作 170 h，则其总暴露量叫做一个工作水平月，简化为 WLM。

（五）平衡因子

平衡因子是指空气中实际存在的子体总 α 潜能和与氡处于平衡状态的子体总 α 潜能之比值，常用 F 表示，即

$$F=1.81\times10^{2}C_{p}/N_{Rn}$$

式中　N_{Rn}——氡浓度，Bq/m^3；

C_{p}——子体潜能，J/m^3。

根据 UNSCEA-1982 报告所推荐的数值，一般情况下，室内 $F=0.5$，室外 $F=0.6$，矿井中 $F=0.3$。

（六）平衡等效氡浓度

平衡等效氡浓度是与实际存在的短寿命子体处于放射性平衡性平衡的氡浓度。一般情况下，氡的平衡等效浓度总是小于实际存在的氡浓度。

（七）未结合份额

未结合的 RaA 原子数和与氡处于平衡态的 RaA 原子总数之比叫未结合份额，以 f_a 表示；未结合态子体潜能与氡子体的总潜能之比叫潜能未结合份额，以 f_p 表示。f_a、f_p 是肺剂量计算中的重要参数。

四、氡浓度的控制标准

我国为了保障广大公众及工作人员的身体健康，制定了一系列居民住房、地下建筑物、地下水的氡卫生防护标准。

《室内氡及其子体控制要求》（GB/T 16146—2015）规定，室内氡浓度的控制值分为已建和新建二类。对新建建筑物室内氡浓度设定的年均氡浓度目标水平为 100 Bq/m^3，对已建建筑物室内氡浓度设定的年均氡浓度行动水平为 300 Bq/m^3；当室内氡浓度达到或超过氡浓度控制值时，应根据实际情况进行氡其及子体浓度对相关人员所致年均有效剂量的估算，并对剂量估算结果应用以下的剂量控制值，对新建建筑物室内氡及其子体设定有效剂量目标水平为 3 mSv；对已建建筑物室内氡及其子体设定有效剂量行动水平为 10 mSv。

《地下建筑氡及其子体的控制标准》（GBZ 116—2002）规定，控制已用地下建筑的行动水平为400 Bq/m^3（平衡当量氡浓度），控制待建地下建筑的设计水平为 200 Bq/m^3

（平衡当量氡浓度）。

《公共地下建筑及地热水应用中氡的放射防护要求》（WS/T 668—2019）规定，地下建筑中，其平均氡浓度的参考水平为 400 Bq/m^3，地热水开发和利用场所中，其平均氡浓度的参考水平为 800 Bq/m^3。

国际上对住房内氡控制水平也提出了要求，见表 8-1-2，其中对居民室内氡的最大允许浓度通常定为 150 Bq/m^3，矿井为 400 Bq/m^3。对于专门工作人员，氡的允许浓度为 300 Bq/m^3，而对一般居民为 100 Bq/m^3。

表 8-1-2 几个国家氡的防护标准（Bq/m^3）

国家	行动水平	上限值	颁布时间
澳大利亚	200		
加拿大	800		1989
德国	250	250	1988
爱尔兰	200	200	1991
挪威	200	<60~70	1990
瑞典	200	70	1990
英国	200	200	1990
美国	150	同室外氡	1988
俄罗斯	200	100	
中国	200（已建住房）	100（新建住房）	1995
中国*	400（已建地下建筑物）	200（新建地下建筑物）	1996
ICRP**	400	200	1984
WHO***	100	100	1985
注：*地下建筑；**国际放射防护委员会；***世界卫生组织			

五、氡的危害

20 世纪 70 年代以来，人们逐渐认识到，除了铀矿山中氡的危害外，在非铀矿山，甚至人类正常生活环境（住宅、普通建筑、地下工程等）中，氡同样地也会对人类造成危害，只不过是时间较长（15~40 a）而已，以至不被人们所觉察，所以人们称氡是“隐形杀手”，已被国际组织规定为 A 族致癌物。

在人体吸入氡 30~40 min 后，吸入的氡和呼出的氡便达到动态平衡，体内氡便不再增加。氡气本身在整个身体内分布比较均匀，在人体正常体温（36.5 ℃）条件下，氡在血液中的溶解度约为 30%。吸入到体内的氡主要经由呼吸道呼出体外，仅有 0.1%~0.25%的氡是由皮肤和尿排出体外的，在离开高氡场所后 1 h，体内的氡被排出达 90%。由于氡的半衰期较长，且在体内停留时间短，所以在呼吸道内产生的剂量很小，危害相对小些，而氡的子体则不然，氡发射 α 粒子以后，迅速变成从^{218}Po（RaA）到^{214}Po（RaC′）的短寿命子体和从^{210}Pb（RaD）到^{210}Po（RaF）的长寿命子体，这些子体都是金属粒子，很容易被呼吸系统所截留，并在局部区段不断积累，它们在呼吸系统内各个部位的沉积随着子体在空气中存在的形态不同而不同，其中，非结合态氡子体主要沉积在段支气管、亚段支气管和终末支气管内；结合态的氡子体主要沉积在终末支气管和肺胞内。由于子体半衰期短，几乎全部在原处衰变，因而是大支气管上皮细胞剂量的主要来源，大部分肺癌首先就是在这区段发生。目前，氡子体能够诱发肺癌在全世界已得到公认，全世界患肺癌死亡的总人数中有 8%～25%是由于以前吸入空气中的氡所造成的。经流行病学调查，氡除了致肺癌外，近年来，在瑞典、英国和美国等国又相继发现了氡还可以诱发各种白血病。也有人认为，氡还可以诱发肾癌、皮肤癌、黑色素瘤，以及对骨髓造成损伤，但证据不充分，有待于进一步研究。

第二节　氡子体浓度的瞬时测量

氡子体的瞬时测量有两类方法，一是测量各子体的浓度，典型的方法包括三点法、托马斯三段法、维拉亚三段法、斯科特三段法、α 能谱法、积分谱仪法、五段法和加权最小二乘法等；二是测量代表子体总浓度的潜能值，典型的方法包括库斯尼茨法、马尔柯法、氡子体 α 潜能的快速测量、罗尔法、总 α 计数法、总 β 计数法、WL 的快速测定法、两段计数法、计算法等。

一、理论基础

为了得到氡子体在空气中的浓度，必须把它们过滤到滤膜上，再通过测量滤膜的放射性强度，计算出各子体在空气中的浓度。

先从放射性核素衰变和生长的一般规律出发，给出对任何放射性核素递次衰变都适用的一般公式，然后再应用于氡子体。

设滤膜上任一种放射性核素（$A \to B \to C \to \cdots$ 中任意一个）的原子数 N_i 服从微分方程

$$\frac{\mathrm{d}N_i}{\mathrm{d}t}=\lambda_{i-1}N_{i-1}+QC_i^0-\lambda_i N_i$$

式中　λ_i——第 i 种核素的衰变常数，单位为/min，其倒数为平均寿命，单位为 min；

C_i^0—第 i 种核素在空气中的浓度，单位为原子数/L，以下为便于通用，转用 C_i，单位为 pCi/ L；

Q——采样速率，单位为 L/min，$Q=V/t_0$，V 为总采样体积，以升表示，t_0 为总的采样时间，以 min 表示。

在 $t=0$ 滤膜上 $N_i=0$ 的初始条件下，可解得 N_i，乘以 λ_i 即得第 i 种核素放射性强度的表达式。

采样结束时，滤膜上 A 的放射性强度

$$I_A=\lambda_A N_A=2.22Q\tau_A\ (1-\mathrm{e}^{-t_0/\tau_A})\ C_A \tag{8-2-1}$$

滤膜上 B 的放射性强度

$$I_B=2.22\tau_A\left(1-\frac{\tau_A}{\tau_A-\tau_B}\mathrm{e}^{-t_0/\tau_A}-\frac{\tau_B}{\tau_B-\tau_A}\mathrm{e}^{-t_0/\tau_B}\right)C_A+2.22Q\tau_A\ (1-\mathrm{e}^{-t_0/\tau_B})\ C_B \tag{8-2-2}$$

式中第一项代表在采样过程中从 A 长出的 B 的放射性强度，第二项代表采样时从空气中抽来的 B 的放射性强度。

滤膜上 C 的放射性强度

$$\begin{aligned}I_C=2.22Q\tau_A&\left(1-\frac{\tau_A}{\tau_A-\tau_B}\cdot\frac{\tau_A}{\tau_A-\tau_C}\mathrm{e}^{-t_0/\tau_A}-\frac{\tau_B}{\tau_B-\tau_A}\cdot\frac{\tau_B}{\tau_B-\tau_C}\mathrm{e}^{-t_0/\tau_B}\right.\\&\left.-\frac{\tau_C}{\tau_C-\tau_A}\cdot\frac{\tau_C}{\tau_C-\tau_B}\mathrm{e}^{-t_0/\tau_C}\right)C_A+2.22Q\tau_B\left(1-\frac{\tau_B}{\tau_B-\tau_C}\mathrm{e}^{-t_0/\tau_B}\right.\\&\left.-\frac{\tau_C}{\tau_C-\tau_B}\mathrm{e}^{-t_0/\tau_C}\right)C_B+2.22Q\tau_C\ (1-\mathrm{e}^{-t_0/\tau_C})\ C_C\end{aligned} \tag{8-2-3}$$

式中第一项代表在采样过程中从 A 生长出的 C 的放射性强度，第二项代表在采样过程中从 B 生长出的 C 的放射性强度，第三项代表从空气抽来的 C 的放射性强度。

采样结束时，转用新的时间坐标 T，即 $t=t_0$ 时 $T=0$。从采样结束到某一时刻 T，A 的放射性强度减为

$$I_A\ (T)\ =I_A\mathrm{e}^{-T/\tau_A} \tag{8-2-4}$$

B 的放射性强度为

$$I_B\ (T)\ =I_B\mathrm{e}^{-T/\tau_B}+\frac{\tau_A}{\tau_A-\tau_B}I_A\ (T)\ \left[1-\mathrm{e}^{-T(\tau_A-\tau_B)/\tau_A\tau_B}\right] \tag{8-2-5}$$

式中第一项代表采样结束时滤膜上的 B 衰变到 T 时的放射性强度，第二项代表从采样结束到 T 时从 A 生长出的 B 的放射性强度。

C 的放射性强度为

$$\begin{aligned}I_C\ (T)\ =I_C\mathrm{e}^{-T/\tau_C}+\frac{\tau_B}{\tau_B-\tau_C}I_B\mathrm{e}^{-T/\tau_B}&\left[1-\mathrm{e}^{-T(\tau_B-\tau_C)/\tau_B\tau_C}\right.\\&+I_A\ (T)\ \frac{\tau_A}{\tau_A-\tau_B}\cdot\frac{\tau_A}{\tau_A-\tau_C}-\frac{\tau_A}{\tau_A-\tau_B}\cdot\frac{\tau_B}{\tau_B-\tau_C}\\&\left.\mathrm{e}^{-T(\tau_A-\tau_B)/\tau_A\tau_B}\frac{\tau_C}{\tau_C-\tau_B}\cdot\frac{\tau_A}{\tau_A-\tau_C}\mathrm{e}^{-T(\tau_A-\tau_C)/\tau_A\tau_C}\right]\end{aligned} \tag{8-2-6}$$

式中第一项代表采样结束时滤膜上的 C 衰变到 T 时的放射性强度，第二项代表采样结束到 T 时从 B 生成出的 C 的放射性强度，第三项代表采样结束到 T 时从 A 生成出的 C 的放射性强度。以上三式从放射性核素的递次衰变规律是很容易到的。把采样结束时 A、B、C 的放射性强度 I_A、I_B、I_C 代入以上三式，便可以得到 T 时刻滤膜上 A、B、C 放射性强度的一般表达式。

在实际工作中，测量的常是一段时间（例如从 T_1 到 T_2）内的计数。为此，把 I_A、I_B、I_C 代入以上三式后，分别对 T 积分。即从 T_1 积到 T_2。这样就可以分别得到 T_1 到 T_2 时间内 A、B、C 的衰变数。仪器测量到的计数并不是它们的衰变数，这里要考虑空气通过滤膜时，并不是所有氡子体全部被截留在滤膜上。同时滤膜还要吸收掉一部分氡子体衰变时放出的射线，即所谓自吸收效应。另外，滤膜上氡子体衰变时放出的，而且穿出滤膜的射线也没有全部被仪器记录，只记录其中的一部分，所以仪器还有个探测效率问题。考虑到以上因素，那么在 T_1 到 T_2。时间内，仪器测到的计数分别为

$$N_A(t_0;\ T_1\rightarrow T_2) = 2.22\varepsilon FQ\tau_A^2 f_A C_A \tag{8-2-7}$$

$$N_B(t_0;\ T_1\rightarrow T_2) = 2.22\varepsilon FQ\left\{\left[\frac{\tau_A^3}{\tau_A-\tau_B}f_A+\frac{\tau_B^2\tau_A}{\tau_B-\tau_A}f_B\right]C_A+\tau_B^2 f_B C_B\right\} \tag{8-2-8}$$

$$N_C(t_0;\ T_1\rightarrow T_2) = 2.22\varepsilon FQ\left\{\left[\frac{\tau_A^4}{(\tau_A-\tau_B)(\tau_A-\tau_C)}f_A+\frac{\tau_B^3\tau_A}{(\tau_B-\tau_A)(\tau_B-\tau_C)}f_B+\frac{\tau_C^3\tau_A}{(\tau_C-\tau_A)(\tau_C-\tau_B)}f_C\right]C_A+\left[\frac{\tau_B^3}{\tau_B-\tau_C}f_B+\frac{\tau_C^2\tau_B}{\tau_C-\tau_B}f_C\right]C_B+\tau_C^2 f_C C_C\right\} \tag{8-2-9}$$

式中，

$$f_i=(1-e^{-t_0/\tau_i})(e^{-T_1/\tau_i}-e^{-T_2/\tau_i})\qquad (i=A、B、C) \tag{8-2-10}$$

是依赖于采样时间 t_0 和测量时间 T_1、T_2 的函数。

式中 f——包括自吸收在内的滤膜过滤效率，它决定于滤膜对抽来的气溶胶捕集的能力以及捕住的放射性核素放出的 α 或 β 射线从滤膜表面逸出的能力；

ε——是仪器的 4π 探测效率。

以上各式是对任何放射性衰变系列 A→B→C…都适用的一般公式，依照公式的基本形态，很容易推广应用到多于三个放射性核素的衰变系列。

下面就把一般公式应用于氡子体。

根据图 8-1-1，对 RaA，在 $T_1\rightarrow T_2$ 时间内仪器测到的 α 计数为

$$N_A(t_0;\ T_1\rightarrow T_2) = 43.0\varepsilon_\alpha F_\alpha f_A C_A Q \tag{8-2-11}$$

对 RaB 在 $T_1\rightarrow T_2$ 时间内仪器测到的 β 计数为

$$N_B(t_0;\ T_1\rightarrow T_2) = [(-5.52f_A+426f_B)C_A+3.32\times10^3 f_B C_B]\varepsilon_\beta F_\beta Q \tag{8-2-12}$$

对 RaC 在 $T_1\rightarrow T_2$ 时间内仪器测到的 α 或 β 计数为

$$N_C(t_0;\ T_1\rightarrow T_2) = [(1.01f_A+1.61f_B\times10^3 f_B-911f_C)C_A+(1.25\times10^4 f_B$$

$$-6.77\times10^3 f_C) \ C_B+1.79\times10^3 f_C C_C] \ \varepsilon FQ \tag{8-2-13}$$

此处的 α 是 RaC′发射的，由于半衰期非常短，它的强度与 RaC 发射的 β 强度是一样的，同样的原因，RaC′在空气中的存在是可以忽略的。对氡子体，RaA、RaC 都有分支比，由于分支比很小，一般可以忽略不计。

在实际测量中，通常是测量滤膜的总 α 放射性或总 β 放射性，即只考虑 RaA、RaC 的贡献。把式（8-2-11）和式（8-2-13）加起来就可以了。

$$N_\alpha(t_0;\ T_1\rightarrow T_2) = [(44.01f_A+1.61f_B\times10^3 f_B-911f_C) \ C_A+(1.25\times10^4 f_B$$
$$-6.77\times10^3 f_C) \ C_B+1.79\times10^3 f_C C_C] \ \varepsilon_\alpha F_\alpha Q \tag{8-2-14}$$

若测量总 β 放射性，则只考虑 RaB、RaC 的贡献，即把式（8-2-12）和式（8-2-13）加起来。

$$N_\beta(t_0;\ T_1\rightarrow T_2) = [(-4.51f_A+2.04\times10^3 f_B-911f_C) \ C_A+(1.58\times10^4 f_B$$
$$-6.77\times10^3 f_C) \ C_B+1.79\times10^3 f_C C_C] \ \varepsilon_\beta F_\beta Q \tag{8-2-15}$$

以上公式是测量空气中氡子体浓度的基本依据，各种测量方法都是上述公式的具体化。

二、三点法

三点法的基本思想是通过氡子体混合物的 α 衰变曲线，在曲线上找出三点，利用这三点的计数率，建立三个方程式，联立求解，得到 RaA、RaB、RaC 在空气中的浓度。

短半衰期的氡子体，只有 RaA、RaC 发射 α 粒子，采样结束后，测量滤膜的 α 放射性强度随时间的变化曲线，如图 8-2-1 所示。而要利用的是曲线的前段，即 45 min 前的部分。

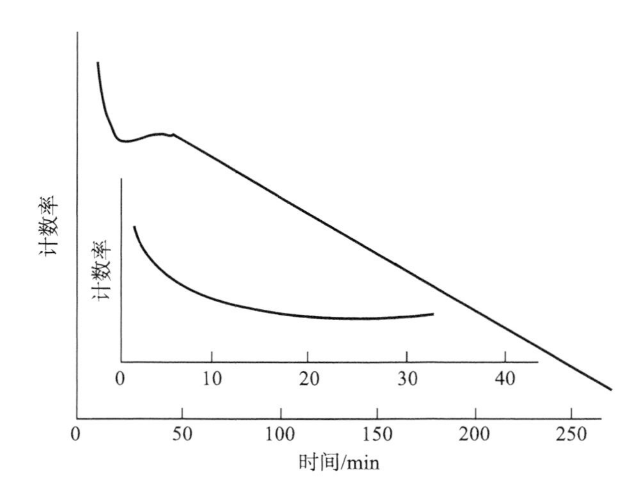

图 8-2-1　氡子体衰变曲线

三点法使用的基本参数：

采样速率 Q 约为 17 L/min；采样时间 $t_0=5$ min；使用的计数率是采样后第 5 分钟、第 15 分钟、第 30 分钟三点的计数率。为了得到某一时刻 T 的计数率，首先将式（8-2-10）变换成下列形式

$$f_i=\left(1-\mathrm{e}^{-t_0/\tau_i}\right)\frac{1}{\tau_i}\mathrm{e}^{-T/\tau_I}\quad(i=A,\ B,\ C)\tag{8-2-16}$$

把式（8-2-16）代入式（8-2-14），即得氡子体在采样后 T 时刻的计数率

$$\begin{aligned}n_\alpha(t_0;\ T)=\Big\{&\Big[44.01\left(1-\mathrm{e}^{-t_0/\tau_A}\right)\frac{1}{\tau_A}\mathrm{e}^{-T/\tau_A}+1.16\times10^3\left(1-\mathrm{e}^{t_0/\tau_B}\right)\frac{1}{\tau_B}\mathrm{e}^{-T/\tau_B}\\&-911\left(1-\mathrm{e}^{-t_0/\tau_C}\right)\frac{1}{\tau_C}\mathrm{e}^{-T/\tau_C}\Big]C_A+\Big[1.25\times10^4\left(1-\mathrm{e}^{t_0/\tau_B}\right)\frac{1}{\tau_B}\mathrm{e}^{-T/\tau_B}\\&-6.77\times10^3\left(1-\mathrm{e}^{-t_0/\tau_C}\right)\frac{1}{\tau_C}\mathrm{e}^{-T/\tau_C}\Big]C_B\\&+1.79\times10^3\left(1-\mathrm{e}^{-t_0/\tau_C}\right)\frac{1}{\tau_C}\mathrm{e}^{-T/\tau_C}C_C\Big\}\varepsilon_\alpha F_\alpha Q\end{aligned}$$

若把采样时间 $t_0=5$ min 和采用的三点所对应的时间即第 5 分钟、第 15 分钟、第 30 分钟代入上式，则得到对应的三个方程式

$$n_\alpha(5;\ 5)=(2.29\ C_A+2.23\ C_B+8.52\ C_C)\ \varepsilon_\alpha F_\alpha Q$$

$$n_\alpha(5;\ 15)=(0.69\ C_A+3.95\ C_B+6.00\ C_C)\ \varepsilon_\alpha F_\alpha Q$$

$$n_\alpha(5;\ 30)=(0.53\ C_A+4.66\ C_B+3.53\ C_C)\ \varepsilon_\alpha F_\alpha Q$$

式中 $n_\alpha(5;\ 5)$、$n_\alpha(5;\ 15)$、$n_\alpha(5;\ 30)$ 可从测得的 α 衰变曲线中得到；ε_α、F_α、Q 三个量均为已知，三个方程联立求解，即可得到 RaA、RaB、RaC 在空气中的浓度 C_A、C_B 和 C_C，单位为 pCi/L。

三点法又称 Tsivoglou 方法，它的优点是仪器简单，缺点是不精确，特别是对 RaA 不精确，而对人本危害最大的又正是 RaA，另外，测量比较繁琐，要测一条衰变曲线，且估算误差亦较困难。

三、托马斯三段法

托马斯三段法，亦称改进的 Tsivooglou 法，它的基本思想与三点法相似，但不是使用计算率，而是在采样结束后，对滤膜测量三段时间内的总 α 计数，同样是建立三个方程，联立求解，得到 RaA、RaB、RaC 在空气中的浓度。三段法使用的参数是：

采样时间 $t_0=5$ min，测量时间是采结束后 2~5 min、6~20 min、21~30 min。把这些参数代入式（8-2-10）和式（8-2-14），得到如下三个方程式

$$N_\alpha(5;\ 2\to5)=(9.46C_A+5.27C_B+27.00C_C)\ \varepsilon_\alpha F_\alpha Q$$

$$N_\alpha(5;\ 6\to20)=(11.1C_A+49.83C_B+90.93C_C)\ \varepsilon_\alpha F_\alpha Q$$

$$N_\alpha(5;\ 21\to30)=(4.76C_A+40.01C_B+37.41C_C)\ \varepsilon_\alpha F_\alpha Q$$

式中 N_α（5；2→5）、N_α（5；6→20）、N_α（5；21→30）为仪器在三段时间内的 α 计数，ε_α、F_α、Q 均为已知，联立求解，即可得到 C_A、C_B 和 C_C，单位为 pCi/L。

实验结果表明，当 C_A、C_B、C_C、ε_α、F_α、Q 等量给定后，采样时间的长短，测量时间的长短，分测量段的多少及测量段的不同分法等，都对测量的精确度有影响。

为了进一步提高测量的精确度，Hartz 提出 α 能谱法测量氡子体浓度，此法利用 RaA 和 RaC′发射 α 粒子的能量差异较大，可用多道分析器同时对 RaA、RaC′分别计数，以建立方程，求解 RaA、RaB、RaC 的浓度。能谱法与三段法比较，优点是减少了一个测量点，测量精确度有了明显提高，缺点是仪器较复杂。

四、氡子体潜能的测量

潜能的概念是为了表征大气被氡子体污染的程度提出的，它是指一升空气中所含有的全部短寿命的氡子体，衰变到 RaD 时所放出的 α 粒子的能量总和。

例如，若一升空气中有一个 RaA 原子，它衰变到 RaD 时会放出一个 6 MeV 的 α 粒子（RaA 放出的）和一个 7.68 MeV 的粒子（RaC 放出的），所以它的潜能是 6.00+7.68=13.68 MeV/L。同样可以知道，一升空气中有一个 RaB 原子或一个 RaC 原子时，它们的潜能相同，并等于 7.68 MeV/L。潜能的概念不但表明氡子体是对人体内照射的主要危害，而且表明氡子体放出的 α 粒子是主要的。一般情况下，若空气中 RaA、RaB、RaC 的浓度分别是 C_A^0、C_B^0、C_C^0（原子数/L），那么潜能 E_α（MeV/L）就是

$$E_\alpha = C_A^0 E_A + C_B^0 E_B + C_C^0 E_C \qquad (8\text{-}2\text{-}17)$$

式中，

E_A、E_B、E_C 分别是一升空气中有一个 RaA、RaB、RaC 原子时所对应的潜能，即 13.68 MeV/L、7.68 MeV/L、7.68 MeV/L。

为了导出潜能的测量公式，引入式（8-2-14），即采样时间 t_0，测量时间 $T_1 \to T_2$ 的氡子体的 α 计数 N_α（t_0；$T_1 \to T_2$）。按照马尔科夫的测量方案，即采样时间 $t_0 = 5$ min，测量时间 $T_1 \to T_2$ 为 7~10 min，则式（8-2-14）变为

$$N_\alpha(5;\ 7 \to 10) = (3.65C_A + 9.16C_B + 22.7C_C)\,\varepsilon_\alpha F_\alpha Q \qquad (8\text{-}2\text{-}18)$$

式中 C_A、C_B、C_C 的单位是 pCi/L，为了与式（8-2-17）比较，要把它们的单位变为原子/L，二者的变换关系如下

$$1\ \text{pCi} = 2.22\ \text{衰变数/min}$$

所以

$$C_i = \frac{\lambda_i}{2.22} C_i^0 \qquad (i = A,\ B,\ C) \qquad (8\text{-}2\text{-}19)$$

将式（8-2-19）代入式（8-2-18），得到

$$N_\alpha(5;\ 7 \to 10) = (0.37C_A^0 + 0.11C_B^0 + 0.36C_C^0)\,\varepsilon_\alpha F_\alpha Q \qquad (8\text{-}2\text{-}20)$$

在实际测量中，由于各种因素的影响，氡子体之间很难处于放射性平衡状态，而具有各种不同的平衡比，这对测量数据是有一定影响的。若以 RaA 的放射性 $\lambda_A C_A^0$ 为基准，对氡子体间的放射性平衡比 K_A、K_B、K_C 如下关系

$$K_A = \frac{\lambda_A C_A^0}{\lambda_A C_A^0} = 1 \qquad K_B = \frac{\lambda_B C_B^0}{\lambda_A C_A^0} \qquad K_C = \frac{\lambda_C C_C^0}{\lambda_A C_A^0}$$

于是 C_A^0、C_B^0、C_C^0 可写为

$$C_A^0 = \lambda_A C_A^0 \frac{K_A}{\lambda_A} \qquad C_B^0 = \lambda_A C_A^0 \frac{K_B}{\lambda_B} \qquad C_C^0 = \lambda_A C_A^0 \frac{K_C}{\lambda_C}$$

将它们分别代入式（8-2-17）和式（8-2-20），得到

$$E_\alpha = \lambda_A C_A^0 \left(E_A \frac{K_A}{\lambda_A} + E_B \frac{K_B}{\lambda_B} + E_C \frac{K_C}{\lambda_C} \right)$$

$$N_\alpha（5;\ 7 \to 10）= \lambda_A C_A^0 \left(0.37 \frac{K_A}{\lambda_A} + 0.11 \frac{K_B}{\lambda_B} + 0.36 \frac{K_C}{\lambda_C} \right) \varepsilon_a F_a Q$$

二式相除，得到

$$E_\alpha = \frac{K}{\varepsilon_\alpha F_\alpha Q} N_\alpha（5;\ 7 \to 10） \tag{8-2-21}$$

式中，

$$K = \frac{\left(E_A \frac{K_A}{\lambda_A} + E_B \frac{K_B}{\lambda_B} + E_C \frac{K_C}{\lambda_C} \right)}{\left(0.37 \frac{K_A}{\lambda_A} + 0.11 \frac{K_B}{\lambda_B} + 0.36 \frac{K_C}{\lambda_C} \right)}$$

式（8-2-21）就是潜能 E_α 与 α 计数 N_α（5；7→10）之间的关系。从比例因子 K 的表达式可以看出，它与氡子体间的放射性平衡比 K_A、K_B、K_C 有关，另外，它还与采样时间 t_0，测量时间 $T_1 \to T_2$ 有关。这样看来，潜能 E_α 似乎不能由 α 计数唯一的确定。但实际上通过大量的计算表明，对采样时间 $t_0 = 5$ min，测量时间 $T_1 \to T_2$ 为 7~10 min，对各种可能的 K_A、K_B、K_C 值进行计数，得到的比例因子 K 的数值都在 40 左右，偏差不超过 ±12%。因此，可以不考虑实际上各子体间的平衡比数值，将 K 的数值一律取为 40，这样就得到了测量氡子体潜能的公式

$$E_\alpha = \frac{40}{\varepsilon_\alpha F_\alpha Q} N_\alpha（5;\ 7 \to 10）$$

利用此公式，可以快速测量氡子体的潜能值。它是马尔科夫提出的测量方法，故又称马尔科夫法，该方法应用比较广泛。

此外，测量氡子体潜能还有 Rolle 方法，Kusnetz 方法及其改进等。

第三节　氡气浓度的瞬时测量

空气中氡气浓度有多种测量方法，如静电计法、活性炭浓缩法、闪烁室法、积分计数法、双滤膜法、气球法、径迹蚀刻法、静电扩散法、活性炭滤纸法、活性炭盒法、脉冲电离室法、溶剂萃取法和液氮蒸发法等。这些方法大体上可归纳为两大类，即微分（瞬时）测量（1 h 以下的测量）和积分（连续）测量（1 h 以上到数十天的连续测量）。

瞬时测量法最早是金箔静电计法，后逐步发展到静电计电离室法，以及最近几十年发展起来的硫化锌闪烁室法；而积分测量法，测量时间长，例如径迹蚀刻法、电子杯的 α 仪法、剂量计的热释光法和有机闪烁体的液闪法等。本节主要介绍氡的一些瞬时测量法。

一、电离室—静电计法，闪烁室计数法

氡气浓度的经典测量方法是使用电离室-静电计氡气仪。测量时，首先要把待测空气引入电离室，然后使用静电计测量氡及其子体衰变时放出的 α 粒子在电离室内产生的电离电流，最后由电离电流换算出氡气浓度。

需要指出的是，测量电离电流时，必须考虑到氡子体放出的 α 粒子贡献。当纯氡引入电离室后，由于氡子体随时间的推移会积累，因而电离电流也随之增大，一般在三小时后，各短寿命子体与氡便达到放射性平衡，这时电流达到最大值，并趋于稳定。通常都是在这种情况下进行电流测量，容易得到准确结果，若引入氡后不到三小时就测量，为得到相当于三小时后的数值，需要乘以不饱和修正系数 K，它的数值见表 8-3-1。表中 T 表示氡（不带子体）引入电离室后到开始测量的放置时间。

表 8-3-1　不饱和修正系数 K

T/min	10	15	30	40	50	60	80	120	180
K	1.40	1.36	1.29	1.24	1.19	1.15	1.08	1.02	1.00

为了由电离电流求出氡气浓度，测量仪器事先需要刻度。通常使用一个密封在玻璃瓶内的镭盐（$RaCl_2$）溶液所产生的氡来刻度。刻度时系统的连接如图 8-3-1 所示。

操作时，电离室先抽空，再打开阀门 4，调节阀门 6 使氡气徐徐引入（一般进气速度为 100~200 气泡/min）直到无气泡时封闭电离室。放置三小时后测量电离电源，静电计测量的电流以单位时间内指针偏转的格数 n_0 表示（格数/ min）。另外根据镭盐中 Ra 的放射性活度 A（Ci）、封闭镭盐瓶积累氡的时间 t（h）和电离室体积 V（L），可求出充在电离室内的氡气浓度 C_0（Ci/L）。于是氡气仪的刻度系数 j 为

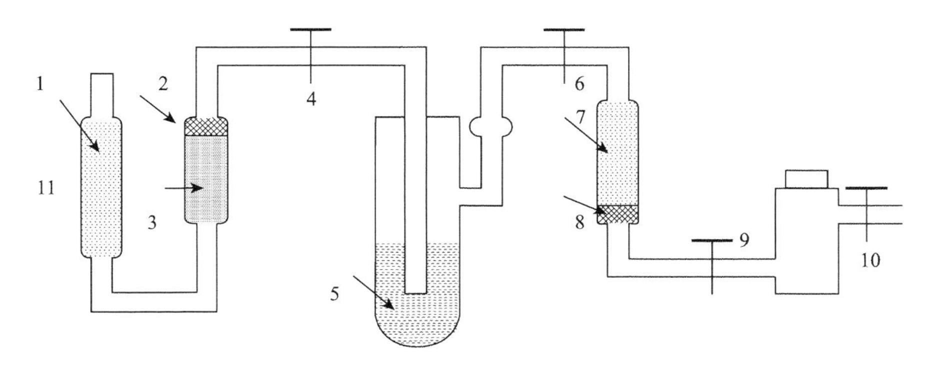

图 8-3-1　氡气刻度仪连接图

1、7—CaCl；2、8—滤尘器；3—活性炭管；4、6、9、11—阀门；5—$RaCl_2$ 溶液；10—电离室。

$$j=\frac{C_0}{n_0}=\frac{A\ (1-e^{-\lambda t})}{V\ (n-n_b)} \tag{8-3-1}$$

式中　λ——Rn 的衰变常数（/h）；

n——总电离电流，以指针偏转速度（格/min）表示；

n_b——本底电流（格/min）。

刻度系数 j 的物理意义是，静电计测得的单位时间内偏转一格的电流所相当的电离室内的氡气浓度，单位是 Ci/L（格/min）。

有了刻度系数，根据测得的电离电流，就可计算空气中未知的氡气浓度 C_{Rn}（Ci/L）

$$C_{Rn}=j\ (n-n_b)\ K \tag{8-3-2}$$

式中　n——总电离电流（格/min）；

n_b——本底电流（格/min）；

K——不饱和修正系数。

闪烁室计数法测氡的基本原理与上法完全相同。所不同的只是，它通过记录氡及其子体放出的 α 粒子在 ZnS（Ag）闪烁室中引起的闪光数来换算出氡气浓度。上述刻度系数公式和氡气浓度公式完全适用，只要把公式中的 n 理解为每分钟记录的脉冲数，j 为每分钟记录一个脉冲所相当的氡浓度就可以了。

由于取样体积和本底电流（或本底计数）的限制，一般空烁室计数法的灵敏度为 1×10^{-12} Ci/L，电离室一静电计法为 $5\times10^{-12}\sim1\times10^{-11}$ Ci/L。

二、活性炭吸附法

活性炭是用含炭为主要物质作原料，其中含有少量的氧、氢、硫等元素以及水分和灰分，经高温炭化和活化制得的疏水性吸附剂，外观为暗黑色，它具有良好的吸附性能和稳定的化学特征，可以耐强酸和强碱、能经受水浸、高温、高压的作用，不易破碎，气流阻力小，便于应用。

实验发现，在常温下活性炭能强烈地吸附氡，而当活性碳受热，温度升高到 300～400 ℃时，它所吸附的氡又几乎会全部释放出来。活性碳吸附法测氡就是利用这一特性。由于采用抽气过滤法，能使活性碳收集较大体积空气中的氡进行测量，因而它有较高的灵敏度，一般能达到 1×10^{-14} Ci/L，能满足环境本底调查的需要。

氡测量的过程为，取样前首先将取样碳管加热至 400 ℃，以驱除碳管内残存的氡气和水分。然后，按选定的流速和取样时间，用取样碳管将干燥的空气中的氡气吸附。再将碳管放置在一个解析电炉上徐徐加热，当温度达到 400 ℃左右时，把解析出的氡气收集到电离室或空烁室，静置三个小时以后进行测量。按下式计算氡气浓度 C_{Rn}（Ci/L）。

$$C_{Rn}=\frac{j\ (n-n_b)\ e^{\lambda t_1}}{F_1F_2Ut_0\gamma} \tag{8-3-3}$$

式中 j——仪器的刻度系数［Ci/（格/min）或（计数/min）］；

n——测得的电离电流（格/分）或计数率（计数/min）；

n_b——本底电流（格/分）或计数率（计数/min）；

λ——氡的衰变常数（/h）；

t_1——取样结束到解析经过的时间（h）；

F_1——活性炭的吸附效率，可事先用实验方法求出；

F_2——活性炭的解析效率可事先用实验方法求出；

U——取样流速（L/min）；

t_0——取样时间（min）；

γ——取样时温度对吸附效率的较准系数。

活性炭吸附法的优点是测量灵敏度高，可用于大气中氡气浓度为 $10^{-13}\sim10^{-14}$ Ci/L 的监测。

上述方法虽然都在一定场合下能满足需要，但它们都不是快速的，取样后都需要等待，这是很不方便的。许多场合需要快速测量，如氡的浓度太高，以便立即采取措施，降低空气中的氡含量，快速测量氡的方法有气球法和双滤膜法等，这里重点介绍双滤膜法。

三、双滤膜法测量氡气浓度

双滤膜法测氡是应用比较广泛的方法之一，它是 20 世纪 60 年代发展起来的一种快速测定井下氡浓度的方法，后来又推广到测定大气环境中的氡，灵敏度可达 1×10^{-14} Ci/L。

双滤膜法的主要部分是衰变筒，如图 8-3-2 所示。被采样的空气通过滤膜Ⅰ进入衰变筒，空气中原有的氡子体被全部滤掉，只有氡气随空气进入衰变筒，在衰变筒内，由入口滤膜至出口滤膜Ⅱ的渡越过程中，氡不断地衰变出子体 RaA、RaB、RaC 及

RaC′，这些子体成为气溶胶，在通过出口滤膜时，被收集在该膜上，通过测量出口滤膜的 α 计数，就可算出空气中氡气的浓度。

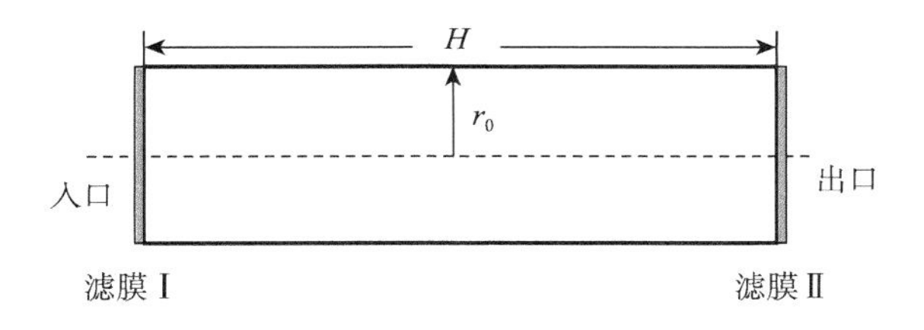

图 8-3-2　衰变筒示意图

双滤膜法测定氡浓度的计算公式，推导起来是比较复杂的，主要应用气体扩散的流体动力学理论，要解偏微分方程。在这里只给出结果。在衰变筒内，氡的飞行时间只有几秒至几十秒，因而氡的子体只需考虑 RaA 就可以了。RaA 在衰变筒内的浓度，是随筒的轴线的半径而变化的，通过求解偏微分方程，并对筒的横截面求平均值，得到 R_aA 在出口处的平均浓度为

$$C_A = 4\lambda_A \sum_{n=1}^{\infty} \frac{1 - e^{-\left[D\frac{(X_n^{(0)})^2}{\gamma_0^2}+\lambda_{Rn}+\lambda_A\right]\frac{H}{v}}}{(X_n^{(0)})^2\left[D\frac{(X_n^{(0)})^2}{r_0}+\lambda_{Rn}+\lambda_A\right]} C_{Rn}^0 \tag{8-3-4}$$

式中　λ_A——RaA 衰变常数；

λ_{Rn}——氡的衰变常数；

D——扩散系数；

$X_n^{(0)}$——零阶贝塞耳函数的第 n 个零点，其值可查表得到；

r_o、H——衰变筒的长度和半径；

V——气流运动的平均线速度；

C_{Rn}^0——大气中的氡浓度。

由于氡的半衰期比 RaA 大得多，即 $\lambda_{\mathrm{Rn}} \ll \lambda_{\mathrm{A}}$。故式（8-3-4）可改写为

$$C_A = 4\lambda_A \sum_{n=1}^{\infty} \frac{1 - e^{-\left[D\frac{(X_n^{(0)})^2}{\gamma_0^2}+\lambda_A\right]\frac{H}{v}}}{(X_n^{(0)})^2\left[D\frac{(X_n^{(0)})^2}{\gamma_0^2}+\lambda_A\right]} C_{Rn}^0 \tag{8-3-5}$$

另一方面，根据取样时间 t_0，测量时间 $T_1 \to T_2$ 期间，出口滤膜上各子体的积累规律，可以得到滤膜的 α 计数 N_α（t_0；$T_1 \to T_2$）。若取样和测量时间较长，出口滤膜上的 α 计数要考虑 RaA 和 RaC 的共同贡献，由式（8-2-14）可得

$$N_\alpha(t_0;\ T_1 \to T_2) = (44.01f_A + 1.61\times10^3 f_B - 911 f_C)\,\varepsilon_\alpha F_\alpha Q C_A \tag{8-3-6}$$

要注意，式（8-2-14）的第二、三项这里没有，因为衰变筒内不存在 RaB、RaC、RaC′。若采样和测量时间较短，可以不考虑 RaC 的贡献，则 α 计数可由式（8-2-11）

得到

$$N_{\alpha}(t_0;\ T_1 \to T_2) = 44.01 f_A \varepsilon_{\alpha} F_{\alpha} Q C_A \tag{8-3-7}$$

将式（8-3-5）代入式（8-3-6），即得到双滤膜法测氡浓度的计算公式

$$N_{\alpha}(t_0;\ T_1 \to T_2) = K_{\mathrm{Rn}} C_{\mathrm{Rn}}^0 \tag{8-3-8}$$

式中系数 K_{Rn} 为

$$K_{\mathrm{Rn}} = (44.01 f_A + 1.61 \times 10^3 f_B - 911 f_C)\ \varepsilon_{\alpha} F_{\alpha} Q 4 \lambda_A \sum_{n=1}^{\infty} \frac{1 - \mathrm{e}^{-\left[D\frac{(X_n^{(0)})^2}{\gamma_0^2} + \lambda_A\right]\frac{H}{v}}}{(X_n^{(0)})^2 \left[D \dfrac{(X_n^{(0)})^2}{\gamma_0^2} + \lambda_A\right]} \tag{8-3-9}$$

在采样和测量时间较短时，将式（8-3-5）代入式（8-3-7），得到 K_{Rn}^0。

$$K_{\mathrm{Rn}}^0 = 172 f_A \varepsilon_{\alpha} F_{\alpha} Q \lambda_A \sum_{n=1}^{\infty} \frac{1 - \mathrm{e}^{-\left[D\frac{(X_n^{(0)})^2}{\gamma_0^2} + \lambda_A\right]\frac{H}{v}}}{(X_n^{(0)})^2 \left[D \dfrac{(X_n^{(0)})^2}{\gamma_0^2} + \lambda_A\right]} \tag{8-3-10}$$

式（8-3-9）和式（8-3-10）中的级数收敛很快，K_{Rn} 和 K_{Rn}^0 的计算是很方便的。这样，测出了 α 计数，即可得到大气中的氡浓度 C_{Rn}^0。在给定氡浓度和其他实验参数的情况下，上述公式计算的 α 计数与实验测出的 α 计数符合的很好。因此有人认为，有了上述计算公式，可以代替仪器的刻度。不过在实际测量中，为了使实验结果更有把握，一般还都是用标准源对仪器进行刻度。

第四节　固体径迹（SSNTD）累积法测氡技术

固体径迹测器（Solid state nuclear track detectors，SSNTD）是 20 世纪 60 年代后发展起来的一种新型的核辐射径迹探测器。它是用各种绝缘体薄片作为探测器材料，来记录重带电粒子、裂变碎片、中子等径迹的探测器。目前广泛地应用于固体物理学、地质学、化学、宇宙射线物理学、考古学、地质年代学、天文物理学，以及辐射防护剂量学等领域。

应用 SSNTD 测氡的研究和应用是该领域最活跃的新分支。用 SSNTD 测氡材料简单、价格低廉，不需要动力，可以记录累积浓度的氡，因此已普遍为科学工作者所接受。近年来欧美日中等国较多地用 SSNTD 法进行了氡累积浓度调查，其中又以 CR-39 为探测器的测氡杯较理想。

一、发展与概况

SSNTD 的发展可以追朔到 20 世纪 50 年代。1959 年 E. C. H. Silk 使用高倍电子显微

镜首先观察到裂变碎片在云母中的损伤痕迹。1964 年 R. L. Fleisher 和 P. B. Price 发现不仅在无机物（矿物水晶和玻璃）而且在有机物（高聚合物）也发现可观察的径迹，并在硝酸纤维中第一次观察到 α 粒子径迹。1975 年 Fleisher、Price 和 Walker 首先将这一技术用于氡测量，并获得成功，为 SSNTD 测氡奠定了基础。1973 年 fart. Wright 在材料筛选试验中发现烯丙基二甘醇碳酸酯（CR-39）灵敏度高，均匀性和光学性好于其他材料。从那时起有关 CR-39 的研究工作就以很高的速度发展，人们对它的制备、性能改进和蚀刻特性等开展了全面研究。到目前为止 CR-39 仍是国际上公认的最理想的测氡材料。

固体核径迹探测器的特点包括：

① 有探测阈。对电离率较较低的带电粒子 β、γ 不灵敏；

② 潜迹可被化学蚀刻放大成为稳定的可观察径迹，蚀刻后径迹的特征参量是入射粒子电荷、能量和质量的函数；

③ 潜迹不易衰退、耐严酷的环境条件、处理方法简单、价格低廉、使用方便等。

这些特点使 SSNTD 在许多领域中得到了广泛的应用，据最新资料统计应用范围已超过三十门学科。其中对氡的测量研究是这一领域最热门的课题之一。除了对环境氡量以外，还进行了氡子体、α 累积个人剂量计等测量方法的研究。用该法测量水氡和土壤氡的发射率也得到了理想的结果。

二、原理

（一）测氡原理

α 粒子照射探测器的主要过程如下：

具有一定动能的重带粒子入射固体径迹探测器时，在它们穿过的路径上产生辐射损伤。使其化学键断裂，形成潜迹。探测器的辐射损伤区域能较快与蚀刻剂发生反应，沿辐射损伤物质部分产生蚀坑（径迹）。探测器单位面积上的径迹数目与空气中的氡的 α 累积浓度呈正比。

（二）固体产生径迹的机理

放射性粒子固体中产生径迹的机理，已建立了可作定量分析的理论和机制，这里采用径迹法的发明者 R. L. Fleisher 等人的离子爆炸脉冲理论来简洁地说明产生径迹的机理。该理论认为，当带电粒子通过靶物质的晶格时，由于电离作用，原子的核外电子被剥落，形成裸露状的高带电离子。这些离子间产生强烈的相互排斥作用，于是导致化学键被打断，原子位移，空穴形成等损伤，即在粒子经过的沿途出现了径迹。

（三）探测器材料

探测器材料可以分为结晶固体、非结晶固体和塑料。

- 结晶固体
  - 云母
  - 石英
- 非结晶固体（各种玻璃）
- 塑料
  - CN 硝酸纤维素
  - PC 聚碳酸酯
  - CR-39 烯丙基二甘醇碳酸酯

各种带电粒子射入 SSNTD 都会对材料产生辐射损伤，但只有当辐射损伤密度达到某一数值（临界辐射损伤密度）时，这种粒子的径迹才能被蚀刻起来，这就是 SSNTD 的阈特性。图 8-4-1 为重带电粒子在探测器中的射程与阈值的关系，BC 段称为最大可蚀刻射程（能量灵敏区）。

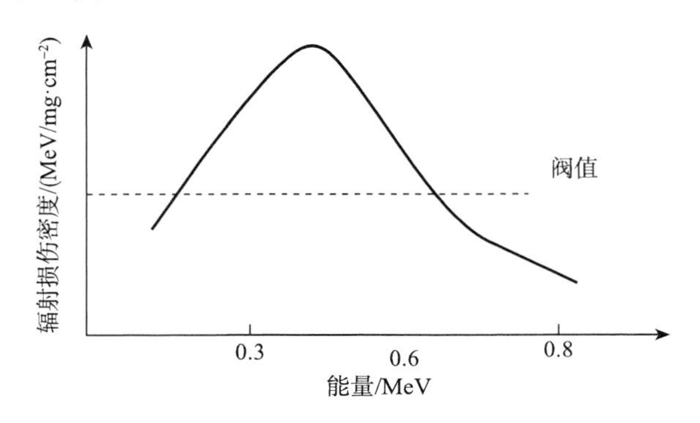

图 8-4-1　重带电粒子在探测器中的射程与阈值的关系

表 8-4-1 为常用塑料探测器的种类和性质，其中 CR-39 的能量灵敏区较宽，可记录氡及子体产生的所有 α 粒子。CN 和 PC 的能量灵敏范围较小，用这两种材料测氡时常需在探测器前加贴一层铝箔，使 α 粒子减速后的能量落入探测器的阈值范围内。理想的塑料探测器除具有对辐射损伤敏感、记录的核径迹可用化学方法显示的特性外，还应具有高度透明、结构均匀、热固性稳定、无天然本底等特性。

表 8-4-1　适用于测氡 SSNTD 材料和性质

名称	商品名或缩写	组分	α 能量灵敏区/MeV
烯丙基二甘醇碳酸酯	CR-39	$C_{12}H_{16}O_7$	0. 1~50
硝酸纤维素	CN	$C_5H_6O_7N_2$	0. 1~4. 6
聚碳酸酯	PC	$C_{16}H_{14}O_2$	0. 2~3

（四）测氡装置

常用的测氡装置如图 8-4-2 所示，可分为扩散型和渗透型两种。扩散型为长管状，由于管有一定的长度，氡的短寿命子体在扩散途中衰变掉，只有氡可达到探测器。渗透型是在杯口罩一层渗透性适当的薄膜（玻璃纤维或微孔滤纸），以便使半衰期较长的^{222}Rn有足够时间透过渗透膜，进入探测杯，半衰期较短的^{220}Rn和^{219}Rn被渗透膜阻挡，以达到把^{222}Rn分离出来的目的。表8-4-2列出了常用渗透杯的材料和规格。对于探测杯的大小直径的研究表明，探测杯半径与刻度系数有一定关系，杯的半径在50～60 cm最合适。SSTNT测氡的灵敏度（K）用以下公式表示

$$K=\frac{\rho}{A} \tag{8-4-1}$$

式中　ρ——单位时间单位面积探测器上记录的α径迹数；

A——单位时间单位体积空气中发生的α衰变数。

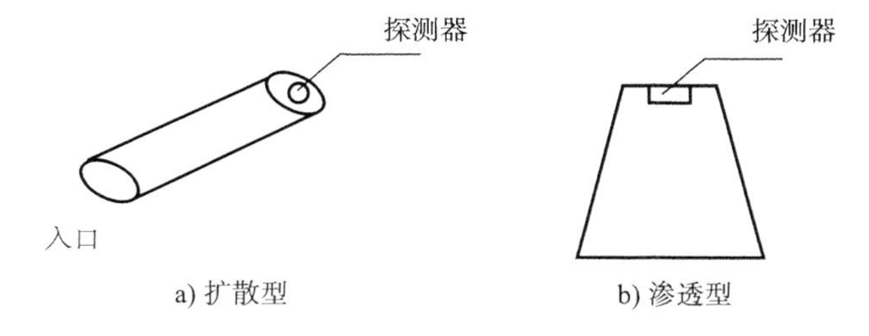

图8-4-2　氡气测量装置

表8-4-2　常用渗透杯的材料及规格

研制单位	材料	规格/cm			体积/cm^3
		底部Φ	口部Φ	高	
美国Terradex测氡公司	塑料	5.3	6.8	9.0	258.7
		3.0		2.0	14.1
日本名古屋大学	不锈钢	10.0		4.5	116.9
德国Karlsruhe研究中心	塑料	5.0	6.5	3.8	34.5
上海放医所	塑料	1.7			

对于采用CR-39的Terredex标准杯，K=1.6 cm，它表示该装置的灵敏度相当于能全部记录厚度为1.6 cm空气中氡及其子体产生的α粒子。通常，K值都是由实验测定。

（五）化学蚀刻

潜迹在光学显微镜下是不可见的，通常需要经过化学或电化学蚀刻将潜迹扩大到可观察径迹，化学蚀刻是目前广泛采用的最基本最简单的方法。

1. 蚀刻装置

化学蚀刻装置非常简单，由恒温箱和蚀刻杯两部分组成。CS-501型超级恒温箱的

温度变化可控制在±1 ℃，是比较理想的蚀刻恒温装置，没有条件的实验室也可采用普通电热恒温水浴箱。蚀刻杯可用不锈钢或有机玻璃容器，小规模试验也可用称量瓶或小药瓶代替。

2. 蚀刻原理

径迹蚀刻的理论机制尚不很清楚。一般认为，当重带电粒子射入固体探测器时，在粒子穿过的路上，物质分子的化学键被打断，产生位移原子和空穴，或形成许多分子碎块等等所谓化学活性中心。这些化学活性中心对化学腐蚀剂具有较高化学活性。因此能以较快的速度产生蚀坑（孔），从而把径迹显示出来。

3. 蚀刻参数的测定

在蚀刻过程，蚀刻剂对探测器同时发生两种作用，一种是与辐射损伤区物质发生反应，这种沿粒子入射方向上的反应速度称为径迹的蚀刻速度（V_T）；另一种是以探测器整体发生反应，使其表面溶蚀，称为总体蚀刻速度（V_G），只有当 $V_T>V_G$ 时才可出现径迹。此外径迹的产生还与探测器的临界角有关，只有带电粒子的入射角>它们的临界角 θ_C，才能在探测器表面蚀刻出径迹，见图 8-4-3。

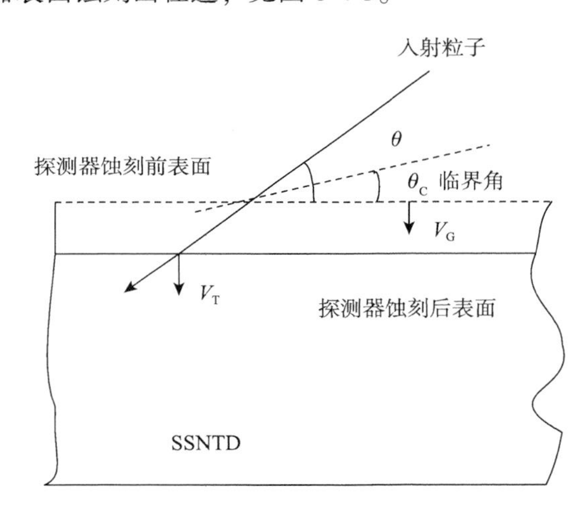

图 8-4-3 θ_C、V_T 和 V_G 示意图

4. 蚀刻条件的选择

蚀刻过程实际上是一种化学反应过程，反应速度及程度与蚀刻的成分、蚀刻液的浓度、温度以及蚀刻时间有关。

（1）蚀刻剂。

对于 CR-39 来讲最好的蚀刻剂是碱金属的氢氧化物，KOH 和 NaOH 是最常用的蚀刻剂。实验表明同等浓度下，KOH 的蚀刻速度>NaOH 的蚀刻速度，其定性解释是 *K* 的水合离子较小，反应能力较强。

（2）蚀刻液的浓度。

实验表明 NaOH 浓度在 20%（6.25 mol/L）时探测器灵敏度（V_T/V_G 比值）达到高值。

蚀刻液的浓度要求要准确。我国出售的分析纯试剂 NaOH 的含量≥96%，KOH≥82%因此配制的蚀刻溶液要进行标定。标定的方法有两种，一种是用标准 HCl 滴定，另一种是称取准确量的邻苯二甲酸氢钾，水溶后用配制的蚀刻液滴定。

（3）蚀刻温度。

蚀刻径迹直径和蚀刻速度随温度升高而增高，提高蚀刻温度可缩短蚀刻时间。图 8-4-4曲线 a 为径迹长度随温度的增长曲线。曲线 b 为同等效率下温度与蚀刻时间的关系。可见温度提高有利用径迹的出现和增长，但温度过高，易引起探测器片弯曲，给读数带来困难。对于 CR-39 适宜的温度范围在 60~85 ℃。

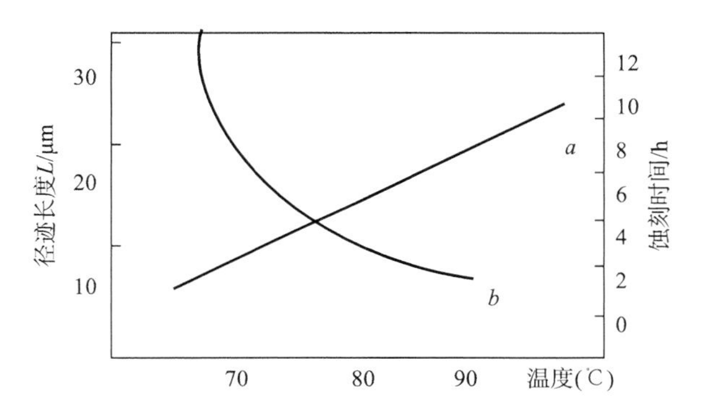

图 8-4-4　L 和 T 随蚀刻温度的变化

* 塑料探测器的 $\theta_c>10°$

（4）蚀刻时间。

当蚀刻剂配方、浓度温度一定时，在某一时间范围内径迹和密度（可用探测效率表示）随时间增加而增加，并在一段时间内有一恒定效率，见图 8-4-5。随着蚀刻时间延长、径迹增长到一定程度不再扩大，其特性逐渐模糊直至消失，这就是通常所说的过蚀刻。因此每个实验室都应进行蚀刻时间选择实验。选择原则是以探测效率高、稳定，径迹特征明显为依据。

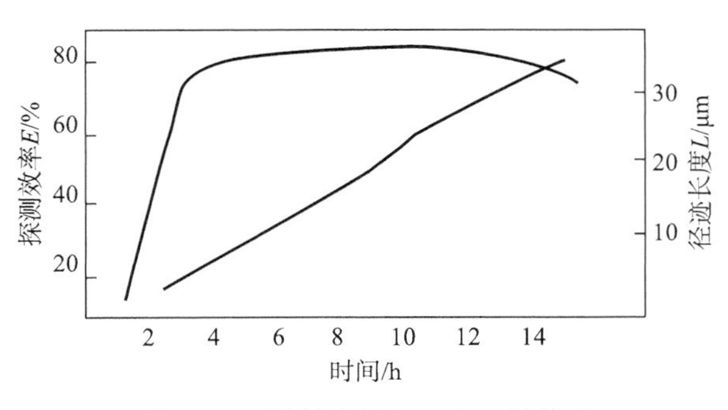

图 8-4-5　蚀刻时间与 E 和 L 的关系

（六）镜下观测径迹的方法

1. 视域面积的确定

普通光学显微镜视域面积的标定一般用物标尺确定，物标尺最小刻度为 0.01 mm。将物标尺接镜头，测出视域的直径，由此求出视域的面积。也可将格状测微计放入镜头，用物标尺测出网格的边长，求出面积。

2. 径迹的辨认

由于本法直接从显微镜下读数，正确区别和辨认径迹是极为重要的环节。通常在特定的探测器中径迹有着其固有的形状和特征，图 8-4-6 为 CR-39 探测器中以不同角度入射的 α 径迹的轮廓。可见径迹的形状随着入射角的改变而改变，角度愈小，径迹愈小。此外，径迹的大小、深浅还与入射 α 粒子的能量有关，入射 α 粒子能量愈大（照射距离愈近）得到的径迹愈大愈深，否则相反。

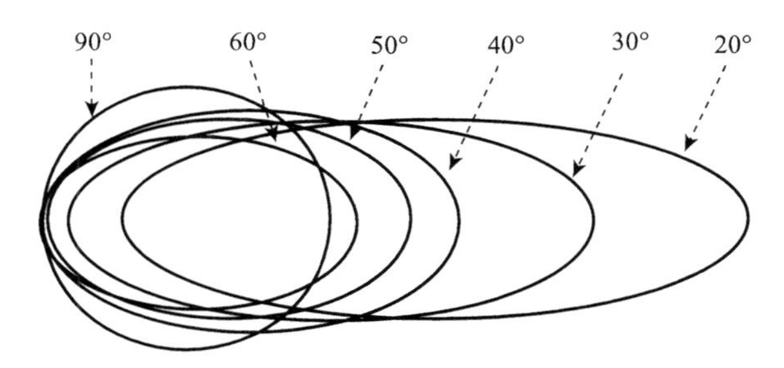

图 8-4-6　α 径迹轮廓随放射角度的变化

表 8-4-3 是采用测氡杯，经标准氡室照射、化学蚀刻后，在 400 倍显微镜下观察到的径迹的形状、特征及分布。为了熟悉径迹的形状、特征，应将探测器照射面和空白片反复比较，确定径迹与疵点、划痕等的区别标准。

表 8-4-3　径迹的形状、特征及分布

分类	圆形	椭圆形	楔形
特征	形状规范，改变焦距时立体感强，内部有明显亮度或螺纹，外圈有暗的边环	大小较一致，改变焦距时有明显的层次，尾部有亮点，易辨认	较小、较浅、形状不规范，暗的边环不封口或拖一尾巴，易被忽略
比例/%	10～30	60～80	5～15

3. 读数方法

（1）先将探测器粗略扫描，了解径迹多少，分布均匀程度，然后读数。

（2）径迹密度不高时可按视域读数，若密度过高，可采用带网格的镜片取几小格读数。

（3）径迹观察通常将探测器沿 X 轴方向一条带一条带地观测，也可采用镙旋式读法由中心向外移动。移动时尽量避免不要重复。

（七）刻度方法

1. 氡刻度室

对氡累积浓度监测装置刻度一般在氡室进行。氡室可分为氡浓度恒定的氡室和氡浓度随时间变化的氡室两种。

恒定氡室的基本要求包括：①氡浓度要稳定、均匀，必须要有稳定的产生率的氡源及氡浓度的控制系统；②要有温湿度、气流、气溶胶的控制系统；③具有氡和氡子体及上述各种物理参数的监测系统。

氡累积浓度监测装置刻度因子的计算：

$$K = T - \frac{B}{Ct} \times 1\ 000 \tag{8-4-2}$$

式中　K——装置的刻度因子（径迹/cm^2/$kBqm^2h$）；

T——样器的径迹密度（径迹/cm^2）；

B——本底的径迹密度（径迹/cm^2）；

C——氡室内平均氡浓度（Bq/m^3）；

t——放置时间（h）。

2. 测氡装置的刻度

刻度方法如下：

选择几种不同的氡浓度，每种浓度放置若干只探测杯，吊挂在刻度室中心，放置一定时间 t 后取出，将每片读到的径迹密度带入上式，算出刻度因子 K，然后求出平均 K 值。

刻度时还应注意以下事项：

（1）探测器在刻度室中应受到与待检测的场所中氡浓度相类似的几种不同浓度或照射水平的照射；

（2）每种氡浓度水平至少要放 10 个探测器；

（3）受照时间应足够长，以便使 α 径迹探测器和刻度室内气压达到平衡；

（4）每批探测器均应分别确定 K 值。

思考题：

1. 氡有四种同位素，为什么 ^{222}Rn 危害最大？

2. 三点法的测量原理是什么？

3. 固体径迹累积法测氡原理是什么？

第九章

环境放射性测量数据处理

在环境放射性监测工作中，通常是对收集于不同地点、不同时期的大量的环境监测数据的比较，来判断“三废”排放是否造成了环境中污染物水平的改变以及这种变化程度的大小。但是，由于使监测数据产生差异的原因是众多的，仅凭监测数据表面数值的差别，并不足以判定污染对环境的影响。日常在实验室里即使严格控制了分析、测量的条件，对同一样品重复分析、测量的结果仍是互有差异的，这种差异是由分析、测量过程中不可避免的误差造成的。在同一采样点上于同一时间采集多个样品，即使采样、制样和以后的分析、测量条件保持相同，各个样品的分析、测量结果间也有差异，这种差异是由采样、制样和以后的分析、测量过程中为数极多的不能控制的原因造成的。因此，平时在不同地点、不同时间上取得的监测数据，其数值中既反映了地点、时间因素（与排放量、自然界的气象、水文等条件有关）对监测结果的影响，也还包括了上述仍不能控制的偶然性因素导致的误差在内。由于必然性因素（如排放量）的影响总是和偶然性因素（如所拟监测的物质在自然界分布的不均匀性，采样、制样和分析、测量过程中存在的误差）的影响纠缠在一起，在分析和比较环境监测数据时，只有充分认识和掌握偶然性因素所致差异的规律，排出其影响，才能作出有无必然性影响的正确判断。统计方法是以研究偶然现象的规律性的概率论为基础的科学分析方法，因此它是分析环境监测数据不可缺少的重要工具和手段。

在数理统计中，将研究对象的全体（满足指定条件的所有个体或单位的集合）称为全总体，而将取自总体的一部分实际观测的个体或单位的集合称为样本。如果样本是用一定的方法按机遇的原则组成的，这种样本称为随机样本，样本包含的实测个体或单位的数目则为样本容量。例如要测量某一时间某一地区内土壤的放射性水平，则该地区全部应测量的土壤构成总体。将全部应测土壤划分成许多相等体积的单位（观测单位），则总体由这些所有的观测单位组成。按机遇的原则从中抽取若干个观测单位的土壤样品进行实测，这些实测的土壤样品就是总体的一个随机样本，而抽取的观测单位的数目就是样本容量。显然，这样的总体和样本的概念可推广于其他的环境介质，如大气、水、动植物等。

在实际工作中，一般只能对来自总体的样本进行观测，然而的结果却总是要推广到样本所属于的未知总体，这是一个十分重要的科学推断过程。比如说，为了解某一采样点上一个时期内某一介质中的放射性水平，为此在该时期内采集了该介质的若干样品组成样本；由样本数据得到的平均水平是拟了解的总体放射性水平的估计值，接着的问题是如何通过样本的平均水平去估计未知总体的真实水平。数理统计的中心问题就在于如何根据样本探求有关总体的种种知识，以及从样本取得的资料去检验关于总体的种种假设。

统计分析一般包括以下两个步骤：统计叙述和统计推断。统计叙述是指对实际观测的样本数据进行整理和归纳，用少数几个特征数（统计量），有时辅以必要的图表，将收集所得资料的主要特征反映出来，便于理解并做进一步的分析和比较。统计推断则指由实测样本推断所属于未知总体的问题。

应用统计方法处理和分析环境监测数据的必要性，目前已为人们所认识，但同时应强调指出统计方法在研究设计中的重要性。如果监测方案制订得不好，所拟分析比较的因素安排不恰当，分析数据常会发生困难，甚至无法进行分析。因样本容量太小，不能达到研究的预期目的，或相反，收集数据过多，造成人力、物力上的浪费。制订监测方案时应用统计方法，可以帮助合理地确定所需的样本容量，既保证获得为分析问题所必要的数据，又避免无谓的浪费。此外，对以往监测数据的统计分析，有助于修订今后的监测方案，使方案不断完善，这是统计方法应用于研究设计的一个重要方面。

第一节　数据整理和样本特征数计算

一、数据整理

（一）原始数据的整理

在着手分析环境就地监测和样品测量的数据以前，要对原始数据进行必要的整理。应先逐一检查原始记录是否按规定的要求填写完全、正确。若有过失错误的数据（如采样、分析、测量过程中操作错误或发生意外污染等），应予舍去。发现有计算或记录错误的数据，应予订正。但不能轻易剔除数值异常的数据，因为这些数据可能反映了核设施事故排放对环境的污染或其他因素的影响，应该进一步查明其原因。

为了解监测项目在时间上的动态变化或不同距离地点上的变化，将数据按出现的时间先后距离远近依次列出（有时将数据按时间、地点适当归组）进行分析。也常将数据绘制成图，便于从直观上分析监测项目结果的变化。

（二）样本频数分布

在采样遵从随机原则的条件下，收集所得的一批数据则视作来自一特定“环境总体”的一个随机样本。当样本数据较少时，可直接进行计算和分析。倘若数据的数量众多，通常中先将数据按其数值大小分组，数出归入各组的数据数目，编制成样本频数分布。

（三）离散型数据和连续型数据

观测指标（下面称为变量）有离散型和连续型之分。离散型的变量只能取数轴上数个孤立的数值，如放射性测量时给定测量时间内的计数，其结果只能为0，1，2，…等。连续型的变量则能取数轴的某个区间上的一段数值，如测定空气中铀浓度（$\mu g \cdot m^{-3}$），测定结果并不表明确切为某一数值，而是位于某个区间上的数值。

整理离散型数据时，将可能出现的变量值（如0，1，2，…）列出，再将数据归组，数出不同变量值出现的次数，即为频数（见表9-1-1）。有时也将变量值分组，如列为0~4，5~9，10~14，…等，并用各组的算术均值（如2，7，12，…等）代表归入各该组的数据。

表9-1-1　某年某地土壤样品中铀含量（微克/克）的频数分布

分组	划记	频数
0.50—	｜	1
0.60—	卌	5
0.70—	卌	5
0.80—	卌 卌 ｜｜	12
0.90—	卌 卌 卌 ｜	16
1.00—	卌 卌 卌 卌 卌 卌 ｜｜	32
1.10—	卌 卌 卌 卌 卌 卌 卌 卌 卌 卌	50
1.20—	卌 卌 卌 卌 卌 卌 卌 卌 卌 ｜	46
1.30—	卌 卌 卌 卌 卌 卌 卌 卌 ｜｜｜	43
1.40—	卌 卌 卌 卌 ｜｜｜｜	24
1.50—	卌 卌 卌 ｜｜｜	18
1.60—	卌 卌 ｜｜｜｜	14
1.70—	｜｜	2
1.80—1.90以下	｜	1
合　计		269

整理连续型数据时，分组以区间（称组段）形式出现。组段的宽度称为组距，常

用的是等距分组。每一组段的起始值称为组段的下限，截止值称为组段的上限。计算时以各组段的组中值（即该组段下限和上限算术均数）代表归入各该组段的数据。编制连续型数据频数分布的具体步骤如下：

（1）找出数据中的最大值和最小值，二者之差称为极差（或全距）。

（2）考虑分组的组数，一般分为 10~15 组。如果数据较少，组数可适当减小。

（3）将极差除以所拟分组数，估计出所用的组距。将组距适当调整为较方便的数值，如 0.01，0.20 等，写出各组段。第一组段下限的末一位数字最好取惯用的 0.5 等效值，便于以后划记归组，要使第一组段包括最小值在内，末一组段包括最大值在内。组段的写法如表 10.1 所示，如第一组段“0.50-”表示包括从 0.50 起不到 0.60 的变量值。

（4）将数据按所分组段划记，最后得到归入各组段的变量值数目，即频数。

为了解变量值出现在各组段的相对频度，将各组段的频数 f_i 除以总频数 $\sum_i f_i$ 称为频率。若欲了解变量值小于某一组段下限出现的频数或频率，如表 9-1-2 所示，可将该组段之前各频数或频率累加，求得相应的累积频数或累积频率。

表 9-1-2 某年某地土壤样品中铀含量（微克/克）的频率分布和累积频率

分组	频数	频率	累积频数	累积频率
0.50—	1	0.003 7	1	0.003 7
0.60—	5	0.018 6	6	0.022 3
0.70—	5	0.018 6	11	0.040 9
0.80—	12	0.044 6	23	0.085 5
0.90—	16	0.059 5	39	0.145 0
1.00—	32	0.119 0	71	0.263 9
1.10—	50	0.185 9	121	0.449 8
1.20—	46	0.171 0	167	0.620 8
1.30—	43	0.159 9	210	0.780 7
1.40—	24	0.089 2	234	0.869 9
1.50—	18	0.066 9	252	0.936 8
1.60—	14	0.052 0	266	0.988 8
1.70—	2	0.007 0	268	0.996 3
1.80—1.90 以下	1	0.003 7	269	1.000 0
合计	269	1.000 0	—	—

离散型和连续型变量频数（或频率）分布的图示，可分别用条图和直方图绘制。

二、样本特征数计算

为描述一批数据具有的某些重要特征。常常要计算几个单一的数值综合地反映这些特征。这些数值中的表明分布的集中位置，有的表明测定分布的离散程度，还有的表明测定分布的形状（偏度和峰度）。

由样本数据计算得到的这类数值（称为样本特征数），是总体相应的数值（称为总体参数）的估计值。由于抽样的随机性，样本特征数随抽取样本不同本身也是一些变量，而它们所估计的相应的总体参数则是一些常量。

（一）未分组数据的计算

1\. 算术均数

设有 n 个变量值 x_1，x_2，…，x_n，则算术均数 $\bar{x}$ 为

$$\bar{x} = \frac{x_1 + x_2 + \cdots + x_n}{n} = \sum_{i=1}^{n} x_i / n \tag{9-1-1}$$

式中：n 为该样本的容量。

算术均数是最常用的表明数据集中位置的数值，反映数据的平均水平，但易受数据中特大或特小值的影响。对于不对称（偏态）分布的数据，它并不反映数据的典型水平。

2\. 中位数

将变量值由小到大排列以后，居于中间位置的变量值就是中位数 M_e。

当样本容量 n 为奇数时，

$$M_e = 第\frac{n+1}{2}个变量值 \tag{9-1-2}$$

n 为偶数时，

$$M_e = \frac{1}{2}[第 n/2 个变量值+第（n/2+1）个变量值] \tag{9-1-3}$$

中位数的特点是将全部变量值一分为二，大于或小于中位数的变量各占一半。它不受特大或特小值的影响。在偏态分布中，它比算术均数更能代表数据的典型水平。

【例 9.1】 某年某采样点大气自然沉降物（自然沉降天数为 7 天）中铀含量（微克/平方米·天）的 25 个监测数据为：

0.63，0.51，0.67，0.86，0.56，0.56，0.63，0.55，0.74，1.10，1.40，0.34，0.37，1.16，0.27，0.83，0.51，0.30，0.17，0.36，0.18，0.30，0.50，0.98，0.60

求其算术均数和中位数。

由式（9-1-1）得

$$\bar{x} = \frac{0.63+0.51+\cdots+0.60}{25} = \frac{14.72}{25} = 0.589$$

然后将上列数据由小到大重新排列如下：

0.17，0.18，0.27，0.30，0.30，0.34，0.36，0.37，0.50，0.51，0.51，0.55，0.56，0.56，0.60，0.63，0.63，0.67，0.74，0.83，0.86，0.98，1.04，1.10，1.10，1.16

样本容量 $n=25$（为奇数），由公式（9-1-2），$\frac{n+1}{2}=13$，故第 13 个数值 0.56 为所求的中位数。在本例中，算术均数和中位数很接近。

3. 众数

众数是数据中出现频数最多的变量值，用符号 M_0 表示。由大数量分组数据可得到众数的近似值，但它在进一步统计分析中的应用不广。

4. 几何均数

n 个变量值 x_1，x_2，…，x_n 的几何均数 G 等于它们的连乘积的 n 次方根，即

$$G=\left\{\prod_{i=1}^{n}x_i\right\}^{1/n} \tag{9-1-4}$$

实际上，通常用下式运算：

$$\lg G=\frac{1}{n}\sum_{i=1}^{n}\lg x_i \tag{9-1-5}$$

查 $\lg G$ 的反对数，得到所求的几何均数。

环境介质中许多物质浓度数据的分布近似呈对数正态分布，这时计算和应用几何均数有着重要的意义。

【例 9.2】　某年某采样点测得空气中 α 放射性强度（$\times10^{-17}$ Ci/L）的 29 个监数据为 37，43，28，30，12，11，4，13，9，11，9，18，5，18，9，19，19，16，7，11，28，25，69，9，23，41，63，4，53，求其几何均数、中位数和算术均数。

将变量值由小到大重新排列，并各取其对数值（括号内数值）如下：

4（0.602 0），4（0.602 0），5（0.699 0），7（0.845 1），9（0.954 2），9（0.954 2），9（0.954 2），9（0.954 2），11（1.041 4），11（1.041 4），11（1.041 4），12（1.079 2），13（1.113 9），16（1.204 1），18（1.255 3），18（1.255 3），19（1.278 8），19（1.278 8），23（1.361 7），25（1.397 9），28（1.447 2），28（1.447 2），30（1.477 1），37（1.568 2），41（1.612 8），43（1.633 5），53（1.724 3），63（1.799 3），69（1.838 8）

由式（9-1-5）得

$$\lg G=\frac{2\times0.602\ 0+0.699\ 0+\cdots+1.838\ 8}{29}=\frac{35.462\ 7}{29}=1.222\ 9$$

查反对数，$G=16.7$。

在本例中，中位数为第 15 个变量值，即 $M_e=18$。算术均数为

$$\bar{x}=\frac{2\times4+\cdots+69}{29}=\frac{644}{2}=22.2$$

本例的几何均数与中位数甚为接近，而算术均数与中位数之差则较大。因此，本例的几何均数比算术均数更能代表数据的典型水平。

5. 标准差和方差

标准差是最常用来表示分布离散程度的数值，其平方称为方差。

样本方差（用 S^2 表示）的计算公式为

$$S^2=\sum_{i=1}^{n}(x_i-\bar{x})^2/(n-1) \tag{9-1-6}$$

在实际运算中，上式中的分子一般用下式计算：

$$\sum_{i=1}^{n}(x_i-\bar{x})^2=\sum_{i=1}^{n}x_i^2-(\sum_{i=1}^{n}x_i)^2/n \tag{9-1-7}$$

因此，公式（9-1-6）可写成

$$S^2=\left[\sum x^2-\frac{(\sum x)^2}{n}\right]/(n-1) \tag{9-1-8}$$

而样本标准差的计算式则为

$$S=\sqrt{\left[\sum x^2-\frac{(\sum x)^2}{n}\right]/(n-1)} \tag{9-1-9}$$

标准差恒取正值，它的量纲与原变量相同。标准差和方差在统计分析中应用极广。

有时要计算样本的几何标准差（用 S_g 表示），其值为变量值取对数后的标准差 $S_{\lg x}$ 的反对数，即

$$S_g=\mathrm{antilg}S_{\lg x} \tag{9-1-10}$$

式中

$$S_{\lg x}=\sqrt{\left[\sum(\lg x)^2-\frac{(\sum\lg x)^2}{n}\right]/(n-1)} \tag{9-1-11}$$

几何标准差是无量纲的数值。

【例 9.3】 用例 9.1 数据计算标准差。

本例 $n=25$，$\sum x=14.72$，$\sum x^2=10.5726$。由公式(9-1-9) 得

$$S=\sqrt{\left[10.5726-\frac{(14.72)^2}{25}\right]/(25-1)}$$

$$=\sqrt{0.0794}=0.282\ (\mu g/m^2\cdot d)$$

【例 9.4】 用例 9.2 数据计算几何标准差。

本例 $n=29$，$\sum\lg x=35.4627$，$\sum(\lg x)^2=46.600419$。由公式(9-1-11) 得

$$S_{\lg x}=\sqrt{\left[46.600\,419-\frac{(35.462\,7)^2}{29}\right]/(29-1)}=\sqrt{0.115\,528}=0.339\,9$$

从而，$S_g=2.2$。

6. 极差

数据中最大值与最小值之差称极差（用 R 表示），

$$R=x_{max}-x_{min} \tag{9-1-12}$$

式中 x_{max} 为最大值，x_{min} 为最小值。

极差也可用来测定数据的离散程度，它计算简便，但易受数据中个别特大或特小数值影响。在一定条件下，在样本容量较小（$n\leqslant10$）的数据分析中极差合仍有较广的应用。

（二）分组数据的计算

1. 算术均数和标准差

对已编制成频数分布的数据计算算术均数和标准差时，用各组段的组中值代表归入各组的变量值（例表 9-1-3），这时计算的公式为

$$\bar{x}=\sum fx/\sum f \tag{9-1-13}$$

$$S=\sqrt{\left[\sum fx^2-\frac{(\sum fx)^2}{\sum f}\right]/(\sum f-1)} \tag{9-1-14}$$

式中：x 为各组段的组中值。

表 9-1-3　用表 9-1-1 资料计算算术均数、标准差

分组	组中值	频数 f	$x=\frac{x-x_0}{f}$	fx'	$\sum fx'^2$
0.50—	0.55	1	−6	−6	36
0.60—	0.65	5	−5	−25	125
0.70—	0.75	5	−4	−20	80
0.80—	0.85	12	−3	−36	108
0.90—	0.95	16	−2	−32	64
1.00—	1.05	32	−1	−32	32
1.10—	1.15（x_0）	50	0	0	0
1.20—	1.25	46	1	46	46
1.30—	1.35	43	2	86	172
1.40—	1.45	24	3	72	216
1.50—	1.55	18	4	72	288

续表

分组	组中值	频数 f	$x=\frac{x-x_0}{f}$	fx'	$\sum fx'^2$
1. 60—	1. 65	14	5	70	350
1. 70—	1. 75	2	6	12	72
1. 80—1. 90 以下	1. 85	1	7	7	49
合计	—	269	—	214	1 628

为计算简便起见，一般将组中值 x 变换成新变量 x'，然后再进行计算。这时令

$$x'=\frac{x-x_0}{i} \tag{9-1-15}$$

式中：i 为等距分组的组距，x_0 为任一指定组段的组中值（常取频数较大一组的组中值为 x_0）。实际上不必一一计算各组段的 x'，可将 x_0 所在组的 x'定为 0，向上各组的 x'依次（由下而上）写成-1，-2，…向下各组的 x'依次（由上而下）写成+1，+2，…就可以了。若某一组段的频数为 0，仍需依次写下去，而不能跳过此组段。

用变量 x'计算算术均数和标准差的公式为

$$\bar{x}=x_0+\frac{\sum fx'}{\sum f}\times i \tag{9-1-16}$$

$$S=i\times\sqrt{[\sum fx'^2-\frac{(\sum fx')^2}{\sum f}/(\sum f-1)} \tag{9-1-17}$$

【例 9.5】 用表 9. 1 资料计算算术均数、标准差。

由表 9. 3，$x_0=1.15$，$i=0.10$，$\sum f=269$，$\sum fx'=214$，$\sum fx'^2=1\ 638$。于是

$$\bar{x}=1.15+\frac{214}{269}\times 0.1=1.23$$

$$S=0.1\times\sqrt{\left[1\ 638-\frac{214^2}{269}\right]/(269-1)}=0.23$$

2. 中位数

分组数据计算中位数的公式为

$$M_e=L_{Me}+\left(\frac{n+1}{2}-n'\right)\cdot\frac{i_{M_e}}{f_{M_e}} \tag{9-1-18}$$

式中：L_{Me}为中位数所在组段的下限，n'为中位数所在组以前的累积频数，i_{M_e}和 f_{M_e}分别为中位数所在组的组距和频数。

【例 9.6】 求表 9-1-1 资料的中位数

由表 9-1-2 得 $L_{M_e}=1.20$，$n=269$，$n'=121$，$i_{M_e}=0.10$，$f_{M_e}=46$。于是

$$M_e = 1.20 + \left(\frac{269+1}{2} - 121\right) \times \frac{0.1}{46} = 1.23$$

3. 众数

由分组数据求众数近似值的公式为

$$M_0 = L_{M_0} + \left(\frac{d_1}{d_1 + d_2}\right) \cdot i \qquad (9\text{-}1\text{-}19)$$

式中：L_{M_0}为众数所在组段的下限，d_1 为众数所在组的频数减去上一组频数之差，d_2 为众数所在组的频数减去下一组频数之差，i 为组距。

4. 几何均数和几何标准差

先用变量值的对数编制频数分布。为避免逐一查变量值对数的麻烦，可按以下步骤编制：

（1）查出数据中最大值与最小值的对数，求得二个对数之差；

（2）按一般编制频数分布的方法写出变量值对数的分组（如表 9-1-4 的第一栏）；

（3）查反对数写出各组段下限的真数（如表 9-1-4 的第二栏），真数的位数比原变量值的位数多取一位，便于将原来变量值数据按真数的分组归组；

（4）将原数据按真数的分组划记，得到的各组频数就是按对数分组的频数。

对此频数分布用公式（9-1-16）和（9-1-17）计算得到的均数和标准差，是原数据对数的平均数$\overline{\lg x}$和标准差 $S_{\lg x}$，查反对数就是所求的几何均数 G 和几何标准差 S_g。

【例 9.7】　某年某采样点测得空气中铀浓度（$\times 10^{-4}$ μg/m^3）的监测数据共 267 个，其中最小值为 3，最大值为 310，求几何均数和几何标准差。

本例数据若按一般方法编制频数分布，结果是一个明显不对称的分布，其中小变量值居多并有一小部分很大的变量值。现用上述方法编制对数分组的频数分布（表 9-1-4），得到一个比较对称的分布。计算$\overline{\lg x}$和 $S_{\lg x}$的过程列于表 9-1-5。

表 9-1-4　某年某采样点空气中铀浓度（$\times 10^{-4}$ μg/m^3）监测数据按对数分组的频数分布

对数分组	真数分组	划记	频数
0.45—	2.8—	|	1
0.60—	4.0—	||||	3
0.75—	5.6—	卌	5
0.90—	8.0—	卌 卌 卌	15
1.05—	11.2—	卌 卌 卌 卌 卌 卌 |	31
1.20—	15.8—	卌 卌 卌 卌 卌 卌 卌 卌 卌 卌 卌 卌 卌 ||||	68
1.25—	22.4—	卌 卌 卌 卌 卌 卌 卌 卌 卌 卌 卌 ||||	59
1.50—	31.6—	卌 卌 卌 卌 卌 卌 卌 卌	40

续表

对数分组	真数分组	划记	频数
1.65—	44.7—	卌 卌 卌 卌 卌	25
1.80—	63.1—	卌 ||||	9
1.95—	89.1—	卌	5
2.10—	125.9—	|||	3
2.25—	177.8—	|	1
2.40—2.55 以下	251.2—354.8 以下	|	1
合计			267

表 9-1-5　用表 9-1-4 资料计算几何均数和几何标准差

对数分组	频数 f	x'	fx'	fx'^2
0.45—	1	−6	−6	36
0.60—	3	−5	−15	75
0.75—	5	−4	−20	80
0.90—	16	−3	−48	144
1.05—	31	−2	−62	124
1.20—	68	−1	−68	68
1.35—（$x_0=1.425$）	59	0	0	0
1.50—	40	1	40	40
1.65—	25	2	50	100
1.80—	9	3	27	81
1.95—	5	4	20	80
2.10—	3	5	15	75
2.25—	1	6	6	36
2.40—2.55 以下	1	7	7	49
合计	267	-	−54	988

最小值3，lg3=0.477 1；最大值310，lg310=2.491 4。由式（9-1-16）和式（9-1-17）得

$$\overline{\lg x}=1.425+\frac{(-54)}{267}\times 0.15=1.394\ 7$$

$$S_{\lg x}=0.15\times\sqrt{\left(988-\frac{54^2}{267}\right)/(267-1)}=0.287\ 5$$

查反对数得 $G=24.8$，$S_g=1.9$。

第二节　统计图表*

一、统计表

实验或调查资料经整理和必要的加工、计算后，用一定的表格形式表示出来就成为统计表。用统计表的形式阐述问题比繁冗的文字叙述更加清楚、明了，也便于对资料作进一步的比较分析。

统计表结构一般包括标题、表体和表底的附注三个部分。

（一）标题

每个统计表应有简明扼要的标题，写在表的上方，说明表的主要内容，必要时还要写出资料所属的时间和地点。标题中像“统计表”“比较表”这类字可以省略。表无标题、标题过于简略或标题与表的内容不一致，常使读者对表的内容费解。甚至产生误解。

（二）表体

这是表的主要部分，由纵横线条、说明各行各列的标目、资料的分组以及表内的数字所组成。

表内线条不宜过多。除上下边线以及将上方标目和下方“合计”划出的横线外，中间部分可省去不必要的横线，更不要每行都划横线。表内各纵列之间用纵线隔开，但左右二端的纵线可省去（为印刷上的方便，也可只保留将左侧的标目、分组一列与其余纵列分隔开的一条纵线，而省去其余的纵线）。表左上角写主要标目之处，不宜再用对角线或添斜线，而在表的左侧和最上面一行内分别写出标目。

说明资料的主要标目（称统计主语）以及资料的主要分组一般置于表左侧第一列，其他的分组标志或指标名称（称统计谓语）自左向右置于表的最上一行。“合计”“总平均”等置于表的最下一行或最右一列。资料的分组按一般惯用的次序排列，如时间由先到后、距离由近到远、数量由小到大等，便于分析比较。标目内的指标若有量度单位，应写明单位（有时也可在标题内统一列出），表内数字后面不要一一写上单位。

表内说明同一指标的数字所用的单位应该相同，位数要对齐。若最末一位有效数字为“0”，仍应写出。表内列出数字的地方不要再间杂文字说明，必要时可在数字旁做一记号，并在表底附注内说明。表体内一律不留“备注”一栏。写数字的部位上若实际不存在该现象，用“—”表示；若暂未取得资料，用“…”表示。

（三）表底附注

注明其他涉及表的内容而要说明的问题，这不是每个统计表必有的部分。

对统计表总的要求是简明、清楚，便于阅读和理解。因此，一个统计表的内容不宜过于庞杂，必要时可分制成几个表。

二、统计图

利用各种图形把统计资料的内容表示出来就成为统计图。统计图具有明显的直观性，它醒目地反映出数值间的对比关系、客观现象在数量上的规律性、发展趋势等，是研究分析资料的一种重要手段。但从统计图上一般得不到确实的数字，常与统计图一起列出统计表，便于查阅。

统计图也应有一简明、扼要的标题，写在图的下面，说明图的主要内容、资料所属的时间和地点。图的形式要简单易懂，繁杂的统计图有时反而失去制图的本意。图中要有标目、尺度和指标的单位。纵轴的尺度自下而上，横轴的尺度自左向右列出。图中同时表明数种事物、现象时，要用图例说明。

统计图的种类甚多，各有自己的特点和适用范围，要根据资料的性质和内容选择适当的图形。

（一）条图

条图适用于内容独立的同一类指标值间的比较，离散型变量的频数或频率分布也宜用条图表示。

图中以相同宽度的长条的长度表示数值大小，长条间的距离要保持相同，间距以不小于长条宽度的一半和不大于长条宽度为宜。要列出长条基线的“零点”。一般不应折断长条，在特殊情况下，若个别长条表示的数值特大而不已必须折断时，要同时在标尺和长条上作折断记号“≀≀”。长条的排列一般取垂直方向，有时也取水平方向。

若同时比较几种事物现象，可绘制复式条图、表示不同事物现象的长条用不同的阴影或颜色区别，并附图例说明。同一组别的长条要排在一起，中间不留空隙。图 9-2-1 和图 9-2-2 分别是单式条图和复式条图的示例。

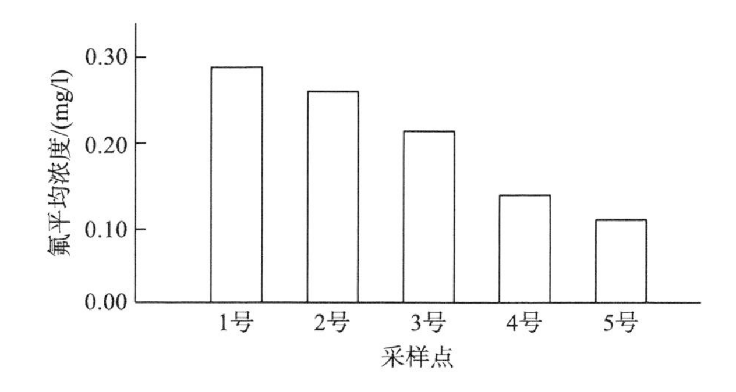

图 9-2-1　不同采样点水中氟的平均浓度

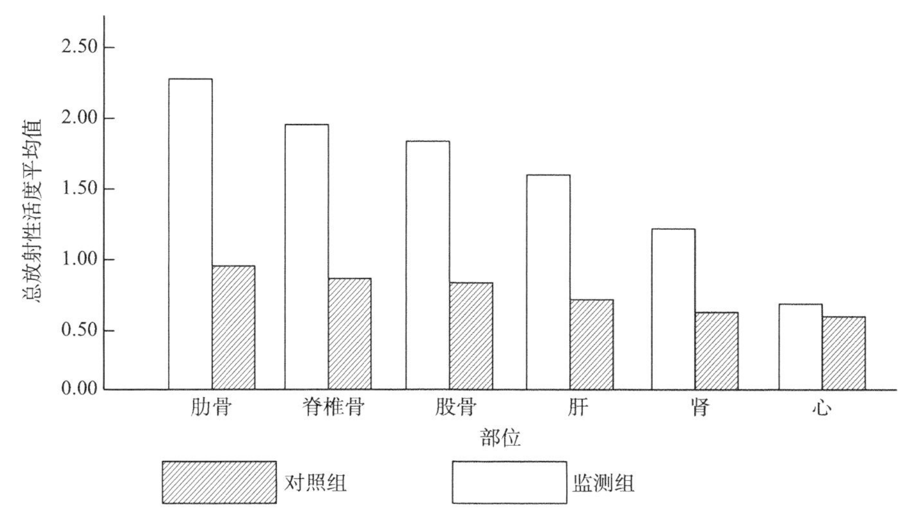

图 9-2-2　监测组和对照组羊群体内各个部位总 β 放射性活度平均值

（二）圆图、百分条图和放射状图

这三种均适于表明事物各组成部分的构成情况。

1. 圆图

以圆的总面积表示事物的总量，各扇形面积表示事物各组成部分占总量的百分构成。由于每 1%相当于圆心角 3.6°的扇形面积，因此将各组成部分所占的百分构成乘以 3.6 就是表示各组成部分的圆心角的度数。以时钟 12 点（或 9 点）为起点，顺时针方向按所占度数由大到小依次划出各扇形，用不同阴影（或颜色）加以区分，在各扇形面积上注明相应原百分构成数值，并写上文字说明（或用图例表示）。图 9-2-3 是圆图的示例。

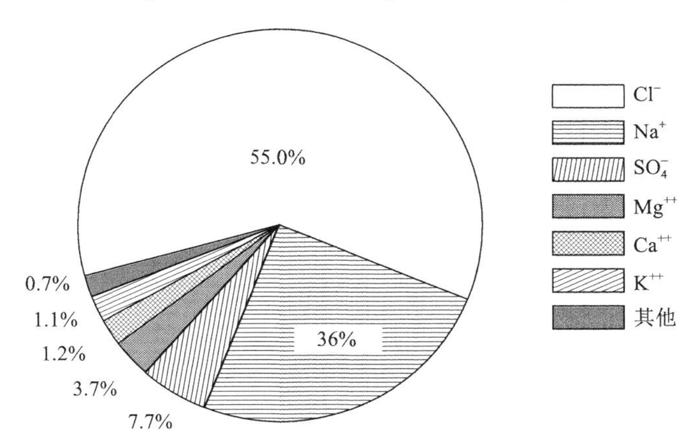

图 9-2-3　某地海水的主要化学成分

将整个长条的长度作为 100%，按各组成部分的百分构成将长条划分成数段，每段表示一个组成部分。各段也用不同阴影（或颜色）区分，并以文字或图例加以说明（图 9-2-4）。

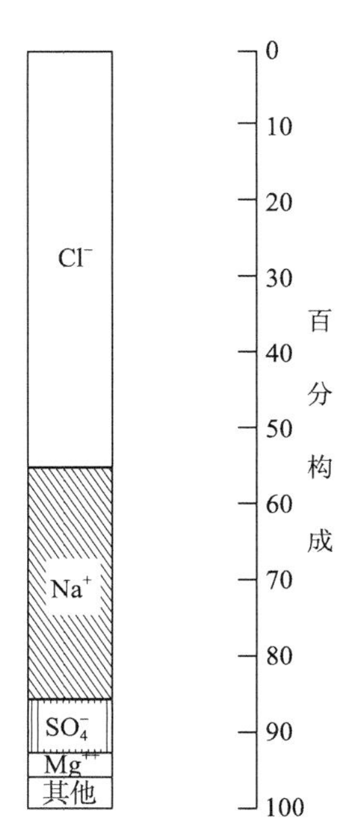

图 9-2-4　某地海水的主要化学成分

2. 放射状图

以圆的半径作为标尺，刻上百分比的刻，在代表各组成部分的放射线上按所占的百分构成点出点子，连接这些点子就成为放射状图。风向频率图是这种图的典型例子（图 9-2-5）。

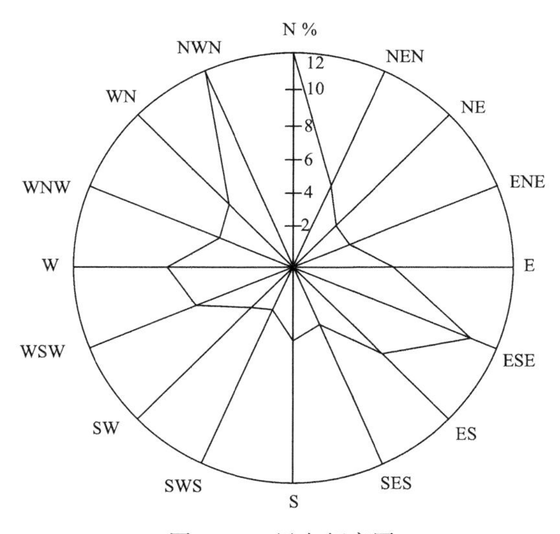

图 9-2-5　风向频率图

（三）直方图和频数多边图

这两种图形用于表示连续型变量的频数分布资料。

在直方图中，以长方形面积的大小表示变量分组各组段的频数多寡。横轴上写出各组段，纵轴尺度表示频数。表明各组段的长方形之间不留空隙可用直线隔开，也可以不隔开。

等距分组时，由于各长方形底边的宽度相等，故长方形的高度就与各组频数多少相一致。若组距不等，仍应使各长方形面积与各组的频数呈正比，这时要根据各组组距的宽度调整长方形的高度。若用各组的频率资料绘制直方图，将纵轴尺度表示频率。以每个长方形的面积分别表示各组的频率，而各长方形面积的总和则为100%。图9-2-6是一个分布比较对称的直方图。

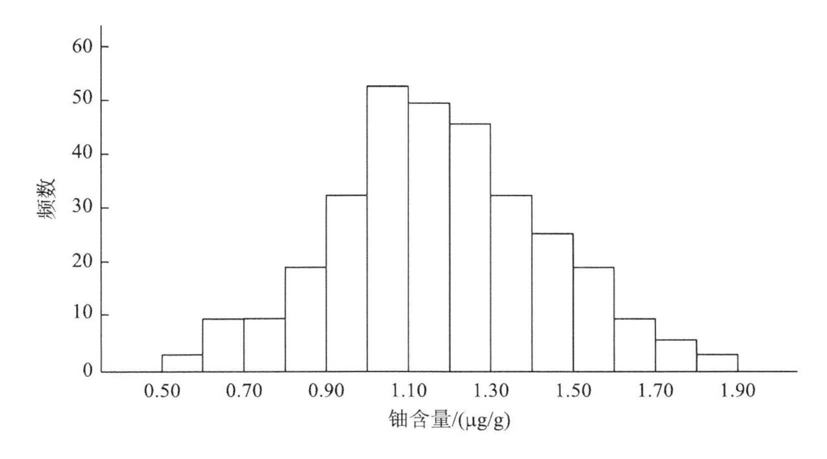

图9-2-6　某年某地土壤样品中铀含量的频数分布

将直方图中各长方形上边的中点连接起来，就成为频数多边图（见图9-2-7）。绘制时要向左右二侧再延伸一个组距，使连接占点的折线与横轴成一封闭的图形。当样本容量不断增多而组距愈分愈小时，频数多边图就接近一条光滑的理论分布曲线。

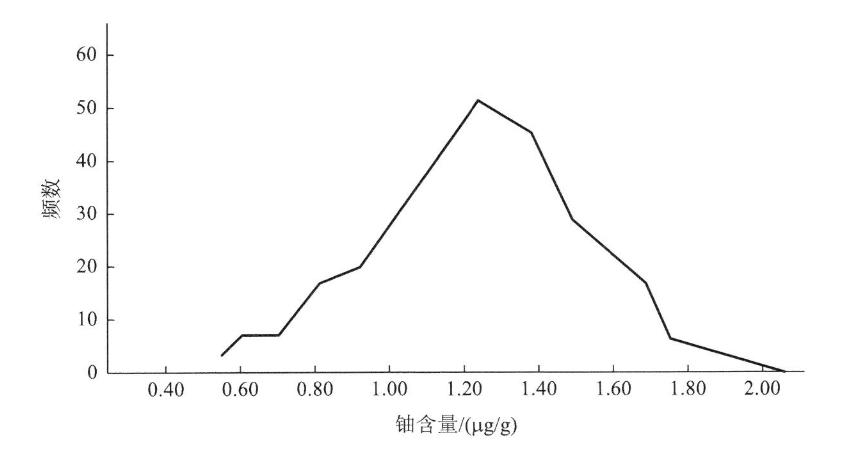

图9-2-7　某年某地土壤样品中铀含量的频数分布

(四) 线图

线图最适于表示指标数值随时间或距离变化的资料。图中横轴上标出时间或距离，尺度单位为相等间隔的时间或距离，纵轴尺度则表示指标的数值。将不同时间或距离上的指标值在图上点出，连接这些点子就成线图。同时要列出几种现象时（如 2 个采样点的监测值在时间上的变化），用不同形状的线条（实线、虚线等）或不同颜色的线条区别，并以文字或图例说明。同一图中不宜绘制过多的线条，以免线条重叠交错使阅读时发生困难。

图中常用算术和对数二种尺度，前者称普通线图，后者称半对数线图。在半对数线图上，从线上升或下降坡度的改变可了解指标数值增加或下降速度的变化，同时从所列的尺度上也能读得指标的实际水平。欲观察几种现象不同的变化速度时，绘制半对数线图尤为相宜，图 9-2-8 是普通线图的一个例子，表明空气中 α 本底的季节变化。

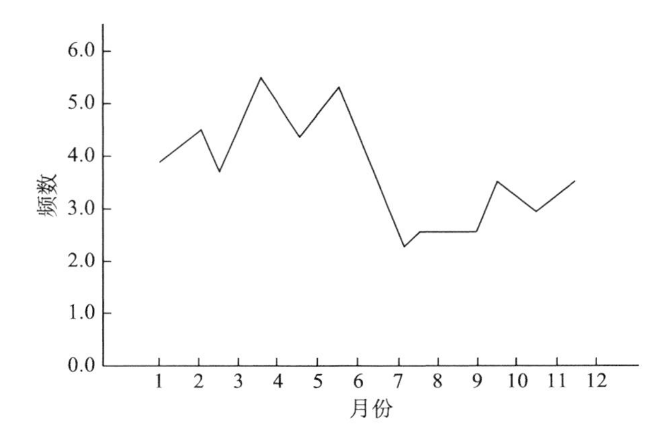

图 9-2-8　某年某地空气样品中 α 本底平均值的逐月变化

(五) 散点图

散点图用于研究两个变量间的关系。图中横轴和纵轴尺度分别表示二变量所取的值，将成对的变量值在图上点出就成散点图。从点子的散布情况可大致地判定二变量间关系的密切程度和关系表现的形式。

第三节　几种理论分布

统计方法除用以描述样本数据的特征外，更重要的是应用于推断总体。从随机样本推论关于总体特征的信息，必然包含有不肯定性；事实上，数理统计方法是建立在概率论的基础之上，而最终的统计分析结果也是从概率上给以作出合理的判断。

一、离散型和连续型随机变量分布

表示随机试验可能的结果的量称为随机变量，如在同一条件下测量每单位时间的放射性、随机取自某一“环境总体”的一定单位的样品中某核素的含量等均为随机变量。倘若观测结果不是用数量表示的，如监测结果只分为“超过标准”和“未超标准”二类，人为地给以一定数值，记前一种结果为 1，后一种为 0，则观测结果也是一个随机变量。随机变量出现的数值在试验（或观测）前并不能确切地知道，但不同数值的出现（或数值落在不同区间内）则具有一定的概率。

现用 X 表示随机变量，用 x 表示随机变量所取的值。对于任一随机变量 X，将

$$F(x) = P(X \leqslant x) \tag{9-3-1}$$

称为随机变量 X 的累积分布函数（简称分布函数）。分布函数 $F(x)$ 有如下三个性质：

① $F(-\infty) = 0$；

② $F(\infty) = 1$；

③ $x_1<x_2$，则 $F(x_1) \leqslant F(x_2)$。

（一）离散型随机变量

对一离散型随机变量 X，

$$F(x_k) = P(X \leqslant x_k) = \sum_{x < x_k} P(x) \tag{9-3-2}$$

式中：用 $P(x_i) = P(X=x_i)$ 表示 $X=x_i$ 的概率。对一离散型分布必有

$$P(x) \geqslant 0,$$

$$\sum_i P(x_i) = 1。$$

由公式（9-3-2）得

$$P(x_1 < X \leqslant x_2) = F(x_2) - F(x_1) = \sum_{x_i < x \leqslant x_2} P(x) \tag{9-3-3}$$

因此，若对所有的 x 知道 $F(x)$，也就知道了随机变量 X 的概率分布。

（二）连续型随机变量

在连续型分布中，只能说随机变量 X 落在数轴的某个区间上的概率。现以 $y=f(x)$ 表示理论曲线的函数式（图 9-3-1），则对一连续型随机变量 X，

$$F(x_k) = P(X \leqslant x_k) = \int_{-\infty}^{x_k} f(x)\,\mathrm{d}x \tag{9-3-4}$$

式中 $f(x) = \mathrm{d}F(x)/\mathrm{d}x$ 称为随机变量 X 的概率密度函数。对一连续型分布必有

$$f(x) \geqslant 0,$$

$$P(-\infty < X < \infty) = \int_{-\infty}^{\infty} f(x)\,\mathrm{d}x = 1$$

由公式（9-3-4）得

$$P(x_1 < X \leqslant x_2) = F(x_2) - F(x_1) = \int_{x_1}^{x_2} f(x)\,\mathrm{d}x \tag{9-3-5}$$

因此，连续型随机变量 X 的概率分布可由 $f(x)$ 给出。

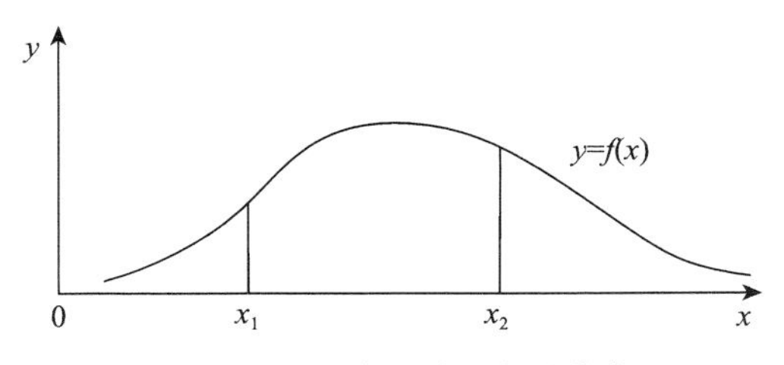

图 9-3-1　连续型随机变量分布

在第一节中，我们用统计量 $\bar{x}$ 和 S^2 描述样本分布的特征，与其对应的描述总体分布特征的参数为 μ 和 σ^2，$\bar{x}$ 和 S^2 分别是总体的 μ 和 σ^2 的估计值。在离散型的总体分布中，

$$\mu = \sum_i x_i P(x_i) \tag{9-3-6}$$

$$\sigma^2 = \sum_i (x_i - \mu)^2 P(x_i) \tag{9-3-7}$$

在连续型的总体分布中，

$$\mu = \int_{-\infty}^{\infty} x f(x)\,\mathrm{d}x \tag{9-3-8}$$

$$\sigma^2 = \int_{-\infty}^{\infty} (x - \mu)^2 f(x)\,\mathrm{d}x \tag{9-3-9}$$

下面介绍几种常用的理论分布，它们是表明随机变量变异规律的一些数学模式。虽然现实情况未必确切地与这些理论分布相符合，但在许多情况下还较为近似，这时可将这些理论规律应用于现实的实际问题，从而对问题作出有根据的判断。

二、正态分布和对数正态分布

（一）正态分布

正态分布是一种重要的连续型理论分布。正态随机变量的概率密度函数为

$$f(x) = \frac{1}{\sqrt{2\pi}\sigma} \mathrm{e}^{-\frac{1}{2}\left(\frac{x-\mu}{\sigma}\right)^2},\ (-\infty < x < \infty) \tag{9-3-10}$$

式中：μ 和 σ 是分布的二个参数，这二个参数就是正态分布的均数和标准差。以后用符号 $N(\mu, \sigma^2)$ 表示均数为 μ、方差为 σ^2 的正态分布。

现用变量 u 表示正态分布中以 σ 为单位的离均差 $(x-\mu)$ 这一变量，即令

$$u = \frac{x-\mu}{\sigma} \quad \text{或} \quad x = \mu + u\sigma \tag{9-3-11}$$

称 u 为标准正态变量，其概率密度函数为

$$f(u)=\frac{1}{\sqrt{2\pi}}e^{-\frac{u^2}{2}},\ (-\infty<u<\infty) \tag{9-3-12}$$

这一分布的均数为0，方差为1，用$N(0,1)$表示。

正态分布有如下的主要特点（参阅图9-3-2）：

① 在$u=0$（即$x=\mu$）处$f(u)$有最大值；

② 曲线对称于$u=0$的垂直线，即$f(u)=f(-u)$。因此，在正态分布中，算术均数、中位数和众数是一致的；

③ 曲线在$u=-1$和$u=1$处有二拐点，两侧的$f(u)$和$f(-u)$很快趋近于0；

④ 偏度=0，峰度=3。

⑤ 曲线下的总面积为1，即

$$\int_{\infty}^{\infty}f(u)\,\mathrm{d}u=1$$

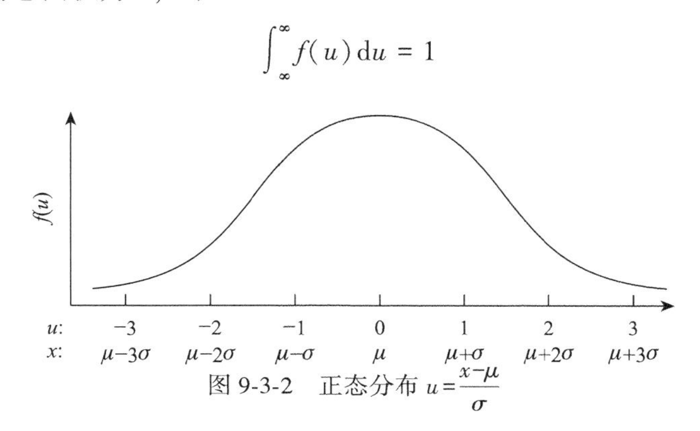

图9-3-2　正态分布 $u=\dfrac{x-\mu}{\sigma}$

在一些数理统计用表中，列有不同u值时的$f(u)$和$F(u)$值。本书附表1列出$Q(u)=1-F(u)=\int_{u}^{\infty}f(u)\,\mathrm{d}u$值。当$Q(u)=\alpha$时，记此$u$值为$u_{\alpha}$。由于正态分布两侧对称，$Q(u)=1-F(u)=-F(u)$，可应用此关系进行计算。例如，

$$(P-1<u<1)=F(1)-F(-1)=1-2Q(1)=1-2\times0.158\,66=0.683$$

同样可求得

$$P(-1.96<u<1.96)=0.950$$

$$P(-2<u<2)=0.955$$

$$P(-2.56<u<2.56)=0.990$$

$$P(-3<u<3)=0.997$$

可见，u落在$(-3<u<3)$区间外的概率，或由公式（9.31）变量值x落在$(\mu-3\sigma<x<\mu+3\sigma)$区间外的概率几乎近于0，即几乎是不可能的事。

【例9.8】　由大量的本底调查数据（表9-2-2）得知，某地土壤中的铀含量（微克/克）近似正态分布，现用得到的算术均数1.23和标准差0.23估计σ和μ，求分布的95%和99%单侧上限值。

由附表1查得相当于$Q(u)=0.05$和0.01的$u_{0.05}=1.64$，$u_{0.01}=2.33$。由公式

(9-3-11) 得，分布的 95%上限值为 $1.23+1.64\times0.23=1.61$，分布的 99%上限值为 $1.23+2.33\times0.23=1.77$。

关于正态分布的几个重要定理：

① 设变量 X 和 Y 是分别遵从 $N(\mu_x, \sigma_x^2)$ 和 $N(\mu_y, \sigma_y^2)$ 的独立随机变量，则随机变量 $X+Y$ 和 $X-Y$ 分别遵从 $N(\mu_x+\mu_y, \sigma_x^2+\sigma_y^2)$ 和 $N(\mu_x-\mu_y, \sigma_x^2+\sigma_y^2)$。可见，不论是对二正态变量求和还是求差，其和与差的分布都是正态分布，此分布的均数为原二总体均数之和或差，但分布的方差则均为总体方差之和。

② 设 x_1，x_2，…，x_n 是来自 $N(\mu, \sigma^2)$ 的 n 个独立变量值，则统计量 $\bar{x}=\sum_{i=1}^{n} x_i/n$ 遵从 $N(\mu, \sigma^2/n)$。可见，样本均数分布的均数就是原总体均数，方差为 σ^2/n。$\sigma/\sqrt{n}$ 为此分布的标准差，习惯上称为均数标准误差，用 $\sigma_{\bar{x}}$ 表示。因此

$$u=\frac{\bar{x}-\mu}{\sigma/\sqrt{n}} \tag{9-3-13}$$

遵从 $N(0, 1)$。

③ 设 x_1，x_2，…，x_n 是来自均数为 μ、标准差为 σ 的任一分布的 n 个独立变量值，即使原分布不呈正态，当 n 相当大时，统计量遵从 $N(\mu, \sigma^2/n)$。

（二）对数正态分布

随机变量的对数若遵从正态分布，则称该变量是遵从对数正态分布的。环境放射性监测中许多核素一介质组合的监测结果近似对数正态分布，因此这一分布在环境监测中得到日益广泛的应用。

对数正态随机变量 X 的概率函数为

$$f(\lg x)=\frac{1}{\sqrt{2\pi}\sigma_{\lg x}}e^{-\frac{1}{2}\left(\frac{\lg x-\mu_{\lg x}}{\sigma_{\lg x}}\right)^2} \quad (0<x<\infty) \tag{9-3-14}$$

式中，$\mu_{\lg x}$ 和 $\sigma_{\lg x}$ 分别为变量 $\lg X$ 分布的均数和标准差，其真数用 μ_g 和 σ_g 表示。因此，将原变量作对数变换以后，上面正态分布的理论也适用于对数正态分布。

应用时注意，对数的加减相当于真数的乘除。如

$$P(\mu_{\lg x}-1.96\,\sigma_{\lg x}<\log x<\mu_{\lg x}+1.96\,\sigma_{\lg x})=0.950$$

用真数表示则为

$$P(\mu_g\div\sigma_x^{1.96}<x<\mu_g\times\sigma_x^{1.96})=0.950$$

三、几种抽样分布

本节介绍三种由正态分布导出的重要的抽样分布。

（一）χ^2 分布

设 u_1，u_2，…，u_n 表示 n 个相互独立的标准正态变量

$\left(\frac{x_1-\mu_1}{\sigma_1}\right)$，$\left(\frac{x_2-\mu_2}{\sigma_2}\right)$，…，$\left(\frac{x_n-\mu_n}{\sigma_n}\right)$，则

$$\sum_{i=1}^{n} u_i = \sum_{i=1}^{n}\left(\frac{x_i-\mu_i}{\sigma_i}\right)^2$$

这一变量称为具有自由度（独立变量值的个数，用 df 表示）n 的随机变量χ^2。χ^2 分布的概率密度函数为

$$f\ (\chi^2)\ =\frac{1}{2^{\frac{df}{2}}\Gamma\left(\frac{df}{2}\right)}\ (\chi^2)^{\frac{df}{2}-1}\cdot e^{-\frac{\chi^2}{2}},\qquad (0<\chi^2<\infty) \tag{9-3-15}$$

这一分布的均数为 df，方差为 2df。式中 $\Gamma\left(\frac{df}{2}\right)$是伽玛函数的符号，其定义为

$$\Gamma(p)=\int_0^{\infty} x^{p-1}e^{-x}dx(p>0)$$

若 x_1，x_2，…，x_n 来自同一正态分布 $N(\mu,\ \sigma^2)$，变量$\frac{\sum_{i=1}^{n}(x_i-\mu)^2}{\sigma^2}$显然也遵从自由度为 n 的χ^2 分布。但如果用 $\bar{x}$ 作为 μ 的估计值，则变量

$$\sum_{i=1}^{n}(x_i-\bar{x})^2/\sigma^2=(n-1)S^2/\sigma^2 \tag{9-3-16}$$

遵从自由度 $n-1$ 的χ^2 分布，因为这时独立的变量 x_i 减少了一个。

由公式（9-3-15）可知，χ^2 分布曲线是一簇随 df 而变化的分布曲线。随着 df 不断增大。曲线渐趋对称。可以证明，d$f\to\infty$ 时，$\sqrt{2\chi^2}$ 的极限分布是一个均数为$\sqrt{2df-1}$和标准差为 1 的正态分布。

此外，若 x 表示来自正态分布 N（μ，σ^2）的一个变量值，则 $u^2=\left(\frac{x-\mu}{\sigma}\right)$遵从 d$f$ 为 1 的χ^2 分布，故 df 为 1 时的$\sqrt{\chi^2}$值与标准正态变量 μ 值一致。

附表 2 列出不同 df 时 $P(\chi^2>\chi^2_\alpha)=\int_{\chi^2_\alpha}^{\infty} f(\chi^2)d\chi^2=\alpha$ 的χ^2_α 值。如 df = 2 时若取 α = 0.05，在表中查得$\chi^2_{0.05}=5.991$，即 $P(\chi^2>5.991)=0.05$。取 $\alpha=0.01$，则$\chi^2_{0.01}=9.210$，即 $P(\chi^2>9.210)=0.01$。

（二）t 分布

设有二独立随机变量 u 和 U，u 为标准正态变量，U 为具有某一自由度的χ^2 变量，则变量 $u/\sqrt{U/df}$称为具有该自由度的随机变量 t。t 分布的概率密度函数为

$$f\ (t)\ =\frac{\Gamma\ [\ (df+1)\ /2]}{\sqrt{\pi df}\Gamma\ (df/2)}\left(1+\frac{t^2}{df}\right)^{-\frac{df+1}{2}}\qquad -\infty<t<\infty \tag{9-3-17}$$

这一分布的均数为0，方差为 df/（df−2），df>2。

由公式（9-3-17）可知，t 分布曲线是一簇随 df 而变化的分布曲线，这些曲线对称于 $t=0$ 的垂直线。可以证明，df→∞ 时 t 的极限分布是标准正态分布 N（0，1）。

若令

$$u=\frac{\bar{x}-\mu}{\sigma/\sqrt{n}} \qquad \text{［见公式（9-3-3）］}$$

$$U=(n-1)S^2/\sigma^2 \qquad \text{［见公式（9-3-16）］}$$

则

$$t=u/\sqrt{U/\mathrm{d}f}=\left(\frac{\bar{x}-\mu}{\sigma/\sqrt{n}}\right)\Bigg/\sqrt{(n-1)S^2/\sigma^2(n-1)}=\frac{\bar{x}-\mu}{S/\sqrt{n}} \qquad (9\text{-}3\text{-}18)$$

遵从 df 为 $n-1$ 的 t 分布。式中 $S/\sqrt{n}$ 一般用符号 $S_{\bar{x}}$ 表示，意指用样本标准差 S 作为总体标准差 σ 的估计值计算得到的样本均数标准差。在公式（9-3-18）中变量 t 与总体标准差 σ 无关，这对实际应用有重要意义，因为一般并不知道 σ，只能用样本的 S 作为 σ 的估计值。

附表3列出了不同 df 时 $P(t>t_\alpha)=\int_{t_\alpha}^{\infty}f(t)\mathrm{d}f=\alpha$ 的 t_α 值。由于 t 分布两侧对称，$P(|t|>t_{\alpha/2})=\alpha$。因此，$\mathrm{d}f=10$ 时要使 $P(t>t_\alpha)=0.05$，在表中查得 $t_{0.05}=1.812$，即 $P(t>1.812)=0.05$。若要使 $P(|t|>t_{\alpha/2})=0.05$，则 $\alpha/2=0.05$，在表中查得 $t_{0.05}=2.228$，即 $P(|t|>2.228)=0.05$。

（三）F 分布

设 U 和 V 分别是具有自由度 $\mathrm{d}f_1$ 和 $\mathrm{d}f_2$ 的两个独立的 χ^2 变量，则比值（$U/\mathrm{d}f_1$）/（$V/\mathrm{d}f_2$）这一变量称为具有自由度 $\mathrm{d}f_1$ 和 $\mathrm{d}f_2$ 的随机变量 F。F 分布的概率密度函数为

$$f(F)=\frac{\Gamma\left(\frac{\mathrm{d}f_1+\mathrm{d}f_2}{2}\right)\left(\frac{\mathrm{d}f_1}{\mathrm{d}f_2}\right)^{\mathrm{d}f_1/2}}{\Gamma\left(\frac{\mathrm{d}f_1}{2}\right)\Gamma\left(\frac{\mathrm{d}f_2}{2}\right)}\times\frac{F_1^{(\mathrm{d}f_1-2)/2}}{\left(1+\frac{\mathrm{d}f_1}{\mathrm{d}f_2}F\right)^{(\mathrm{d}f_1+\mathrm{d}f_2)/2}},\ (0<F<\infty) \qquad (9\text{-}3\text{-}19)$$

这一分布的均数为 $\frac{\mathrm{d}f_1}{\mathrm{d}f_1-2}$，方差为 $\frac{(\mathrm{d}f_2)^2(\mathrm{d}f_1+2)}{\mathrm{d}f_1(\mathrm{d}f_2-2)(\mathrm{d}f_2-4)}$（$\mathrm{d}f_2>4$），由公式（9-3-19）可知，$F$ 分布曲线是随 $\mathrm{d}f_1$ 和 $\mathrm{d}f_2$ 而变化，这两个自曲度就是两个独立 χ^2 变量 U 和 V 的自由度。

由公式（9-3-16）来自正态分布的变量（$n-1$）S^2/σ^2 是 $\mathrm{d}f=n-1$ 的 χ^2 变量。若 U 和 V 为分别来自两个正态分布的用公式（9-3-16）表示的 χ^2 变量，即

$$U=(n_1-1)S_1^2/\sigma_1^2,\ V=(n_2-1)S_2^2/\sigma_2^2$$

则

$$(U/\mathrm{d}f_1)/(V/\mathrm{d}f_2)=[(n_1-1)S_1^2/\sigma_1^2(n_1-1)]/[(n_2-1)S_2^2/\sigma_2^2(n_2-1)]$$

$$=\frac{S_1^2}{\sigma_2^2}\Big/\frac{S_2^2}{\sigma_2^2} \tag{9-3-20}$$

遵从 $df_1=n_1-1$ 和 $df_2=n_2-1$ 的 F 分布。如果 U 和 V 来自方差相等（$\sigma_1^2=\sigma_2^2$）的两个正态分布，则可得

$$F=S_1^2/S_2^2 \tag{9-3-21}$$

遵从 $df_1=n_1-1$ 和 $df_2=n_2-1$ 的 F 分布。由两个样本方差检验两个正态总体方差相等（即所谓方差齐性）的假设时，经常应用公式（9-3-21）。

附表4所列出不同的 df_1 和 df_2 时 $P(F > F_\alpha) = \int_{F_\alpha}^{\infty} f(F)\mathrm{d}F = \alpha$ 的 F_α 的值。（列出 $F_{0.1}$，$F_{0.05}$，$F_{0.025}$，$F_{0.01}$ 和 $F_{0.005}$ 五种数值。例如，当 $df_1 = 4$ 和 $df_2 = 20$，查表得 $F_{0.05} = 2.886$，即 $P(F > 2.886) = 0.05$。若取 $\alpha = 0.01$，则 $F_{0.01} = 4.431$。

第四节　假设检验

应用随机样本所得的结果推论关于总体的情况，称为统计推断。统计推断主要涉及两方面的内容，即假设检验和参数估计。

一、假设检验概述

假设检验是指事先对总体作出某项假设，然后利用得到的随机样本资料，采用一定的统计方法去检验所作的假设是否合理，从而决定舍弃或接受假设。

假设检验一般包括以下几个步骤：

① 对总体作出无效假设（用 H_0 表示）和备选假设（H_1 表示）；

② 选定作出错误判断的概率水平；

③ 用合适的方法进行检验；

④ 如果计算的结果落在由步骤①和②所确定的无效假设的舍弃区间，舍弃无效假设；否则，接受这一假设。

现对上述步骤中提到的一些问题作进一步的解释。无效假设是 H_0 待检验的基本假设。如假设总体均数为一特定数值 μ_0，则记为 H_0：$\mu=\mu_0$；如假设二总体均数相等，记为 H_0：$\mu_1=\mu_2$。舍弃 H_0 意味着接受另外的假设，这类假设称备选假设 H_1，如 $\mu\neq\mu_0$，$\mu_1\neq\mu_2$ 等。有时 H_1 还可表达为 $\mu-\mu_0\geqslant\delta$，$\mu_1-\mu_2\geqslant\delta$ 等。

若无效假设记为 H_0：$\mu=\mu_0$，备选假设记为 H_1：$\mu=\mu_0$，称这类检验为双侧检验，因为舍弃 H_0 意味着 μ 可能大于 μ_0，也可能小于 μ_0。若无效假设记为 H_0：$\mu\leqslant\mu_0$，备选假设记为 H_1：$\mu>\mu_0$（或者 H_0：$\mu\geqslant\mu_0$，H_1：$\mu<\mu_0$），这类检验称为单侧检验，因为这时只关心 μ 是否大于 μ_0（或者 μ 是否小于 μ_0）一种情况。图9-4-1是双侧检验和单侧检

验的示意图，在双侧检验中舍弃区间分列在样本均数 $\bar{x}$ 分布的二侧尾端，在单侧检验中舍弃区间集中在分布的一侧尾端。

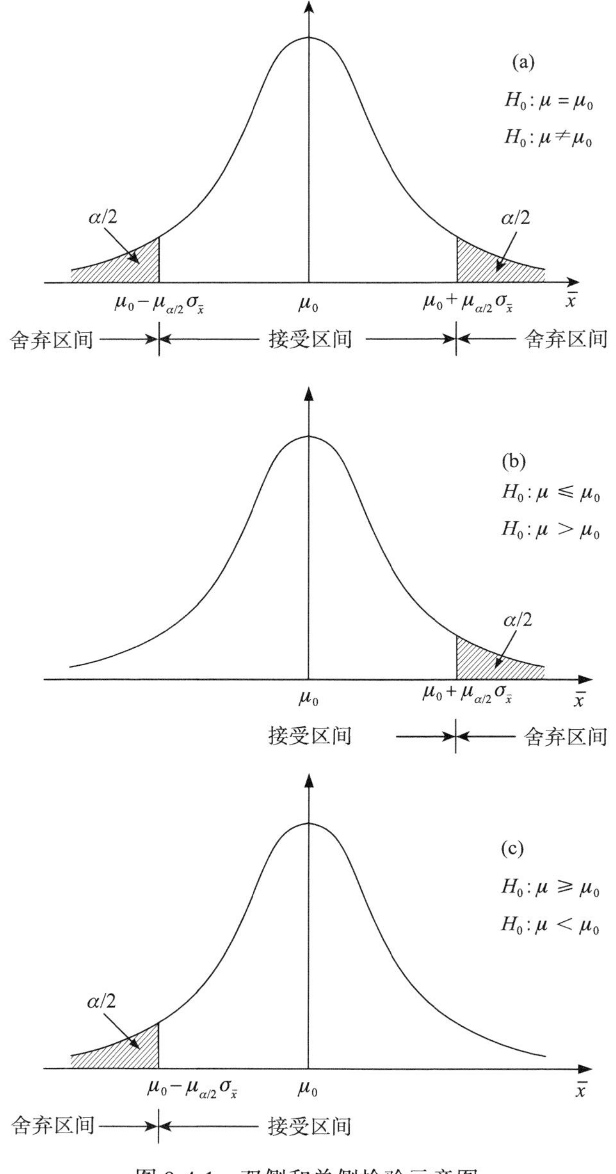

图 9-4-1　双侧和单侧检验示意图

不论是舍弃或接受无效假设，作出的判断总带有不肯定性。例如，在图 9-4-1 中若 $\bar{x}$ 落在舍弃区间，舍弃 H_0：$\mu=\mu_0$，但这不意味着当 $\mu=\mu_0$ 时 $\bar{x}$ 不会出现在舍弃区间，只是由于出现这一事件的概率很小，因而作出了舍弃 H_0 的判断。作出判断时，存在下面几种可能的情况：

① H_0 是真实的，但舍弃 H_0；

② H_0 是错误的，但接受 H_0；

③ H_0 是真实的，接受了 H_0；

④ H_0 是错误的，舍弃了 H_0。

③、④二种情况下作出的结论是正确的。若出现情况①，称犯了第一类错误；出现情况②，称犯了第二类错误。在给定条件下，犯第一类错误的概率用 α 表示（在假设检验中常把 α 叫作显著性水平），犯第二类错误的概率用 β 表示。

表 9-4-1 列出判断时存在的几种可能情况和错判的概率。

表 9-4-1　判断和二类错误

判断	实际情况	
	H_0 是真实的	H_0 是错误的
接受 H_0	判断正确	第二类错误，概率 β
舍弃 H_0	第一类错误，概率 α	判断正确

由 H_0 和选定的概率 α，按一定的概率分布可定出舍弃区间，如在图 9-4-1（a）中，P（$\bar{x}>\mu_0+u_{\alpha/2}\sigma_{\bar{x}}$）或 P（$\bar{x}<\mu_0-u_{\alpha/2}\sigma_{\bar{x}}$）$=\alpha$，因此，$\bar{x}>\mu_0+u_{\alpha/2}\sigma_{\bar{x}}$ 以及 $\bar{x}<\mu_0-u_{\alpha/2}\sigma_{\bar{x}}$ 就是舍弃区间，而 $\mu_0-u_{\alpha/2}\sigma_{\bar{x}}<\bar{x}<\mu_0+u_{\alpha/2}\sigma_{\bar{x}}$ 则称为接受区间。

概率 β 只有与特定的 H_1 结合起来才是有意义的。如图 9-4-2 中（这是一个单侧检验），H_0：$\mu=\mu_0$ 而将 H_1 定为 $\mu\leqslant\mu_1$，（$\mu_0-\mu_1\geqslant\delta$，$\delta$ 称为通过检验所拟发现的最小差别）。

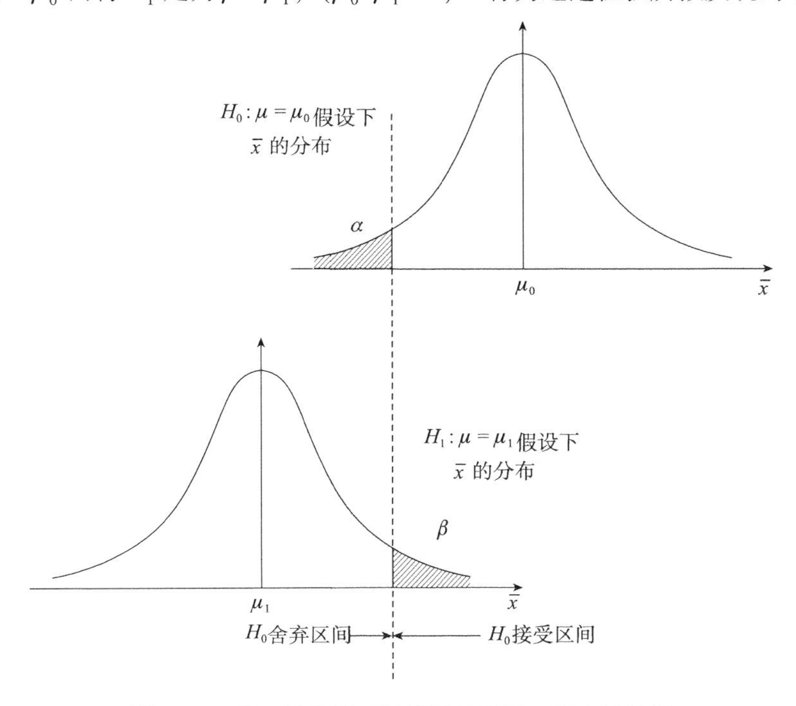

图 9-4-2　第一类和第二类错误的概率 α 和 β 示意图

图 9-4-2 中分布曲线下舍弃区间的面积表示 α，即当 H_0 是真实的，由于 $\bar{x}$ 落在该区间而舍弃 H_0 所犯错误的概率；下方图中曲线下接受区间的面积表示 β，即当 H_0 是错误的（因为 $\mu=\mu_1$），由于 $\bar{x}$ 落在该区间仍接受 H_0 所犯错误的概率。在设计实验或调查时，作出特定的 H_1 和规定概率 β 是很重要的，1−β 通常称为检验功效。

在假设检验中，习惯上选用显著性水平 α 值为 0.05 或 0.01。若检验时计算结果落在由 H_0 和 α 值所确定的舍弃区间内，意指倘若 H_0 是真实的，出现如此的结果或更极端的结果的概率小于 0.05 或 0.01（记作：$P<0.05$ 或 $P<0.01$），则舍弃 H_0，并常称为“差别显著”或“差别非常显著”。这里的“显著”或“非常显著”只是指当 H_0 为真而错判的概率大小的程度而言，并不意味着差别所具有的实际重要性的大小。此外，考虑到第二类错误的存在，接受 H_0 也并不证明 H_0 确是真实的，只是从概率的意义上不能否定 H_0 的合理性。

二、由一个样本检验总体参数的假设

这里所讨论的是用一个随机样本的观测值得到的样本统计量，去检验无效假设所给定的参数值的合理性。

（一）$\bar{x}$ 与 μ_0 差别的显著性检验（正态总体，σ_0 已知）

若对总体作出如下假设：

$$H_0:\ \mu=\mu_0,\ H_1:\ \mu\neq\mu_0 \qquad \text{（双侧检验）}$$

由公式（9-3-13），计算

$$u=\frac{\bar{x}-\mu_0}{\sigma_0/\sqrt{n}} \tag{9-4-1}$$

若 $u>u_{\alpha/2}$ 或 $u<-u_{\alpha/2}$，按选定的显著性水平 α 舍弃无效假设 H_0 [$u_{\alpha/2}$ 值可从附表 1 查得，使 $Q(u_{\alpha/2})=\alpha/2$。]

若对总体作出另一种假设，

$$H_0:\ \mu\geqslant\mu_0,\ H_1:\ \mu<\mu_0$$

或

$$H_0:\ \mu\leqslant\mu_0,\ H_1:\ \mu>\mu_0 \qquad \text{（单侧检验）}$$

仍用检验公式（9-4-1）。在前一种假设下若 $u<-u_\alpha$，在后一种假设下若 $u>u_\alpha$，按显著性水平 α 舍弃值 H_0 [u_α 值从附表 1 查得，使 $Q(u_\alpha)=\alpha$。]

前已提及，即使总体不呈正态，只要样本容量 n 较大且 σ_0 已知，公式（9-4-1）也可应用。

（二）G 与 μ_{g0} 差别显著性检验（对数正态总体，σ_{g0} 已知）

检验方法同前，检验时计算

$$u=\frac{\overline{\lg x}-\lg\mu_{g0}}{\lg\sigma_{g0}/\sqrt{n}} \tag{9-4-2}$$

在双侧检验中，取 $u_{\alpha/2}$ 和 $-u_{\alpha/2}$ 作为判断界限值；在单侧检验中，取 u_α 或 $-u_\alpha$（视所作的假设而定）为判断界限值。

σ（或 σ_g）已知的情况在实际工作中少见。但若以往在一定条件下有大量监测数据，可用所得的算术均数和标准差（或几何均数和几何标准差）作为 μ_0 和 σ_0（或 μ_{g0} 和 σ_{g0}）并按公式（9-4-1）或（9-4-2）去检验随机样本的 $\bar{x}$（或 G）是否可能自该环境总体。

（三）$\bar{x}$ 与 μ_0 差别的显著性检验（正态总体，σ 未知）

若对总体作出

$$H_0:\ \mu=\mu_0,\ H_1:\ \mu\neq\mu_0 \quad （双侧检验）$$

由公式（9-3-18），计算

$$t=\frac{\bar{x}-\mu_0}{S/\sqrt{n}},\ \mathrm{d}f=n-1 \tag{9-4-3}$$

若 $t>t_{\alpha/2}$ 或 $t<-t_{\alpha/2}$，按选定的显著性水平 α 舍弃 H_0。[$\mathrm{d}f=n-1$ 时的 $t_{\alpha/2}$ 值可从附表 3 查到，使 P（$t>t_{\alpha/2}$］$=\alpha/2$。]

若对总体作出

$$H_0:\ \mu\geqslant\mu_0,\ H_1:\ \mu<\mu_0$$

或

$$H_0:\ \mu\leqslant\mu_0,\ H_1:\ \mu>\mu_0 \quad （单侧检验）$$

仍用检验公式（9-4-3）。在前一种假设下若 $t<-t_\alpha$，在后一种假设下若 $t>t_\alpha$，按显著性水平 α 舍弃 H_0。[$\mathrm{d}f=n-1$ 时的 t_α 值可从附表 3 查到，使 P（$t>t_\alpha$］$=\alpha$。]

【例 9.9】 已知某地土壤样品的铀含量（μg/g）近似正态分布，且由大量本底调查数据得知该地土壤中铀含量的平均水平为 1.23。现欲了解目前水平是否大于以往本底水平，在该地于规定期间随机取土壤样品 20 个，得 $\bar{x}=1.30$，$S=0.24$，试进行显著性检验（单侧检验，选 α 为 0.05）。

在本例中，H_0：$\mu\leqslant1.23$，H_1：$\mu>1.23$

得

$$t=\frac{1.30-1.23}{0.24/\sqrt{20}}=\frac{0.07}{0.054}=1.296$$

查附表 3，当 $\mathrm{d}f=20-1=19$ 时，$t_{0.05}=1.729$。本例的 $t<t_{0.05}$，接受 H_0，即调查结果与以往本底水平差别不显著（$P>0.05$），尚不能认为目前土壤中铀含量水平已高于本底水平。

（四）G 与 μ_{g0} 差别的显著性检验（对数正态总体，σ_g 未知）

检验方法同前，检验时计算

$$t=\frac{\overline{\lg x}-\lg\mu_{x0}}{S_{\lg x}\sqrt{n}},\ \mathrm{d}f=n-1 \tag{9-4-4}$$

在双侧检验中，取 $t_{\alpha/2}$ 和 $-t_{\alpha/2}$ 作为判断界限值；在单侧检验中（视所作的假设而定）为判断界限值。

【例 9.10】 已知某采样点空气样品的铀浓度（$\times10^{-4}\mu g/m^3$）近似对数正态分布，某年曾取得大量监测数据，得知几何均数为 24.5。为了解本年度的水平与该年有无差别，随机采集样品 25 个，得 $G=29.5$，$S_g=2.1$，试进行显著性检验（双侧检验，选 α 为 0.05）。

在本例中，

$$H_0:\ \mu_g=24.5,\ H_1:\ \mu_g\neq24.5$$

$$\lg\mu_g=\lg24.5=1.3892$$

$$\overline{\lg x}=\lg29.5=1.4698,\ S_{\lg x}=\lg2.1=0.32222$$

由公式（9-4-4）得

$$t=\frac{1.469-1.32}{0.3222/\sqrt{25}}=\frac{0.0806}{0.06444}=1.251$$

查附表 3，$df=25-1=24$ 时，$t_{0.025}=2.064$（本例为双侧检验，查表时须查 $t_{\alpha/2}$。现本例的 $t<t_{0.025}$，接受 H_0，即本年度的调查结果与某年水平尚未见有显著差别（$P>0.05$）。

（五）S^2 与 σ^2 差别的显著性检验（正态总体）

若对总体作出

$$H_0:\ \sigma^2=\sigma_0^2,\ H_1:\ \sigma^2\neq\sigma_0^2 \quad（双侧检验）$$

由公式（9-3-16），计算

$$x^2=(n-1)S^2/\sigma_2^2,\ df=n-1 \tag{9-4-5}$$

若 $x^2<x^2_{1-\alpha/2}$ 或 $x^2>x^2_{\alpha/2}$ 按选定的显著性水平 α 舍弃 H_0。[$df=n-1$ 的 $x^2_{1-\alpha/2}$ 和 $x^2_{\alpha/2}$ 值可从附表 2 查得。

若对总体作出 $H_0:\ \sigma^2\geqslant\sigma_0^2,\ H_1:\ \sigma^2<\sigma_0^2$

或 $H_0:\ \sigma^2\leqslant\sigma_0^2,\ H_1:\ \sigma^2>\sigma_0^2$ （单侧检验）

仍用检验公式（9-4-5）。在前一种假设下若 $x^2<x^2_{1-\alpha}$，在后一种假设下若 $x^2>x^2_{\alpha}$，按显著性水平 α 舍弃 H_0。[$df=n-1$ 的 $x^2_{1-\alpha}$ 和 x^2_{α} 值可从附表 2 查得。]

对总体方差 S^2 的检验不如对总体均数 μ 的检验应用广泛，但有时这一检验还很重要。例如，研究一种新的分析方法或测量仪器，要与目前采用的技术或仪器在分析、测量结果的精密度上进行比较。已知在给定条件下标准方法的精密度 σ_0，若欲比较精密度有无差别，可作 $H_0:\ \sigma^2=\sigma_0^2$，$H_1:\ \sigma^2\neq\sigma_0^2$ 的假设，在同样条件下用新方法作重复分析或测量，由得到的 S^2 去检验 H_0。如果认为只有当新方法的精密度更佳时才有采用的价值，可作 $H_0:\ \sigma^2\geqslant\sigma_0^2$，$H_1:\ \sigma^2<\sigma_0^2$ 的假设，若舍弃 H_0，可判断新方法的精密度更佳。

（六）S_g 与 σ_{g0} 差别的显著性检验（对数正态总体）

检验方法同前。检验时计算

$$\chi^2=(n-1)S^2_{\lg x}/(\lg\sigma_{g0})^2,\ df=n-1 \tag{9-4-6}$$

在双侧检验中，取$\chi^2_{1-\alpha/2}$和$\chi^2_{\alpha/2}$作为判断界限值；在单侧检验中，取$\chi^2_{1-\alpha}$和χ^2_{α}（视所作的假设而定）为判断界限值。

【例 9.11】　据报道，许多环境监测数据是近似对数正态分布的，且其几何标准差约为2。从某采样点上随机采集空气样品29个，测量样品的α放射性强度（$\times 10^{-17}$Ci/L）。这批数据经检验遵从对数正态分布。$G=17.8$，$S_g=2.3$。现问此几何标准差与总体的σ_g为2有无显著差别？（双侧检验，选α为0.05。）

在本例中，H_0：$\sigma_g=2$，H_1：$\sigma_g\neq 2$

$$(\lg\sigma_g)^2=(0.3010)^2,\ S^2_{\lg x}=(\lg 2.3)^2=(0.3617)^2$$

由公式（9-4-6）得

$$\chi^2=(29-1)(0.3617)^2/(0.3010)^2=40.432$$

查附表2，当$df=29-1=28$时，$\chi^2_{0.975}=15.31$，$\chi^2_{0.025}=44.46$。本例的χ^2值在这二个判断界限值之间，因此，H_0：$\sigma_g=2$的假定不被否定（$P>0.05$）。

三、由两个样本检验总体参数相等的假设

前面叙述的是用一个样本的统计量（$\bar{x}$，S^2等）与一特定的总体参数（μ_0，σ_0^2等）进行差别显著性检验的方法。实际工作中更常见的是两个统计量的比较，如$\bar{x}_1$和$\bar{x}_2$，S_1^2和S_2^2。由于抽样的随机性，即使从同一总体中随机抽取两个样本，二个统计量未必相等。只有当差别不能用抽样的随机性解释时（即出现这种情况的概率甚小），才能作出总体参数间存在差别的判断。

（一）两个样本方差的比较（两个正态总体）

用S_1^2和S_2^2表示两个样本的方差，n_1和n_2表示两个样本的容量。若对总体作出H_0：$\sigma_1^2=\sigma_2^2$，H_1：$\sigma_1^2\neq\sigma_2^2$（双侧检验）

由公式（9-3-21）计算

$$F=S_1^2/S_2^2,\ df_1=n_1-1,\ df_2=n_2-1 \tag{9-4-7}$$

为查阅附表4，在公式（9-4-7）中要将较大的方差作为S_1^2。若$F>F_{\alpha/2}$，按显著性水平α舍弃H_0；否则，接受H_0。

若对总体作出

$$H_0:\ \sigma_1^2\leqslant\sigma_2^2,\ H_1:\ \sigma_1^2>\sigma_2^2$$

或

$$H_0:\ \sigma_1^2\geqslant\sigma_2^2,\ H_1:\ \sigma_1^2<\sigma_2^2\quad（单侧检验）$$

仍用公式（9-4-7）计算F值，计算时都要将较大的样本方差作为分子。若$F>F_\alpha$，按显著性水平α舍弃相应的H_0。

【例 9.12】　某年某单位在A和B二个采样点上随机各收集空气自然沉降物样品25个（自然沉降天数为7 d），测量样品的α放射性强度（$\times 10^{-12}$（Ci/m^3·d））。两批数据经检验均遵从正态分布，其算术均数和标准差分别为

$$\text{采样点} A \quad n_1=25，\bar{x}_1=24.0，S_1=13.0$$

$$\text{采样点} B \quad n_2=25，\bar{x}_2=16.7，S_2=7.7$$

检验两个总体的方差相等（或称方差齐性）的假设（双侧检验，选 α 为0.05）。

本例中较大方差 $S_1^2=(13.0)^2$，$S_2^2=(7.7)^2$

由公式（9-4-7）得

$$F=(13.0)^2/(7.7)^2=2.850$$

查附表4，当 $df_1=df_2=24$ 时，$F_{0.05}=2.269$。本例的 $F>F_{0.025}$，按显著性水平0.05舍弃 H_0，即两个总体的方差是不齐性的（$P<0.05$）。

（二）两个样本几何标准差的比较（两个对数正态总体）

若对总体作出

$$H_0：\sigma_{g_1}=\sigma_{g_2}，H_1：\sigma_{g_1}\neq\sigma_{g_2} \quad（双侧检验）$$

用下式计算

$$F=S_{\lg x_1}^2/S_{\lg x_2}^2，df_1=n_1-1，df=n_2-1 \tag{9-4-8}$$

公式（9-4-8）中取较大的 $S_{\lg x}^2$ 作为分子。若 $F>F_{\alpha/2}$，按显著性水平 α 舍弃 H_0；否则，接受 H_0。

如果进行单侧检验，检验公式仍为（9-4-8），但取 F_α 为判断界限值，并按显著性水平 α 舍弃或接受相应的 H_0。

【例9.13】 某年某单位在 C 和 D 二个采样点随机各采取集空气样品29个，测量样品的 α 放射性强度（$\times10^{-17}$ Ci/L）。两批数据经检验均遵从对数正态分布，其几何均数和几何标准差分别为

$$\text{采样点} C \quad n_1=29，G_1=16，S_{g_1}=2.5$$

$$\text{采样点} D \quad n_2=29，G_2=16.8，S_{g_2}=2.2$$

检验两个总体的几何标准差相等的假设（双侧检验，选 α 为0.05）。

本例中采样点 C 的 S_g 较大，

$$F=\frac{(\lg S_{g_1})^2}{(\lg S_{g_2})^2}=\frac{(0.3979)^2}{(0.3432)^2}=1.350$$

查附表4，当 $df_1=df_2=28$ 时，$F_{0.025}\cong2.133$（在 $df=24$，$df=30$ 间内插）。本例的 $F<F_{0.025}$，接受两总体的几何标准差相等的假设（$P>0.05$）。

（三）两个样本算术均数的比较（两个正态总体）

这时有总体方差齐性和不齐性二种情况，现分别叙述如下。

1. $H_0：\mu_1=\mu_2，H_1：\mu_1\neq\mu_2 \quad（若 \sigma_1^2=\sigma_2^2）$

检验时计算

$$t=\frac{\bar{x}_1-\bar{x}_2}{S_{\bar{x}_1-\bar{x}_2}}=\frac{\bar{x}_1-\bar{x}_2}{\sqrt{S_c^2\left(\frac{1}{n_1}+\frac{1}{n_2}\right)}},\ \mathrm{d}f=n_1+n_2-2 \tag{9-4-9}$$

式中

$$S_c^2=\frac{(n_1-1)\ S_1^2+(n_2-1)\ S_2^2}{n_1+n_2-2} \tag{9-4-10}$$

若 $t<-t_{\alpha/2}$ 或 $t>t_{\alpha/2}$，按显著性水平 α 舍弃 H_0。

若进行单侧检验，以 t_α（H_1：$\mu_1>\mu_2$）或 $-t_\alpha$（H_1：$\mu_1<\mu_2$）为判断界限值。

【例 9.14】 将二羊群分别在生产下水流经地区和对照地区放牧，经过一定时期以后，随机各取羊若干只，测得羊股骨中 β 放射性比度的结果如下：

监测组　$n_1=20$，$\bar{x}_1=1.49$，$S_1=0.22$

对照组　$n_2=11$，$\bar{x}_2=0.53$，$S_2=0.24$

两批数据的正态性和总体方差齐性的假设经检验均不被否定。检验二羊群股骨中 β 放射性的平均水平有无差别？

在本例中，H_0：$\mu_1=\mu_2$，H_1：$\mu_1\neq\mu_2$

由公式（9-4-10）先计算

$$S_c^2=\frac{(20-1)\ (0.22)^2+(11-1)\ (0.24)^2}{20+11-2}=\frac{1.4956}{29}=0.0516$$

再由公式（9-4-9）得

$$t=\frac{1.49-0.53}{\sqrt{0.0516\left(\frac{1}{20}+\frac{1}{11}\right)}}=\frac{0.96}{0.085}=11.294$$

查附表 3，$\mathrm{d}f=29$ 时的 $t_{0.0005}=3.659$。本例的 $t>t_{0.0005}$，按显著水平 0.001 舍弃 H_0，即二羊群股骨中 β 放射性的平均水平的差别非常显著（$P<0.001$）。

2\. H_0：$\mu_1=\mu_2$，H_1：$\mu_1\neq\mu_2$（若 $\sigma_1^2\neq\sigma_2^2$）

若两正态总体的方差不齐性，可用下述 Aspin-Welch 检验方法。检验时计算

$$t=\frac{\bar{x}_1-\bar{x}_2}{\sqrt{S_1^2/n_1+S_2^2/n_2}} \tag{9-4-11}$$

t 分布和自由度为

$$\mathrm{d}f=\frac{1}{k^2/\ (n_1-1)\ +\ (1-k)^2/\ (n_2-1)} \tag{9-4-12}$$

式中

$$k=\frac{S_1^2/n_1}{S_1^2/n_1+S_2^2/n_2} \tag{9-4-13}$$

若 $t<-t_{\alpha/2}$ 或 $t>t_{\alpha/2}$，按显著性水平 α 舍弃 H_0。

如果进行单侧检验，则以 t_α（H_1：$\mu_1>\mu_2$）或 $-t_\alpha$（H_1：$\mu_1>\mu_2$）作为判断界限值。

（四）两个样本几何均数的比较（两个对数正态总体）

两个样本几何均数的比较也分为总体几何标准差相等和不相等两种情况。

1. H_0：$\mu_{g1}=\mu_{g2}$，H_1：$\mu_{g1}\neq\mu_{g2}$（$\sigma_{g1}=\sigma_{g2}$）

检验时计算

$$t=\frac{\overline{\lg x_1}-\overline{\lg x_2}}{\sqrt{S_c^2\left(\frac{1}{n_1}+\frac{1}{n_2}\right)}},\ df=n_1+n_2-2 \tag{9-4-14}$$

式中

$$S_c^2=\frac{(n_1-1)\ S_{\lg x_1}^2+(n_2-1)\ S_{\lg x_2}^2}{n_1+n_2-2} \tag{9-4-15}$$

若 $t<-t_{\alpha/2}$ 或 $t>t_{\alpha/2}$，按显著性水平 α 舍弃 H_0。

如果进行单侧检验，则以 t_α 或 $-t_\alpha$（视所作的假设而定）作为判断界限值。

2. H_0：$\mu_{g1}=\mu_{g2}$，H_1：$\mu_{g1}\neq\mu_{g2}$（$\sigma_{g1}\neq\sigma_{g2}$）

检验计算

$$t=\frac{\overline{\lg x_1}-\overline{\lg x_2}}{\sqrt{(S_{\lg x_1})^2/n_1+(S_{\lg x_2})^2/n_2}} \tag{9-4-16}$$

$$df=\frac{1}{k^2/(n_1-1)+(1-k)^2/(n_2-1)}$$

其中，

$$k=\frac{(S_{\lg x_1})^2/n_1}{(S_{\lg x_1})^2/n_1+(S_{\lg x_2})^2/n_2} \tag{9-4-17}$$

若 $t<-t_{\alpha/2}$ 或 $t>t_{\alpha/2}$，按显著性水平 α 舍弃 H_0。

如果进行单侧检验，则以 t_α 或 $-t_\alpha$（视所作的假设而定）作为判断界限值。

【例 9.15】 比较例 9.13 中采样点 C 和 D 上空气的 α 放射性强度的几何均数有无显著差别？（双侧检验，选 α 为 0.05）

本例的二样本数据经检验均遵从对数正态分布，且 $\sigma_{g1}=\sigma_{g2}$ 的假设不被否定。在本例中，

$$\overline{\lg x_1}=\lg G_1=\lg 16.2=1.209\ 5$$

$$\overline{\lg x_2}=\lg G_2=\lg 17.8=1.250\ 4$$

$$S_{\lg x_1}^2=(\lg S_{g1})^2=(\lg 2.5)^2=(0.397\ 9)^2$$

$$S_{\lg x_2}^2=(\lg S_{g2})^2=(\lg 2.2)^2=(0.342\ 4)^2$$

由公式（9-4-15）得

$$S_c^2=\frac{(29-1)\ (0.397\,9)^2+\ (29-1)\ (0.342\,4)^2}{29+29-2}=0.137\,781\,09$$

由公式（9-4-14）得

$$t=\frac{1.209\,5-1.250\,4}{\sqrt{0.137\,781\,09\left(\frac{1}{29}+\frac{1}{29}\right)}}=\frac{-0.040\,9}{0.097\,5}=-0.419$$

查附表 3，当 $df=29+29-2=56$ 时，$t_{0.025}=2.005$。本例的 $t>-t_{0.025}$，无差别的无效假设不被否定，即两个采样点上的几何均数差别不显著（$P>0.025$）。

四、分布假设的检验

应用前述检验方法时，常假定数据遵从某种理论分布（正态分布、对数正态分布等），下面介绍几种常用的检验分布假设的方法。

（一）W 检验

当样本容量 $n\leqslant 50$，为检验数据的正态性或对数正态性，可应用 W 检验方法。有时将数据在概率纸上作图，若点子看起来偏离直线较大，从而对数据是否遵从正态分布或对数正态分布把握不大，W 检验可以帮助作用判断。

用此方法检验数据正态性的具体步骤如下：

① 将数据按数值大小重新排列，使 $x_1\leqslant x_2\leqslant\cdots\leqslant x_n$；

② 计算

$$(n-1)S^2=\sum_{i=1}^{n}(x_i-\bar{x})^2=\sum_{i=1}^{n}x_i^2-(\sum_{i=1}^{n}x_i)^2/n \qquad (9\text{-}4\text{-}18)$$

③ 计算

$$b=a_n\ (x_n-x_1)\ +a_{n-1}\ (x_{n-1}-x_2)\ +\cdots+a_{n-k+1}\ (x_{n-k+1}-x_k) \qquad (9\text{-}4\text{-}19)$$

④ 计算检验的统计量

$$W=\frac{b^2}{(n-1)\ S^2} \qquad (9\text{-}4\text{-}20)$$

式中，当 n 为偶数时，$k=n/2$；当 n 为奇数时，$k=(n-1)/2$。$n=3，4，\cdots，50$ 的系数 a_{n-i+1}（$i=1，2，\cdots，k$）值列在附表 6 内（注意当 n 为奇数时，x_{k+1}不列入计算）；

⑤ 若 W 值小于附表 7 内所列的判断界限值 W_α，按表上行写明的显著性水平 α 舍弃正态性的假设。若 $W>W_\alpha$，接受正态性假设。

如果要检验对数正态性的假设，先将数据变换成对数，然后用对数值按上述步骤进行检验。

【例 9.16】　用 W 检验方法检验例 9.1 数据的正态性。

由例 9.1 数据求得

$$\sum x=14.72，\quad \sum x^2=10.572\,6，且\ n=25。$$

于是，
$$(n-1)\ S^2=10.526-\frac{(14.72)^2}{25}=1.9055$$

$$\begin{aligned}b&=0.4450\times(1.16-0.17)+0.3096(1.10-0.18)+\cdots\\&\quad+0.0403\times(0.60-0.51)+0.0200\times(0.56-0.55)\\&=1.3442\end{aligned}$$

$$W=\frac{(1.3442)^2}{1.9055}=0.948$$

查附表7，当 $n=25$ 时，$W_{0.05}=0.918$。本例的 $W>W_{0.05}$，且介于 $W_{0.10}$ 和 $W_{0.50}$ 之间，故本例数据遵从正态分布的假设不被否定（$P>0.10$）。

【例 9.17】 用 W 检验方法检验例 9.2 数据的对数正态性。

由例 9.2 数据求得

$$\sum \lg x=35.4627,\ \sum(\lg x)^2=46.6004,\ 且\ n=29。$$

于是
$$(n-1)\ S_{\lg x}^2=46.600-\frac{(35.4627)^2}{29}=3.2348$$

$$\begin{aligned}b&=0.4291\times(1.8388-0.6021)+0.2968\times(1.7993-0.6021)+\\&\quad\cdots+0.0320\times(1.2788-1.1139)+0.0159\times(1.2553-1.2041)\\&=1.7719\end{aligned}$$

$$W=\frac{(1.7719)^2}{3.2348}=0.971$$

查附表7，当 $n=29$ 时，$W_{0.05}=0.926$。本例的 $W>W_{0.05}$，还大于 $W_{0.50}=0.966$，故接受本例数据对数正态性的假设（$P>0.50$）。

（二）配合适度检验—χ^2检验

为检验一个样本频数分布是否与某一理论分布吻合，需先由样本数据计算统计量作为总体参数的估计值，然后由该理论分布的分布函数 $F(x)$ 确定随机变量的概率分布。再由样本的总频数算出各组相应的理论频数，将实际观测频数（用符号 O_i 表示）与理论频数（用符号 E_i 表示）比较，以判定样本数据配合该理论分布是否适宜。

检验时计算

$$\chi^2=\sum_{i=1}^{n}\frac{(O_i-E_i)^2}{E_i},\ \mathrm{d}f=n-k \tag{9-4-21}$$

式中：n 为样本数据分组数，k 为估计参数所用的统计量（包括总频数这一数量）的数目。若 $\chi^2<\chi_\alpha^2$，判定配合尚佳；若 $\chi^2>\chi_\alpha^2$ 按显著性水平 α 判断样本数据并不遵从该理论分布。

应用上述 χ^2 检验时，要注意总频数 $\sum_i f_i$ 足够大和 E_i 不太小这两个条件。一般要求总频数不小于50，同时任一组的 E_i 不小于5，否则要将相邻的组予以合并以增大 E_i(这

时分组数 n 相应减少)，而后进行 χ^2 检验。

检验大数量分组数据是否遵从正态分布或其分连续型分布时，所用的方法基本相同，在用公式（9-4-21）检验以前，要确定随机变量出现在各组段区间的概率并计算各组相应的理论频数。下面通过实例叙述检验大数量分组数据正态性和对数正态性的具体步骤。

【例 9.18】　检验表 9.1 数据的正态性。

表 9-4-2 内列出检验的计算过程，其具体步骤如下：

① 表的第 1，2 栏就是原来的频数分布。分组的写法略有不同，将实际观测频数 O_i 写在二组的下限值之间；

② 计算 $u=\dfrac{\text{组限}-\bar{x}}{S'}$，并将 u 值写在各组限的同一行内，S' 由下式求得

$$S^1 = \sqrt{\frac{\sum fx'^2 - \dfrac{(\sum fx')^2}{\sum f}}{\sum f - 1} - \frac{1}{12}} \cdot i \tag{9-4-22}$$

公式（9-4-22）根号内的前一个分式就是一般计算标准差公式中根号内的分式，后面减去的 1/12 称为“薛伯校正数”。校正的原因在于：在频数分布中，用各组段的组中值代表归入各该组段的诸变量值。但事实上在正态分布的每一组段中，靠近均数一端的变量值较多，用代表各组段的组中值计算得到的该组段变量值离均差平方和比实际的要大些。因此，若不进行校正，求得的标准差也偏大。为此，在配合正态分布时要用“薛伯校正数”，但平时在一般情况下计算 S 作为 σ 的估计值时则不必校正。在本例中 $\bar{x}=1.230$，$S=0.233$，校正的 $S'=0.232$。用各组限算得 u 值写在第 3 栏内；

③ 查附表 1 得到 $F(u)$ 值，写在第 4 栏内。

因正态分布的对称性，表内的 $Q(u)=F(-u)$，如 $F(-2.28)=Q(2.28)=0.011\,3$。$F(u)=1-Q(u)$，如 $F(0.73)=1-Q(0.73)=1-0.232\,7=0.767\,3$；

④ 将第 4 栏的 $F(u)$ 值两两相减，$F(u_{i+1})-F(u_i)$，得到随机变量出现在该组段内的概率（写在第 5 栏的二组的组限值之间）。最末一行的概率（即出现变量值等于或大于 1.80 的概率）是这样算得的：$1-F(2.46)=1-0.993\,1=0.006\,9$；

⑤ 总频数 269 乘以各组段的概率得到各组段的理论频数 E（第 6 栏）；

⑥ 将理论频数小于 5 的行合并，并用公式（9-4-21）计算 χ^2 值。本例的 $\chi^2=8.519$。

本例在计算理论频数时曾用 $\bar{x}$ 和 S' 作为 μ 和 σ 的估计值，还用了总频数这一数量，$k=3$，$df=11-3=8$。查附表 2，$df=8$，$\chi^2_{0.05}=15.507$。本例的 $\chi^2<\chi^2_{0.05}$，因此数据遵从正态分布的假设不被否定（$P>0.05$）。

表 9-4-2　用表 9.1 数据进行配合适度检验（配合正态分布）

分组/(μg/g)	实测频数 O	$\dfrac{组限-\bar{x}}{S'}$	$F(u)$	概率 $F(u_{i+1})-F(u_i)$	理论频数 E	$\dfrac{(O-E)^2}{E}$
|				0.000 8	0.22	
0.05		−3.15	0.000 8			
|	1			0.002 5	0.67	
0.06		−2.72	0.003 3			
|	5 }11			0.008 0	2.15 }8.66	0.632 3
0.07		−2.28	0.011 3			
|	5			0.020 9	5.62	
0.08		−1.85	0.032 2			
|	16			0.045 6	12.27	0.005 9
0.09		−1.42	0.077 8			
|	32			0.083 3	22.41	1.833 5
1.00		−0.99	0.161 1			
|	50			0.126 6	34.06	0.124 6
1.10		−0.56	0.287 7			
|	46			0.100 6	43.20	1.070 4
1.20		−0.13	0.448 3			
|	43			0.169 6	45.62	0.003 2
1.30		0.30	0.617 9			
|	24			0.149 4	40.19	0.195 5
1.40		0.73	0.767 3			
|	18			0.109 7	29.51	1.028 8
1.50		1.16	0.877 0			
|	14			0.067 1	18.05	0.000 1
1.60		1.59	0.944 1			
|	2 }3			0.034 7	9.33	2.337 5
1.70	1	2.30	0.978 3			
|				0.014 3	3.85 }5.71	
1.80		2.46	0.993 1			
|				0.006 9	1.86	1.286 2
合计	269	—	—	1.000 0	269.02	8.519 0
注：$\bar{x}=1.230$，$S'=0.232$						

第五节　参数估计

除假设检验外，统计推断的另一个重要内容是参数估计。本节将简要地介绍参数点估计，而着重叙述参数区间估计的意义和方法。

一、概述

在实际工作中，一般并不知道总体参数（μ，σ）的确切数值，往往只有手头实测的随机样本数据，由样本数据去估计未知的总体参数叫做参数估计。

“点估计值”是由样本得到的用以估计总体参数的单一数值，如用 $\bar{x}$，S^2 作为 μ，σ^2 的估计值等。可用于估计同一参数的统计量常常不止一个，如还可用中位数 M_e、众数 M_0 等估计 μ，用极差 R 估计 σ，于是就产生了如何选择“良好的点估计”的问题，对这一问题将在本节内作扼要介绍。

由样本统计量用一定的统计方法确定一个区间，使人们有一定的把握确信未知的参数必然落在这区间内，这种推断的方法称为“区间估计”，确定的区间称为参数的“置信区间”，用以表示一定的把握程度的概率称之为“置信概率”。本节将叙述推断参置信区间的各种方法。

二、“良好的点估计”具有的性质

一个“良好的点估计”最好具有如下的性质：

（一）无偏性

设 $\hat{\theta}$ 为参数 θ 的点估计，如果所有可能的 $\hat{\theta}$ 值的平均数等于 θ，称 $\hat{\theta}$ 为 θ 的无偏估计。

（二）一致性

随着样本容量 n 的增大，$\hat{\theta}$ 任意接近 θ 的概率趋于 1，即

$$P\left(|\hat{\theta}-\theta|<\varepsilon\right)\to 1,\ (n\to\infty)$$

称 $\hat{\theta}$ 为 θ 的一致估计。

（三）有效性

设 $\hat{\theta}_1$ 和 $\hat{\theta}_2$ 为 θ 两个不同的无偏估计，其方差分别为 $\sigma^2_{\hat{\theta}_1}$ 和 $\sigma^2_{\hat{\theta}_2}$（也即 $\hat{\theta}_1$ 和 $\hat{\theta}_2$ 分别围绕 θ 的离散度）；若 $\sigma^2_{\hat{\theta}_1}<\sigma^2_{\hat{\theta}_2}$ 则 $\hat{\theta}_1$ 比 $\hat{\theta}_2$ 作为 θ 的估计更有效。一般，将具有最小方差的无偏估计 $\hat{\theta}$ 称为 θ 的最有效估计。

（四）充分性

若得到 $\hat{\theta}$ 作为 θ 的估计时充分提取了样本中所有可利用的信息，称 $\hat{\theta}$ 为 θ 的充分估计。

像正态总体中用 $\bar{x}$ 和 S^2 作为 μ 和 σ^2 的估计，就具有上述四种性质。顺便指出：$\frac{\sum(x-\bar{x})^2}{n}$ 并不是 σ^2 的无偏估计，可以证明 $\frac{\sum(x-\bar{x})^2}{n}\times\frac{n}{n-1}$ 才是 σ^2 的无偏估计，因此通常我们计算 $S^2=\frac{\sum(x-\bar{x})^2}{n}$ 作为 σ^2 的估计值。

取得“良好的点估计”的方法有好几种，下面提一提常用的最大似然法。用最大似然法得到的参数估计值，使从总体中获得实际观察到的样本数据的概率为最大。确定参数 θ 的最大似然估计值的方法如下：

从一给定总体中抽取有 n 个观察值的随机样本，随机样本（x_1，x_2，…，x_n）的联合概率密度函数为

$$f(x_1,\ \theta)f(x_2,\ \theta)\cdots f(x_n,\ \theta)=\prod_{i=1}^{n}f(x_i,\ \theta)$$

其中 $f(x,\ \theta)$ 为总体的概率密度函数。$\prod_{i=1}^{n}f(x_i,\ \theta)$ 一般称为似然函数。令

$$L=\ln\prod_{i=1}^{n}f(x_i,\ \theta)$$

则 θ 的最大似然估计值通常可从

$$\frac{\partial L}{\partial\theta}=0$$

求解 θ 得到。

最大似然估计值具有上述“良好的点估计”的一些性质，但不一定是无偏估计。如正态总体 σ^2 的最大似然估计为 $\frac{\sum(X-\bar{X})^2}{n}$，它不是一个无偏估计，但只要乘以因子 $\frac{n}{n-1}$，就成为 σ^2 的无偏估计。中位数 M_e 和极差 R 作为参数 μ 和 σ^2 的估计，在上述“良好的点估计”的性质上不如均数 $\bar{x}$ 和方差 S^2，但由于计算简便，在实际工作中还是应用的。

三、区间估计

先用样本均数推断总体均数的置信区间为例，阐明如何正确理解区间估计的涵义。从正态总体 $N(\mu,\ \sigma^2)$ 中抽取容量为 n 的随机样本，样本算术均数 $\bar{x}$ 落在 $\left(\mu-u_{\alpha/2}\frac{\sigma}{\sqrt{n}},\ \mu+u_{\alpha/2}\frac{\sigma}{\sqrt{n}}\right)$ 区间内的概率为 $1-\alpha$。因此，只要 $\bar{x}$ 落在这一区间内（如

图 9-5-1 中的 $\bar{x}_1$ 和 $\bar{x}_2$），区间$\left(\bar{x}-u_{\alpha/2}\frac{\sigma}{\sqrt{n}},\ \bar{x}+u_{\alpha/2}\frac{\sigma}{\sqrt{n}}\right)$必定包含 μ 在其中；然而，对不落在$\left(\mu-u_{\alpha/2}\frac{\sigma}{\sqrt{n}},\ \mu+u_{\alpha/2}\frac{\sigma}{\sqrt{n}}\right)$区间内的 $\bar{x}$ 来说（如图 9-5-1 的中 $\bar{x}_3$），区间$\left(\bar{x}-u_{\alpha/2}\frac{\sigma}{\sqrt{n}},\ \bar{x}+u_{\alpha/2}\frac{\sigma}{\sqrt{n}}\right)$必定不包含 μ 在其中。所以如果用这种方法去推断参数 μ，就平均而论从一百个随机样本均数（每个样本容量为 n）所推得 100 个区间$\left(\bar{x}\ \pm u_{\alpha/2}\frac{\sigma}{\sqrt{n}}\right)$中，有 $(1-\alpha)\times 100$ 个区间必定包含 μ 在其中，这样的区间称为总体均数 μ 的 $(1-\alpha)\times 100\%$ 置信区间。$(1-\alpha)\times 100\%$ 称置信概率，表示对“置信区间必定包含 μ 在其中”这一判断的可信程度。置信区间的上下限叫作上下置信限(也称可信限)。这样，由一个随机样本均数，虽然我们不能确切地指明总体均数为何值，但已能按一定的置信程度确定一个范围，并认为 μ 必包含在其中。

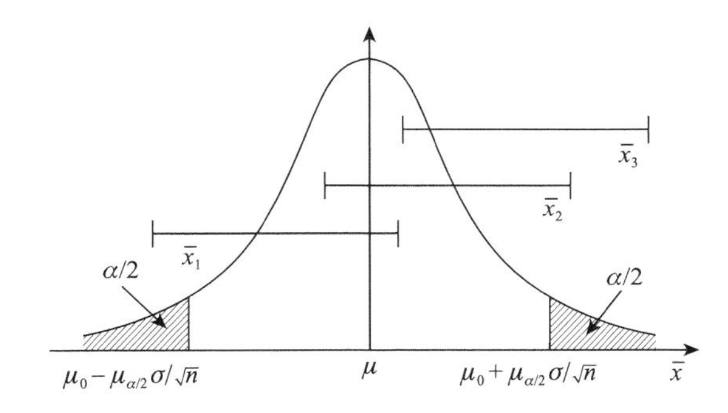

图 9-5-1　由 $\bar{x}_1$，$\bar{x}_2$，$\bar{x}_3$ 推得的 μ 的（$1-\alpha$）$\times$100%置信区间示意图

需强调指出，置信概率只表明对用这种方法推断得到的区间“必包含 μ”这一判断的置信程度。一旦得到一个具体区间以后，就不能说这一区间包含 μ 的概率为 $1-\alpha$。因为参数是一个常量，相反，区间是随得到的 $\bar{x}$ 不同而变化的。如果要说一个具体区间包含参数的概率，那它不是 1 就是 0。因此，正确的说法应该是：用这样的方法推得的置信区间必包含参数的置信概率为 $1-\alpha$。

在规定一定的置信概率的条件下，置信区间的宽度随样本容量 n 的增大而缩小，宽度的大小表明估计的可靠程度。前面得到的置信区间$\left(\bar{x}\pm u_{\alpha/2}\frac{\sigma}{\sqrt{n}}\right)$称为双侧置信区间。有时可能只想推知上下置信限中的一个，如由一个随机样本监测数据的均数 $\bar{x}$ 去推 μ 的上置信限，视其是否已达某一规定的水平，而不考虑其下置信限为何。这时若把置信概率定为 $1-\alpha$，$\left(\bar{x}+u_{\alpha}\frac{\sigma}{\sqrt{n}}\right)$就是所拟推知的单侧上置信限。如果只考虑 μ 的下置信限而不计及上置信限，则$\left(\bar{x}-u_{\alpha}\frac{\sigma}{\sqrt{n}}\right)$就是所求的单侧下置信限。下面叙述不同情况下推断参数置信区间的各种方法，并以 LCL 和 UCL 分别表示置信概率为 $1-\alpha$ 的下置信限和上置信限。

（一）正态总体 μ 的置信区间（σ 未知）

由公式（9-3-18）得

$$t=\frac{\bar{x}-\mu}{S/\sqrt{n}},\ df=n-1$$

$$P\left(-t_{\alpha/2}<\frac{\bar{x}-\mu}{S/\sqrt{n}}<t_{\alpha/2}\right)=1-\alpha$$

若选定置信概率为 $1-\alpha$，令$\frac{\bar{x}-\mu}{S/\sqrt{n}}$分别等于$-t_{\alpha/2}$和 $t_{\alpha/2}$解之可求得 μ 的（$1-\alpha$）×100%置信区间的上下置信限为

$$LCL=\bar{x}-t_{\alpha/2}\frac{S}{\sqrt{n}}$$

$$UCL=\bar{x}+t_{\alpha/2}\frac{S}{\sqrt{n}} \tag{9-5-1}$$

若推单侧置信限，将公式（9-5-1）中的 $t_{\alpha/2}$改成 t_{α} 即可。

【例 9.19】 在例 9.9 中，$n=20$，$\bar{x}=1.30$ μg/g，$S=0.24$ μg/g，求 μ 的 95%置信区间。若事先规定只拟推断单侧上置信限，置信概率仍为 0.95，则单侧上置信限为何值?

查附表 3，当 $df=20-1=19$ 时，$t_{0.025}=2.093$，$t_{0.05}=1.729$。由公式（9-5-1）得的 μ 的 95%置信区间为

$$LCL=1.30-2.093\times\frac{0.24}{\sqrt{20}}=1.09$$

$$UCL=1.30+2.093\times\frac{0.24}{\sqrt{20}}=1.41$$

μ 的 95%单侧上置信限为

$$UCL=1.30+1.729\times\frac{0.24}{\sqrt{20}}=1.39$$

（二）对数正态总体 μ_g 的置信区间（σ_g 未知）

由公式（9-4-4）得

$$t=\frac{\overline{\lg x}-\lg\mu_g}{S_{\lg x}/\sqrt{n}},\ df=n-1$$

用上述同样的方法可求得 $1g\mu_g$ 的（1−α）×100%置信区间为

$$1g\mu_g \text{ 的 LCL} = \overline{1gx} - t_{\alpha/2}\frac{S_{1gx}}{\sqrt{n}}$$

$$1g\mu_g \text{ 的 UCL} = \overline{1gx} + t_{\alpha/2}\frac{S_{1gx}}{\sqrt{n}} \tag{9-5-2}$$

取上述二数值的反对数，就是 μ_g 的（1−α）×100%置信区间的上下置信限。若求单侧置信限，将公式（9-5-2）中的 $t_{\alpha/2}$ 改成 t_α 即可。

【例 9.20】　在例 9.10 中，$n=25$，$G=29.5$（$\times10^{-4}$ μg/m^3），$S_g=2.1$。求 μ_g 的 95%置信区间。

查附表 3，当 $df=20-1=19$ 时，$t_{0.025}=2.093$。由公式（9-5-2）得 $1g\mu_g$ 的 95%置信区间为

$$\text{LCL} = 1g29.5 - 2.064\times\frac{1g2.1}{\sqrt{25}} = 1.469\ 8 - 2.064\times\frac{0.322\ 2}{\sqrt{25}} = 1.336\ 8$$

$$\text{UCL} = 1.469\ 8 + 2.064\times\frac{0.322\ 2}{\sqrt{25}} = 1.602\ 8$$

查反对数，得 μ 的 95%单侧上置信限为（21.7，40.1）。

（三）正态总体 σ^2 的置信区间

由公式（9-3-16）得

$$\chi^2 = \frac{(n-1)\ S^2}{\sigma^2},\quad df = n-1$$

故
$$P\left(\chi^2_{1-\alpha/2} < \frac{(n-1)\ S^2}{\sigma^2} < \chi^2_{\alpha/2}\right) = 1-\alpha$$

若选定置信概率为 1−α，令 $\frac{(n-1)\ S^2}{\sigma^2}$ 分别等于 $\chi^2_{1-\alpha/2}$ 和 $x^2_{\alpha/2}$ 解之可求得 σ^2 的（1−α）×100%置信区间的上下置信限为

$$\text{LCL} = \frac{(n-1)\ S^2}{\chi^2_{\alpha/2}}$$

$$\text{UCL} = \frac{(n-1)\ S^2}{\chi^2_{1-\alpha/2}} \tag{9-5-3}$$

若求单侧置信限，将公式（9-5-3）中的 $\chi^2_{\alpha/2}$ 或 $\chi^2_{1-\alpha/2}$ 改为 χ^2_α 或 $\chi^2_{1-\alpha}$ 即可。

如果要推断 σ 的置信区间，可取由公式（9-5-3）求得的数值的平方根。这种推断方法并不确切的，但在实用上还是可以的。

（四）对数正态总体 σ_g 的置信区间

由公式（9-4-6）得

$$\chi^2=\frac{(n-1)\ S_{\lg x}^2}{(\lg\sigma_g)^2},\ df=n-1$$

用上述同样的方法可求得 $(\lg\sigma_g)^2$ 的 $(1-\alpha)\times100\%$ 置信区间为

$$\mathrm{LCL}=\frac{(n-1)\ S_{\lg x}^2}{\chi_{\alpha/2}^2}$$

$$\mathrm{UCL}=\frac{(n-1)\ S_{\lg x}^2}{\chi_{1-\alpha/2}^2} \tag{9-5-4}$$

取由公式（9-5-4）求得的数值的平方根并查其反对数，就得到 σ_g 的置信区间为

$$\mathrm{LCL}=\lg^{-1}\sqrt{\frac{(n-1)\ S_{\lg x}^2}{\chi_{\alpha/2}^2}}$$

$$\mathrm{UCL}=\lg^{-1}\sqrt{\frac{(n-1)\ S_{\lg x}^2}{\chi_{1-\alpha/2}^2}} \tag{9-5-5}$$

若将公式（9-5-5）中的 $\chi_{\alpha/2}^2$ 或 $\chi_{1-\alpha/2}^2$ 改为 χ_{α}^2 或 $\chi_{1-\alpha}^2$ 就得到 σ_g 的单侧置信限。

【例 9.21】 在例 9.11 中，$n=29$，$G=17.8$（$\times10^{-17}$ Ci/L），$S_g=2.3$。求 σ_g 的 95%的置信区间。

查附表 2，$df=29-1=28$ 时，$x_{0.0975}^2=15.31$，$x_{0.025}^2=44.46$,。将 $S_{\lg x}^2=(\lg2.3)^2=(0.361\ 7)^2$ 代入公式（9-5-5）得

$$\sigma_g\ 的\ \mathrm{LCL}=\lg^{-1}\sqrt{\frac{(29-1)\ (0.361\ 7)^2}{44.46}}=\lg^{-1}(0.287\ 1)=1.9$$

$$\sigma_g\ 的\ \mathrm{UCL}=\lg^{-1}\sqrt{\frac{(29-1)\ (0.361\ 7)^2}{15.31}}=\lg^{-1}(0.489\ 2)=3.1$$

（五）两个正态总体 $\mu_1-\mu_2$ 的置信区间

该置信区间可分总体方差齐性和不齐性两种情况。

1. σ_1^2 和 σ_2^2 未知，$\sigma_1^2=\sigma_2^2$

由公式（9-4-9）得

$$t=\frac{(\bar{x}_1-\bar{x}_2)\ -\ (\mu_1-\mu_2)}{S_{\bar{x}_1-\bar{x}_2}},\ df=n_1+n_2-2$$

故

$$P\left(-t_{\alpha/2}<\frac{(\bar{x}_1-\bar{x}_2)\ -\ (\mu_1-\mu_2)}{S_{\bar{x}_1-\bar{x}_2}}<t_{\alpha/2}\right)=1-\alpha$$

若选定置信概率为 $1-\alpha$，令 $\frac{(\bar{x}_1-\bar{x}_2)\ -\ (\mu_1-\mu_2)}{S_{\bar{x}_1-\bar{x}_2}}$ 分别等于 $-t_{\alpha/2}$ 和 $t_{\alpha/2}$ 解之可求得 $(\mu_1-\mu_2)$ 的 $(1-\alpha)\times100\%$ 置信区间的上下置信限为

$$\mathrm{LCL}=(\bar{x}_1-\bar{x}_2)\ -t_{\alpha/2}S_{\bar{x}_1-\bar{x}_2}$$

$$\mathrm{UCL}=(\bar{x}_1-\bar{x}_2)\ +t_{\alpha/2}S_{\bar{x}_1-\bar{x}_2} \tag{9-5-6}$$

若求单侧置信限，将公式（9-5-6）中的 $t_{\alpha/2}$ 改为 t_α。即可

2. σ_1^2 和 σ_2^2 未知，但 $\sigma_1^2 \neq \sigma_2^2$

由公式（9-4-11）得（$\mu_1-\mu_2$）的（$1-\alpha$）×100%置信区间的上下置信区间为

$$\text{LCL}=(\bar{x}_1-\bar{x}_2)-t_{\alpha/2}\sqrt{S_1^2/n_1+S_2^2/n_2}$$

$$\text{UCL}=(\bar{x}_1-\bar{x}_2)+t_{\alpha/2}\sqrt{S_1^2/n_1+S_2^2/n_2} \tag{9-5-7}$$

求单侧置信限时，将式中的 $t_{\alpha/2}$ 改为 t_α 即可。

【例 9.22】　推断例 9.14 中两群羊股骨中 β 放射性比度之差（$\mu_1-\mu_2$）的 95%置信区间。

在例 9.14 中，两批数据的正态性和方差齐性的假设均不否定。已知 $n_1=20$，$\bar{x}_1=1.49$；
$n_2=20$，$\bar{x}_2=0.53$；$\bar{x}_1-\bar{x}_2=0.96$，$S_{\bar{x}_1-\bar{x}_2}=0.085$。查附表 3，$df=20+11-2=29$ 时，$t_{0.025}=2.045$。（$\mu_1-\mu_2$）的 95%置信区间为

$$\text{LCL}=0.96-2.045\times0.085=0.79$$

$$\text{UCL}=0.96+2.045\times0.085=1.13$$

（六）两个对数正态总体 μ_{g_1}/μ_{g_2} 的置信区间

先求 $\lg(\mu_{g_1}/\mu_{g_2})=\lg\mu_{g_1}-\lg\mu_{g_2}$ 的置信区间，取其上下限的反对数，就得到 μ_{g_1}/μ_{g_2} 的置信区间。求（$\lg\mu_{g_1}-\lg\mu_{g_2}$）置信区间的方法与前面求（$\mu_1-\mu_2$）置信区间的方法类同。

1. σ_{g_1} 和 σ_{g_2} 未知，但 $\sigma_{g_1}=\sigma_{g_2}$

由公式（9-4-14）得（$\lg\mu_{g_1}-\lg\mu_{g_2}$）的（$1-\alpha$）×100%置信区间为

$$\text{LCL}=(\overline{\lg x_1}-\overline{\lg x_2})-t_{\alpha/2}S_{\lg x_1-\lg x_2},\quad df=n_1+n_2-2$$

$$\text{UCL}=(\overline{\lg x_1}-\overline{\lg x_2})+t_{\alpha/2}S_{\lg x_1-\lg x_2} \tag{9-5-8}$$

式中

$$S_{\lg x_1-\lg x_2}=\sqrt{\frac{(n_1-1)S_{\lg x_1}^2+(n_2-1)S_{\lg x_2}^2}{n_1+n_2-2}\left(\frac{1}{n_1}+\frac{1}{n_2}\right)} \tag{9-5-9}$$

最后，μ_{g_1}/μ_{g_2} 置信区间的上下限分别为 $\lg^{-1}\text{LCL}$ 和 $\lg^{-1}\text{UCL}$［此处的 LCL 和 UCL 由公式（9-5-8）求得］。若求单侧置信限，将公式（9-5-8）中的 $t_{\alpha/2}$ 改为 t_α 即可。

2. σ_{g_1} 和 σ_{g_2} 未知，但 $\sigma_{g_1}\neq\sigma_{g_2}$

由公式（9-4-16）得（$\lg\mu_{g_1}-\lg\mu_{g_2}$）的（$1-\alpha$）×100%置信区间为

$$\text{LCL}=(\overline{\lg x_1}-\overline{\lg x_2})-t_{\alpha/2}\sqrt{S_{\lg x_1}^2/n_1+S_{\lg x_2}^2/n_2}$$

$$\text{UCL}=(\overline{\lg x_1}-\overline{\lg x_2})+t_{\alpha/2}\sqrt{S_{\lg x_1}^2/n_1+S_{\lg x_2}^2/n_2} \tag{9-5-10}$$

取反对数就是 μ_{g_1}/μ_{g_2} 的上下置信限，若求单侧置信限，将公式（9-5-10）中的 $t_{\alpha/2}$ 改为 t_α 即可。

【例 9.23】 推断例 9.13 中采样点 C 和 D 空气的 α 放射性强度（10^{-17}Ci/L）的两总体几何均数值 μ_{g_1}/μ_{g_2} 的 95%置信区间。

例 9.13 中的两批数据经检验均遵从对数正态分布，两总体几何标准差相等的假设不被否定。在例 9.16 中已求得 $\overline{\lg x_1}-\overline{\lg x_2}=-0.0409$，$S_{\lg x_1-\lg x_2}=0.0975$，且 $df=56$ 时，$t_{0.025}=2.005$。于是，由公式（9-5-8）得（$\lg\mu_{g_1}-\lg\mu_{g_2}$）的 95%置信区间为

$$\mathrm{LCL}=-0.0409-2.005\times0.0975=-0.2364$$

$$\mathrm{UCL}=-0.0409+2.005\times0.0975=0.1546$$

查反对数得 μ_{g_1}/μ_{g_2} 的 95%置信区间为（0.58，1.43）。

附　　录

附表 1　正态分布的 $Q(u)$ 值

$$Q(u) = 1 - F(u) = \int_{u}^{\infty} \frac{1}{2\pi} e^{-u^2/2} du$$

u	.00	.01	.02	.03	.04	.05	.06	.07	.08	.09
.0	.5000	.49601	.49202	.48803	.48405	.18003	.47608	.47210	.13812	.464147
.1	.46017	.45620	.45224	.44828	.44433	.44038	.43644	.43251	.42858	.42465
.2	.42074	.41683	.41294	.40905	.40517	.40129	.39743	.39358	.38974	.38591
.3	.38209	.37828	.37448	.37070	.36696	.36317	.35942	.35569	.35197	.34827
.4	.34459	.34090	.33724	.33360	.32997	.32636	.32276	.31918	.31561	.31207
.5	.30854	.30303	.30153	.29806	.29460	.29116	.28774	.28434	.28096	.27760
.6	.27425	.27093	.26763	.26435	.26109	.25785	.25463	.25143	.24825	.24510
.7	.24196	.23885	.23576	.23270	.22965	.22663	.22363	.22065	.21770	.21476
.8	.21186	.20897	.20611	.20320	.20045	.19766	.19489	.19215	.18943	.18673
.9	.18406	.10141	.17879	.17619	.17361	.17106	.16853	.16602	.16354	.16109
1.0	.15866	.15625	.15386	.15151	.14917	.14686	.14457	.14231	.14007	.13786
1.1	.13567	.13350	.13136	.12924	.12714	.12507	.12302	.12100	.11900	.11702
1.2	.11507	.11314	.11123	.10935	.10749	.10565	.10383	.10204	.10027	.098525
1.3	.096800	.095098	.093418	.091759	.090123	.088508	.086915	.085343	.083793	.082264
1.4	.080757	.079270	.077804	.076359	.074934	.073529	.072145	.070781	.069437	.068112
1.5	.066807	.065522	.064255	.063008	.061780	.060571	.059380	.058208	.057053	.055917
1.6	.054799	.063699	.052616	.051551	.050503	.049471	.48457	.047460	.046479	.045514
1.7	.044565	.043633	.042716	.041815	.040930	.040059	.039204	.038364	.037538	.036727
1.8	.035930	.035148	.034880	.033625	.032884	.032157	.031443	.030742	.030054	.029379
1.9	.026717	.028067	.027429	.026803	.026190	.025588	.024998	.024419	.023852	.023295
2.0	.022750	.022216	.021692	.021178	.020675	.020182	.019699	.019226	.018763	.018309
2.1	.017864	.017429	.017003	.016586	.016177	.015778	.015386	.015003	.014629	.014262
2.2	.013903	.013553	.013222	.012874	.012545	.012224	.011911	.011604	.011304	.011011
2.3	.010724	.010444	.010170	$.0^{2}99031$	$.0^{2}96419$	$.0^{2}93867$	$.0^{2}91375$	$.0^{2}88940$	$.0^{2}83563$	$.0^{2}84242$
2.4	$.0^{2}81975$	$.0^{2}79763$	$.0^{2}77603$	$.0^{2}75494$	$.0^{2}73436$	$.0^{2}71428$	$.0^{2}69469$	$.0^{2}67557$	$.0^{2}65691$	$.0^{2}63872$
2.5	$.0^{2}62097$	$.0^{2}60366$	$.0^{2}58677$	$.0^{2}57031$	$.0^{2}55426$	$.0^{2}53861$	$.0^{2}52336$	$.0^{2}50849$	$.0^{2}49400$	$.0^{2}47988$

续表

u	.00	.01	.02	.03	.04	.05	.06	.07	.08	.09
2.6	$.0^{2}46612$	$.0^{2}45271$	$.0^{2}43965$	$.0^{2}42692$	$.0^{2}41453$	$.0^{2}40246$	$.0^{2}39070$	$.0^{2}37926$	$.0^{2}36811$	$.0^{2}35726$
2.7	$.0^{2}34670$	$.0^{2}33642$	$.0^{2}32641$	$.0^{2}31667$	$.0^{2}30720$	$.0^{2}29798$	$.0^{2}28901$	$.0^{2}28028$	$.0^{2}27179$	$.0^{2}26354$
2.8	$.0^{2}25551$	$.0^{2}24771$	$.0^{2}24012$	$.0^{2}23274$	$.0^{2}22557$	$.0^{2}21860$	$.0^{2}21182$	$.0^{2}20524$	$.0^{2}19884$	$.0^{2}19262$
2.9	$.0^{2}18658$	$.0^{2}16071$	$.0^{2}17502$	$.0^{2}16948$	$.0^{2}16411$	$.0^{2}15889$	$.0^{2}15382$	$.0^{2}14890$	$.0^{2}14412$	$.0^{2}13949$
3.0	$.0^{2}13499$	$.0^{2}13062$	$.0^{2}12639$	$.0^{2}12228$	$.0^{2}11829$	$.0^{2}11442$	$.0^{2}11067$	$.0^{2}10703$	$.0^{2}10350$	$.0^{2}10008$
3.1	$.0^{3}96760$	$.0^{3}93544$	$.0^{2}90426$	$.0^{3}87403$	$.0^{3}84474$	$.0^{3}81635$	$.0^{3}78885$	$.0^{3}76219$	$.0^{3}73638$	$.0^{3}71136$
3.2	$.0^{3}68714$	$.0^{3}66367$	$.0^{3}64095$	$.0^{3}61895$	$.0^{3}59765$	$.0^{3}57703$	$.0^{3}55706$	$.0^{3}53774$	$.0^{3}51904$	$.0^{3}50094$
3.3	$.0^{3}48342$	$.0^{3}46648$	$.0^{3}45009$	$.0^{3}43423$	$.0^{3}41889$	$.0^{3}40406$	$.0^{3}8971$	$.0^{3}37584$	$.0^{3}36243$	$.0^{3}34946$
3.4	$.0^{3}33693$	$.0^{3}32481$	$.0^{3}31311$	$.0^{3}30179$	$.0^{3}29086$	$.0^{3}28029$	$.0^{3}27009$	$.0^{3}26023$	$.0^{3}25071$	$.0^{3}24151$
3.5	$.0^{3}23263$	$.0^{3}22403$	$.0^{3}21577$	$.0^{3}20778$	$.0^{3}2006$	$.0^{3}19262$	$.0^{3}18543$	$.0^{3}17849$	$.0^{3}17180$	$.0^{3}16534$
3.6	$.0^{3}15911$	$.0^{3}15310$	$.0^{3}14730$	$.0^{3}14171$	$.0^{3}13632$	$.0^{3}13112$	$.0^{3}12611$	$.0^{3}12128$	$.0^{3}11662$	$.0^{3}11213$
3.7	$.0^{3}10780$	$.0^{3}10363$	$.0^{4}99611$	$.0^{4}95740$	$.0^{4}92010$	$.0^{4}88417$	$.0^{4}84957$	$.0^{4}81624$	$.0^{4}78414$	$.0^{4}75324$
3.8	$.0^{4}72348$	$.0^{4}69483$	$.0^{4}66726$	$.0^{4}64072$	$.0^{4}61517$	$.0^{4}59059$	$.0^{4}56694$	$.0^{4}54418$	$.0^{4}52228$	$.0^{4}50122$
3.9	$.0^{4}48096$	$.0^{6}46143$	$.0^{4}44274$	$.0^{4}42473$	$.0^{4}40741$	$.0^{4}39076$	$.0^{4}37475$	$.0^{4}35936$	$.0^{4}34458$	$.0^{4}33037$
4.0	$.0^{4}31671$	$.0^{3}0395$	$0^{4}29099$	$.0^{4}27888$	$.0^{4}26726$	$.0^{4}25609$	$.0^{4}24536$	$.0^{4}23507$	$.0^{4}22518$	$.0^{4}21569$
4.1	$.0^{6}20658$	$.0^{6}19789$	$.0^{4}18944$	$.0^{4}18138$	$.0^{4}17365$	$.0^{4}16624$	$.0^{4}15912$	$.0^{4}15230$	$.0^{4}14575$	$.0^{4}13948$
4.2	$.0^{4}13346$	$.0^{5}12769$	$.0^{4}12215$	$.0^{4}11685$	$.0^{4}11176$	$.0^{4}10689$	$.0^{4}10221$	$.0^{5}97736$	$.0^{5}93447$	$.0^{5}89337$
4.3	$.0^{5}45399$	$.0^{5}81627$	$.0^{5}78015$	$.0^{5}74555$	$.0^{5}71241$	$.0^{5}68069$	$.0^{5}65031$	$.0^{5}62123$	$.0^{5}59340$	$.0^{5}56675$
4.4	$.0^{5}54125$	$.0^{5}51685$	$.0^{5}49350$	$.0^{5}47117$	$.0^{5}44979$	$.0^{5}42965$	$.0^{5}40980$	$.0^{5}39110$	$.0^{5}37322$	$.0^{5}35612$
4.5	$.0^{5}33977$	$.0^{5}32414$	$.0^{5}30920$	$.0^{5}29492$	$.0^{5}28127$	$.0^{5}26823$	$.0^{5}25577$	$.0^{5}24386$	$.0^{5}23249$	$.0^{5}22162$
4.6	$.0^{5}21125$	$.0^{5}20130$	$.0^{5}19187$	$.0^{5}18283$	$.0^{5}17400$	$.0^{5}16597$	$.0^{5}15810$	$.0^{5}15060$	$.0^{5}14344$	$.0^{5}13660$
4.7	$.0^{5}13008$	$.0^{5}12386$	$.0^{5}11792$	$.0^{5}11226$	$.0^{5}10686$	$.0^{5}10171$	$.0^{6}96796$	$.0^{6}92113$	$.0^{6}87648$	$.0^{6}83391$
4.8	$.0^{5}79333$	$.0^{6}75465$	$.0^{6}71779$	$.0^{6}68267$	$.0^{6}64920$	$.0^{6}61731$	$.0^{6}58693$	$.0^{6}55799$	$.0^{6}53043$	$.0^{6}50418$
4.9	$.0^{6}47918$	$.0^{6}45538$	$.0^{6}43272$	$.0^{4}1115$	$.0^{6}36061$	$.0^{6}37107$	$.0^{6}35247$	$.0^{6}33476$	$.0^{6}31792$	$.0^{6}30190$

附表 2　χ^2 分布的 χ_α^2 值

$$P(\chi^2 > \chi_\alpha^2) = \alpha$$

df \ α	.995	.990	.975	.950	.900	.750
1	$.0^4 3927$	$.0^3 1571$	$.0^3 9821$	$.0^2 3932$	.01579	.1015
2	.01003	.02010	.05064	.1026	.2107	.5754
3	.07172	.1148	.2158	.3518	.5844	1.213
4	.2070	.2671	.4844	.7107	1.064	1.923
5	.4117	.5543	.8312	1.145	1.610	2.675
6	.6757	.8721	1.237	1.63S	2.204	3.455
7	.9893	1.239	1.690	2.167	2.833	4.255
8	1.344	1.646	2.180	2.733	3.490	5.071
9	1.735	2.088	2.700	3.325	4.168	5.899
10	2.156	2.558	3.247	3.940	4.865	6.737
11	2.603	3.053	3.816	4.575	5.578	7.584
12	3.074	3.571	4.404	5.226	6.304	8.438
13	3.565	4.107	5.009	5.892	7.042	9.299
14	4.075	4.660	5.629	6.571	7.790	10.17
15	4.601	5.229	6.262	7.261	8.547	11.04
16	5.142	5.812	6.908	7.962	9.312	11.91
17	5.697	6.408	7.564	8.672	10.09	12.79
18	6.265	7.015	8.231	9.390	10.86	13.68
19	6.844	7.663	8.907	10.12	11.65	14.56
20	7.434	8.260	9.591	10.85	12.44	15.45
21	8.034	8.897	10.28	11.59	13.24	16.34
22	8.643	9.542	10.98	12.34	14.04	17.24
23	9.260	10.20	11.69	13.09	14.85	18.14
24	9.886	10.86	12.40	13.85	15.66	19.04
25	10.52	11.52	13.12	14.61	16.47	19.94
26	11.16	12.20	13.84	15.38	17.29	20.84
27	11.81	12.88	14.57	16.15	18.11	21.75
28	12.46	13.56	15.31	16.93	18.94	22.66
29	13.12	14.26	16.05	17.71	19.77	23.57
30	13.79	14.95	16.79	18.49	20.60	24.48
31	14.46	15.66	17.54	19.28	21.43	25.39

续表

α / df	.995	.990	.975	.950	.900	.750
32	15.13	16.36	18.29	20.07	22.27	26.30
33	15.82	17.07	19.05	20.87	23.11	27.22
34	16.50	17.79	19.81	21.66	23.95	28.14
35	17.19	18.51	20.57	22.47	24.80	29.05
36	17.89	19.23	21.34	23.27	25.64	29.97
37	18.59	19.96	22.11	24.07	26.49	30.89
38	19.29	20.69	22.88	24.88	27.34	31.81
39	20.00	21.43	23.65	25.70	28.20	32.74
40	20.71	22.16	24.43	26.51	59.05	33.66
50	27.99	29.71	32.36	34.76	37.69	42.94
60	35.53	37.48	40.48	43.19	46.46	52.29
70	43.28	45.44	48.76	51.74	55.33	61.70
80	51.17	53.54	57.15	60.39	64.28	71.14
90	26.20	61.75	65.65	69.13	73.29	80.62
100	67.33	70.06	74.22	77.93	82.36	90.13
110	75.55	78.46	80.87	86.79	91.47	99.67
120	83.85	86.92	61.57	95.70	100.6	109.2
130	92.22	95.45	100.3	104.7	109.8	118.8
140	100.7	104.0	109.1	113.7	119.0	128.4
150	109.1	112.7	118.0	122.7	128.3	138.0
160	117.7	121.3	126.9	131.8	137.5	147.6
170	126.3	130.1	135.8	140.8	146.8	157.2
180	134.9	138.8	144.7	150.0	156.2	166.9
190	143.5	147.6	153.7	159.1	165.5	176.5
200	152.2	156.4	162.7	168.3	174.8	186.2

附表 2(续)　χ^2 分布的 χ_α^2 值

$$P(\chi^2 > \chi_\alpha^2) = \alpha$$

.500	.250	.100	.050	.025	.010	.005	α / df
.4549	1.323	2.706	3.841	5.024	6.635	7.879	1
1.386	23773	4.605	5.991	7.378	9.210	10.60	2
2.366	4.108	6.251	7.815	9.348	11.34	12.84	3
3.357	5.385	7.779	9.488	11.14	13.28	14.86	4
4.351	6.626	9.236	11.07	12.83	15.09	16.75	5
5.348	7.841	10.63	12.59	14.45	16.81	188.5	6
6.346	9.037	12.02	14.07	16.01	18.48	20.28	7
7.344	10.22	13.36	15.51	17.53	20.09	2195	8
8.343	11.39	14.68	16.92	19.02	21.67	23.59	9
9.342	12.55	15.99	18.31	20.48	23.21	25.19	10
10.34	13.70	17.28	19.68	21.92	24.72	26.76	11
11.34	14.85	18.55	21.03	23.34	26.22	28.30	12
12.34	15.98	19.81	22.36	24.74	27.69	29.82	13
13.34	17.12	21.06	23.68	26.12	29.14	31.32	14
14.34	18.25	22.31	25.00	27.49	30.58	32.80	15
15.34	19.37	23.54	26.30	28.85	32.00	34.27	16
16.34	20.49	24.77	27.59	30.19	33.41	35.72	17
17.34	21.60	25.99	28.87	31.53	34.81	37.16	18
18.34	22.72	27.20	30.14	32.85	36.19	38.58	19
19.34	23.8	28.41	31.41	34.17	37.57	40.00	20
20.34	24.93	29.62	32.67	35.48	38.93	41.40	21
21.34	26.04	30.81	33.92	36.78	40.29	42.80	22
22.34	27.14	32.01	35.17	38.08	41.64	44.18	23
23.34	28.24	33.20	36.42	39.36	42.98	45.56	24
24.34	29.34	34.38	37.65	40.65	44.31	46.93	25
25.34	30.43	35.56	38.89	41.92	45.64	48.29	26
26.34	31.53	36.74	40.11	43.19	46.96	49.64	27
27.34	32.62	37.92	41.34	44.46	48.28	50.99	28
28.34	33.71	39.09	42.56	45.72	49.59	52.34	29
29.34	34.80	40.26	43.77	46.98	50.89	53.67	30

续表

.500	.250	.100	.050	.025	.010	.005	α / df
30.34	35.89	41.42	44.99	48.23	52.19	55.00	31
31.34	36.97	42.58	46.19	49.48	53.49	56.33	32
32.34	38.06	43.75	47.40	50.73	54.78	57.65	33
33.34	39.14	44.90	48.60	51.97	56.06	58.96	34
34.34	40.22	16.06	49.80	53.20	57.34	60.27	35
35.34	4130	47.21	51.00	54.44	58.62	64.58	36
36.34	42.38	48.36	52.19	55.67	59.89	62.88	37
37.34	43.46	49.51	53.38	56.90	61.16	64.18	38
38.34	44.54	50.66	54.57	58.12	62.43	65.48	39
39.34	45.62	51.81	55.76	59.34	63.69	66.77	40
49.33	56.33	63.17	67.50	71.42	76.15	79.49	50
59.33	66.98	74.40	79.08	83.30	88.38	91.95	60
69.33	77.58	85.53	90.53	95.02	100.4	104.2	70
79.33	55.13	96.58	101.9	106.6	112.3	116.3	80
89.33	98.65	107.6	113.1	118.1	124.1	128.3	90
99.33	109.1	118.5	124.3	129.6	135.8	140.2	100
109.3	119.6	129.4	135.5	140.9	147.4	151.9	110
119.3	130.1	140.2	146.6	152.2	159.0	163.6	120
129.3	140.5	151.0	157.6	163.5	170.4	175.3	130
139.3	150.9	161.8	168.6	174.6	181.8	186.8	140
149.3	161.3	172.6	179.6	185.8	193.2	198.4	150
159.3	171.7	183.3	190.5	496.9	204.5	209.8	160
169.3	182.0	194.0	201.4	208.0	215.8	221.2	170
179.3	192.4	204.7	212.3	219.0	227.1	232.6	180
189.3	202.8	215.4	223.2	230.1	238.3	244.0	190
199.3	213.1	226.0	234.0	241.1	249.4	255.3	200

附表 3　t 分布的 t_{α} 值

$$P(t > t_{\alpha}) = \alpha$$

df \ α	.250	.200	.150	.100	.050	.025	.010	.005	.0005
1	1.000	1.376	1.963	3.078	6.314	12.706	31.821	63.657	636.619
2	.816	1.061	1.386	1.886	2.920	4.303	6.965	9.925	31.599
3	.765	.978	1.250	1.638	2.353	3.182	4.541	5.841	12.924
4	.741	.941	1.190	1.533	2.132	2.776	3.747	4.604	8.610
5	.727	.920	1.156	1.476	2.015	2.871	3.365	4.032	6.869
6	.718	.903	1.134	1.440	1.943	2.447	3.143	3.707	5.959
7	.711	.896	1.119	1.415	1.895	2.365	2.998	3.499	5.408
8	.706	.889	1.108	1.397	1.860	2.306	2.896	3.355	5.041
9	.703	.883	1.100	1.383	1.833	2.262	2.821	3.250	4.781
10	.700	.879	1.093	1.372	1.812	2.228	2.764	3.169	4.587
11	.697	.876	1.088	1.363	1.796	2.201	2.718	3.106	4.437
12	.695	.873	1.083	1.356	1.782	2.179	2.681	3.055	4.318
13	.694	.870	1.079	1.350	1.771	2.160	2.650	3.012	4.221
14	.692	.868	1.076	1.345	1.761	2.145	2.624	2.977	4.140
15	.691	.866	1.074	1.341	1.753	2.131	2.602	2.947	4.073
16	.690	.865	1.071	1.337	1.746	2.120	2.583	2.921	4.015
17	.689	.863	1.069	1.333	1.740	2.110	2.567	2.898	3.965
18	.688	.862	1.067	1.330	1.734	2.101	2.552	2.878	3.922
19	.688	.861	1.066	1.328	1.729	2.093	2.539	2.861	3.883
20	.687	.860	1.064	1.325	1.725	2.086	2.528	2.845	3.850
21	.686	.859	1.063	1.323	1.721	2.080	2.518	2.831	3.819
22	.686	.858	1.061	1.321	1.717	2.074	2.508	2.819	3.792
23	.685	.858	1.060	1.319	1.714	2.069	2.500	2.807	3.768
24	.685	.857	1.059	1.318	1.711	2.064	2.492	2.797	3.745
25	.684	.856	1.058	1.316	1.708	2.060	2.485	2.787	3.725
26	.684	.856	1.058	1.315	1.706	2.056	2.479	2.779	3.707
27	.684	.855	1.057	1.314	1.703	2.052	2.473	2.771	3.690
28	.68.	.855	1.056	1.313	1.701	2.048	2.467	2.763	3.674
29	.68.	.854	1.055	1.311	1.699	2.045	2.462	2.756	3.659
30	.68.	.854	1.055	1.310	1.697	2.042	2.457	2.750	3.646
31	.682	.853	1.054	1.309	1.696	2.040	2.453	2.744	3.633

续表

df \ α	.250	.200	.150	.100	.050	.025	.010	.005	.0005
32	.682	.853	1.054	1.309	1.694	2.037	2.449	2.738	3.622
33	.682	.853	1.053	1.308	1.692	2.035	2.445	2.733	3.611
34	.682	.852	1.052	1.307	1.691	2.032	2.441	2.728	3.601
35	.682	.852	1.052	1.306	1.690	2.030	2.438	2.724	3.591
36	.681	.852	1.052	1.306	1.688	2.028	2.434	2.719	3.582
37	.681	.851	1.051	1.305	1.687	2.026	2.431	2.715	3.574
38	.681	.851	1.051	1.304	1.686	2.024	2.429	2.712	3.566
39	.681	.851	1.050	1.304	1.685	2.023	2.426	2.708	3.558
40	.681	.851	1.050	1.303	1.684	2.021	2.423	2.704	3.551
41	.681	.850	1.050	1.303	1.683	2.020	2.421	2.701	3.544
42	.680	.850	1.049	1.302	1.682	2.018	2.418	2.365	3.538
43	.680	.850	1.049	1.302	1.681	2.017	2.416	2.695	3.532
44	.680	.850	1.049	1.301	1.680	2.015	2.414	2.692	3.526
45	.680	.850	1.049	1.301	1.679	2.014	2.412	2.690	3.520
46	.680	.850	1.048	1.300	1.679	2.013	2.410	2.687	3.515
47	.680	.849	1.048	1.300	1.678	2.012	2.408	2.685	3.510
48	.680	.849	1.048	1.299	1.677	2.011	2.407	2.682	3.505
49	.680	.849	1.048	1.299	1.677	2.010	2.405	2.680	3.500
50	.679	.849	1.047	1.299	1.676	2.009	2.403	2.678	3.496
60	.679	.848	1.045	1.296	1.671	2.000	2.390	2.660	3.460
80	.678	.846	1.043	1.292	1.664	1.990	2.374	2.639	3.416
120	.677	.845	1.041	1.289	1.658	1.980	2.358	2.617	3.373
240	.676	.843	1.039	1.285	1.651	1.970	2.342	2.596	3.332
∞	.674	.842	1.036	1.282	1.645	1.960	2.326	2.576	3.291

附表 4　F 分布的 F_α 值

$P(F > F_\alpha) = \alpha \qquad \alpha = 0.1$

df \ df	1	2	3	4	5	6	7	8	9
1	39.863	49.500	53.593	55.833	57.240	58.204	58.906	59.439	59.858
2	8.526	9.000	9.162	9.243	9.293	9.326	9.349	9.367	9.381
3	5.538	5.462	5.391	5.343	5.309	5.285	5.266	5.252	5.240
4	4.545	4.325	4.191	4.107	4.051	4.010	3.979	3.955	3.936
5	4.060	3.780	3.619	3.520	3.453	3.405	3.368	3.339	3.316
6	3.776	3.463	3.289	3.181	3.108	3.055	3.014	2.983	2.958
7	3.589	3.257	3.074	2.961	2.883	2.827	2.785	2.752	2.725
8	3.458	3.113	2.924	2.806	2.726	2.668	2.324	2.589	2.561
9	3.360	3.006	2.813	2.693	2.611	2.551	2.505	2.469	2.440
10	3.285	2.924	2.728	2.605	2.522	2.461	2.414	2.377	2.347
11	3.225	2.860	2.660	2.536	2.451	2.389	2.342	2.304	2.274
12	3.177	2.807	2.606	2.480	2.394	2.331	2.283	2.245	2.214
13	3.136	2.73.	2.560	2.434	2.347	2.283	2.234	2.195	2.164
14	3.102	2.726	2.522	2.395	2.307	2.243	2.193	2.154	2.122
15	3.073	2.695	2.490	2.361	2.273	2.208	2.158	2.119	2.086
16	3.048	2.668	2.462	2.333	2.244	2.178	2.128	2.088	2.055
17	3.026	2.645	2.437	2.308	2.218	2.152	2.102	2.061	2.028
18	3.007	2.624	2.416	2.286	2.196	2.130	2.079	2.038	2.005
19	2.990	2.606	2.397	2.266	2.176	2.109	2.058	2.017	1.984
20	2.975	2.589	2.380	2.249	2.158	2.091	2.040	1.999	1.965
21	2.961	2.575	2.365	2.233	2.142	2.075	2.023	1.982	1.948
22	2.949	2.561	2.351	2.219	2.128	2.060	2.008	1.967	1.933
23	2.937	2.549	2.339	2.207	2.115	2.047	1.995	1.953	1.919
24	2.927	2.538	2.327	2.195	2.103	2.035	1.983	1.941	1.906
25	2.918	2.528	2.317	2.184	2.092	2.024	1.971	1.929	1.895
26	2.909	2.519	2.307	2.174	2.082	2.014	1.961	1.919	1.884
27	2.901	2.511	2.299	2.165	2.073	2.005	1.952	1.909	1.874
28	2.894	2.503	2.291	2.157	2.064	1.996	1.943	1.900	1.865
29	2.887	2.495	2.283	2.149	2.057	1.988	1.935	1.892	1.857
30	2.881	2.489	2.276	2.142	2.049	1.980	1.927	1.884	1.849
31	2.875	2.482	2.270	2.136	2.042	1.973	1.920	1.877	1.842

续表

df \ df	1	2	3	4	5	6	7	8	9
32	2.869	2.477	2.263	2.129	2.036	1.967	1.913	1.8870	1.835
33	2.864	2.471	2.258	2.123	2.030	1.961	1.907	1.864	1.828
34	2.859	2.466	2.252	2.118	2.024	1.955	1.901	1.858	1.822
35	2.855	2.461	2.247	2.113	2.019	1.950	1.896	1.852	1.817
36	2.850	2.456	2.243	2.108	2.014	1.945	1.891	1.847	1.811
37	2.846	2.452	2.238	2.103	2.009	1.940	1.886	1.842	1.806
38	2.842	2.448	2.234	2.099	2.005	1.935	1.881	1.838	1.802
39	2.839	2.444	2.230	2.095	2.001	1.931	1.877	1.833	1.797
40	2.835	2.440	2.226	2.091	1.997	1.927	1.873	1.829	1.793
41	2.832	2.437	2.222	2.087	1.993	1.923	1.869	1.825	1.789
42	2.829	2.434	2.219	2.084	1.989	1.919	1.865	1.821	1.782
43	2.826	2.430	2.216	2.080	1.986	1.916	1.861	1.817	1.781
44	2.823	2.427	2.213	2.077	1.983	1.913	1.858	1.814	1.778
45	2.820	2.425	2.210	2.074	1.980	1.909	1.855	1.811	1.774
46	2.818	2.422	2.207	2.071	1.977	1.906	1.852	1.808	1.771
47	2.815	2.419	2.204	2.068	1.974	1.903	1.849	1.805	1.768
48	2.813	2.417	2.202	2.066	1.971	1.901	1.846	1.802	1.765
49	2.811	2.414	2.199	2.063	1.938	1.898	1.843	1.799	1.763
50	2.809	2.412	2.197	2.061	1.966	1.895	1.840	1.796	1.760
60	2.791	2.393	2.177	2.041	1.946	1.875	1.819	1.775	1.738
80	2.769	2.370	2.154	2.016	1.921	1.849	1.793	1.748	1.711
120	2.748	2.347	2.130	1.992	1.896	1.824	1.767	1.722	1.684
240	2.727	2.325	2.107	1.968	1.871	1.799	1.742	1.696	1.658
∞	2.706	2.303	2.084	1.945	1.847	1.774	1.717	1.670	1.632

附表 4(续)　F 分布的 F_α 值

$P(F > F_\alpha) = \alpha \qquad \alpha = 0.1$

10	12	15	20	24	30	40	60	120	∞	df / df
60.195	60.705	61.220	61.740	62.002	62.265	62.529	62.794	63.061	63.328	1
9.392	9.408	9.425	9.441	9.450	9.458	9.466	9.475	9.483	9.491	2
5.230	5.216	5.200	5.184	5.176	5.168	5.160	5.151	5.143	5.134	3
3.920	3.896	3.870	3.844	3.831	3.817	3.804	3.790	3.775	3.761	4
3.297	3.268	3.238	3.207	3.191	3.174	3.157	3.140	3.123	3.105	5
2.937	2.905	2.871	2.836	2.818	2.800	2.781	2.762	2.742	2.722	6
2.703	2.668	2.632	2.595	2.575	2.555	2.535	2.514	2.193	2.471	7
2.538	2.502	2.464	2.425	2.404	2.383	2.361	2.339	2.316	2.293	8
2.416	2.379	2.340	2.298	2.277	2.255	2.232	2.208	2.184	2.159	9
2.323	2.284	2.244	2.201	2.178	2.155	2.132	2.107	2.082	2.055	10
2.248	2.209	2.167	2.123	2.100	2.076	2.052	2.026	2.000	1.972	11
2.188	2.147	2.105	2.060	2.036	2.011	1.986	1.960	1.932	1.904	12
2.138	2.097	2.053	2.007	1.983	1.958	1.931	1.904	1.876	1.846	13
2.095	2.054	2.010	1.962	1.938	1.912	1.885	1.857	1.828	1.797	14
2.059	2.017	1.972	1.924	1.899	1.873	1.845	1.817	1.787	1.755	15
2.028	1.985	1.940	1.891	1.866	1.839	1.811	1.782	1.751	1.718	16
2.001	1.958	1.912	1.862	1.836	1.809	1.781	1.751	1.719	1.686	17
1.977	1.933	1.887	1.837	1.810	1.783	1.754	1.723	1.691	1.657	18
1.956	1.912	1.835	1.814	1.787	1.759	1.730	1.699	1.666	1.631	19
1.937	1.892	1.845	1.794	1.737	1.738	1.708	1.677	1.643	1.607	20
1.920	1.875	1.827	1.776	1.748	1.719	1.689	1.657	1.623	1.586	21
1.904	1.859	1.811	1.759	1.731	1.702	1.671	1.639	1.604	1.567	22
1.890	1.845	1.796	1.744	1.716	1.686	1.655	1.622	1.587	1.549	23
1.877	1.832	1.783	1.730	1.702	1.672	1.641	1.607	1.571	1.533	24
1.833	1.820	1.771	1.718	1.689	1.659	1.627	1.593	1.557	1.518	25
1.855	1.809	1.760	1.706	1.677	1.647	1.615	1.581	1.544	1.504	26
1.845	1.799	1.749	1.695	1.666	1.636	1.603	1.569	1.531	1.491	27
1.836	1.790	1.740	1.685	1.656	1.625	1.592	1.558	1.520	1.478	28
1.827	1.781	1.731	1.676	1.647	1.616	1.583	1.547	1.509	1.467	29
1.819	1.773	1.722	1.667	1.638	1.606	1.573	1.538	1.499	1.456	30
1.812	1.765	1.714	1.659	1.630	1.598	1.565	1.529	1.489	1.446	31

续表

10	12	15	20	24	30	40	60	120	∞	df / df
1.805	1.758	1.707	1.652	1.622	1.590	1.556	1.520	1.481	1.437	32
1.799	1.751	1.700	1.645	1.615	1.583	1.549	1.512	1.472	1.428	33
1.793	1.745	1.694	1.638	1.608	1.576	1.541	1.505	1.464	1.419	34
1.787	1.739	1.688	1.632	1.601	1.569	1.535	1.497	1.457	1.411	35
1.781	1.734	1.682	1.626	1.595	1.563	1.528	1.491	1.450	1.404	36
1.776	1.729	1.677	1.620	1.590	1.557	1.522	1.484	1.443	1.397	37
1.772	1.724	1.672	1.615	1.584	1.551	1.516	1.478	1.437	1.390	38
1.767	1.719	1.667	1.610	1.579	1.546	1.511	1.473	1.431	1.383	39
1.763	1.715	1.662	1.605	1.574	1.541	1.506	1.467	1.425	1.377	40
1.759	1.710	1.658	1.601	1.569	1.536	1.501	1.462	1.419	1.371	41
1.755	1.706	1.654	1.596	1.565	1.532	1.496	1.457	1.414	1.365	42
1.751	1.703	1.650	1.592	1.561	1.527	1.491	1.452	1.409	1.360	43
1.747	1.699	1.646	1.588	1.557	1.523	1.487	1.448	1.404	1.354	44
1.744	1.695	1.643	1.585	1.553	1.519	1.483	1.443	1.399	1.349	45
1.741	1.692	1.639	1.581	1.549	1.515	1.479	1.439	1.395	1.344	46
1.738	1.689	1.636	1.578	1.546	1.512	1.475	1.435	1.391	1.340	47
1.735	1.686	1.633	1.574	1.542	1.508	1.472	1.431	1.387	1.335	48
1.732	1.683	1.630	1.571	1.539	1.505	1.468	1.428	1.383	1.331	49
1.729	1.680	1.627	1.568	1.536	1.502	1.465	1.424	1.379	1.327	50
1.707	1.657	1.603	1.543	1.511	1.476	1.437	1.395	1.348	1.291	60
1.680	1.629	1.574	1.513	1.479	1.443	1.403	1.358	1.307	1.245	80
1.652	1.601	1.545	1.482	1.447	1.409	1.368	1.320	1.265	1.193	120
1.625	1.573	1.516	1.451	1.415	1.376	1.332	1.281	1.219	1.130	240
1.599	1.546	1.487	1.421	1.383	1.342	1.295	1.240	1.169	1.000	∞

附表4(续)　F分布的F_{α}值

$P(F > F_{\alpha}) = \alpha \qquad \alpha = 0.05$

df \ df	1	2	3	4	5	6	7	8	9
1	161.448	199.500	215.707	224.583	230.162	233.986	236.768	238.883	240.543
2	18.513	19.000	19.164	19.247	19.296	19.330	19.353	19.371	19.385
3	10.128	9.552	9.277	9.117	9.013	8.941	8.887	8.845	8.812
4	7.709	6.944	6.591	6.388	6.256	6.163	6.094	6.041	5.999
5	6.608	5.786	5.409	2.192	5.050	4.950	4.876	4.818	4.772
6	5.987	5.143	4.757	4.534	4.387	4.284	4.207	4.147	4.099
7	2.591	4.737	4.347	4.120	3.972	3.866	6.787	3.726	3.677
8	5.318	4.459	4.066	3.838	3.687	3.581	3.500	3.438	3.388
9	5.117	4.256	3.863	3.633	3.482	3.374	3.293	3.230	3.179
10	4.965	4.103	3.708	3.478	3.326	3.217	3.135	3.072	3.020
11	4.844	3.982	3.587	3.357	3.204	3.095	3.012	2.948	2.896
12	4.747	3.885	3.490	3.259	3.106	2.996	2.913	2.849	2.796
13	4.667	3.806	3.411	3.179	3.025	2.915	2.832	2.767	2.714
14	1.600	3.739	3.344	3.112	2.958	2.848	2.764	2.699	2.646
15	4.543	3.682	3.287	3.056	2.901	2.790	2.707	2.641	2.588
16	4.494	3.634	3.569	3.007	2.852	2.741	2.657	2.591	2.538
17	4.451	3.592	3.197	2.965	2.810	2.699	2.614	2.548	2.494
18	4.414	3.555	3.160	2.928	2.773	2.661	2.577	2.510	2.456
19	4.381	3.522	3.127	2.895	2.740	2.628	2.544	2.477	2.423
20	4.351	3.493	3.098	2.866	2.711	2.599	2.514	2.447	2.393
21	4.325	3.467	3.072	2.840	2.685	2.573	2.488	2.420	2.366
22	4.301	3.443	3.049	2.817	2.661	2.549	2.464	2.397	2.342
23	4.279	3.422	3.028	2.796	2.640	2.528	2.442	2.375	2.320
24	4.260	3.403	3.009	2.776	2.621	2.508	2.423	2.355	2.300
25	4.242	3.385	2.991	2.759	2.603	2.490	2.405	2.337	2.282
26	4;225	3.369	2.975	2.743	2.587	2.474	2.388	2.321	2.265
27	4.210	3.354	2.960	2.728	2.572	2.459	2.373	2.305	2.250
28	4.196	3.340	2.947	2.714	2.558	2.445	2.359	2.291	2.236
29	4.183	3.328	2.934	2.701	2.545	2.432	2.346	2.278	2.223
30	4.171	3.316	2.922	2.690	2.534	2.421	2.334	2.266	2.211
31	4.160	3.305	2.911	5.679	2.523	2.409	2.323	2.255	2.199

续表

df \ df	1	2	3	4	5	6	7	8	9
32	4.149	3.295	2.901	2.668	2.512	2.399	2.313	2.244	2.189
33	4.139	3.285	2.892	2.659	2.503	2.389	2.303	2.235	2.179
34	4.130	3.276	2.883	2.650	2.494	2.380	2.294	2.225	2.170
35	4.121	3.267	2.874	2.641	2.485	2.372	2.285	2.217	2.161
36	4.113	3.259	2.866	2.634	2.477	2.364	2.277	2.209	2.153
37	4.105	3.252	2.859	2.626	2.470	2.356	2.270	2.201	2.145
38	4.198	3.245	2.852	2.619	2.463	2.349	2.262	2.194	2.138
39	4.091	3.238	2.845	2.612	2.456	2.342	2.255	2.187	2.131
40	4.085	3.232	2.839	2.606	2.449	2.336	2.249	2.180	2.124
41	4.079	3.226	2.833	2.600	2.443	2.330	2.243	2.174	2.118
42	4.073	3.220	2.827	2.594	2.438	2.324	2.237	2.168	2.112
43	4.067	3.214	2.822	2.589	2.432	2.318	2.232	2.163	2.106
44	4.062	3.209	2.816	2.584	2.427	2.313	2.226	2.157	2.101
45	4.057	3.204	2.812	2.579	2.422	2.308	2.221	2.152	2.096
46	4.052	3.200	2.807	2.574	2.417	2.304	2.216	2.147	2.091
47	4.047	3.195	2.802	2.570	2.413	2.299	2.212	2.143	2.083
48	4.043	3.191	2.798	2.565	2.409	2.295	2.207	2.138	2.082
49	4.038	3.187	2.794	2.561	2.404	2.290	2.203	2.134	2.077
50	4.034	3.183	2.790	5.557	2.400	2.286	2.199	2.130	2.073
60	4.001	3.150	2.758	2.525	2.368	2.254	2.167	2.097	2.040
80	3.960	3.111	2.719	2.486	2.329	2.214	2.126	2.056	1.999
120	3.920	3.072	2.680	2.447	2.290	2.175	2.087	2.016	1.959
240	3.880	3.033	2.642	2.409	2.252	2.136	2.048	1.977	1.919
∞	3.841	2.996	2.605	2.372	2.214	2.099	2.010	1.938	1.880

附表 4(续)　F 分布的 F_{α} 值

$P(F > F_{\alpha}) = \alpha \qquad \alpha = 0.05$

10	12	15	20	24	30	40	60	120	∞	df / df
241.882	243.906	245.950	248.013	249.052	250.095	251.143	252.196	253.253	254.314	1
19.396	19.413	19.429	19.446	19.454	19.462	19.471	19.479	19.487	19.496	2
8.786	8.745	8.703	8.660	8.639	8.617	8.594	8.572	8.549	8.526	3
5.964	5.912	5.858	5.803	5.774	5.746	5.717	5.688	5.658	5.628	4
4.735	4.678	4.619	4.558	4.527	4.496	4.464	4.431	4.398	4.365	5
4.060	4.000	3.938	3.874	3.841	3.808	3.774	3.740	3.705	3.669	6
3.637	3.575	3.511	3.445	3.410	3.376	3.340	3.304	3.267	3.230	7
3.347	3.284	3.218	3.150	3.115	3.079	3.043	3.005	2.9.67	2.928	8
3.137	3.073	3.006	2.936	2.900	2.864	2.826	2.787	2.748	2.707	9
2.978	2.913	2.845	2.774	2.737	2.700	2.661	2.621	2.580	2.538	10
2.854	2.788	2.719	2.646	2.609	2.570	2.531	2.490	2.448	2.404	11
2.753	2.687	2.617	2.544	2.505	2.466	2.426	2.384	2.341	2.296	12
2.671	2.604	2.533	2.459	2.420	2.380	2.339	2.297	2.252	2.206	13
2.602	2.534	2.463	2.388	2.349	2.308	2.266	2.223	2.178	2.131	14
2.544	2.475	2.403	2.328	2.288	2.247	2.204	2.160	2.114	2.066	15
2.494	2.425	2.352	2.276	2.235	2.194	2.151	2.106	2.059	2.010	16
2.450	2.381	2.308	2.230	2.190	2.148	2.104	2.058	2.011	1.960	17
2.412	2.342	2.269	2.191	2.150	2.107	2.063	2.017	1.968	1.917	18
2.378	2.308	2.234	2.155	2.114	2.071	2.026	1.980	1.960	1.878	19
2.348	2.278	2.203	2.124	2.082	2.039	1.994	1.946	1.896	1.843	20
2.321	2.250	2.176	2.096	2.054	2.010	1.965	1.916	1.866	1.812	21
2.297	2.226	2.151	2.071	2.028	1.984	1.938	1.889	1.838	1.783	22
2.275	2.204	2.128	2.048	2.005	1.961	1.914	1.865	1.813	1.757	23
2.255	2.183	2.108	2.027	1.984	1.939	1.892	1.842	1.790	1.733	24
2.236	2.165	2.189	2.007	1.964	1.919	1.872	1.822	1.768	1.711	25
2.220	2.148	2.072	1.990	1.946	1.901	1.853	1.803	1.749	1.691	26
2.204	2.132	2.056	1.974	1.930	1.884	1.836	1.785	1.731	1.672	27
2.190	2.118	2.041	1.959	1.915	1.869	1.820	1.769	1.714	1.654	28
2.177	2.104	2.027	1.945	1.901	1.854	1.806	1.754	1.698	1.638	29
2.165	2.092	2.015	1.932	1.887	1.841	1.792	1.740	1.683	1.622	30
2.153	2.080	2.003	1.920	1.875	1.828	1.779	1.726	1.670	1.608	31

续表

10	12	15	20	24	30	40	60	120	∞	df / df
2.142	2.070	1.992	1.908	1.864	1.817	1.767	1.714	1.657	1.594	32
2.133	2.060	1.982	1.898	1.853	1.806	1.756	1.702	1.645	1.581	33
2.123	2.050	1.972	1.888	1.843	1.795	1.745	1.691	1.633	1.569	34
2.114	2.041	1.963	1.878	1.833	1.786	1.735	1.681	1.623	1.558	35
2.106	2.033	1.954	1.870	1.824	1.776	1.726	1.671	1.612	1.547	36
2.098	2.025	1.946	1.861	1.816	1.768	1.717	1.662	1.603	1.537	37
2.091	2.017	1.939	1.853	1.808	1.760	1.708	1.653	1.594	1.527	38
2.084	2.010	1.931	1.846	1.800	1.752	1.700	1.645	1.585	1.518	39
2.077	2.003	1.924	1.839	1.793	1.744	1.693	1.637	1.577	1.509	40
2.071	1.997	1.918	1.832	1.786	1.737	1.686	1.630	1.569	1.500	41
2.065	1.991	1.912	1.826	1.780	1.731	1.679	1.623	1.561	1.492	42
2.059	1.985	1.906	1.820	1.773	1.724	1.672	1.616	1.554	1.485	43
2.054	1.980	1.900	1.814	1.767	1.718	1.666	1.609	1.547	1.477	44
2.049	1.974	1.895	1.808	1.762	1.713	1.660	1.603	1.541	1.470	45
2.044	1.969	1.890	1.803	1.756	1.707	1.654	1.597	1.534	1.463	46
2.039	1.965	1.885	1.798	1.751	1.702	1.649	1.591	1.528	1.457	47
2.035	1.960	1.880	1.793	1.746	1.697	1.644	1.253	1.522	1.450	48
2.030	1.956	1.876	1.789	1.742	1.692	1.639	1.251	1.517	1.444	49
2.026	1.952	1.871	1.784	1.737	1.687	1.634	1.576	1.511	1.438	50
1.993	1.917	1.836	1.748	1.700	1.649	1.594	1.534	1.467	1.389	60
1.951	1.815	1.793	1.703	1.654	1.602	1.545	1.482	1.411	1.325	80
1.910	1.834	1.750	1.659	1.608	1.554	1.495	1.429	1.352	1.254	120
1.870	1.793	1.708	1.614	1.563	1.507	1.445	1.375	1.290	1.170	240
1.831	1.752	1.666	1.571	1.517	1.459	1.394	1.318	1.221	1.000	∞

附表4(续) F 分布的 F_α 值

$P(F > F_\alpha) = \alpha \qquad \alpha = 0.025$

df \ df	1	2	3	4	5	6	7	8	9
1	647.789	799.500	864.163	899.583	921.848	937.111	948.217	956.656	963.285
2	38.506	39.000	39.165	39.248	39.298	39.331	19.355	39.373	19.387
3	17.443	16.044	15.439	15.101	14.885	14.735	14.624	14.540	14.473
4	12.218	10.649	9.979	9.605	9.364	9.197	9.074	8.980	8.905
5	10.007	8.434	7.764	7.388	7.146	6.978	6.853	6.757	6.681
6	8.813	7.260	6.599	6.227	5.988	5.820	5.695	5.600	5.523
7	8.073	6.542	5.890	5.523	5.285	5.119	4.995	4.899	4.823
8	7.571	6.059	5.416	5.053	4.817	4.652	4.529	4.433	4.357
9	7.209	5.715	2.078	4.718	4.484	4.320	4.197	4.102	4.026
10	6.937	5.456	4.826	4.468	4.236	4.072	3.950	3.855	3.779
11	6.724	5.256	4.630	4.275	4.044	3.881	3.759	3.664	3.588
12	6.554	5.096	4.474	4.121	3.891	3.728	3.607	3.512	3.436
13	6.414	4.965	4.347	3.996	3.767	3.604	3.483	3.388	3.312
14	6.298	4.857	4.242	3.892	3.663	3.501	3.380	3.285	3.209
15	6.200	4.765	4.153	3.804	3.576	3.415	3.293	3.199	3.123
16	6.115	4.687	4.077	3.729	3.502	3.341	3.219	3.125	3.049
17	6.042	4.619	4.011	3.665	3.438	3.277	3.156	3.061	2.985
18	5.978	4.560	3.954	3.608	3.382	3.221	3.100	3.005	2.929
19	5.922	4.508	3.903	3.559	3.333	3.172	3.051	2.956	2.880
20	5.871	4.461	3.859	3.515	3.289	3.128	3.007	2.916	2.837
21	5.827	4.420	3.819	3.478	3.250	3.090	2.969	2.874	2.798
22	2.786	4.383	3.783	3.440	3.215	3.055	2.934	2.839	2.763
23	5.750	4.349	3.750	3.408	3.183	3.023	2.902	2.808	2.731
24	5.717	4.319	3.721	3.379	3.155	2.995	2.874	2.779	2.703
25	2.686	4.291	3.694	3.353	3.129	2.969	2.848	2.753	2.677
26	5.659	4.265	3.670	3.329	3.105	2.945	2.824	2.729	2.653
27	2.633	4.242	3.647	3.307	3.083	2.923	2.802	2.707	2.631
28	2.610	4.221	3.626	3.286	3.063	2.903	2.782	2.687	2.611
29	5.588	4.201	3.607	3.267	3.044	2.884	2.763	2.669	2.592
30	5.568	4.182	3.589	3.250	3.026	2.867	2.746	2.651	2.575
31	5.549	4.165	3.573	3.234	3.001	2.851	2.730	2.635	2.558

续表

df \ df	1	2	3	4	5	6	7	8	9
32	2.531	4.149	3.557	3.218	2.995	2.836	2.715	2.620	2.543
33	5.515	4.134	3.543	3.204	2.981	2.822	2.701	2.606	2.529
34	2.499	4.120	3.529	3.191	2.968	2.808	2.688	2.593	2.516
35	2.485	4.106	3.517	3.179	2.956	2.796	2.676	2.581	2.504
36	5.471	4.094	3.505	3.167	2.944	2.785	2.664	2.569	2.492
37	5.458	4.082	3.493	3.156	2.933	2.774	2.653	2.558	2.481
38	5.446	4.071	3.483	3.145	2.923	2.763	2.643	2.548	2.471
39	5.435	4.061	3.473	3.135	2.913	2.754	2.633	2.538	2.461
40	5.424	4.051	3.463	3.126	2.904	2.744	2.624	2.529	2.452
41	5.414	4.042	3.454	3.117	2.895	2.736	2.615	2.520	2.443
42	5.404	4.033	3.446	3.109	2.887	2.727	2.607	2.512	2.435
43	5.395	4.024	3.438	3.101	2.879	2.719	2.599	2.504	2.427
44	2.386	4.016	3.430	3.093	2.871	2.712	2.591	2.496	2.419
45	5.377	4.009	3.422	3.086	2.864	2.705	2.584	2.489	2.412
46	5.369	4.001	3.415	3.079	2.857	2.698	2.577	2.482	2.405
47	2.361	3.994	3.409	3.073	2.851	2.691	2.571	2.476	2.399
48	2.354	3.987	3.402	3.066	2.844	2.685	2.565	2.470	2.393
49	2.347	3.981	3.396	3.060	2.838	2.679	2.559	2.464	2.387
50	2.340	3.975	3.390	3.054	2.833	2.674	2.553	2.458	2.381
60	5.286	3.925	3.343	3.008	2.786	2.627	2.507	2.412	2.334
80	2.218	3.864	3.284	2.950	2.730	2.571	2.450	2.355	2.277
120	2.152	3.805	3.227	2.894	2.674	2.515	2.395	2.299	2.222
240	2.088	3.746	3.171	2.839	2.620	2.461	2.341	2.245	2.167
∞	2.024	3.689	3.116	2.786	2.567	2.408	2.288	2.192	2.114

附表 4(续) F 分布的 F_{α} 值

$$P(F > F_{\alpha}) = \alpha \qquad \alpha = 0.01$$

10	12	15	20	24	30	40	60	120	∞	df / df
968.627	976.708	984.867	993.103	997.249	1001.414	1005.598	1009.800	101.4.020	1018.258	1
39.398	39.415	39.431	39.448	39.456	39.465	39.473	39.481	39.490	39.498	2
14.419	14.337	14.253	14.167	14.124	14.081	14.037	13.992	13.947	13.902	3
8.844	8.751	8.657	8.560	8.511	8.461	8.411	8.360	8.309	8.257	4
6.619	6.525	6.428	6.329	6.278	6.227	6.175	6.123	6.069	6.015	5
5.461	5.366	5.269	5.168	5.117	5.065	5.012	4.959	4.904	4.849	6
4.761	4.666	4.568	4.467	4.415	4.362	4.309	4.254	4.199	4.142	7
4.295	4.200	4.101	3.999	3.947	3.894	3.840	3.784	3.728	3.670	8
3.964	3.868	3.769	3.667	3.614	3.560	3.505	3.449	3.392	3.333	9
3.717	3.621	3.522	3.419	3.365	3.311	3.255	3.198	3.140	3.080	10
3.526	3.430	3.330	3.226	3.173	3.118	3.061	3.004	2.944	2.883	11
3.374	3.277	3.177	3.073	3.019	2.963	2.906	2.848	2.787	2.725	12
3.250	3.153	3.053	2.948	2.893	2.837	2.780	2.720	2.659	2.595	13
3.147	3.050	2.949	2.844	2.789	2.732	2.674	2.614	2.552	2.487	14
3.060	2.963	2.862	2.756	2.701	2.644	2.585	2.524	2.461	2.395	15
2.986	2.889	2.788	2.681	2.625	2.568	2.509	2.447	2.383	2.316	16
2.922	2.825	2.723	2.616	2.560	2.502	2.442	2.380	2.315	2.247	17
2.866	2.769	2.667	2.559	2.503	2.445	2.384	2.321	2.256	2.187	18
2.817	2.720	2.617	2.509	2.452	2.394	2.333	2.270	2.203	2.133	19
2.774	2.676	2.573	2.464	2.408	2.349	2.287	2.223	2.156	2.085	20
2.735	2.637	2.534	2.425	2.368	2.308	2.246	2.182	2.114	2.042	21
2.700	2.602	2.498	2.389	2.331	2.272	2.210	2.145	2.076	2.003	22
2.668	2.570	2.466	2.357	2.299	2.239	2.176	2.111	2.041	1.968	23
2.640	2.541	2.437	2.327	2.269	2.209	2.146	2.080	2.010	1.935	24
2.613	2.515	2.411	2.300	2.242	2.182	2.118	2.052	1.981	1.906	25
2.590	2.491	2.387	2.276	2.217	2.157	2.093	2.026	1.954	1.878	26
2.568	2.469	2.364	2.253	2.195	2.133	2.069	2.002	1.930	1.853	27
2.547	2.448	2.344	2.232	2.174	2.112	2.048	1.980	1.907	1.829	28
2.529	2.430	2.325	2.213	2.154	2.092	2.028	1.959	1.886	1.807	29
2.511	2.412	2.307	2.195	2.136	2.074	2.009	1.940	1.866	1.787	30
2.495	2.396	2.291	2.178	2.119	2.057	1.991	1.922	1.848	1.768	31

续表

10	12	15	20	24	30	40	60	120	∞	df / df
2.480	2.381	2.275	2.163	2.103	2.041	1.975	1.905	1.831	1.750	32
2.466	2.366	2.261	2.148	2.088	2.026	1.960	1.890	1.815	1.733	33
2.453	2.353	2.248	2.135	2.075	2.012	1.946	1.875	1.799	1.717	34
2.440	2.341	2.235	2.122	2.062	1.999	1.932	1.861	1.785	1.702	35
2.429	2.329	2.223	2.110	2.049	1.986	1.919	1.848	1.772	1.687	36
2.418	2.318	2.212	2.098	2.038	1.974	1.907	1.836	1.759	1.674	37
2.407	2.307	2.201	2.088	2.027	1.963	1.896	1.824	1.747	1.661	38
2.397	2.298	2.191	2.077	2.017	1.953	1.885	1.813	1.735	1.649	39
2.388	2.288	2.182	2.068	2.007	1.943	1.875	1.803	1.724	1.637	40
2.379	2.279	2.173	2.059	1.998	1.933	1.866	1.793	1.714	1.626	41
2.371	2.271	2.164	2.050	1.989	1.924	1.856	1.783	1.704	1.615	42
2.363	2.263	2.156	2.042	1.980	1.916	1.848	1.774	1.694	1.605	43
2.355	2.255	2.149	2.034	1.972	1.908	1.839	1.766	1.685	1.596	44
2.348	2.248	2.141	2.026	1.965	1.900	1.831	1.757	1.677	1.586	45
2.341	2.241	2.134	2.019	1.957	1.893	1.824	1.750	1.668	1.578	46
2.335	2.234	2.127	2.012	1.951	1.885	1.816	1.742	1.661	1.569	47
2.329	2.228	2.121	2.006	1.944	1.879	1.809	1.735	1.653	1.561	48
2.323	2.222	2.115	1.999	1.937	1.872	1.803	1.728	1.646	1.553	49
2.317	2.216	2.109	1.993	1.931	1.866	1.796	1.721	1.639	1.545	50
2.270	2.169	2.061	1.944	1.882	1.815	1.744	1.667	1.581	1.482	60
2.213	2.111	2.003	1.884	1.820	1.752	1.679	1.599	1.508	1.400	80
2.157	2.055	1.945	1.825	1.760	1.690	1.614	1.530	1.433	1.310	120
2.102	1.999	1.883	1.766	1.700	1.628	1.549	1.460	1.354	1.206	240
2.048	1.945	1.833	1.708	1.640	1.566	1.484	1.388	1.268	1.000	∞

附表 4(续) F 分布的 F_α 值

$P(F > F_\alpha) = \alpha \qquad \alpha = 0.005$

df \ df	1	2	3	4	5	6	7	8	9
1	4052.181	4999.500	5403.352	5624.583	5763.650	5858.986	5928.356	5981.070	6022.473
2	98.503	99.000	99.166	99.249	99.299	99.333	99.356	99.374	99.388
3	34.116	30.817	29.457	28.710	28.237	27.911	27.672	27.489	27.345
4	21.198	18.000	16.694	15.977	15.522	15.207	14.976	14.799	14.659
5	16.258	13.274	12.060	11.392	10.967	10.672	10.456	10.289	10.156
6	13.745	10.925	9.780	9.148	8.746	8.466	8.260	8.102	7.976
7	12.246	9.547	8.451	7.847	7.460	7.191	6.993	6.840	6.719
8	11.259	8.649	7.591	7.006	6.632	6.371	6.178	6.029	5.911
9	10.561	8.022	6.992	6.422	6.057	5.802	5.613	5.467	5.351
10	10.044	7.559	6.552	5.994	5.636	5.386	5.200	5.057	4.942
11	9.646	7.206	6.217	5.668	5.316	5.069	4.886	4.744	4.632
12	9.330	6.927	5.953	5.412	5.064	4.821	4.640	4.499	4.388
13	9.074	6.701	5.739	5.205	4.862	4.620	4.441	4.302	4.191
14	8.862	6.515	5.564	5.035	4.695	4.456	4.278	4.140	4.030
15	8.683	6.359	5.417	4.893	4.556	4.318	4.142	4.004	3.895
16	8.531	6.226	5.292	4.773	4.437	4.202	4.026	3.890	3.780
17	8.400	6.112	5.185	4.669	4.336	4.102	3.927	3.791	3.682
18	8.285	6.013	5.092	4.579	4.248	4.015	3.841	3.705	3.597
19	8.185	5.926	5.010	4.500	4.171	3.939	3.765	3.631	3.523
20	8.096	5.849	4.938	4.431	4.103	3.871	3.699	3.564	3.457
21	8.017	2.780	4.874	4.369	4.042	3.812	3.640	3.506	3.398
22	7.945	2.719	4.817	4.313	3.988	3.758	3.587	3.453	3.346
23	7.881	2.664	4.765	4.264	3.939	3.710	3.539	3.406	3.299
24	7.823	5.614	4.718	4.218	3.895	3.667	3.496	3.363	3.256
25	7.770	5.568	4.675	4.177	3.855	3.627	3.457	3.324	3.217
26	7.721	5.526	4.637	4.140	3.818	3.591	3.421	3.288	3.182
27	7.677	2.488	4.601	4.106	3.785	3.558	3.388	3.256	3.149
28	7.636	2.453	4.568	4.074	3.754	3.528	3.358	3.226	3.120
29	7.598	2.420	4.538	4.045	3.725	3.499	3.330	3.198	3.092
30	7.562	2.390	4.510	4.018	3.699	3.473	3.304	3.173	3.067
31	7.530	5.362	4.484	3.993	3.675	3.449	3.281	3.149	3.043

续表

df \ df	1	2	3	4	5	6	7	8	9
32	7.499	2.336	4.459	3.969	3.652	3.427	3.258	3.127	3.021
33	7.471	2.312	4.437	3.948	3.630	3.406	3.238	3.106	3.000
34	7.444	5.289	4.416	3.927	3.611	3.386	3.218	3.087	2.981
35	7.419	5.268	4.396	3.908	3.592	3.368	3.200	3.069	2.963
36	7.396	5.248	4.377	3.890	3.574	3.351	3.183	3.052	2.946
37	7.373	5.229	4.360	3.873	3.558	3.334	3.167	3.036	2.930
38	7.353	5.211	4.343	3.858	3.542	3.319	3.152	3.021	2.915
39	7.333	5.194	4.327	3.843	3.528	3.305	3.137	3.066	2.901
40	7.314	5.179	4.313	3.828	3.514	3.291	3.124	2.993	2.888
41	7.296	5.163	4.299	3.815	3.501	3.278	3.111	2.980	2.875
42	7.280	5.149	4.285	3.802	3.488	3.266	3;099	2.968	2.863
43	7.264	5.136	4.273	3.790	3.476	3.254	3.087	2.957	2.851
44	7.248	5.123	4.261	3.778	3.465	3.243	3.076	2.946	2.840
45	7.234	5.110	4.249	3.767	3.454	3.232	3.066	2.935	2.830
46	7.220	5.099	4.238	3.757	3.444	3.222	3.056	2.925	2.820
47	7.207	5.087	4.228	3.747	3.434	3.213	3.046	2.916	2.811
48	7.194	5.077	4.218	3.737	3.425	3.204	3.037	2.907	2.802
49	7.182	5.066	4.208	3.728	3.416	3.195	3.028	2.898	2.793
50	7.171	5.057	4.199	3.720	3.408	3.186	3.020	2.890	2.785
60	7.077	4.977	4.126	3.649	3.339	3.119	2.953	2.823	2.718
80	6.963	4.881	4.036	3.563	3.255	3.036	2.871	2.742	2.637
120	6.851	4.787	3.949	3.480	3.174	2.956	2.792	2.663	2.559
240	6.742	4.695	3.864	3.398	3.094	2.878	2.714	2.586	2.482
∞	6.635	4.605	3.782	3.319	3.017	2.802	2.639	2.511	2.407

附表 4(续)　F 分布的 F_α 值

$P(F > F_\alpha) = \alpha \quad \alpha = 0.005$

10	12	15	20	24	30	40	60	120	∞	df / df
6055.847	6106.321	6157.285	6208.730	6234.631	6260.649	6286.782	6313.030	6339.391	6365.864	1
99.399	99.416	99.433	99.449	99.458	99.466	99.474	99.482	99.491	99.499	2
27.229	27.052	26.872	26.690	26.598	26.505	26.411	26.316	26.221	26.125	3
14.546	14.374	14.198	14.020	13.929	13.838	13.745	13.652	13.558	13.463	4
10.051	9.888	9.722	9.553	9.466	9.379	9.291	9.202	9.112	9.020	5
7.874	7.718	7.559	7.396	7.313	7.229	7.143	7.057	6.969	6.880	6
6.620	6.469	6.314	6.155	6.074	5.992	5.908	5.824	5.737	5.650	7
5.814	5.667	5.515	5.359	5.279	5.198	5.116	5.032	4.946	4.859	8
5.257	5.111	4.962	4.808	4.729	4.649	4.567	4.483	4.398	4.311	9
4.849	4.706	4.558	4.405	4.327	4.247	4.165	4.082	3.996	3.909	10
4.539	4.397	4.251	4.099	4.021	3.941	3.860	3.776	3.690	3.602	11
4.296	4.155	4.010	3.858	3.780	3.701	3.619	3.535	3.449	3.361	12
4.100	3.960	3.815	3.665	3.587	3.507	3.425	3.341	3.255	3.165	13
3.939	3.800	3.656	3.505	3.427	3.348	3.266	3.181	3.094	3.004	14
3.805	3.666	3.522	3.372	3.294	3.214	3.132	3.047	2.959	2.868	15
3.691	3.553	3.409	3.259	3.181	3.101	3.018	2.933	2.845	2.753	16
3.593	3.455	3.312	3.162	3.084	3.003	2.920	2.835	2.746	2.653	17
3.508	3.371	3.227	3.077	2.999	2.919	2.835	2.749	2.660	2.566	18
3.434	3.297	3.153	3.003	2.925	2.844	2.761	2.674	2.584	2.489	19
3.368	3.231	3.088	2.938	2.859	2.778	2.695	2.608	2.517	2.421	20
3.310	3.173	3.030	2.880	2.801	2.720	2.636	2.548	2.457	2.360	21
3.258	3.121	2.978	2.827	2.749	2.667	2.583	2.495	2.403	2.305	22
3.211	3.074	2.931	2.781	2.702	2.620	2.535	2.447	2.354	2.256	23
3.168	3.032	2.889	2.738	2.659	2.577	2.492	2.403	2.310	2.211	24
3.129	2.993	2.850	2.699	2.620	2.538	2.453	2.364	2.270	2.169	25
3.094	2.958	2.815	2.664	2.585	2.503	2.417	2.327	2.233	2.131	26
3.062	2.926	2.783	2.632	2.552	2.470	2.384	2.294	2.198	2.097	27
3.032	2.896	2.753	2.602	2.522	2.440	2.354	2.263	2.167	2.064	28
3.005	2.868	2.726	2.574	2.495	2.412	2.325	2.234	2.138	2.034	29
2.979	2.843	2.700	2.549	2.469	2.386	2.299	2.208	2.111	2.006	30
2.955	2.820	2.677	2.525	2.445	2.362	2.275	2.183	2.086	1.980	31

续表

10	12	15	20	24	30	40	60	120	∞	df / df
2.934	2.798	2.655	2.503	2.423	2.340	2.252	2.160	2.062	1.956	32
2.913	2.777	2.634	2.482	2.402	2.319	2.231	2.139	2.040	1.933	33
2.894	2.758	2.615	2.463	2.383	2.299	2.211	2.118	2.019	1.911	34
2.876	2.740	2.597	2.445	2.364	2.281	2.193	2.099	2.000	1.891	35
2.859	2.723	2.580	2.428	2.347	2.263	2.175	2.082	1.981	1.872	36
2.843	2.707	2.564	2.412	2.331	2.247	2.189	2.065	1.964	1.854	37
2.828	2.692	2.549	2.397	2.316	2.232	2.143	2.049	1.947	1.837	38
2.814	2.678	2.535	2.382	2.302	2.217	2.128	2.034	1.932	1.820	39
2.801	2.665	2.522	2.369	2.288	2.203	2.114	2.019	1.917	1.805	40
2.788	2.652	2.509	2.356	2.275	2.190	2.101	2.006	1.903	1.790	41
2.776	2.640	2.497	2.344	2.263	2.178	2.088	1.993	1.890	1.776	42
2.764	2.629	2.485	2.332	2.251	2.166	2.076	1.981	1.877	1.762	43
2.754	2.618	2.475	2.321	2.240	2.155	2.065	1.969	1.865	1.750	44
2.743	2.608	2.464	2.311	2.230	2.144	2.054	1.958	1.853	1.737	45
2.733	2.598	2.454	2.301	2.220	2.134	2.044	1.94.7	1.842	1.726	46
2.724	2.588	2.445	2.291	2.210	2.124	2.034	1.937	1.832	1.714	47
2.715	2.579	2.436	2.282	2.201	2.115	2.024	1.927	1.822	1.704	48
2.706	2.571	2.427	2.274	2.192	2.106	2.015	1.918	1.812	1.693	49
2.698	2.562	2.419	2.265	2.183	2.098	2.007	1.909	1.803	1.683	50
2.632	2.496	2.352	2.198	2.115	2.028	1.936	1.836	1.726	1.601	60
2.551	2.415	2.271	2.115	2.032	1.944	1.849	1.746	1.630	1.494	80
2.472	2.336	2.192	2.035	1.950	1.860	1.763	1.656	1.533	1.381	120
2.395	2.260	2.114	1.956	1.870	1.778	1.677	1.565	1.432	1.250	240
2.321	2.185	2.039	1.878	1.791	1.696	1.592	1.473	1.325	1.000	∞

附表4(续) F 分布的 F_{α} 值

$P(F > F_{\alpha}) = \alpha \qquad \alpha = 0.05$

df \ df	1	2	3	4	5	6	7	8	9	10
1	16210.723	19999.500	21614.741	22499.583	23055.798	23437.111	23714.566	23925.406	24091.004	24224.487
2	198.501	199.000	199.166	199.250	199.300	199.333	199.357	199.375	199.388	199.400
3	55.552	49.799	47.467	46.195	45.392	44.838	44.434	44.126	43.882	43.686
4	31.333	26.284	24.259	23.155	22.456	21.975	21.622	21.352	21.139	20.967
5	22.785	18.314	16.530	15.556	14.940	14.513	14.200	13.961	13.772	13.618
6	18.635	14.544	12.917	12.028	11.464	11.073	10.786	10.566	10.391	10.250
7	16.236	12.404	10.882	10.050	9.522	9.155	8.885	8.678	8.514	8.380
8	14.688	11.042	9.596	8.805	8.302	7.952	7.694	7.496	7.339	7.211
9	13.614	10.107	8.717	7.956	7.471	7.134	6.885	6.693	6.541	6.417
10	12.826	9.427	8.081	7.343	6.872	6.545	6.302	6.116	5.968	5.847
11	12.226	8.912	7.600	6.881	6.422	6.102	5.865	5.682	5.537	5.418
12	11.754	8.510	7.226	6.521	6.071	5.757	5.525	5.345	5.202	5.085
13	11.374	8.186	6.926	6.233	5.791	5.482	5.253	5.076	4.935	4.820
14	11.060	7.922	6.680	5.998	5.562	5.257	5.031	4.857	4.717	4.603
15	10.798	7.701	6.476	5.803	5.372	5.071	4.847	4.674	4.536	4.424
16	10.575	7.514	6.303	5.638	5.212	4.913	4.692	4.521	4.384	4.272
17	10.384	7.351	6.156	5.497	5.075	4.779	4.559	4.389	4.254	4.142
18	10.218	7.215	6.028	5.375	4.956	4.663	4.445	4.276	4.141	4.030
19	10.073	7.093	5.916	5.268	4.853	4.561	4.345	4.177	4.043	3.933
20	9.944	6.986	5.818	5.174	4.762	4.472	4.257	4.090	3.956	3.847
21	9.830	6.891	5.730	5.091	4.681	4.393	4.179	4.013	3.880	3.771
22	9.727	6.806	5.652	5.017	4.609	4.322	4.109	3.944	3.812	3.703
23	9.635	6.730	5.582	4.950	4.544	4.259	4.047	3.882	3.750	3.642
24	9.551	6.661	5.519	4.890	4.486	4.202	3.991	3.826	3.695	3.587
25	9.475	6.598	5.462	4.835	4.433	4.150	3.939	3.776	3.645	3.537
26	9.406	6.541	5.409	4.785	4.384	4.103	3.893	3.730	3.599	3.492
27	9.342	6.489	5.361	4.740	4.340	4.659	3.850	3.687	3.55.7	3.450
28	9.284	6.440	5.317	4.698	4.300	4.020	3.811	3.649	3.519	3.412
29	9.230	6.396	5.276	4.659	4.262	3.983	3.775	3.613	3.483	3.377
30	9.180	6.355	5.239	4.623	4.228	3.949	3.742	3.580	3.450	3.344
31	9.133	6.317	5.204	4.590	4.196	3.918	3.711	3.549	3.420	3.314

续表

df \ df	1	2	3	4	5	6	7	8	9	10
32	9.090	6.281	5.171	4.559	4.166	3.889	3.682	3.521	3.392	3.286
33	9.050	6.248	5.141	4.531	4.138	3.861	3.655	3.495	3.366	3.260
34	9.012	6.217	5.113	4.504	4.112	3.836	3.630	3.470	3.341	3.235
35	8.976	6.188	5.086	4.479	4.088	3.812	3.607	3.447	3.318	3.212
36	8.943	6.161	5.062	4.455	4.065	3.790	3.585	3.425	3.296	3.191
37	8.912	6.135	5.038	4.433	4.043	3.769	3.564	3.404	3.276	3.171
38	8.882	6.111	5.016	4.412	4.023	3.749	3.545	3.385	3.257	3.152
39	8.854	6.088	4.995	4.392	4.004	3.731	3.526	3.367	3.239	3.134
40	8.828	6.066	4.976	4.374	3.986	3.713	3.509	3.350	3.222	3.117
41	8.803	6.046	4.957	4.356	3.969	3.696	3.492	3.334	3.206	3.101
42	8.779	6.027	4.940	4.339	3.953	3.680	3.477	3.318	3.191	3.086
43	8.757	6.008	4.923	4.324	3.937	3.665	3.462	3.304	3.176	3.071
44	8.735	5.991	4.907	4.308	3.923	3.651	3.448	3.290	3.162	3.057
45	8.715	5.974	4.892	4.294	3.909	3.638	3.435	3.276	3.149	3.044
46	8.695	5.958	4.877	4.280	3.896	3.625	3.422	3.264	3.137	3.032
47	8.677	5.943	4.864	4.267	3.883	3.612	3.410	3.252	3.125	3.020
48	8.659	5.929	4.850	4.255	3.871	3.601	3.398	3.240	3.113	3.002
49	8.642	5.915	4.838	4.243	3.860	3.589	3.387	3.229	3.102	2.998
50	8.626	5.902	4.826	4.232	3.849	3.579	3.376	3.219	3.092	2.988
60	8.495	5.795	4.729	4.140	3.760	3.192	3.291	3.134	3.008	2.904
80	8.335	5.665	4.611	4.029	3.652	3.387	3.188	3.032	2.907	2.803
120	8.179	5.539	4.497	3.921	3.548	3.285	3.087	2.933	2.808	2.705
240	8.027	5.417	4.387	3.816	3.447	3.187	2.991	2.837	2.713	2.610
∞	7.879	5.298	4.279	3.715	3.350	3.091	2.897	2.744	2.621	2.519

附表4(续) F分布的F_α值

$P(F > F_\alpha) = \alpha \qquad \alpha = 0.05$

12	15	20	24	30	40	60	120	∞	df / df
24426.366	24630.205	24835.971	24939.565	25043.628	25148.153	25253.137	25358.573	25464.458	1
199.416	199.433	199.450	199.458	199.466	199.475	199.483	199.491	199.500	2
34.387	43.085	42.778	42.622	42.466	42.308	42.149	41.989	41.828	3
20.705	20.438	20.167	20.030	19.892	19.752	19.611	19.468	19.325	4
13.384	13.146	12.903	12.780	12.656	12.530	12.402	12.274	12.144	5
10.034	9.814	9.589	9.474	9.358	9.241	9.122	9.001	8.879	6
8.476	7.968	7.754	7.645	7.534	7.422	7.309	7.193	7.076	7
7.015	6.814	6.608	6.503	6.396	6.288	6.177	6.065	5.951	8
6.227	6.032	5.832	5.729	5.625	5.519	5.410	5.300	5.188	9
5.661	5.471	5.274	5.173	5.071	4.966	4.859	4.750	4.639	10
5.236	5.049	4.855	4.756	4.654	4.551	4.445	4.337	4.226	11
4.906	4.721	4.530	4.431	4.331	4.228	4.123	4.015	3.904	12
4.643	4.460	4.270	4.173	4.073	3.970	3.866	3.758	3.647	13
4.428	4.247	4.059	3.961	3.862	3.760	3.655	3.547	3.436	14
4.250	4.070	3.883	3.786	3.687	3.585	3.480	3.372	3.260	15
4.099	3.920	3.734	3.638	3.539	3.437	3.332	3.224	3.112	16
3.971	3.793	3.607	3.511	3.412	3.311	3.206	3.097	2.984	17
3.860	3.683	3.498	3.402	3.303	3.201	3.096	2.987	2.873	18
3.763	3.587	3.402	3.306	3.208	3.106	3.000	2.891	2.776	19
3.678	3.502	3.318	3.222	3.123	3.022	2.916	2.806	2.690	20
3.602	3.427	3.243	3.147	3.049	2.947	2.841	2.730	2.614	21
3.535	3.360	3.176	3.081	2.982	2.880	2.774	2.663	2.545	22
3.475	3.300	3.116	3.021	2.922	2.820	2.713	2.602	2.484	23
3.420	3.246	3.062	2.967	2.868	2.765	2.658	2.546	2.428	24
3.370	3.196	3.013	2.918	2.819	2.716	2.609	2.496	2.377	25
3.325	3.151	2.968	2.873	2.774	2.671	2.563	2.450	2.330	26
3.284	3.110	2.928	2.832	2.733	2.630	2.522	2.408	2.287	27
3.246	3.073	2.890	2.794	2.695	2.592	2.483	2.369	2.247	28
3.211	3.038	2.855	2.759	2.660	2.557	2.448	2.333	2.210	29
3.179	3.006	2.823	2.727	2.628	2.524	2.415	2.300	2.176	30
3.149	2.976	2.793	2.697	2.598	2.494	2.385	2.269	2.144	31

续表

12	15	20	24	30	40	60	120	∞	df \ df
3.121	2.948	2.766	2.670	2.570	2.466	2.356	2.240	2.114	32
3.095	2.922	2.740	2.644	2.544	2.440	2.330	2.213	2.087	33
3.071	2.898	2.716	2.620	2.520	2.415	2.305	2.188	2.060	34
3.048	2.876	2.693	2.597	2.497	2.392	2.282	2.164	2.036	35
3.027	2.854	2.672	2.576	2.475	2.371	2.260	2.141	2.013	36
3.007	2.834	2.652	2.223	2.455	2.350	2.239	2.120	1.991	37
2.988	2.816	2.633	2.537	2.436	2.331	2.220	2.100	1.970	38
2.970	2.798	2.615	2.519	2.418	2.313	2.201	2.081	1.950	39
2.953	2.781	2.598	2.502	2.401	2.296	2.184	2.064	1.932	40
2.937	2.765	2.583	2.486	2.385	2.280	2.167	2.047	1.914	41
2.922	2.750	2.567	2.471	2.370	2.264	2.152	2.030	1.897	42
2.908	2.736	2.553	2.457	2.356	2.250	2.137	2.015	1.881	43
2.894	2.722	2.540	2.443	2.342	2.236	2.123	2.000	1.866	44
2.881	2.709	2.527	2.430	2.329	2.222	2.109	1.987	1.851	45
2.869	2.697	2.514	2.418	2.316	2.210	2.096	1.973	1.837	46
2.857	2.685	2.502	2.406	2.304	2.198	2.084	1.960	1.824	47
2.846	2.674	2.491	2.394	2.293	2.186	2.072	1.948	1.811	48
2.835	2.663	2.480	2.384	2.282	2.175	2.061	1.937	1.798	49
2.825	2.653	2.470	2.373	2.272	2.164	2.050	1.925	1.786	50
2.742	2.570	2.387	2.290	2.187	2.079	1.962	1.834	1.689	60
2.641	2.470	2.286	2.188	2.084	1.974	1.854	1.720	1.563	80
2.544	2.373	2.188	2.089	1.984	1.871	1.747	1.606	1.431	120
2.450	2.278	2.093	1.993	1.886	1.770	1.640	1.488	1.281	240
2.358	2.187	2.000	1.898	1.789	1.669	1.533	1.364	1.000	∞

附表 5　$n=1\sim400$ 的阶乘的对数 $\lg n!$

	0	1	2	3	4	5	6	7	8	9
0	0.000 0	0.000 0	0.301 0	0.778 2	1.380 2	2.079 2	2.857 3	3.702 4	4.605 5	5.559 8
10	6.559 8	7.601 2	8.680 3	9.794 3	10.940 4	12.116 5	13.320 6	14.551 1	15.806 3	17.085 1
20	18.386 1	19.708 3	21.050 8	22.412 5	23.792 7	25.190 6	26.605 6	28.037 0	29.484 1	30.946 5
30	32.423 7	33.915 0	35.420 2	36.938 7	38.470 2	40.014 2	41.570 5	43.138 7	44.718 5	46.309 6
40	47.911 6	49.524 4	51.147 7	52.781 1	54.424 6	56.077 8	57.740 6	59.412 7	61.093 9	62.784 1
50	64.483 1	66.190 6	67.906 6	69.630 9	71.363 3	73.103 7	74.851 9	76.607 7	78.371 2	80.142 0
60	81.920 2	83.705 5	85.497 9	87.297 2	89.103 4	90.916 3	92.735 9	84.561 9	96.394 5	98.233 3
70	100.078 4	101.929 7	98.787 0	105.650 3	107.519 6	109.394 6	111.275 4	113.161 9	115.054 0	116.951 6
80	118.854 7	120.763 2	122.677 0	124.596 1	126.520 4	128.449 8	130.384 3	132.323 8	134.268 3	136.217 7
90	138.171 9	140.131 0	142.094 8	144.063 2	146.036 4	148.014 1	149.996 4	151.983 1	153.974 4	155.970 0
100	157.970 0	159.974 3	161.982 9	163.995 8	166.012 8	168.034 0	170.059 3	172.088 7	174.122 1	176.159 5
110	178.200 9	180.246 2	182.2895 5	184.348 5	186.405 4	188.466 1	190.530 6	192.598 8	194.670 7	196.746 2
120	198.825 4	200.908 2	202.994 5	205.084 4	207.177 9	209.274 8	211.375 1	213.479 0	215.586 2	217.696 7
130	219.810 7	211.928 0	224.048 5	226.172 4	228.299 5	230.429 8	232.563 4	234.700 1	236.840 0	238.983 0
140	241.129 1	243.278 3	245.430 6	247.586 0	249.744 3	251.905 7	254.070 0	256.237 4	258.407 6	260.580 8
150	262.756 9	264.935 9	267.117 7	269.302 4	271.489 9	273.680 3	275.873 4	278.069 3	280.267 9	282.469 3
160	284.673 5	286.880 3	289.089 8	291.302 0	293.516 8	295.734 3	297.954 4	300.177 1	302.402 4	304.630 3
170	306.860 8	309.093 8	311.329 3	313.567 4	315.807 9	318.050 9	320.296 5	322.544 4	324.794 8	327.047 7
180	329.303 0	331.560 6	333.820 7	336.083 2	338.348 0	340.615 2	342.884 7	345.156 5	347.430 7	349.707 1
190	351.985 9	354.266 9	356.550 2	358.835 8	361.123 6	363.413 6	365.705 9	368.000 3	370.297 0	372.595 9
200	374.896 9	377.200 9	379.505 4	381.812 9	380.122 6	386.434 3	388.748 2	391.064 2	393.382 2	395.702 4
210	3 980 246	400.348 9	402.675 2	405.003 6	407.334 0	409.666 4	412.000 9	414.337 3	416.675 8	419.016 2
220	421.258 7	423.703 1	426.049 4	428.397 7	430.748 0	433.100 2	435.454 3	437.810 3	440.168 2	442.528 1
230	444.889 8	447.253 4	449.618 9	451.986 2	454.355 5	456.726 5	459.099 4	461.474 2	463.850 8	466.229 2
240	468.609 4	470.991 4	473.375 2	475.760 8	478.148 2	480.537 4	482.928 3	485.321 0	487.715 4	490.111 6

附表 5(续)　$n=1\sim400$ 的阶乘的对数 $\lg n!$

	0	1	2	3	4	5	6	7	8	9
250	492.509 6	494.909 3	497.310 7	499.713 8	502.118 6	504.525 2	506.933 4	509.343 3	511.754 9	514.168 2
260	516.583 2	518.999 9	521.418 2	523.838 1	526.259 7	528.683 0	531.107 8	533.534 4	535.962 5	538.392 2
270	540.823 6	543.256 6	545.691 2	548.127 3	550.565 1	553.004 4	555.445 3	557.887 8	560.331 8	562.777 4
280	565.224 6	567.673 3	570.123 5	572.575 3	575.028 7	577.483 5	579.939 9	582.397 7	584.857 1	587.318 0
290	589.780 4	592.244 3	594.709 7	597.176 6	599.644 9	602.114 7	604.586 0	607.058 8	609.533 0	612.008 7
300	614.485 8	616.964 4	619.444 4	621.925 8	624.408 7	626.893 0	629.378 7	631.865 9	634.354 4	636.844 4
310	639.335 7	641.828 5	644.322 6	646.818 2	649.315 1	651.813 4	354.313 1	656.814 2	659.316 6	661.820 4
320	664.325 5	666.832 0	669.339 9	671.849 1	674.359 6	676.871 5	679.384 7	681.899 3	684.415 2	686.932 4
330	689.450 9	691.970 7	694.491 8	697.014 3	699.538 0	702.063 1	704.589 4	707.117 0	709.646 0	712.176 2
340	714.707 6	717.240 4	719.774 4	722.309 7	724.846 3	727.384 1	729.923 2	732.463 5	735.005 1	737.547 9
350	740.092 0	742.637 3	745.183 8	747.731 6	750.280 6	752.830 8	755.382 3	757.934 9	760.488 8	763.043 9
360	765.600 2	768.157 7	770.716 4	773.276 4	775.837 5	778.399 7	780.963 2	783.527 9	786.093 7	788.660 8
370	791.229 0	793.798 3	796.368 9	798.940 6	801.513 5	804.087 5	806.662 7	809.239 0	811.816 5	814.395 2
380	816.974 9	849.555 9	822.137 9	824.721 1	827.305 5	829.890 9	832.477 5	835.065 2	837.654 0	840.244 0
390	842.835 1	845.427 2	848.020 5	850.614 9	853.210 4	855.807 0	858.406 6	861.003 5	863.603 4	866.204 4
400	868.806 4									

附表 6　正态性 W 检验的系数 a_{n-i+1} 值

（$n=3,4,\cdots,50$）

i \ n	3	4	5	6	7	8	9	10	11	12	13	14	15	16	17	18
1	0.707 1	0.687 2	0.664 6	0.643 1	0.623 3	0.605 2	0.588 8	0.573 9	0.560 1	0.547 5	0.535 9	0.525 1	0.515 0	0.505 6	0.496 8	0.488 6
2		0.167 7	0.241 3	0.280 6	0.303 1	0.316 4	0.324 4	0.329 1	0.331 5	0.332 5	0.332 5	0.331 8	0.330 6	0.329 0	0.327 3	0.325 3
3				0.087 5	0.140 1	0.174 3	0.197 6	0.214 1	0.226 0	0.234 7	0.241 4	0.246 0	0.249 5	0.252 1	0.254 0	0.255 3
4						0.056 1	0.094 7	0.122 4	0.142 9	0.158 6	0.170 7	0.180 2	0.187 8	0.193 9	0.198 8	0.202 7
5								0.039 9	0.069 5	0.092 2	0.109 9	0.124 0	0.135 3	0.144 7	0.152 4	0.158 7
6										0.030 3	0.053 9	0.072 7	0.088 0	0.100 5	0.110 9	0.119 7
7												0.024 0	0.043 3	0.059 3	0.072 5	0.083 7
8														0.019 6	0.035 9	0.049 6
9																0.016 3

i \ n	19	20	21	22	23	24	25	26	27	28	29	30	31	32	33	34
1	0.480 8	0.473 4	0.464 3	0.459 0	0.454 2	0.449 3	0.445 0	0.440 7	0.436 6	0.432 8	0.429 1	0.425 4	0.422 0	0.418 8	0.415 6	0.412 7
2	0.323 2	0.321 1	0.318 5	0.315 6	0.312 6	0.309 8	0.306 9	0.304 3	0.301 8	0.299 2	0.296 8	0.294 4	0.292 1	0.289 8	0.287 6	0.285 4
3	0.256 1	0.256 5	0.257 8	0.257 1	0.256 3	0.255 4	0.254 3	0.253 3	0.252 2	0.251 0	0.249 9	0.258 7	0.247 5	0.246 3	0.245 1	0.243 9
4	0.205 9	0.208 5	0.211 9	0.213 1	0.213 9	0.214 5	0.214 8	0.215 1	0.215 2	0.215 1	0.215 0	0.214 8	0.214 5	0.214 1	0.213 7	0.213 2
5	0.164 1	0.168 6	0.173 6	0.176 4	0.178 7	0.180 7	0.182 2	0.183 6	0.184 8	0.185 7	0.186 4	0.187 0	0.187 4	0.187 8	0.188 0	0.188 2
6	0.127 1	0.133 4	0.139 9	0.144 3	0.148 0	0.151 2	0.153 9	0.156 3	0.158 4	0.160 1	0.161 6	0.163 0	0.164 1	0.165 1	0.166 0	0.166 7
7	0.093 2	0.101 3	0.109 2	0.115 0	0.120 1	0.124 5	0.128 3	0.131 6	0.134 6	0.137 2	0.139 5	0.141 5	0.143 3	0.144 9	0.146 3	0.147 5
8	0.061 2	0.071 1	0.080 4	0.087 8	0.094 1	0.099 7	0.104 6	0.108 9	0.112 8	0.116 2	0.119 2	0.121 9	0.124 3	0.126 5	0.128 4	0.130 1
9	0.030 3	0.042 2	0.053 0	0.061 8	0.069 6	0.076 4	0.082 3	0.087 6	0.092 3	0.096 5	0.100 2	0.103 6	0.106 6	0.109 3	0.111 8	0.114 0

续表

i \ n	19	20	21	22	23	24	25	26	27	28	29	30	31	32	33	34
10		0.014 0	0.026 3	0.036 8	0.045 9	0.053 9	0.061 0	0.067 2	0.072 8	0.077 8	0.082 2	0.086 2	0.089 9	0.093 1	0.096 1	0.098 8
11				0.012 2	0.022 8	0.032 1	0.040 3	0.047 6	0.054 0	0.059 8	0.065 0	0.069 7	0.073 9	0.077 7	0.081 2	0.084 4
12						0.010 7	0.020 0	0.028 4	0.035 8	0.042 4	0.048 3	0.053 7	0.058 5	0.062 9	0.066 9	0.070 6
13								0.009 4	0.017 8	0.025 3	0.032 0	0.038 1	0.043 5	0.048 5	0.053 0	0.057 2
14										0.008 4	0.015 9	0.022 7	0.028 9	0.034 4	0.039 5	0.044 1
15												0.007 6	0.014 4	0.020 6	0.026 2	0.031 4
16														0.006 8	0.013 1	0.018 7
17																0.006 2

附表 6(续)　正态性 W 检验的系数 a_{n-i+1} 值

($n=3,4,\cdots,50$)

i \ n	35	36	37	38	39	40	41	42	43	44	45	46	47	48	49	50
1	0.409 6	0.406 8	0.404 0	0.401 5	0.398 9	0.396 4	0.394 0	0.391 7	0.389 4	0.387 2	0.385 0	0.383 0	0.380 8	0.378 9	0.377 0	0.375 1
2	0.283 4	0.281 3	0.279 4	0.277 4	0.275 5	0.273 7	0.271 9	0.270 1	0.268 4	0.266 7	0.265 1	0.263 5	0.262 0	0.260 4	0.258 9	0.257 4
3	0.242 7	0.241 5	0.240 3	0.239 1	0.238 0	0.236 8	0.235 7	0.234 5	0.233 4	0.232 3	0.231 3	0.230 2	0.229 1	0.228 1	0.227 1	0.226 0
4	0.212 7	0.212 1	0.211 6	0.211 0	0.210 4	0.209 8	0.209 1	0.208 5	0.207 8	0.207 2	0.206 5	0.205 8	0.205 2	0.204 5	0.203 8	0.203 2
5	0.188 3	0.188 3	0.188 3	0.188 1	0.188 0	0.187 8	0.187 6	0.187 4	0.187 1	0.186 8	0.186 5	0.186 2	0.185 9	0.185 5	0.185 1	0.184 7
6	0.167 3	0.167 8	0.168 3	0.168 6	0.168 9	0.169 1	0.169 3	0.169 4	0.169 5	0.169 5	0.169 5	0.169 5	0.169 5	0.169 3	0.169 2	0.169 1
7	0.148 7	0.149 6	0.150 5	0.151 3	0.152 0	0.152 6	0.153 1	0.153 5	0.153 9	0.154 2	0.154 5	0.154 8	0.155 0	0.155 1	0.155 3	0.155 4
8	0.131 7	0.133 1	0.134 4	0.135 6	0.136 6	0.137 6	0.138 4	0.139 2	0.139 8	0.140 5	0.141 0	0.141 5	0.142 0	0.142 3	0.142 7	0.143 0
9	0.116 0	0.117 9	0.119 6	0.121 1	0.122 5	0.123 7	0.124 9	0.125 9	0.126 9	0.127 8	0.128 6	0.129 3	0.130 0	0.130 6	0.131 2	0.131 7
10	0.101 3	0.103 6	0.105 6	0.107 5	0.109 2	0.110 8	0.223	0.113 6	0.114 9	0.116 0	0.117 0	0.118 0	0.118 9	0.119 7	0.120 5	0.121 2
11	0.087 3	0.090 0	0.092 4	0.094 7	0.096 7	0.098 6	0.100 4	0.102 0	0.103 5	0.104 9	0.106 2	0.107 3	0.108 5	0.109 5	0.110 5	0.111 3
12	0.073 9	0.077 0	0.079 8	0.082 4	0.084 8	0.087 0	0.089 1	0.090 9	0.092 7	0.094 3	0.095 9	0.097 2	0.098 6	0.099 8	0.101 0	0.102 0
13	0.061 0	0.064 5	0.067 7	0.070 6	0.073 3	0.075 9	0.078 2	0.080 4	0.082 4	0.084 2	0.086 0	0.087 6	0.089 2	0.090 6	0.091 9	0.093 2
14	0.048 4	0.052 3	0.055 9	0.059 2	0.062 2	0.065 1	0.067 7	0.070 1	0.072 4	0.074 5	0.076 5	0.078 3	0.080 1	0.081 7	0.083 2	0.084 6
15	0.036 1	0.040 4	0.044 4	0.048 1	0.051 5	0.054 6	0.057 5	0.060 2	0.062 8	0.065 1	0.067 3	0.069 4	0.071 3	0.073 1	0.074 8	0.076 4
16	0.023 9	0.028 7	0.033 1	0.037 2	0.040 9	0.044 4	0.047 6	0.050 6	0.053 4	0.056 0	0.058 4	0.060 7	0.062 8	0.064 8	0.066 7	0.068 5
17	0.011 9	0.017 2	0.022 0	0.026 4	0.030 5	0.034 3	0.037 9	0.041 1	0.044 2	0.047 1	0.049 7	0.052 2	0.054 6	0.056 8	0.058 8	0.060 8
18		0.005 7	0.011 0	0.015 8	0.020 3	0.024 4	0.028 3	0.031 8	0.035 2	0.038 3	0.041 2	0.043 9	0.046 5	0.048 9	0.051 1	0.053 2
19				0.005 3	0.010 1	0.014 6	0.018 8	0.022 7	0.026 3	0.029 6	0.032 8	0.035 7	0.038 5	0.041 1	0.043 6	0.045 9
20						0.004 9	0.009 4	0.013 6	0.017 5	0.021 1	0.024 5	0.027 7	0.030 7	0.033 5	0.036 1	0.038 6
21								0.004 5	0.008 7	0.012 6	0.016 3	0.019 7	0.022 9	0.025 9	0.028 8	0.031 4

续表

n / i	35	36	37	38	39	40	41	42	43	44	45	46	47	48	49	50
22										0.004 2	0.008 1	0.011 8	0.015 3	0.018 5	0.021 5	0.024 4
23												0.003 9	0.007 6	0.011 1	0.014 3	0.017 4
24														0.003 7	0.007 1	0.010 4
25																0.003 5

附表 7 正态分布 W 检验的判断界限值 W_{α}

$(n=3,4,\cdots,50)$

α 为显著性水平,最上一行数值为 $100\alpha\%$

n	1	2	5	10	50
3	0.753	0.756	0.767	0.789	0.959
4	0.687	0.707	0.748	0.792	0.935
5	0.686	0.715	0.762	0.806	0.927
6	0.713	0.743	0.788	0.826	0.927
7	0.730	0.760	0.803	0.838	0.928
8	0.749	0.778	0.818	0.851	0.932
9	0.764	0.791	0.829	0.859	0.935
10	0.781	0.806	0.842	0.869	0.938
11	0.792	0.817	0.850	0.876	0.940
12	0.805	0.828	0.859	0.883	0.943
13	0.814	0.837	0.866	0.889	0.945
14	0.825	0.846	0.874	0.895	0.947
15	0.835	0.855	0.881	0.901	0.950
16	0.844	0.863	0.887	0.906	0.952
17	0.851	0.869	0.892	0.910	0.954
18	0.858	0.874	0.897	0.914	0.956
19	0.863	0.879	0.901	0.917	0.957
20	0.868	0.884	0.905	0.920	0.959
21	0.873	0.888	0.908	0.923	0.960
22	0.878	0.892	0.911	0.926	0.961
23	0.881	0.895	0.914	0.928	0.962
24	0.884	0.898	0.916	0.930	0.963
25	0.888	0.901	0.918	0.931	0.964
26	0.891	0.904	0.920	.0.933	0.965
27	0.894	0.906	0.923	0.935	0.965
28	0.896	0.908	0.924	0.936	0.966
29	0.898	0.910	0.926	0.937	0.966
30	0.900	0.912	0.927	0.939	0.967
31	0.902	0.914	0.929	0.940	0.967
32	0.904	0.915	0.930	0.941	0.968
33	0.906	0.917	0.931	0.942	0.968
34	0.908	0.919	0.933	0.943	0.969
35	0.910	0.920	0.934	0.944	0.969
36	0.912	0.922	0.935	0.945	0.970

续表

n	1	2	5	10	50
37	0.914	0.924	0.936	0.946	0.970
38	0.916	0.925	0.938	0.947	0.971
39	0.917	0.927	0.939	0.948	0.971
40	0.919	0.928	0.940	0.949	0.972
41	0.920	0.929	0.941	0.950	0.972
42	0.922	0.930	0.942	0.951	0.972
43	0.923	0.932	0.943	0.951	0.973
44	0.924	0.933	0.944	0.952	0.973
45	0.926	0.934	0.945	0.953	0.973
46	0.927	0.935	0.945	0.953	0.974
47	0.928	0.936	0.946	0.954	0.974
48	0.929	0.937	0.947	0.954	0.974
49	0.929	0.937	0.947	0.955	0.974
50	0.930	0.938	0.947	0.955	0.974